"十二五"职业教育国家规划教材
经全国职业教育教材审定委员会审定

建筑工程安全技术与管理

第3版

主　编　李　林　郝会娟
副主编　李云鹏　崔志广
参　编　朱宏洲　申　颖　杜　冲　李月娟　申商坤
主　审　牛福增

机械工业出版社

本书为“十二五”职业教育国家规划教材的修订版。全书共分12个单元，主要介绍建筑土方工程、脚手架工程、高处作业、施工用电、起重吊装、垂直运输机械、建筑机械、拆除工程、建筑施工现场防火、建筑业职业卫生、焊接工程和建筑工程安全生产管理等涉及建筑工程安全技术与管理的知识。为方便教学和复习，每单元前均明确了能力目标和学习重点与难点，以确定该单元的学习目的和要求。正文后有相关案例、思考与拓展题，以便学生有效地理解、总结和复习。

本书依据国家在安全生产领域的现行法律法规、安全技术规范和规程进行编写，注意了深度和广度的适当平衡，在立足于建筑施工企业安全生产的基础上，较全面地介绍了相关专业的安全生产技术与管理的知识，以满足当今建筑业发展的需求。

本书可作为建筑工程技术、建设工程管理、建设工程监理等专业的教学用书，还可作为相关专业和从事工程建设的工程技术人员的参考用书。

图书在版编目（CIP）数据

建筑工程安全技术与管理/李林，郝会娟主编. —3版. —北京：机械工业出版社，2021.6（2022.6重印）

“十二五”职业教育国家规划教材：修订版

ISBN 978-7-111-68001-7

Ⅰ.①建… Ⅱ.①李… ②郝… Ⅲ.①建筑工程－安全管理－高等职业教育－教材 Ⅳ.①TU714

中国版本图书馆CIP数据核字（2021）第065628号

机械工业出版社（北京市百万庄大街22号 邮政编码100037）
策划编辑：王靖辉 责任编辑：王靖辉 覃密道
责任校对：陈 越 责任印制：刘 媛
涿州市般润文化传播有限公司印刷
2022年6月第3版第3次印刷
184mm×260mm·24印张·596千字
标准书号：ISBN 978-7-111-68001-7
定价：59.90元

电话服务
客服电话：010-88361066
010-88379833
010-68326294

网络服务
机 工 官 网：www.cmpbook.com
机 工 官 博：weibo.com/cmp1952
金 书 网：www.golden-book.com
机工教育服务网：www.cmpedu.com

封底无防伪标均为盗版

前　言

在习近平新时代中国特色社会主义思想的引领下，“生命至上，安全第一”的理念正进一步地深入人心。建筑业是我国国民经济的支柱产业，改革开放四十多年来得到迅猛发展的同时，建筑安全一直是一个不容忽视的问题。从住房和城乡建设部历年来发布的全国房屋市政工程生产安全事故通报的情况来看，我国建筑安全生产形势依然严峻复杂，建筑业需要大批既懂建筑施工又懂安全管理的复合型技术人才，从根本上促进建筑业安全生产形势的好转和持续健康发展。

人才的培养离不开高质量的专业教材。本书编写团队于2010年首次出版了《建筑工程安全技术与管理》，2016年进行了修订，并获评为“十二五”职业教育国家规划教材。截至2020年本书已累积印刷17次，发行5万余册。这些成绩的取得，既是对编写团队工作的肯定，也说明本书有着广泛的市场前景和社会需求，同时也反映出安全教育和培训的重要性和迫切性。

本书以建筑行业最常发生的五大安全事故（高处坠落、物体打击、触电、机械伤害和坍塌）为重点防范内容进行编写。另外，考虑到建筑施工的复杂性、工种的多样性等因素，还涵盖了施工机械、焊接工程、职业卫生、现场防火等内容。本书编写以“重实践，重技能，以能力为本位”为宗旨，技术应用能力培养为主线，结合行业技术领域和岗位要求进行编写，具有内容新、案例多、实践性强、构架合理和重点突出等特点。

本书第3版在第2版的基础上进行了全面的修订，主要特色体现在以下几个方面：

（1）**依据现行的安全技术标准、规范、规程**对教材内容进行了删旧增新，保证了知识内容的与时俱进。

（2）体现信息化特点，**每个单元均增加了微课（见“微课视频列表”）**，学生可以随时、快速地了解本单元的内容构成、重点难点、学习目标、学习方法等。

（3）**本书配套资源不仅包括电子课件、思考与拓展题答案、模拟试卷，还加入了建筑工程安全技术与管理的拓展知识、事故案例、图片、政策性文件等内容**（凡使用本书作为教材的教师可登录机械工业出版社教育服务网 www. cmpedu. com 下载）。数字化资源既丰富了知识传播形式，也能激发学生的学习兴趣。

（4）**每个单元的课程思政部分，增加了大国工匠、先进技术、劳模精神等内容**，以传递正确的价值观，增强学生的爱国热情。

（5）校企“双元”合作编写，引入施工一线的新知识、新技术和新工艺，保证了内容的准确性和时效性，也体现了职业性特点。

本书由河南建筑职业技术学院李林、郝会娟任主编，河南五建建设集团有限公司李云鹏、河南建筑职业技术学院崔志广任副主编，河南建筑职业技术学院申颖、李月娟、申商坤及河南五建建设集团有限公司朱宏洲、郑州高新投资控股集团有限公司杜冲参与编写。

在此，特别感谢河南省住房和城乡建设厅安全监督总站站长牛福增在百忙中对本书修订工作提供的大量指导和帮助。

本书在修订过程中，得到了校企合作单位河南五建建设集团有限公司和郑州高新投资控股集团有限公司的大力支持，在此表示衷心的感谢。

本书在编写过程中参考了建设工程安全生产技术和管理方面的一些书籍和资料，在此对各位同行以及资料的作者深表谢意。

由于编者经验和水平有限，书中难免存在疏漏或不足之处，恳请广大读者和同行批评指正。

编　者

微课视频列表

目　录

土方工程

单元1 土方工程

能力目标

1. 能区分土的类别，了解土方施工前的安全准备要求，能遵守挖土的一般规定。

2. 了解各类土方工程的安全支护形式和要求。

3. 掌握编制土方安全施工方案的方法，以及土方和基坑施工安全检查方法。

学习重点与难点

学习重点是土的分类、土方准备工作、基坑开挖、挖土的一般规定。

学习难点是各类基坑的土壁支撑技术及要求，以及基坑降水的安全技术。

课程思政 我国建筑施工安全生产和管理的发展历程

1984年9月18日，国务院颁布了《关于改革建筑业和基本建设管理体系若干问题的暂行规定》，标志着我国建筑业改革的全面开始，直接推动了建筑业和基本建设管理体制的改革。

一、改革开放初期

1984年，我国建筑业总产值为316.7亿元，但落后的施工技术和水平、粗放简单的管理手段、法律法规和管理制度的缺失和不完善，使施工现场的安全生产得不到保障。

二、建筑安全生产法律体系框架形成

随着《中华人民共和国建筑法》《中华人民共和国安全生产法》《建设工程安全生产条例》、《安全生产许可证条例》等一系列法律法规的出台并不断地修订完善，我国建筑安全生产法律体系框架已基本形成，建筑安全生产走上了法制化轨道。

三、推行文明工地、标准工地建设

1996年，建设部号召全国建设系统学习上海文明工地建设经验，积极开展创建文明工地活动。2008年11月，中国建筑业协会印发《建设工程项目施工工地安全文明标准化诚信评价试行办法》，全国建设项目AAA级文明标准化工地由此正式开展。2016年12月9日，《中共中央 国务院关于推进安全生产领域改革发展的意见》（中发［2016］32号）中要求："大力推进企业生产标准化建设，实现安全管理、操作行为、设备设施和作业环境的标准化。"这一系列举措改善了施工现场作业人员的工作环境、工作条件和生活环境，美化了施工现场的场容场貌，大大减少了安全隐患。同时安全生产标准化的实施，推动了建筑业安全状况的根本好转。

四、利用信息化技术，保障建筑安全

随着5G时代的到来，应用现代信息技术和网络技术，建立智慧化安全管理平台，创建智慧工地、文明工地，对建筑企业管理人员和工人进行实时、便捷、高效的安全教育和培训，已成为我国建筑安全生产和管理的发展趋势和必然选择，建筑安全开始进入信息技术管理时代。

建筑施工安全生产和管理伴随着建筑业的发展和转型升级，推陈出新、与时俱进，实现了飞跃发展，建筑安全生产形势也由最初的严峻逐步发展至平稳。建筑安全必将对人民群众的生命财产安全、国民经济持续健康发展和社会稳定发挥更加重要的作用。

子单元1 土的工程分类

土的种类繁多，其性质会直接影响土方工程的施工方法、劳动力消耗、工程费用和保证安全的措施等。一般按土的坚硬程度、开挖方法及使用工具的不同，分为松软土、普通土、坚土、砂砾坚土、软石、次坚石、坚石、特坚石八类，见表1-1。

表1-1　土的工程分类

土的分类	代号	特性	天然重度/(kN/m^3)	抗压强度/MPa	坚固系数f	开挖方法及工具
一类土（松软土）	Ⅰ	略有黏性的砂土、粉土、腐殖土及松软的种植土，泥炭（淤泥）	6～15	—	0.5～0.6	用锹开挖，少许用脚蹬，或用板锄挖掘
二类土（普通土）	Ⅱ	潮湿的黏性土和黄土，软的盐土和碱土，含有建筑材料碎屑、碎石、卵石的堆积土和种植土	11～16	—	0.6～0.8	用锹、条锄挖掘时须用脚蹬，少许用镐
三类土（坚土）	Ⅲ	中等密实的黏性土或黄土，含有碎石、卵石或建筑材料碎屑的潮湿的黏性土或黄土	18～19	—	0.8～1.0	主要用镐、条锄挖掘，少许用锹
四类土（砂砾坚土）	Ⅳ	坚硬密实的黏性土或黄土，含有碎石、砾石的中等密实黏性土或黄土；硬化的重盐土；软泥灰岩	19	—	1.0～1.5	全部用镐或条锄挖掘，少许用撬棍挖掘
五类土（软石）	Ⅴ～Ⅵ	硬的石炭纪黏土；胶结不紧的砾石；软石、节理多的石灰岩及页壳石灰岩；坚实的白垩岩；中等坚实的页岩、泥灰岩	12～27	20～40	1.5～4.0	用镐、撬棍或大锤挖掘，部分使用爆破方法
六类土（次坚石）	Ⅷ～Ⅸ	坚硬的泥质页岩；坚实的泥灰岩；角砾状花岗岩；泥灰质石灰岩；黏土质砂岩；云母页岩及砾质页岩；风化的花岗岩、片麻岩及正长岩；滑石质的蛇纹岩；密实的石灰岩；硅质胶结的砾岩；砂岩	22～29	40～80	4.0～10.0	用爆破方法开挖，部分用风镐开挖
七类土（坚石）	Ⅹ～Ⅻ	白云岩；大理石；坚实的石灰岩、石灰质及石英质的砂岩；坚硬的砂质页岩；蛇纹岩；粗粒正长岩；有风化痕迹的安山岩及玄武岩；片麻岩；粗面岩；中粗花岗岩；坚实的片麻岩；粗面岩；辉绿岩；玢岩；中粗正长岩	25～31	80～160	10.0～18.0	用爆破方法开挖
八类土（特坚石）	ⅩⅣ～ⅩⅥ	坚实的细花岗岩；花岗片麻岩；闪长岩；坚实的玢岩；角闪岩、辉长岩、石英岩、安山岩、玄武岩、最坚实的辉绿岩、石灰岩及闪长岩；橄榄石质玄武岩；特别坚实的辉长岩、石英岩及玢岩	27～33	160～250	≥18.0	用爆破方法开挖

注：1. 土的级别相当于一般16级土石分类级别。

2. 坚固系数f相当于普氏岩石强度系数。

子单元2 土方施工

1.2.1 施工准备

土方工程包括土的开挖、运输和填筑等施工过程，有时还要进行排水、降水、土壁支撑等准备工作。建筑工程中最常见的土方工程有场地平整、基坑（槽）开挖、地坪填土、路基填筑及基坑回填土等。土方工程施工往往具有工程量大、劳动繁重和施工条件复杂等特点。土方工程施工受气候、水文、地质、地下障碍等因素的影响较大，不确定因素也较多，有时施工条件极为复杂。土方施工的准备工作包括以下几点：

1）土方开挖前，应查明施工场地明、暗设置物（电线、地下电缆、管道、坑道等）的地点及走向，并采用明显记号标示。严禁在离电缆1m距离以内作业。应根据施工方案的要求，将施工区域内的地下、地上障碍物清除和处理完毕。

2）建筑物或构筑物的位置或场地的定位控制线（桩）、标准水平桩及开槽的灰线尺寸，必须经过检验合格，并办好预检手续。

3）夜间施工时，应有足够的照明设施；危险地段应设置明显标志，并应合理安排开挖顺序，防止错挖或超挖。

4）开挖有地下水位的基坑槽、管沟时，应根据当地工程地质资料，采取措施降低地下水位。一般要降至开挖面以下0.5m，然后才能开挖。

5）施工机械进入现场所经过的道路、桥梁和卸车设施等，应事先经过检查，必要时应进行加固或加宽等准备工作。

6）选择土方机械时，应根据施工区域的地形和作业条件、土的类别和厚度、总工程量及工期综合考虑，以发挥施工机械的效率。

7）在机械施工无法作业的部位，以及修整边坡坡度、清理槽底作业等，均应配备人工进行施工。

1.2.2 土方开挖

1. 斜坡土挖方

土坡坡度要根据工程地质和土坡高度，结合当地同类土体的稳定坡度值确定。

土方开挖宜从上到下分层分段依次进行，并随时做成一定的坡度以利泄水，且不应在影响边坡稳定的范围内积水。

在斜坡上方弃土时，应保证挖方边坡的稳定。应连续设置弃土堆，其顶面应向外倾斜，以防山坡水流入挖方场地。但在坡度大于1/5的地区或软土地区，禁止在挖方上侧弃土。在挖方下侧弃土时，要将弃土堆表面整平，并向外倾斜，弃土表面要低于挖方场地的设计标高；或在弃土堆与挖方场地间设置排水沟，防止地表水流入挖方场地。

2. 滑坡地段挖方

在滑坡地段挖方时，应符合下列规定：

1）施工前，先了解工程地质勘察资料、地形、地貌及滑坡迹象等情况。

2）不宜在雨期施工，同时不应破坏挖方上坡的自然植被，并应事先做好地面和地下排水设施。

3）应遵循“先整治后开挖”的施工顺序；开挖时，须遵循“由上到下”的开挖顺序，严禁先切除坡脚。

4）爆破施工时，严防因振动而产生滑坡。

5）抗滑挡土墙应尽量在旱季施工，基槽开挖应分段进行，并加设支撑，开挖一段就应做好这段的挡土墙。

6）在开挖过程中，如发现滑坡迹象（如裂缝、滑动等），应暂停施工；必要时，所有人员和机械要撤至安全地点。

3. 湿土地区挖方

在湿土地区开挖时，应符合下列规定：

1）施工前，须做好地面排水和降低地下水位的工作。若为人工降水，地下水位降至坑底以下0.5~1.0m时，方可开挖，当采用明排水时可不受此限。

2）开挖相邻基坑和管沟时，要先深后浅，并要及时做好基础。

3）挖出的土不应堆放在坡顶上，应立即转运至规定的距离以外。

4. 膨胀土地区挖方

在膨胀土地区挖方时，应符合下列规定：

1）开挖前，应做好排水工作，防止地表水、施工用水和生活废水浸入施工现场或冲刷边坡。

2）开挖后的基土不允许在烈日下暴晒或受水浸泡。

3）开挖、做垫层、基础施工和回填土等应连续进行。

4）采用砂地基时，应先将砂土浇水至饱和后再铺填压实，不能使用在基坑（槽）或管沟内浇水使砂沉落的方法施工。

钢（木）支撑的拆除，应按回填顺序依次进行。多层支撑应自下而上逐层拆除，随拆随填。

1.2.3 基坑（槽）的开挖

土方施工必须遵循以下十六字原则：开槽支撑，先撑后挖，分层开挖，严禁超挖。

施工中禁止地面水流入基坑（沟）内，以免边坡塌方。

挖方边坡要随挖随撑，并支撑牢固，且应在施工过程中经常检查，如有松动、变形等现象，应及时加固或更换。

1. 挖土的一般规定

挖土时，应遵守以下规定：

1）人工开挖时，两个人的操作间距应保持2~3m，并应自上而下逐层挖掘，严禁采用掏洞的挖掘操作方法。

2）挖土时，应随时注意土壁的变异情况，如发现有裂纹或部分塌落现象，应及时进行支撑或加大放坡坡度，并注意支撑的稳固和边坡的变化。

3）对于上下基坑（沟），应先挖好阶梯或设木梯，不应踩踏土壁及其支撑上下。

4）用挖土机施工时，挖土机的作业范围内不得进行其他作业；且应至少保留0.3m厚不挖，最后由人工挖至设计标高。

5）在坑边堆放弃土、材料和移动施工机械时，应与坑边保持一定距离；当土质良好时，应距基坑边1m以外，且堆放高度不能超过1.5m。

6）采用机械挖方时，应严格执行施工机械操作的安全技术和管理要求（详见单元7）。

7）严禁在废炮眼上钻孔和骑马式操作，钻孔时，钻杆与钻孔中心线应保持一致。严禁在装完炸药的炮眼5m以内钻孔。

8）配合机械作业的清底、平地、修坡等人员，应在机械回转半径以外工作。当必须在回转半径以内工作时，应停止机械回转并制动好后，方可作业。

9）在行驶或作业中，除驾驶室外，挖掘装载机任何部位均严禁乘坐或站立人员。

10）推土机行驶前，严禁有人站在履带或刀片的支架上，机械四周应无障碍物，确认安全后，方可开动。

11）作业中，严禁任何人上下机械，传递物件，以及在铲斗内、拖把或机架上坐立。

12）非作业行驶时，铲斗必须用锁紧链条牢牢挂在运输行驶位置上，机上任何部位均不得载人或装载易燃、易爆物品。

13）装载机转向架未锁闭时，严禁站在前后车架之间进行检修保养。

14）夯实机作业时，应一人扶夯，另一人传递电缆线，且必须戴绝缘手套，穿绝缘鞋。递线人员应跟在夯机后或两侧调顺电缆线，电缆线不得扭结或缠绕，且不得张拉过紧，应保持有3～4m的余量。

15）电动冲击夯应装有漏电保护装置，操作人员必须戴绝缘手套，穿绝缘鞋。作业时，电缆线不应拉得过紧，应经常检查线头安装部位，不得松动及引起漏电。严禁冒雨作业。

2. 基坑（槽）和管沟挖方

基坑（槽）土壁垂直挖深的规定如下：

1）当基坑（槽）无地下水或地下水位低于基坑（槽）底面且土质均匀时，土壁不加支撑的垂直挖深不宜超过表1-2的规定。

表1-2　基坑（槽）土壁垂直挖深规定

土的类别	深度/m
密实、中密的砂土和碎石类土（充填物为砂土）	1.00
硬塑、可塑的粉土及粉质黏土	1.25
硬塑、可塑的黏土和碎石类土（填充物为黏性土）	1.50
坚硬的黏土	2.00

2）当天然冻结的速度和深度能够确保挖土时的安全操作时，对4m以内深度的基坑（槽）开挖时，可以采用天然冻结法垂直开挖而不加设支撑。但对于干燥的砂土，严禁采用冻结法施工。

3）黏性土不加支撑的基坑（槽）最大垂直挖深，可根据坑壁的土重、内摩擦角、坑顶部的荷载及安全系数等进行计算确定。

3. 坑壁支撑

1）采用钢板桩、钢筋混凝土预制桩作为坑壁支撑时，应符合下列规定：

① 应尽量减少打桩时对邻近建筑物和构筑物的影响。

② 当土质较差时，宜采用啮合式板桩。

③ 采用钢筋混凝土灌注桩时，要在桩身混凝土达到设计强度后，方可开挖。

④ 在桩身附近挖土时，不能伤及桩身。

2）采用钢板桩、钢筋混凝土桩作为坑壁支撑并设有锚杆时，应符合下列规定：

① 锚杆宜选用带肋钢筋，使用前应清除油污和浮锈，以增强其握裹力，防止发生意外。

② 锚固段应设置在稳定性较好的土层或岩层中，长度应大于或等于计算规定。

③ 钻孔时不应损坏已有管沟、电缆等地下埋设物。

④ 施工前，须测定锚杆的抗拉力，验证可靠后，方可施工。

⑤ 锚杆部分要用水泥砂浆灌注密实，并须经常检查锚头紧固和锚杆周围土质情况。

1.2.4 浅基础的土壁支撑

对于基坑深度在5m以内的边坡，支撑形式多种多样，下面列举八种常见方法，见表1-3。

表1-3 浅基础支撑形式

支撑名称	适用范围	支撑简图	支撑方法
间断式水平支撑	干土或天然湿度的黏土类土，深度在2m以内	1 2 7	两侧挡土板水平放置，用撑木顶牢，挖一层土支护一层
断续式水平支撑	挖掘湿度小的黏性土，挖土深度在3m以内	3 6 1	挡土板水平放置，中间留出间隔，然后两侧同时对称设置竖木方，再用工具式横撑上下顶牢
连续式水平支撑	挖掘较潮湿的或散粒的土，且挖土深度小于5m	3 7 5 1	挡土板水平放置，相互靠紧，不留间隔，然后两侧同时对称设置竖木方，上下各顶一根撑木，端头加木楔顶牢

（续）

支撑名称	适 用 范 围	支 撑 简 图	支 撑 方 法
连续式垂直支撑	挖掘松散的或湿度很高的土（挖土深度不限）	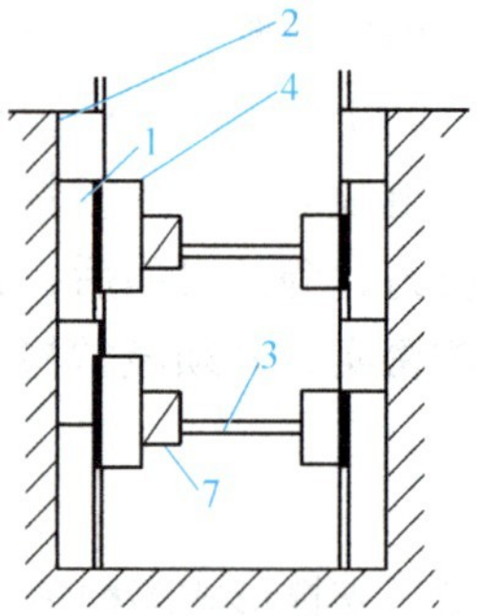	垂直放置挡土板，然后每侧上、下各水平设置一根木方，用撑木顶紧，再用木楔顶牢
锚拉支撑	开挖较大基坑，或使用较大型的机械挖土，而不能安装横撑时	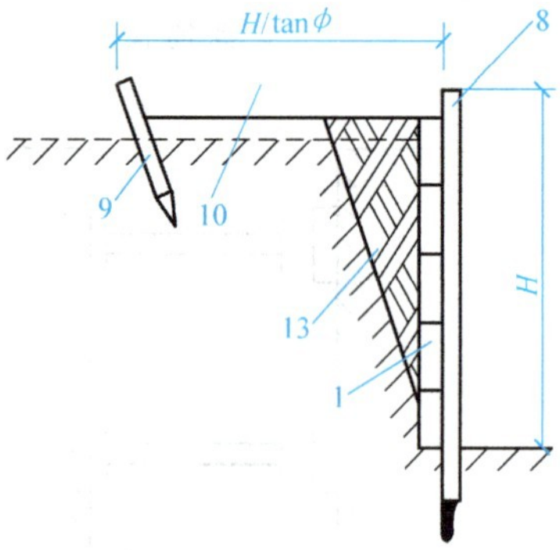	挡土板水平顶在柱桩的内侧，柱桩一端打入土中，另一端用拉杆与远处锚桩拉紧，挡土板内侧回填土
斜柱支撑	开挖较大基坑或使用较大型的机械挖土，而不能采用锚拉支撑时	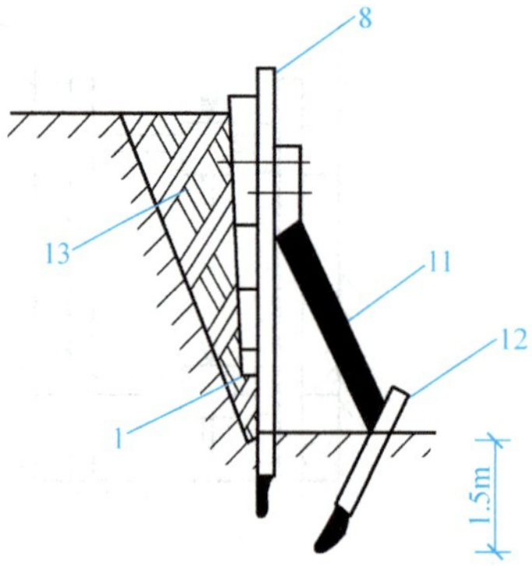	挡土板水平顶在柱桩的内侧，柱桩外侧由斜撑支牢，斜撑的底端只顶在撑桩上，然后在挡土板内侧回填土
短桩横隔支撑	开挖宽度大的基坑，当部分地段下部放坡不足时	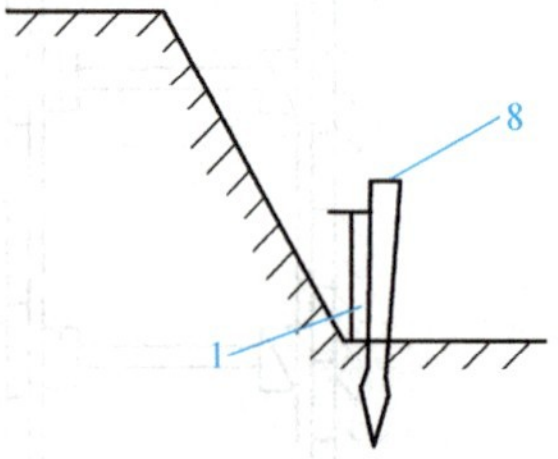	打入小短木桩，一半露出地面，一半打入地下，地上部分背面钉上横板，在背面填土

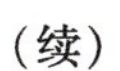

（续）

支撑名称	适用范围	支撑简图	支撑方法
临时挡土墙支撑	开挖宽度大的基坑，当部分地段下部放坡不足时	14	坡角用砖、石叠砌或用草袋装土叠砌，使其保持稳定

表中图注：1—水平挡土板　2—垂直挡土板　3—竖木方　4—横木方　5—撑木　6—工具式横撑　7—木楔　8—柱桩　9—锚桩　10—拉杆　11—斜撑　12—撑桩　13—回填土　14—装土草袋

1.2.5　深基坑的土壁支撑

深度超过5m的基坑支撑，常用的有如下几种类型，见表1-4。

表1-4　深基坑支撑形式

支撑名称	适用范围	支撑简图	支撑方法
钢构架支护	在软弱土层中开挖较大，较深基坑，而不能用一般支护方法时	2 3 1	在开挖的基坑周围打板桩，在柱位置上打入暂设的钢柱，在基坑中挖土，每下挖3～4m，装上一层幅度很宽的构架式横撑，挖土在钢构架网格中进行
地下连续墙支护	开挖较大较深，周围有建筑物、公路的基坑，作为复合结构的一部分，或用于高层建筑的逆作法施工，作为结构的地下外墙	5 4	在开挖的基槽周围，先建造地下连续墙，待混凝土达到强度后，在连续墙中间用机械或人工挖土，直至要求深度。当跨度、深度不大时，连续墙刚度能满足要求，可不设内部支撑。用于高层建筑地下室逆作法施工时，每下挖一层，把下一层梁板、柱浇筑完成，以此作为连续墙的水平框架支撑，如此循环作业，直到地下室的底层全部挖完土，浇筑完成

（续）

支撑名称	适用范围	支撑简图	支撑方法
地下连续墙锚杆支护	开挖较大、较深（>10m）的大型基坑，周围有高层建筑物，不允许支护有较大变形，采用机械挖土，不允许内部设支撑时		在开挖基坑的周围，先建造地下连续墙，在墙中间用机械开挖土方，至锚杆部位。用锚杆钻机在要求位置锚孔，放入锚杆，进行灌浆，待达到设计强度，装上锚杆，然后继续下挖至设计深度。如设有2～3层锚杆，每挖一层，装一层锚杆，采用快凝砂浆灌浆
挡土护坡桩支撑	开挖较大、较深（>6m）基坑，临近有建筑，不允许支撑有较大变形时		在开挖基坑的周围，用钻机钻孔，现场灌注钢筋混凝土桩，待达到强度，在中间用机械或人工挖土，下挖1m左右，装上横撑。在桩背面已挖沟槽内拉上锚杆，并将它固定在已预先灌注的锚桩上拉紧，然后继续挖土至设计深度，在桩中间土方挖成向外拱形，使其起土拱作用，如临近有建筑物，不能设计锚拉杆，则采取加密桩距或加大桩径处理
挡土护坡桩与锚杆结合支撑	大型较深基坑开挖，临近有高层建筑物，不允许支撑有较大变形时		在开挖基坑的周围钻孔，浇筑钢筋混凝土灌注桩，达到强度后，在柱中间沿桩垂直挖土。挖到一定深度，安上横撑，每隔一定距离向桩背面斜下方用锚杆钻机打孔，在孔内放钢筋锚杆，用水泥压力灌浆。达到强度后，拉紧固定，在桩中间进行挖土直到设计深度。如设两层锚杆，可挖一层土，装设一次锚杆
板桩中央横顶支撑	开挖较大、较深基坑，板桩刚度不够，又不允许设置过多支撑时		在基坑周围先打板桩或灌注钢筋混凝土护坡桩，然后在内侧放坡，挖中央部分土方到坑底。先施工中央部分框架结构做支撑，向板桩支水平横顶梁，再挖去放坡的土方，每挖一层，支一层横顶梁，直至坑底，最后建造靠近板桩部分的结构

（续）

支撑名称	适用范围	支撑简图	支撑方法
板中央斜顶支撑	开挖较大、较深基坑，板桩刚度不够，坑内又不允许设置过多支撑时		在基坑周围先打板桩或灌注护坡桩，在内侧放坡开挖中央部分土方至坑底，并先灌注好中央部分基础。再从这个基础向板桩上方支斜顶梁。然后把放坡的土层支一道斜顶撑，支至设计深度，最后建靠近板顶部分地下结构
分层板桩支撑	开挖较大、较深基坑，当主体与裙房基础标高不等而又无重型板桩时		在开挖裙房基础时，周围先打钢筋混凝土板桩或钢板支护，然后在内侧普遍挖土至裙房基础底标高。再在中央主体结构基础四周打二级钢筋混凝土板桩或钢板桩，挖主体结构基础土方，施工主体结构至地面。最后，施工裙房基础，或边继续向上施工主体结构，边分段施工裙房基础

表中图注：1—钢板桩　2—钢横撑　3—钢撑　4—钢筋混凝土地下连续墙　5—地下室梁板　6—土层锚杆　7—直径为400～600mm的现场钻孔灌注钢筋混凝土桩，间距为1～15m　8—斜撑　9—连系板　10—先施工框架结构或设备基础　11—后挖土方　12—后施工结构　13—锚筋　14——级混凝土板桩　15—二级混凝土板桩　16—拉杆　17—锚杆

1.2.6　挡土墙

1. 挡土墙的作用

挡土墙主要用于维护土体边坡的稳定，防止坡体滑动或边坡坍塌，因而在建筑工程中得到广泛的使用。但由于处理不当，因挡土墙崩塌而发生的伤亡事故也不少，因此学习挡土墙的安全使用是十分必要的。

2. 挡土墙的基本构造和形式

挡土墙有重力式挡土墙、钢筋混凝土挡土墙、锚杆挡土墙、锚定板挡土墙和其他轻型挡土墙等。如土体高度在5m以下，一般多采用重力式挡土墙，即主要靠自身的重力来抵抗倾覆，这类挡土墙构造简单、施工方便，也便于就地取材。

重力式挡土墙常用的基本形式有垂直式和倾斜式两种（图1-1），一般墙面坡度采用1∶0.25～1∶0.05。其基础埋置深度，应根据地基的容许承载力、冻结深度、岩石风化程度、雨水冲刷等因素来确定。挡土墙基础埋深一般为1.0～1.2m；对于岩石地基，挡土墙埋深则视风化程度而定，一般为0.25～1.00m。基础宽与墙高之比为1/2～2/3，沿水平方向每隔10～25m要设置一道宽20～30mm的伸缩缝或沉降缝，缝内填塞沥青等柔性防水材料。在墙

体的纵横方向，每隔2～3m向外倾斜5%，留置孔眼尺寸不小于100mm的泄水孔，并在挡土墙后做滤水层或必要的排水盲沟，地面铺设防水层；当墙后有山坡时，还应在坡下设置排水沟，以便减少土压力。

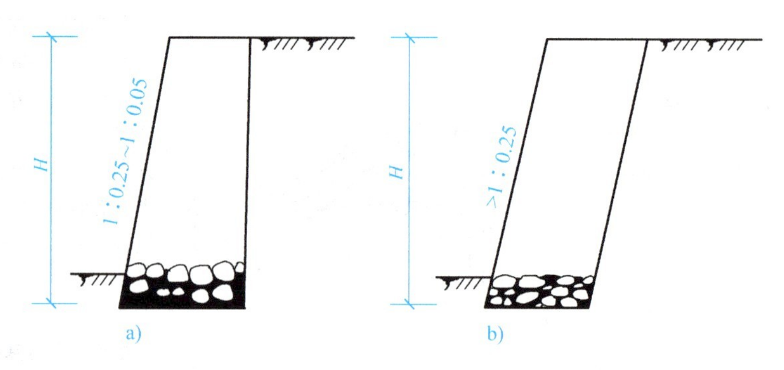

图1-1　重力式挡土墙
a）垂直式　b）倾斜式

1.2.7　施工现场排水

1. 大面积场地及地面坡度不大时

1）当场地平整时，应按向低洼地带或可泄水地带平整成缓坡，以便排出地表水。

2）在场地四周设排水沟，分段设渗水井，以防止场地集水。

2. 大面积场地及地面坡度较大时

当大面积场地及地面坡度较大时，在场地四周设置主排水沟，并在场地范围内设置纵、横向排水支沟，也可在下游设集水井，用水泵排出。

3. 大面积场地地面遇有山坡地段时

当大面积场地地面遇有山坡地面时，应在山坡底脚处挖截水沟，使地表水流入截水沟内排出场地外。

4. 基坑（槽）排水

开挖底面低于地下水位的基坑（槽）时，地下水会不断渗入坑内。当雨期施工时，地表水也会流入基坑内。如果不及时排走坑内积水，不仅会使施工条件恶化，还会使土被水泡软，造成边坡塌方和坑底承载能力下降。因此，为保安全生产，在基坑（槽）开挖前和开挖时，必须做好排水工作，保持土体干燥，才能保障安全。

基坑（槽）的排水工作，应持续到基础工程施工完毕，并进行回填后才能停止。

基坑的排水方法，可分为明排水和人工降低地下水位两种方法。

（1）明排水法

1）雨期施工时，应在基坑四周或水的上游，开挖截水沟或修筑土堤，以防地表水流入坑槽内。

2）在基坑（槽）开挖过程中，应在坑底设置集水井，并沿坑底周围或中央开挖排水沟，使水流入集水井中，然后用水泵抽走，抽出的水应予以引开，严防倒流。

3）四周排水沟及集水井应设置在基础范围以外地下水走向的上游，并根据地下水量大小、基坑平面形状及水泵能力，每隔20～40m设置一个集水井。集水井的直径或宽度一般为0.6~0.8m，其深度随着挖土的加深而加深，随时保持低于挖土面0.7~1.0m。井壁可用竹、木等进行简单加固。当基坑（槽）挖至设计标高后，井底应低于坑底1~2m，并铺设碎石滤水层，以避免当抽水时间较长时将泥土抽出，及防止井底的土被扰动。

由于明排水法设备简单和排水方便，所以采用较为普遍，但它只宜用于粗粒土层。因水流虽大，但土粒不致被抽出的水流带走，也可用于渗水量小的黏性土。当土为细砂和粉砂时，抽出的地下水流会带走细粒而发生流砂现象，造成边坡坍塌、坑底隆起、无法排水和难以施工，此时应改用人工降低地下水位的方法。

（2）人工降水

人工降低地下水位，就是在开挖基坑前，预先在基坑（槽）四周埋设一定数量的滤水管（井），利用抽水设备从中抽水，使地下水位降落到坑底以下。同时，在基坑开挖过程中继续抽水，使所挖的土始终保持干燥状态，从根本上防止细砂和粉砂土产生流砂现象，改善挖土工作的条件；土内的水分排出后，可变动边坡坡度，以便减小挖土量。

人工降水的方法有轻型井点、喷射井点、管井井点、深井泵以及电渗井点等。具体采用何种方法，可根据土的渗透系数、降低水位的深度、工程特点及设备条件等确定，其中以轻型井点采用较广。

1.2.8 人工挖孔桩的安全措施

1）孔内必须设置应急爬梯，供人员上下。使用的电葫芦、吊笼等应安全可靠并配有自动卡紧保险装置，不得使用麻绳和尼龙绳吊挂或脚踏井壁凸缘上下。使用前必须检验其安全起吊能力。

2）每日开工前，必须检测井下的有毒有害气体，并应有足够的安全防护措施。桩孔开挖深度超过10m时，应有专门向井下送风的设备。

3）孔口四周必须设置护栏。

4）挖出的土石方应及时运离孔口，不得堆放在孔口四周1m范围内，机动车辆的通行不得对井壁的安全造成影响。

5）施工现场的一切电源、电路的安装和拆除必须由持证电工操作；电器必须严格接地、接零，并使用漏电保护器。各桩孔用电必须一闸一孔，严禁一闸多用。桩孔上电缆必须架空2m以上，严禁拖地和埋压土中，孔内电缆、电线必须有防磨损、防潮、防断等保护措施。照明应采用安全矿灯或12V以下的安全灯。

1.2.9 土方施工安全事故应急救援

1. 编制防止坍塌的施工方案

土方工程施工，必须单独编制专项施工方案，制订安全技术措施，防止土方坍塌，尤其是制订防止影响毗邻建筑物的安全技术措施。

1）按土质放坡或护坡。施工中，应按土质的类别和基坑的类型，制订切实可行的安全技术和组织措施，并由专业施工队伍进行防护施工。

2）降水处理。对于基底标高低于地下水位的土方施工，首先应降低地下水位，对毗邻建筑物必须采取有效的安全防护措施，并进行认真观测。

3）基坑边堆土要满足安全距离的要求，严禁在坑边违规堆放建筑材料，并防止动荷载对土体的振动造成原土层内部颗粒结构发生变化。

4）在土方挖掘过程中，应安排专人进行及时的监控，发现情况应及时采取应急措施。

5）杜绝“三违”现象（“三违”指违章作业、违章指挥、违反劳动纪律）。

2. 建立安全事故应急救援体系

1）当施工现场的监控人员发现土方或建筑物有裂纹或发出异常情况时，应立即报告给应急救援领导小组组长，并立即下令停止作业，组织施工人员快速撤离到安全地点。

2）在土方或建筑物发生坍塌，造成人员被埋、被压的情况下，应急救援领导小组应全员上岗，除应立即逐级报告给主管部门之外，应保护好现场，在确认不会再次发生同类事故的前提下，立即组织人员进行抢救受伤人员。

3）当少部分土方坍塌时，现场救护人员应用铁锹进行挖掘，并注意不要伤及被埋人员；当建筑物整体倒塌，造成特大事故时，由地方政府应急救援领导小组统一领导和指挥，各有关部门协调作战，保证抢险工作有条不紊地进行，要采用起重机、挖掘机进行抢救，现场应有指挥并监护，防止机械伤及被埋或被压人员。

4）被抢救出来的伤员，要由现场医疗室医生或急救中心救护人员进行抢救，用担架把伤员抬到救护车上。对于伤势严重的人员，要立即进行吸氧和输液，到医院后组织医务人员全力救治。

5）当核实所有人员获救后，对受伤人员的位置进行拍照或录像，禁止无关人员进入事故现场，等待事故调查组进行调查处理。

6）对在土方坍塌和建筑物坍塌中死亡的人员，由企业及地方政府善后处理组负责对死亡人员的家属进行安抚，并进行伤残人员安置和财产理赔等善后处理工作。

1.2.10 基坑支护安全控制要点

基坑支护的安全控制要点是防止土方坍塌，而引起土方坍塌的主要原因，首先是基坑开挖放坡不够，没按土的类别、坡度的容许值和规定的高度比进行放坡，造成坍塌。其次是由于基坑边坡顶部超载或振动，破坏了土体的内聚力，引起土体结构破坏，造成滑坡。另外，施工方法不正确，开挖程序不对，超标高挖土，支撑设置或拆除不正确，或者排水措施不力以及解冻时造成的坍塌等，也会引起土方坍塌。

针对上述因素，要求基坑支护安全控制必须在施工前进行详细的工程地质勘察，明确地下情况，制订施工方案，并按照土质情况和深度设置安全边坡或支撑加固，对于较深的沟坑，必须编制专项施工方案。实施中，应随时检查边坡和支护，及时发现和处理事故隐患。按照规定，坑（槽）周边不得任意堆放材料和施工机械，确保边坡的稳定；如施工机械确须进行坑（槽）边作业时，应对机械作业范围内的地面采取加固措施。施工方案、临边防护、坑壁支护、排水措施、坑边荷载、上下通道、土方开挖、基坑支护变形监测、作业环境等均是安全控制的重点。

1. 施工方案

基坑开挖之前，应按照土质情况、基坑深度以及周边环境确定支护方案，其内容应包括放坡要求、支护结构设计、机械选择、开挖时间、开挖顺序、分层开挖深度、坡道位置、车辆进出道路、降水措施及监测要求等。制订施工方案必须针对施工工艺和作业条件，对施工过程中可能造成坍塌、影响作业人员的安全以及防止周边建筑、道路等产生不均匀沉降的因

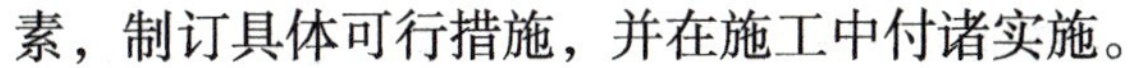
素，制订具体可行措施，并在施工中付诸实施。

深基坑施工必须有具有针对性、能指导施工的施工方案，并按有关程序进行审批；对于危险性较大的基坑工程，应编制安全专项施工方案，由施工单位技术、安全、质量等专业部门进行审核，并由施工单位技术负责人签字，超过一定规模的危险性较大的基坑工程由施工单位组织进行专家论证。

2. 临边防护

对于深度超过2m的基础，坑边必须设置防护栏杆，并且用密目安全网封闭，栏杆立杆应与便道预埋件电焊连接。栏杆宜采用ϕ48.3×3.6钢管，表面喷涂黄色与黑色相间安全标识。坑口应用砖砌成沿口，防止砂石和地表水进入坑内。对于取土口、栈桥边、行人支撑边等部位，必须设置安全防护设施并符合相关要求。

3. 坑壁支护

坑槽开挖应设置符合安全要求的安全边坡；基坑支护的施工应符合支护设计方案的要求；应有针对支护设施产生变形的防治预案，并及时采取措施；应严格按支护设计及方案要求进行土方开挖及支撑的拆除；采用专业方法拆除支撑的施工队伍必须具备专业施工资质。

对于不同深度的基坑和作业条件，所采取的支护方式也不同。

（1）原状土放坡　一般基坑深度小于3m时，可采用一次性放坡。当深度达到4～5m时，也可采用分级放坡。明挖放坡必须保证边坡的稳定，根据土的类别进行稳定计算以确定安全系数。原状土放坡适用于较浅的基坑，对于深基坑，可采用打桩、土钉墙或地下连续墙方法来确保边坡的稳定。

（2）排桩（护坡桩）　当周边无条件放坡时，可设计成挡土墙结构。可以采用预制桩或灌注桩，预制桩有钢筋混凝土桩和钢桩，当采用间隔排桩时，将桩与桩之间的土体固化形成桩墙挡土结构。

土体的固化可采用高压旋喷或深层搅拌法进行。固化后的土体不但整体性好，同时可以阻止地下水渗入基坑，形成隔渗结构。桩墙结构实际上利用桩的入土深度形成悬臂结构，当基础较深时，可采用坑外拉锚或坑内支撑来保持护桩的稳定。

（3）坑外拉锚与坑内支撑

1）坑外拉锚。用锚具将锚杆固定在桩的悬臂部分，将锚杆的另一端伸向基坑边坡土层内锚固，以增加桩的稳定。土锚杆由锚头、自由段和锚固段三部分组成，锚杆必须有足够长度，锚固段不能设置在土层的滑动面之内。锚杆应经设计并通过现场试验确定抗拔力。锚杆可以设计成一层或多层，采用坑外拉锚较采用坑内支撑法有较好的机械开挖环境。

2）坑内支撑。为提高桩的稳定性，也可采用在坑内加设支撑的方法。坑内支撑可采用单层平面或多层支撑，支撑材料可采用型钢或钢筋混凝土，设计支撑的结构形式和节点做法，必须注意支撑安装及拆除顺序。尤其对多层支撑，要加强管理，混凝土支撑必须在上道支撑强度达到80%以上时才可挖下层；对于钢支撑，严禁在负荷状态下进行焊接。

（4）地下连续墙　地下连续墙就是在深层地下浇筑一道钢筋混凝土墙，既可起挡土护壁的作用，又可起隔渗作用，也可以成为工程主体结构的一部分，还可以代替地下室墙的外模板。

地下连续墙可简称为地连墙，地连墙施工是利用成槽机械，按照建筑平面挖出一条长槽，用膨润土泥浆护壁，在槽内放入钢筋笼，然后浇筑混凝土。施工时，可以分成若干单元（5～8m一段），最后将各段进行接头连接，形成一道地下连续墙。

（5）逆作法施工　逆作业法是指先沿建筑物地下室轴线或周围施工地下连续墙或其他支护结构，同时建筑物内部的有关位置浇筑或打下中间支承桩和柱，作为施工期间于底板封底之前承受上部结构自重和施工荷载的支撑。然后施工地面一层的梁板楼面结构，作为地下连续墙刚度很大的支撑，随后逐层向下开挖土方和浇筑各层地下结构，直至底板封底。同时，由于地面一层的楼面结构已完成，为上部结构施工创造了条件，所以可以同时向上逐层进行地上结构的施工。如此地面上、下同时进行施工，直至工程结束。逆作法可以分为全逆作法、半逆作法、部分逆作法、分层逆作法。

4. 排水措施

基坑施工中常遇地下水，尤其是深度施工，如处理不好，不但影响基坑施工，还会给周边建筑造成沉降不均的危险。高水位地区深基坑内必须设置有效的降水措施；深基坑边界周围地面必须设置排水沟；基坑施工必须设置有效的排水措施；深基坑降水施工必须有防止临近建筑及管线沉降的措施。

对地下水的控制方法一般有排水、降水和隔渗。

（1）排水　开挖深度较浅时，可采用明排。沿槽底挖出两道水沟，每隔30～40m设置一集水井，用抽水设备将水抽走。有时在深基坑施工中，为排除雨季的暴雨突然引发的明水，也可采用明排。

（2）降水　开挖深度大于3m时，可采用井点降水。在基坑外设置降水管，管壁有孔并有过滤网，可以防止在抽水过程中水将土粒带走，保持土体结构不被破坏。井点降水每级可降低4.5m水位，再深时，可采用多级降水；水量大时，也可采用深井降水。当降水可能造成周围建筑物不均匀沉降时，应在降水的同时采取回灌措施。回灌井是一个较长的穿孔井管，与井点的过滤管相同，井外填以适当级配的滤料，井口用黏性土封口，防止空气进入。回灌与降水同时进行，并随时观测地下水位的变化，以保持原有的地下水位不变。

（3）隔渗　隔渗是用高压旋喷、深层搅拌形成的水泥土墙和底板而形成的止水帷幕，阻止地下水渗入基坑内。隔渗的抽水井可设在坑内，也可设在坑外。

坑内抽水不会造成周边建筑物、道路等的沉降问题，可以在坑外高水位、坑内低水位干燥条件下作业。但最后封井技术上应注意防漏，止水帷幕采用落底式，向下延伸到不透水层以内对坑内封闭。

坑外抽水含水层较厚，帷幕悬吊在透水层中。采用坑外抽水，可减轻挡土桩的侧压力，但对周边建筑物有不利的沉降影响。

坑内、坑外必须采取有效的排水措施。根据支护方案及支护设计或施工组织设计要求，应对坑内进行轻型井点降水或其他方法降水。每层挖土面应采用明沟排水。基坑见底后，宜采用明沟或盲沟明排水。坑外应采用明沟排水，防止坑外水进入坑内，同时防止坑外水过多渗入地下而增加侧压力。基坑采用坑外降水时，必须制订相应的措施，保护临边建筑、道路、管线等，如对临边建筑、道路、管线进行沉降观测，设置地下水位观测井等。

当周边有条件时，可采用坑外降水，以减少墙体后面的水压力。

5. 坑边荷载

基坑边缘堆置建筑材料等，距槽边的最小距离必须满足设计规定，禁止在基坑边堆置弃土，施工机械施工行走路线必须按方案执行。

大中型施工机具与坑槽边的距离，应根据设备重量、基坑支护情况和土质情况经计算确

定。《建筑施工土石方工程安全技术规范》（JGJ 180—2009）规定：“基坑周边严禁超载堆放”。土方开挖中，如有超载和不可避免的边坡堆载，包括挖土机平台位置等，应在施工方案中进行设计计算确认。

6. 上下通道

基坑施工作业人员上下必须设置专用通道，不准攀爬模板、脚手架，以确保安全。

人员专用通道应在施工组织设计中确定，其攀登设施可视条件采用梯子或专门搭设，应符合高处作业规范中攀登作业的要求。

7. 土方开挖

施工机械必须进行进场验收制度，操作人员持证上岗；严禁施工人员进入施工机械作业半径内；基坑开挖应严格按方案执行，宜采用分层开挖的方法，严格控制开挖面坡度和分层厚度，防止边坡和挖土机下的土体滑动，严禁超挖；基坑支护结构必须在达到设计要求的强度后，方可开挖下层土方。

8. 基坑支护变形监测

基坑工程均应进行基坑工程监测，开挖深度大于5m时，应由建设单位委托具备相应资质的第三方实施监测；总包单位应自行安排基坑监测工作，并与第三方监测资料定期对比分析，指导施工作业；基坑工程监测必须由基坑设计方确定监测报警值，施工单位应及时通报变形情况。

基坑开挖之前，应做出系统的监测方案，包括监测方法、精度要求、监测点布置、观测周期、工序管理、记录制度、信息反馈等。

在基坑开挖过程中，应特别注意以下监测项目：

1）支护体系变形情况。

2）基坑外地面沉降或隆起变形。

3）临近建筑物动态。

监测支护结构的开裂和位移，应重点监测桩位、护壁墙面、主要支撑杆、连接点以及渗漏情况。

9. 作业环境

基坑内作业人员必须有足够的安全作业面；垂直作业必须有隔离防护措施；夜间施工必须有足够的照明设施。

相关案例

【背景资料】 某市大剧院地基基础工程由某建设工程有限公司承建。该项目的地下室基坑围护设计方案由挡土支撑的钻孔灌注桩和起承载作用的水泥旋喷桩组成，其中旋喷桩部分由某地质矿产工程公司直属工程处分包施工。同年12月中旬，负责土建的某建设集团有限公司进行了动力机房基坑开挖，于次年1月20日发现坑壁局部有水夹粉土渗漏，要求某地质矿产工程公司进场补做，地质矿产工程公司直属工程处副经理兼旋喷桩项目经理胡某带领施工人员进场堵漏抢险。

2月2日上午，胡某在工地指挥普工周某、童某等四人堵漏，中午回公司，下午2时返回工地继续指挥堵漏，晚6时15分，地矿公司普工周某等三人晚饭后下基坑东侧的渗漏点堵漏；胡某于晚6时20分左右去基坑观察堵漏情况，当时天已黑，基坑内侧仅有中央的碘钨灯照明，堵漏点光线暗淡；胡某站在基坑东南侧的圈梁上向下观察。这时，在基坑堵漏的童某等人只听到背后发出似水泥包扔下坑底的声音，周某迅速赶到出事点，见胡某已倒在基坑底，就立即将其送医院抢救，到医院时发现胡某已死亡。

【事故分析】

1. 直接原因

死者胡某缺乏安全意识，不戴安全帽，在无护栏的基坑边缘冒险观察、指挥作业。

2. 间接原因

（1）在相对高差6m深的基坑未按规定设置防护栏及防护网措施。

（2）作业环境不良，基坑边缘泥泞，且有散落水泥块等障碍物；天色已晚，照明度不足。

事故责任分析及处理：

（1）死者胡某安全意识淡薄，对此起事故负有直接责任。鉴于已死亡，不予追究。

（2）施工单位负责人对施工现场指导、监督不力，对此起事故负有一定责任。建议有关部门对该单位进行通报批评，并给予经济处罚。

（3）施工单位法定代表人洪某对职工的安全教育不够，安全监督不力，对此起事故的发生负有领导责任。建议有关部门给予经济处罚。

（4）承包单位未按规定在基坑边缘设置防护栏和防护网，对此起事故的发生应负有一定责任。建议有关部门给予相应的经济处罚。

【想一想】根据以上案例，对于危险性较大的基坑作业，应采取哪些具体安全措施？

思考与拓展题

1-1　引起土坡、土壁坍塌的原因有哪些？

1-2　浅基础土壁支护与深基础土壁支护的根本区别何在？

1-3　实地考察目前工程常见的基坑支护方法，谈谈你的想法。

脚手架工程

单元2

脚手架工程

能力目标

1. 了解常用脚手架的类别和安全基本要求。

2. 掌握扣件式钢管脚手架、门式钢管脚手架、附着升降脚手架及吊篮脚手架的适用范围、设计要求、构造要求、搭设和拆除的安全技术以及安全管理等内容。

3. 能够运用本单元的知识，正确、合理地搭设、检查和拆除脚手架，掌握脚手架的安全管理。

学习重点与难点

学习重点是扣件式钢管脚手架的构造，各杆件的作用及安全要求。

学习难点是脚手架的设计和计算部分，学习时应能够结合结构方面的知识，分清脚手架的受力特点和设计要求。

课程思政 脚手架新技术

为促进建筑产业升级，加快建筑业技术进步，2017年10月，住建部下发《建筑业10项新技术》，文件中提出销键型钢管脚手架及支撑架是我国目前推广应用最多、效果最好的新型脚手架及支撑架，包括盘销式钢管脚手架、键槽式钢管支架、插接式钢管脚手架等。其中，ϕ48系列轻型脚手架可用于直接搭设各类房屋建筑的外墙脚手架、梁板模板支撑架、各类钢结构施工现场拼装的承重架等。

近些年，全国多个省市陆续下发通知推广使用盘扣式脚手架。

1）2017年3月，北京市住建委下发《关于印发〈北京市城市轨道交通建设工程推进绿色安全建造指导意见〉的通知》，要求结构模架优先选用大模板、承插盘扣式钢管支架，从严管控小模板、碗扣式脚手架的使用。

2）2019年6月，上海市下发《关于印发〈房屋建筑工程文明施工提升标准〉的通知》，要求施工现场外脚手架应采用承插型盘扣式钢管脚手架。

3）2020年3月，江苏省苏州市住建局印发《关于印发〈2020年苏州市房屋市政工程安全生产监管工作要点〉的通知》，要求打造“智慧工地”信息化工程，推广应用物联网信息化手段，逐步淘汰壁厚不合格的钢管等材料，推广使用工具化、定型化的承插型盘扣式钢管支架等先进、适用的技术装备。

4）2020年4月，湖北省住建厅印发《2020年房屋市政工程质量和安全监管工作要点》，鼓励建筑企业加大科技投入，加大BIM技术、铝模、全钢附着式升降脚手架、盘扣式脚手架等新技术、新工艺、新产品的推广应用力度，推行工厂化生产和机器人作业，促进建筑施工安全生产提档升级。

5）2020年5月，江苏省住建厅印发《关于切实加强建筑施工安全管理的通知》，督促施工企业加大对施工现场安全防护设施的投入，提升施工安全防护水平，逐步淘汰落后技术和设备。鼓励在模板工程及支撑体系等危大工程以及城市轨道交通工程上推广使用承插型盘扣式钢管脚手架，临边洞口位置推广使用定型化工具化防护网片。

6）2020年5月，深圳市发布《关于印发2020年深圳市住房建设领域“安全生产月”和“安全生产万里行”活动方案的通知》，通知中要求大力推广使用盘扣式钢管支模脚手架，严肃查处模板支架施工违法违规的行为。

7）2020年6月，湖北省住建厅印发《湖北省房屋市政工程安全生产专项整治三年行动任务清单》，提出推进新技术、新产品替代非标准产品、工艺进程，推广使用承插盘扣式脚手架、智能安全绳等。

由于具备安全可靠、搭拆快、工效高、通用性强、节省材料、绿色环保，便于仓储、运输和管理等明显的优势和特点，包括盘扣式脚手架在内的销键型钢管脚手架及支撑架有着广泛的应用前景。其必将逐步替代传统脚手架，促进建筑业脚手架技术的更新迭代。

子单元1　概　　述

脚手架是为建筑施工而搭设的上料、堆料和施工作业用的临时结构架。它作为建筑施工用的临时设施，贯穿于施工的全过程，其设计和搭设的质量，不仅直接影响操作人员的人身安全，还影响建筑施工的进度、效率和质量。脚手架的搭设、使用和拆除不符合安全技术和管理的要求，可能引起高处坠落、坍塌、物体打击、触电和雷击等安全事故的发生，所以，脚手架工程一直是建筑施工现场安全技术和管理的工作重点。

2.1.1　脚手架的分类

脚手架的分类方法很多，一般包括以下类别。

根据搭设的位置不同，分为外脚手架和内（里）脚手架；根据搭设的用途不同，分为操作（作业）脚手架、防护脚手架和承重（或支撑）脚手架等；根据搭设的立杆排数不同，分为单排脚手架、双排脚手架和满堂脚手架；根据闭合的形式不同，分为全封闭式脚手架、半封闭式脚手架、局部封闭式脚手架和敞开式脚手架；根据支固的形式不同，分为落地式脚手架、悬挑式脚手架、悬挂式脚手架、悬吊式脚手架和附着升降式脚手架等；根据搭设后的可移动性不同，分为固定式脚手架和移动式脚手架；根据搭设的材质不同，分成竹脚手架、木脚手架和钢管脚手架等。钢管脚手架又分为扣件式钢管脚手架和碗扣式钢管脚手架。

2.1.2　脚手架的安全基本要求

1. 设计安全基本要求

1）脚手架应满足在各类荷载作用下整体稳定性的要求。

2）脚手架应满足在所承受各类荷载作用下强度的要求。

3）脚手架在正常使用时应有足够的刚度。

4）在满足上述要求的同时，还应满足经济性和搭设、使用方便等要求。

2. 脚手架搭设和使用安全基本要求

1）组成脚手架的原、配件质量必须符合相关要求，并经检查验收合格后方准使用。

2）脚手架的搭设必须依据经有关部门和人员审核的施工方案进行，并有保证安全的技术和组织措施。

3）对于高度超过24m的各类脚手架，包括落地式钢管脚手架、附着式升降脚手架、整体提升与分片式提升脚手架、悬挑式脚手架、门式脚手架、挂式脚手架、吊篮脚手架、卸料平台等，应编制专项施工方案，并应附验算结果。对于高度超过30m的各类脚手架，还应由施工单位组织专家论证审查。

4）脚手架的搭设人员（专业架子工）须经有关部门组织考试，合格后方可持证上岗，并定期体检。

5）搭设脚手架的人员必须按要求佩戴安全帽，系好安全带，穿防滑鞋。

6）脚手架的搭设与设计、设计与实际的荷载必须一致，并符合有关标准和规程的要求，必须改变搭设方案时，应履行规定的变更审核手续。

7）脚手架的搭设必须满足相关的构造要求。

8）所有的操作平台应铺设符合相关要求的脚手板，平台的边缘应有扶手、防护网、挡脚板及其他防坠落的保护措施。

9）脚手架上堆料量不得超过规定荷载和高度，同一块脚手板上的操作人员不得超过2人。

10）提供合适、安全的方法，使操作人员和物料等能顺利到达操作平台。

11）所有置于工作平台上的物料应安全堆放，严禁超载。

12）应定期或不定期对搭设后的脚手架进行检查。首次检查应当在搭设完成之后，施工单位安全机构专职安全管理人员、项目部安全负责人、搭设单位（或人员）、相关分包单位等参加，每次检查的详情应有记录并予以存档。

13）对于已搭设的脚手架结构，未经允许不得改动或拆除。

14）遇有六级以上大风或大雾、雨雪等恶劣天气时，应暂停脚手架的搭设和作业。

15）应按规定进行脚手架的安全检查与维护，安全网应按有关规定搭设或拆除。

3. 脚手架拆除的安全基本要求

1）拆除脚手架前，必须制订拆除方案，并履行规定的审批手续。

2）拆除脚手架时，应在拆除区设置警戒线，严禁无关人员进入。

3）拆除脚手架时，应坚持先搭的后拆、后搭的先拆的拆除原则，自上而下进行拆除，并且拆除某一部分应不得使另一部分或其他结构产生倾倒或失稳，严禁上下同时作业。

4）拆除脚手架时，严禁采用将脚手架整体推倒的方法。

5）凡脚手架拆下的构件都要用绳索捆绑牢固向下传递，严禁从高处向下抛掷。

6）在架空电力线路附近拆除时，应停电进行；若不能停电，应采取防止触电和防止损坏线路的安全措施。

7）遇有六级以上大风或大雾、雨雪等恶劣天气时，应暂停脚手架的拆除作业。

4. 脚手架的防电、避雷要求

《施工现场临时用电安全技术规范》（JGJ 46—2005）对脚手架的防电、避雷措施作了明确规定，具体要求如下：

（1）脚手架的防电措施　脚手架周边与外电架空线路边线之间的最小安全操作距离应符合《施工现场临时用电安全技术规范》的相关规定，具体参见单元4。

（2）脚手架的避雷措施

1）对于施工现场内的钢脚手架，当处于相邻建（构）筑物等设施的防雷装置接闪器的保护范围以外时，应按规定安装防雷装置。

2）如果最高机械设备上避雷针（接闪器）的保护范围能覆盖其他设施，且又最后退出现场，则其他设施可不设防雷装置。

3）机械设备或设施的防雷引下线可利用该设备或设施的金属结构体，但应保证金属结构体连接有效。

4）机械设备上的避雷针（接闪器）长度应为1～2m。

5）施工现场内所有防雷装置的冲击接地电阻不得大于30Ω。

子单元2　扣件式钢管脚手架

扣件式钢管脚手架是由专用的钢管、扣件和脚手板等组成，并按照规定的搭设方法组合起来，为满足建筑施工的上料、堆料与施工作业等使用的临时结构架，在当前的工程建设中应用较为广泛。

2.2.1　特点及应用

1. 特点

由钢管、扣件等组成的扣件式钢管脚手架具有以下特点：

1）承载力大。当扣件式钢管脚手架按构造或设计要求搭设后，落地式脚手架立杆的承载力一般为15~20kN（设计值），满堂脚手架立杆的承载力可达30kN（设计值）。

2）安装或拆除方便，搭设灵活，使用广泛。由于钢管长度易于调整，扣件连接简便，搭设和拆除简便易行，因而可适应各种平面、立面建筑物或构筑物的施工需要，还可用于搭设临时用房、模板支架和设备安装等。

3）经济性好。与其他脚手架相比，杆件加工简单，一次投资费用较低，如果精心设计脚手架几何尺寸，注意提高钢管周转使用率，则可取得较好的经济效益。但若高层建筑使用整体落地式钢管脚手架，则其费用会有较大增长，所以，高层或超高层建筑宜使用悬挑式钢管脚手架。

4）脚手架中的扣件用量较大，且价格较高，如果管理不善，扣件极易损坏、丢失，因此应加强对扣件式脚手架的构、配件使用、存放和维护的科学管理。

2. 适用范围及搭设高度要求

（1）适用范围　扣件式钢管脚手架是应用最为普遍的一种脚手架，其适用范围如下：

1）工业与民用建筑施工用落地式单、双排脚手架，以及底撑式分段悬挑脚手架。

2）水平混凝土结构工程施工中的模板支承架。

3）上料平台、满堂脚手架。

4）高耸构筑物（如井架、烟囱、水塔等）施工用脚手架。

5）栈桥、码头、高架路、桥等工程用脚手架。

为了确保脚手架的安全可靠性，《建筑施工扣件式钢管脚手架安全技术规范》（JGJ 130—2011）规定，单排脚手架不适用于下列情况：

1）墙体厚度小于或等于180mm。

2）建筑物高度超过24m。

3）空斗砖墙、加气块墙等轻质墙体。

4）砌筑砂浆强度等级小于或等于M1.0的砖墙等。

（2）搭设高度

1）单管立杆扣件式单排脚手架。根据《建筑施工扣件式钢管脚手架安全技术规范》（JGJ 130—2011）的规定，单管立杆扣件式脚手架的搭设高度不得超过24m，否则应采用单管立杆双排脚手架。

2）单管立杆扣件式双排脚手架。根据对国内脚手架的使用调查，立杆采用单根钢管的落地式双排脚手架一般均在50m以下，当搭设高度超过50m时，一般都比较慎重地采用了加强措施，如采用双管立杆、分段卸荷、分段悬挑等措施。从经济方面考虑，当搭设高度超过50m时，钢管、扣件等的周转使用率降低，脚手架的地基基础处理费用也会增加，致使脚手架的使用成本相应上升。从国外情况看，美、日、德等国家对落地脚手架的搭设高度也限制在50m左右。

3）分段悬挑脚手架。由于分段悬挑脚手架一般都支承在由建筑物挑出的悬臂梁或三角架上，如果每段悬挑脚手架过高，将过多增加建筑物的负担，或使挑出结构过于复杂，故分段悬挑脚手架每段高度不宜超25m。

3. 基本要求

为了使扣件式脚手架在使用期间满足安全可靠和使用要求，脚手架既应有足够的承载能力，又应具有良好的刚度。其组成应满足以下要求：

1）脚手架立杆基础必须坚实，并具有足够的承载能力，以防止产生不均匀或过大的沉降。

2）必须设置立杆和纵、横向水平杆，三杆件交汇处用直角扣件相互连接，并应尽量紧靠，此三杆紧靠的扣接点称为扣件式脚手架的主节点。

3）扣件螺栓拧紧扭力矩应为40～65N·m，以保证脚手架的节点具有必要的刚性和承受荷载的能力，且方便拆卸。

4）在脚手架与建筑物之间，必须按设计要求设置足够数量、分布均匀的连墙件，此连墙件应能起到约束脚手架在横向（垂直于建筑物墙面方向）产生变形的可能，以防止脚手架横向失稳或倾覆，并可靠地传递水平荷载（如风荷载等）。

5）应设置纵向剪刀撑和横向斜撑，以使脚手架具有足够的纵向和横向整体刚度。

2.2.2　基本组成及构、配件的质量要求

1. 基本组成及作用

扣件式钢管脚手架的主要杆件位置如图2-1所示。扣件式钢管脚手架主要杆件及配件的作用见表2-1。

表2-1　扣件式钢管脚手架的主要杆件及配件的作用

序号	杆件名称		使用部位及作用
1	立杆	外立杆	平行于建筑物并垂直于地面的杆件，既是组成脚手架结构的主要杆件，又是传递脚手架结构自重、施工荷载和风荷载的主要受力杆件
		内立杆	
2	横向水平杆（小横杆）		垂直于建筑物，横向连接脚手架内、外排立杆，或一端连接脚手架立杆，另一端支于建筑物的水平杆，是组成脚手架结构并传递施工荷载给立杆的主要受力杆件
3	纵向水平杆（大横杆）		平行于建筑物，在纵向连接各立杆的通长水平杆件，既是组成脚手架结构的主要杆件，又是传递施工荷载给立杆的主要受力杆件
4	扣件	直角扣件	用于垂直交叉杆件间的连接，是依靠扣件与钢管表面间的摩擦力传递施工荷载、风荷载的受力连接件
		旋转扣件	用于平行或斜交杆件间连接的扣件，是用于连接支撑斜杆与立杆或横向水平杆的连接件
		对接扣件	用于杆件对接连接的扣件，也是传递荷载的受力连接件

（续）

序号	杆件名称	使用部位及作用
5	连墙件	连接脚手架与建筑物的部件，是脚手架既要承受、传递风荷载，又要防止脚手架在横向失稳或倾覆的重要受力部件
6	脚手板	供操作人员作业，并承受和传递施工荷载的板件，当设于非操作层时，可起防护作用
7	横向斜撑（之字撑）	与双排脚手架内、外排立杆或水平杆斜交呈“之”字形的斜杆，可增强脚手架的横向刚度、提高脚手架的承载能力
8	剪刀撑（十字撑）	设在脚手架外侧面，与墙面平行，且成对设置的交叉斜杆，可增强脚手架的纵向刚度，提高脚手架的承载能力
9	抛撑	与脚手架外侧面斜交的杆件，可增强脚手架的稳定和抵抗水平荷载的能力
10	纵向扫地杆	连接立杆下端，平行于外墙，距底座下皮 200mm 处的纵向水平杆，可约束立杆底端纵向发生的位移
11	横向扫地杆	连接立杆下端，垂直于外墙，位于纵向扫地杆下方的横向水平杆，可约束立杆底端横向发生的位移
12	垫板	设在立杆下端，承受并传递立杆荷载的配件

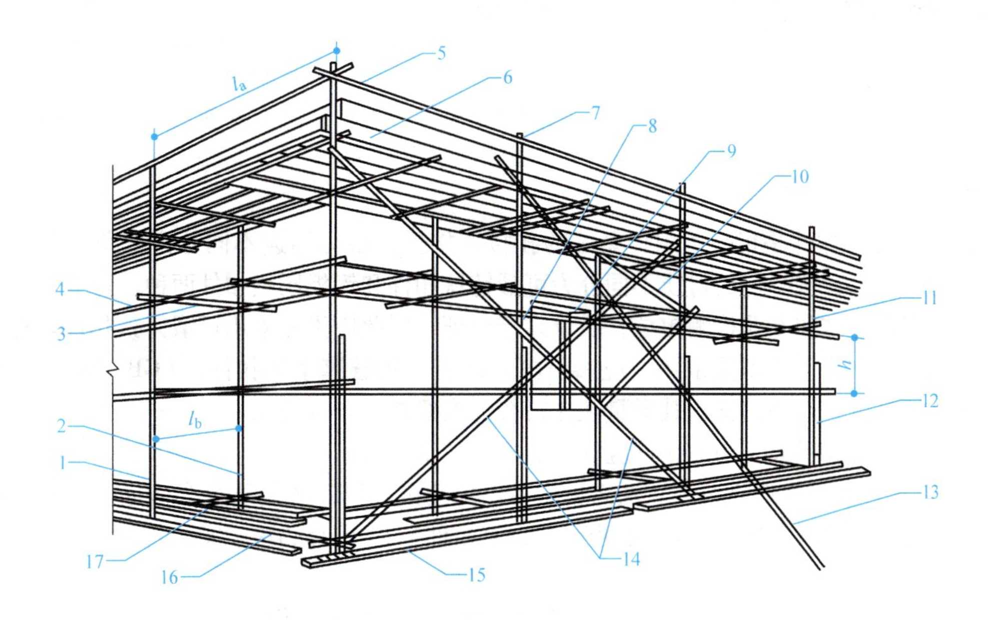

图 2-1　扣件式钢管脚手架主要杆件位置

1—外立杆　2—内立杆　3—横向水平杆　4—纵向水平杆　5—栏杆　6—挡脚板　7—直角扣件
8—旋转扣件　9—连墙件　10—横向斜撑　11—主立杆　12—副立杆　13—抛撑
14—剪刀撑　15—垫板　16—纵向扫地杆　17—横向扫地杆
h—步距　l_a—纵距　l_b—横距

2. 构、配件的技术要求

（1）钢管　扣件式脚手架的钢管有两种类型：一种是低压流体输送用焊接钢管，另一种为直缝电焊钢管。建筑工程中宜采用 $\phi48.3\times3.6$ 的钢管。其技术要求如下：

1）应符合现行国家标准《直缝电焊钢管》（GB/T 13793—2016）或《低压流体输送用焊接钢管》（GB/T 3091—2015）的质量要求。

2）钢管表面应平直光滑，不应有裂纹、结疤、分层、错位、硬弯、毛刺、压痕和深的划痕。

3）钢管所用钢材的牌号宜采用力学性能适中的Q235A制作，其质量性能指标应符现行国家标准《碳素结构钢》（GB/T 700—2006）中的相关规定。

4）纵向水平杆和立杆的长度不宜超过6500mm，横向水平杆的长度不宜超过2200mm，且每根钢管的重量不应超过25.8kg。

5）新、旧钢管的尺寸、表面质量和外形应符合表2-2的要求，严禁在钢管上打孔。

6）新钢管应具有产品质量合格证和钢管材质检验报告，表面必须进行防锈处理，其表面质量和允许偏差须满足表2-2的要求。

7）旧钢管应至少每年检查一次，其钢管外径、壁厚、端面等的允许偏差和腐蚀深度应满足表2-2的相关要求。

表2-2　钢管的允许偏差　（单位：mm）

项目	ϕ48.3钢管	钢管两端面切斜偏差	钢管外表面锈蚀深度	各种钢管端部挠度 $l \leq 1.5$m	立杆钢管挠度		水平杆、斜杆钢管挠度 $l \leq 6.5$m
					3m $< l \leq$ 4m	4m $< l \leq$ 6.5m	
允许偏差	外径 ±0.5 壁厚 ±0.36	1.70	≤0.18	5.0	≤12	≤20	≤30

注：表中 l 为钢管的长度。

（2）扣件　扣件是指采用螺栓紧固的扣接连接件，根据用途不同分为直角扣件、旋转扣件和对接扣件，按制作的材质不同分为可锻铸铁扣件和钢板压制扣件两种。可锻铸铁扣件已有国家产品标准和专业检测单位，质量易于保证，因此应优先采用可锻铸铁扣件。对于钢板压制而成的扣件，要慎重采用，应参照国家标准《钢管脚手架扣件》（GB 15831—2006）的规定进行测试，经测试证明其质量性能符合标准要求时方可使用。

扣件式钢管脚手架所用的扣件应满足的主要技术要求如下：

1）新扣件应有生产许可证、法定检测单位的测试报告和产品质量合格证。当对扣件质量有怀疑时，应按现行国家标准《钢管脚手架扣件》（GB 15831—2006）的规定进行抽样检测。

2）扣件应采用力学性能不低于KTH330—08的可锻铸铁制作，铸件不得有裂纹、气孔，不宜有缩松、砂眼及其他影响使用的铸造缺陷，并应将影响外观质量的黏砂、浇冒残余、披缝、毛刺、氧化皮等清除干净。

3）扣件与钢管的贴合面必须严格整形，应保证与钢管扣紧时接触良好。

4）扣件活动部位应能灵活转动，旋转扣件的两旋转面间隙应小于1mm。

5）当扣件夹紧钢管时，开口处的最小距离应不小于5mm。

6）应对新、旧扣件表面进行防锈处理。

7）使用旧扣件前，应进行质量检查，严禁使用有裂纹、变形的扣件，必须更换出现滑丝的螺栓。

8）扣件在螺栓拧紧扭力矩达65N·m时，不得发生破坏。

（3）脚手板 脚手板是供操作人员站立或临时堆放材料及器具等的临时设施，按材质不同分为冲压式钢脚手板、木脚手板、竹串片及竹笆脚手板等，还可根据工程所在地区的具体情况就地取材。

用于扣件式钢管脚手架的脚手板应符合以下要求：

1）冲压钢脚手板。冲压钢脚手板应符合下列规定：

① 新脚手板应有产品质量合格证和出厂检验报告，其材质应符合国家标准《碳素结构钢》（GB/T 700—2006）中Q235A钢的相关规定，并应有防滑措施。

② 新、旧脚手板的板面挠曲：当板长≤4m时，挠度≤12mm；当板长>4m时，挠度≤16mm，且不得有裂纹、开焊和硬弯。

③ 新、旧脚手板任意角的扭曲度不得超过5mm。

④ 新、旧脚手板均应涂刷防锈漆。

2）木脚手板应采用杉木或松木制作，厚度不宜小于50mm，宽度不宜小于200mm，其材质应符合国家现行标准《木结构设计标准》（GB 50005—2017）中Ⅱ级材质的规定，木脚手板两端应采用直径不小于4mm的镀锌铁丝各设两道紧箍，以防止木板劈裂。

3）竹串片和竹笆脚手板宜采用材质坚硬、不易折断、无虫蛀及腐朽的毛竹或楠竹制作。

4）为便于工人操作，每块脚手板的重量均不宜大于30kg。

5）脚手板的绑扎材料一般采用10号或12号镀锌铁丝，且不得重复使用。

（4）连墙件 连墙杆的材质应符合现行国家标准《碳素结构钢》（GB/T 700—2006）中Q235A钢的质量要求。

（5）可调托撑 可调托撑螺杆外径不得小于36mm，直径与螺距应符合现行国家标准《梯形螺纹》（GB/T 5796.2—2005、GB/T 5796.3—2005）的规定。

可调托撑的螺杆与支托板应焊接牢固，焊缝高度不得小于6mm；可调托撑螺杆与螺母旋合长度不得少于5扣，螺母厚度不得小于30mm。

（6）悬挑脚手架用型钢

1）悬挑脚手架用型钢的材质应符合现行国家标准《碳素结构钢》（GB/T 700—2006）或《低合金高强度结构钢》（GB/T 1591—2008）的规定。

2）用于固定型钢悬挑梁的U钢筋拉环或锚固螺栓材质应符合现行国家标准《钢筋混凝土用钢第1部分：热轧光圆钢筋》（GB 1499.1—2008）中HPB235级钢筋的规定。

2.2.3 设计计算

1. 荷载的确定

（1）荷载分类 作用于脚手架的荷载可分为永久荷载（恒荷载）和可变荷载（活荷载）。

永久荷载（恒荷载）可分为脚手架结构自重（包括立杆、纵向水平杆、横向水平杆、剪刀撑、横向斜撑和扣件等的自重）和构、配件自重（包括脚手板、栏杆、挡脚板、安全网等防护设施的自重）。

可变荷载（活荷载）可分为施工荷载（包括作业层上的人员、器具和材料的自重）和风荷载。

（2）荷载效应组合

1）设计脚手架的承重构件时，应根据使用过程中可能出现的荷载取其最不利组合进行计算，荷载效应组合宜按表 2-3 采用。

表 2-3　荷载效应组合

计算项目	荷载效应组合
纵、横向水平杆承载力与变形	永久荷载 + 施工荷载
脚手架立杆地基承载力 型钢悬挑梁的承载力、稳定与变形	①永久荷载 + 施工荷载
	②永久荷载 +0.9（施工荷载 + 风荷载）
立杆稳定	①永久荷载 + 可变荷载（不含风荷载）
	②永久荷载 +0.9（可变荷载 + 风荷载）
连墙件承载力及稳定	单排架，风荷载 +2.0kN
	双排架，风荷载 +3.0kN

2）满堂支撑架用于混凝土结构施工时，荷载组合与荷载设计值应符合现行行业标准《建筑施工模板安全技术规范》（JGJ 162—2008）的规定。

3）在基本风压不大于 $0.35kN/m^2$ 的地区，对于仅有栏杆和挡脚板的敞开式脚手架，当每个连墙点覆盖的面积不大于 $30m^2$，且脚手架符合构造要求时，验算脚手架立杆的稳定性，可不考虑风荷载作用。

2. 设计计算的基本规定

1）脚手架的承载能力应按概率极限状态设计法的要求，采用分项系数设计表达式进行设计，可只进行下列设计计算：

① 纵、横向水平杆等受弯构件的强度和连接扣件抗滑承载力的设计计算。

② 立杆稳定性的设计计算。

③ 连墙件的强度、稳定性和连接强度的设计计算。

④ 立杆地基承载力的设计计算。

2）计算构件的强度、稳定性和连接强度时，应采用荷载效应基本组合的设计值。永久荷载分项系数应取 1.2，可变荷载分项系数应取 1.4。

3）脚手架中的受弯构件，尚应根据正常使用极限状态的要求验算变形。验算构件变形时，应采用荷载效应的标准组合的设计值，各类荷载分项系数均应取 1.0。

4）对于 50m 以下的常用敞开式单、双排脚手架，当脚手架能够满足表 2-4 或表 2-5 的构造要求，且扣件螺栓的拧紧力矩为 40～65kN · m 时，其相应杆件可不再进行设计计算，但连墙件、立杆地基承载力等仍应根据实际荷载进行设计计算。

2.2.4　构造要求

1. 常用脚手架设计尺寸

常用敞开式单、双排脚手架结构的设计尺寸，宜按表 2-4、表 2-5 采用。

2. 立杆的构造要求

1）每根立杆底部应设置底座或垫板。

表 2-4 常用密目式安全立网全封闭式双排脚手架的设计尺寸 （单位：m）

连墙件设置	立杆横距 l_b	步距 h	下列荷载时的立杆纵距 l_a				脚手架允许搭设高度[H]
			(2+0.35) kN/m²	(2+2+2×0.35) kN/m²	(3+0.35) kN/m²	(3+2+2×0.35) kN/m²	
二步三跨	1.05	1.50	2.0	1.5	1.5	1.5	50
		1.80	1.8	1.5	1.5	1.5	32
	1.30	1.50	1.8	1.5	1.5	1.5	50
		1.80	1.8	1.2	1.5	1.2	30
	1.55	1.50	1.8	1.5	1.5	1.5	38
		1.80	1.8	1.2	1.5	1.2	22
三步三跨	1.05	1.50	2.0	1.5	1.5	1.5	43
		1.80	1.8	1.2	1.5	1.2	24
	1.80	1.50	1.8	1.5	1.5	1.2	30
		1.80	1.8	1.2	1.5	1.2	17

注：1. 表中所示（2+2+2×0.35）kN/m^2，包括下列荷载：（2+2）kN/m^2 为二层装修作业层施工荷载标准值；（2×0.35）kN/m^2 为二层作业层脚手板自重荷载标准值。

2. 作业层横向水平杆间距，应按不大于 $l_a/2$ 设置。

3. 地面粗糙度为B类时，基本风压 $w_0=0.4kN/m^2$。

表 2-5 常用密目式安全立网全封闭式单排脚手架的设计尺寸 （单位：m）

连墙件设置	立杆横距 l_b	步距 h	下列荷载时的立杆纵距 l_a		脚手架允许搭设高度[H]
			(2+0.35) kN/m²	(3+0.35) kN/m²	
二步三跨	1.20	1.50	2.0	1.8	24
		1.80	1.5	1.2	24
	1.40	1.50	1.8	1.5	24
		1.80	1.5	1.2	24
三步三跨	1.20	1.50	2.0	1.8	24
		1.80	1.2	1.2	24
	1.40	1.50	1.8	1.5	24
		1.80	1.2	1.2	24

注：1. 作业层横向水平杆间距，应按不大于 $l_a/2$ 设置。

2. 地面粗糙度为B类时，基本风压 $w_0=0.4kN/m^2$。

2）脚手架必须设置纵、横向扫地杆。纵向扫地杆应采用直角扣件固定在距底座上皮不大于200mm处的立杆上。横向扫地杆亦应采用直角扣件固定在紧靠纵向扫地杆下方的立杆上。当立杆基础不在同一高度上时，必须将高处的纵向扫地杆向低处延长两跨与立杆固定，高低差不应大于1m。靠边坡上方的立杆轴线到边坡的距离不应小于500mm，如图2-2所示。

3）脚手架底层步距不应大于2m，见图2-2。

4）立杆必须用连墙件与建筑物可靠连接，连墙件布置间距宜按表2-6采用。

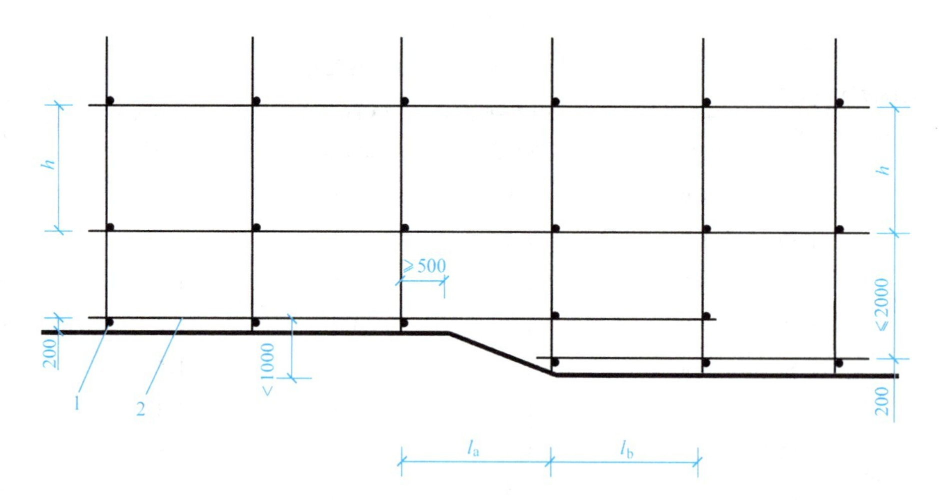

图2-2　纵、横向扫地杆构造
1—横向扫地杆　2—纵向扫地杆

表2-6　连墙件布置最大间距

脚手架高度		竖向间距	水平间距	每根连墙件的覆盖面积/m^2
双排	≤50m	$3h$	$3l_a$	≤40
	>50m	$2h$	$3l_a$	≤27
单排	≤24m	$3h$	$3l_a$	≤40

注：h—步距；l_a—纵距。

5）除顶层顶步的立杆接长可采用搭接外，其余各层各步接头必须采用对接扣件连接。对接、搭接应符合下列规定：

① 立杆上的对接扣件应交错布置：两根相邻立杆的接头不应设置在同步内，同步内隔一根立杆的两个相隔接头在高度方向错开的距离不宜小于500mm；各接头中心至主节点的距离不宜大于步距的1/3。

② 搭接长度不应小于1m，应采用不少于2个旋转扣件固定，端部扣件盖板的边缘至杆端的距离不应小于100mm。

6）立杆顶端宜高出女儿墙上皮1m，高出檐口上皮1.5m。

7）双管立杆中副立杆的高度不应低于3步，钢管长度不应小于6m。

3. 纵向水平杆的构造要求

1）纵向水平杆宜设置在立杆内侧，其长度不宜小于3跨。

2）纵向水平杆接长宜采用对接扣件连接，也可采用搭接。对接、搭接应符合下列规定：

① 纵向水平杆的对接扣件应交错布置：两根相邻纵向水平杆的接头不宜设置在同步或同跨内；不同步或不同跨两个相邻接头在水平方向错开的距离不应小于500mm；各接头中心至最近主节点的距离不宜大于纵距的1/3，如图2-3所示。

② 搭接长度不应小于1m，应等间距设置3个旋转扣件固定，端部扣件盖板边缘至搭接纵向水平杆杆端的距离不应小于100mm。

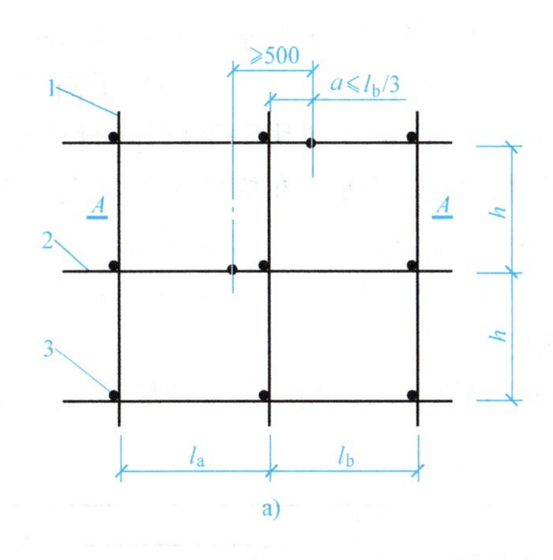

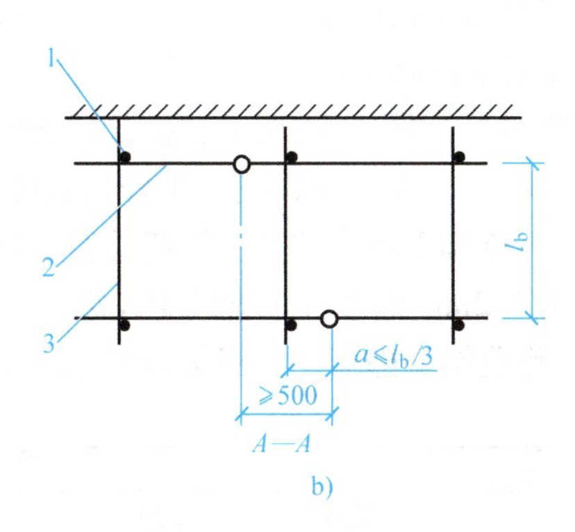

图 2-3　纵向水平杆对接接头布置
a）接头不在同步内（立面）　b）接头不在同跨内（平面）
1—立杆　2—纵向水平杆　3—横向水平杆

③ 当使用冲压钢脚手板、木脚手板、竹串片脚手板时，纵向水平杆应作为横向水平杆的支座，用直角扣件固定在立杆上；当使用竹笆脚手板时，纵向水平杆应采用直角扣件固定在横向水平杆上，并应等间距设置，间距不应大于400mm，如图 2-4 所示。

4. *横向水平杆的构造要求*

1）主节点处必须设置 1 根横向水平杆，用直角扣件扣接，且严禁拆除。主节点处两个直角扣件的中心距不应大于 150mm。在双排脚手架中，靠墙一端的外伸长度不应大于 500mm。

2）作业层上非主节点处的横向水平杆，宜根据支承脚手板的需要等间距设置，最大间距不应大于纵距的 1/2。

图 2-4　铺设竹笆脚手板时纵向水平杆的构造
1—立杆　2—纵向水平杆　3—横向水平杆
4—竹笆脚手板　5—其他脚手板

3）当使用冲压钢脚手板、木脚手板、竹串片脚手板时，双排脚手架的横向水平杆两端均应采用直角扣件固定在纵向水平杆上；单排脚手架横向水平杆的一端，应用直角扣件固定在纵向水平杆上，另一端应插入墙内，插入长度不应小于 180mm。

4）使用竹笆脚手板时，双排脚手架的横向水平杆两端应用直角扣件固定在立杆上；单排脚手架横向水平杆的一端应用直角扣件固定在立杆上，另一端应插入墙内，插入长度也不应小于 180mm。

5. *脚手板的构造要求*

1）作业层脚手板应铺满、铺稳，离开墙面 120 ~ 150mm。

2）冲压钢脚手板、木脚手板、竹串片脚手板等，应设置在 3 根横向水平杆上。当脚手板长度小于2m时，可采用2根横向水平杆支承，但应将脚手板两端与其可靠固定，严防倾翻。此三种脚手板的铺设可采用对接平铺，亦可采用搭接铺设。脚手板对接平铺时，接头处必须设2根横向水平杆，脚手板外伸长量应取130～150mm，两块脚手板外伸长量的和不应大于300mm，如图2-5a所示；搭接铺设脚手板时，接头必须支在横向水平杆上，搭接长度应大于200mm，其伸出横向水平杆的长度不应小于100mm，如图2-5b所示。

3）竹笆脚手板应按其主竹筋垂直于纵向水平杆方向铺设，且采用对接平铺，4个角应用直径为1.2mm的镀锌钢丝固定在纵向水平杆上。

4）作业层端部脚手板探头长度应取150mm，其板长两端均应与支撑杆可靠地固定。

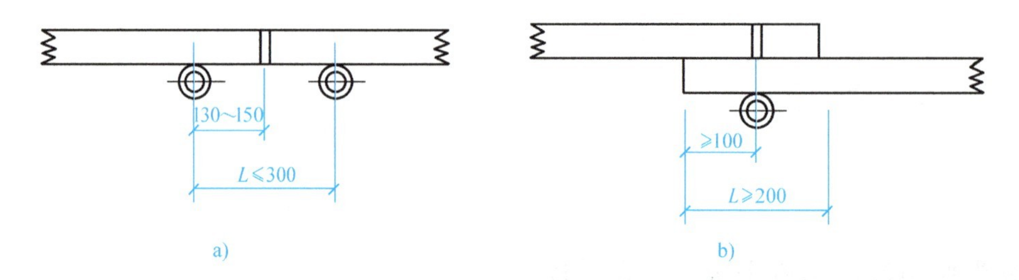

图2-5 脚手板对接、搭接构造

a）脚手板对接 b）脚手板搭接

6. 连墙件的构造要求

1）连墙件的数量除应满足设计计算的要求外，还应符合表2-6的规定。

2）连墙件的布置应符合下列规定：

① 宜靠近主节点设置，偏离主节点的距离不应大于300mm。

② 应从底层第一步纵向水平杆处开始设置，当在该处设置有困难时，应采用其他可靠措施进行固定。

③ 宜优先采用菱形布置，也可采用方形或矩形布置。

④“一”字形、开口形脚手架的两端必须设置连墙件，连墙件的垂直间距不应大于建筑物的层高，并不应大于4m（2步）。

3）对于高度在24m以下的单、双排脚手架，宜采用刚性连墙件与建筑物可靠连接，也可采用拉筋和顶撑配合使用的附墙连接方式。严禁使用仅有拉筋的柔性连墙件。

4）对于高度在24m以上的双排脚手架，必须采用刚性连墙件与建筑物可靠连接。

5）连墙件的构造还应符合下列规定：

① 连墙件中的连墙杆或拉筋宜呈水平设置，当不能水平设置时，与脚手架连接的一端应采用下斜连接，不应采用上斜连接。

② 连墙件必须采用可承受拉力和压力的构造。采用拉筋必须配用顶撑，顶撑应可靠地顶在混凝土圈梁、柱等结构部位。拉筋应采用2根以上直径为4mm的钢丝拧成一股，使用时不应少于2股；亦可采用直径不小于6mm的钢筋。

6）当脚手架下部暂不能设连墙件时，可搭设抛撑。抛撑应采用通长杆件与脚手架可靠连接，与地面的倾角应为45°～60°；连接点中心至主节点的距离不应大于300mm。抛撑应在连墙件搭设后方可拆除。

7）架高超过40m且有风涡流作用时，应采取抗上升风流作用的连墙措施。

7. 门洞处的构造要求

1）单、双排脚手架门洞宜采用上升斜杆、平行弦杆桁架结构形式（图 2-6），斜杆与地面的倾角 α 应为 45°～60°。门洞桁架的形式宜按下列要求确定：

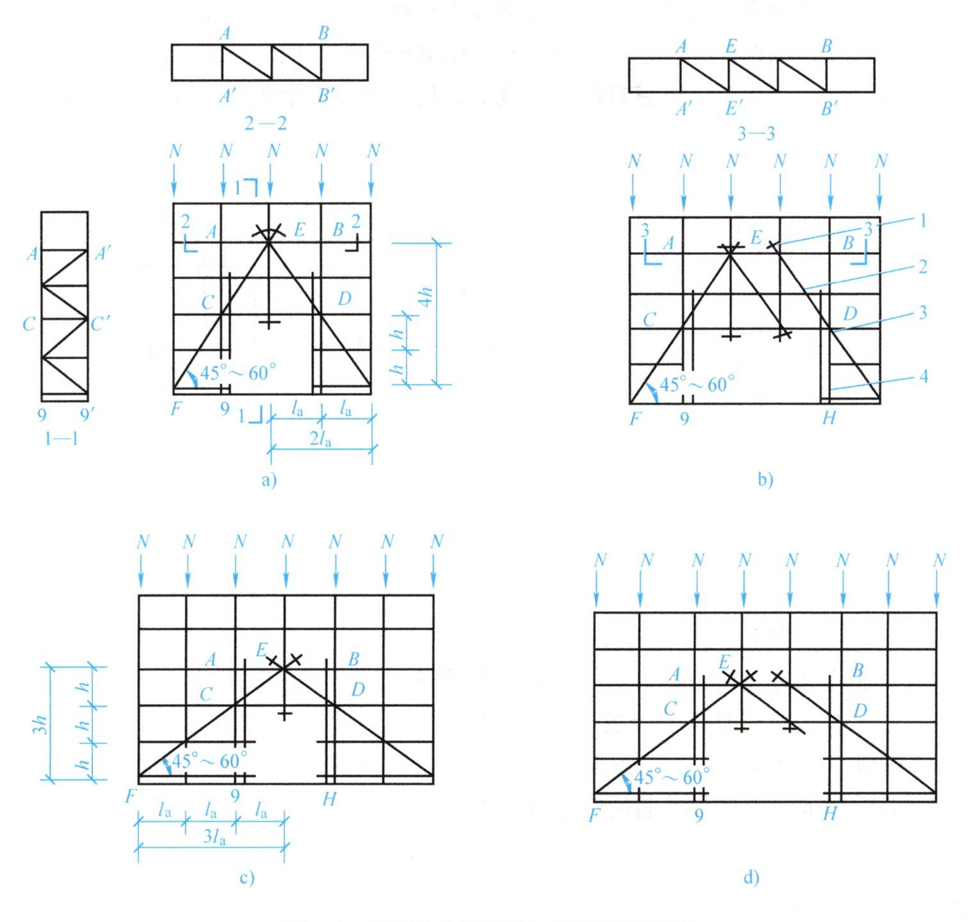

图 2-6　门洞处上升斜杆、平行弦杆桁架

a）挑空 1 根立杆（A 型）　b）挑空 2 根立杆（A 型）

c）挑空 1 根立杆（B 型）　d）挑空 2 根立杆（B 型）

1—防滑扣件　2—增设的横向水平杆　3—副立杆　4—主立杆

① 当步距 h 小于纵距 l_a 时，应采用 A 型。

② 当步距 h 大于纵距 l_a 时，应采用 B 型，并应满足下列要求：当 h =1.8m 时，纵距不应大于 1.5mm；当 h =2.0m 时，纵距不应大于 1.2mm。

2）单、双排脚手架门洞桁架的构造应符合下列规定：

① 单排脚手架门洞处，应在平面桁架的每一节间设置 1 根斜腹杆；双排脚手架门洞处的空间桁架，除下弦平面外，应在其余 5 个平面内的图示节间各设置 1 根斜腹杆（见图 2-6 中的 1—1、2—2、3—3 剖面）。

② 斜腹杆宜采用旋转扣件固定在与之相交的横向水平杆的伸出端上，旋转扣件中心线至主节点的距离不宜大于 150mm。当斜腹杆在 1 跨内跨越两个步距（图 2-6a）时，宜在相

交的纵向水平杆处增设1根横向水平杆，将斜腹杆固定在其伸出端上。

③ 斜腹杆宜采用通长杆件，当必须接长使用时，宜采用对接扣件连接，也可采用搭接，搭接构造应符合相关规定。

3）单排脚手架过窗洞时应增设立杆或增设1根纵向水平杆，如图2-7所示。

4）门洞桁架下的两侧立杆应为双管立杆，副立杆应高于门洞口1~2步。

5）门洞桁架中伸出上、下弦杆的杆件端头，均应增设1个防滑扣件（图2-6），该扣件宜紧靠主节点处的扣件。

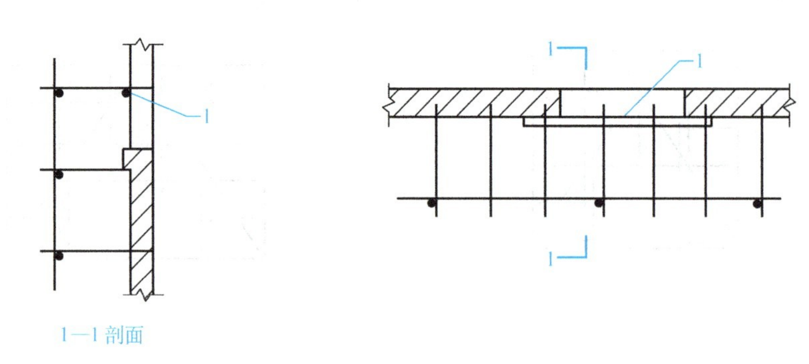

图2-7　单排脚手架过窗洞构造

1—增设的纵向水平杆

8. 剪刀撑与横向斜撑的构造要求

1）双排脚手架应设剪刀撑与横向斜撑，单排脚手架应设剪刀撑。

2）剪刀撑的设置应符合下列规定：

① 每道剪刀撑跨越立杆的根数宜按表2-7的规定进行确定。每道剪刀撑宽度不应小于4跨，且不应小于6m，斜杆与地面的倾角宜为45°~60°。

表2-7　剪刀撑跨越立杆的最多根数

剪刀撑斜杆与地面的倾角 α	45°	50°	60°
剪刀撑跨越立杆的最多根数 n	7	6	5

② 对于高度在24m以下的单、双排脚手架，均必须在外侧立面的两端各设置一道剪刀撑，并应由底至顶连续设置；中间各道剪刀撑之间的净距不应大于15m，如图2-8所示。

③ 对于高度在24m以上的双排脚手架，应在外侧立面整个长度和高度上连续设置剪刀撑。

④ 剪刀撑斜杆的接长宜采用搭接，搭接要求应按纵向水平杆的搭接要求执行。

⑤ 剪刀撑斜杆应用旋转扣件固定在与之相交的横向水平杆的伸出端或立杆上，旋转扣件中心线至主节点的距离不宜大于150mm。

3）横向斜撑的设置应符合下列规定：

① 横向斜撑应在同一节间，由底至顶层呈“之”字形连续布置，斜撑的固定应参考门洞斜腹杆的固定要求。

②“一”字形、开口形双排脚手架的两端均必须设置横向斜撑，中间宜每隔6跨设置一道。

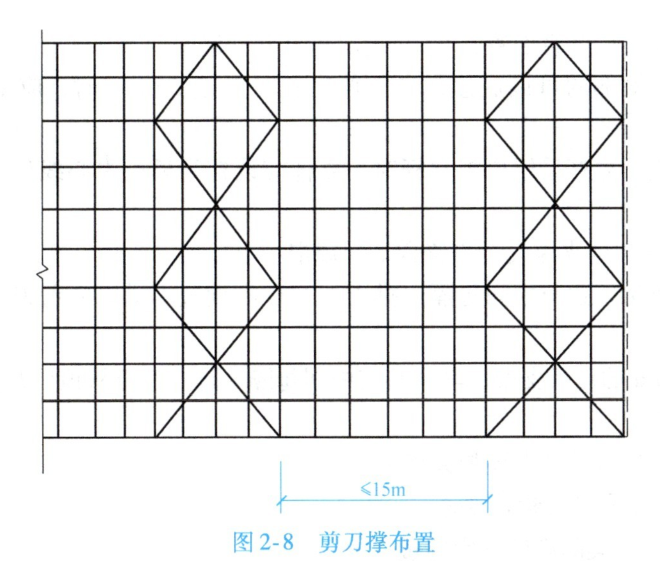

图2-8 剪刀撑布置

③ 高度在24m以下的封闭型双排脚手架可不设横向斜撑；高度在24m以上的封闭型脚手架，除拐角应设置横向斜撑外，中间应每隔6跨设置一道。

9. 斜道的构造要求

1）人行并兼作材料运输的斜道的形式，宜按下列要求确定：

① 高度不大于6m的脚手架，宜采用“一”字形斜道。

② 高度大于6m的脚手架，宜采用“之”字形斜道。

2）斜道的构造应符合下列规定：

① 斜道宜附着外脚手架或建筑物设置。

② 运料斜道宽度不宜小于1.5m，坡度宜采用1:6，人行斜道宽度不宜小于1m，坡度宜采用1:3。

③ 拐弯处应设置平台，其宽度不应小于斜道宽度。

④ 斜道两侧及平台外围均应设置栏杆及挡脚板。栏杆高度应为1.2m，挡脚板高度不应小于180mm。

⑤ 运料斜道两侧、平台外围和端部均应按规定设置连墙件（设置要求参见连墙件构造）；每两步应加设水平斜杆；应按规定设置剪刀撑和横向斜撑（设置要求参见剪刀撑和横向斜撑构造）。

3）斜道脚手板构造应符合下列规定：

① 脚手板横向铺设时，应在横向水平杆下增设纵向支托杆，纵向支托杆间距不应大于500mm。

② 顺向铺设脚手板时，宜采用搭接接头；下面的板头应压住上面的板头，板头的凸棱宜采用三角木顺填。

③ 人行斜道和运料斜道的脚手板上应每隔250~300mm设置1根防滑木条，木条厚度宜为20~30mm。

10. 模板支架的构造要求

1）模板支架立杆的构造应符合下列规定：

① 模板支架立杆的构造应符合上述脚手架立杆的相关规定。

② 模板支架立杆应竖直设置，2m高度的垂直允许偏差为15mm。

③ 设支架立杆根部的可调底座，当其伸出长度超过300mm时，应采取可靠措施进行固定。

④ 当梁模板支架立杆采用单根立杆时，立杆应设在梁模板中心线处，其偏心距不应大于25mm。

2）满堂模板支架的支撑设置应符合下列规定：

① 满堂模板支架四边与中间每隔4排支架立杆应设置1道纵向剪刀撑，由底至顶连续设置。

② 对于高于4m的模板支架，其两端与中间每隔4排立杆应从顶层开始向下每隔2步设置1道水平剪刀撑。

③ 剪刀撑的构造应符合上述相关规定。

11. 型钢悬挑脚手架的构造要求

1）一次悬挑脚手架的高度不宜超过20m。

2）型钢悬挑梁宜采用双轴对称截面的型钢。悬挑钢梁型号及锚固件应按设计确定，钢梁截面高度不应小于160mm。悬挑梁尾端应在两处及以上固定于钢筋混凝土梁板结构上。锚固型钢悬挑梁的U形钢筋拉环或锚固螺栓直径不宜小于16mm。

3）悬挑钢梁的悬挑长度应按设计确定，固定段长度不应小于悬挑段长度的1.25倍。型钢悬挑梁固定端应采用2个（对）及以上U形钢筋拉环或锚固螺栓与建筑结构梁板固定，U形钢筋拉环或锚固螺栓应预埋至混凝土梁、板底层钢筋位置，并应与混凝土梁、板底层钢筋焊接或绑扎牢固，其锚固长度应符合现行国家标准《混凝土结构设计规范》（GB 50010—2010）中关于钢筋锚固的规定。

4）当型钢悬挑梁与建筑结构采用螺栓钢压板连接固定时，钢压板尺寸不应小于100mm×10mm（宽×厚）；当采用螺栓角钢压板连接时，角钢的规格不应小于63mm×63mm×6mm。

5）型钢悬挑梁悬挑端应设置能使脚手架立杆与钢梁可靠固定的定位点，定位点离悬挑梁端部不应小于100mm。

6）锚固位置设置在楼板上时，楼板的厚度不宜小于120mm。如果楼板的厚度小于120mm，应采取加固措施。

7）悬挑梁间距应按悬挑架架体立杆纵距设置，每一纵距设置一根悬挑梁。

8）悬挑架的外立面剪刀撑应自下而上连续设置。剪刀撑的设置应符合扣件式钢管脚手架剪刀撑的规定。

9）连墙件的设置应符合扣件式钢管脚手架连墙件的规定。

10）锚固型钢的主体结构混凝土强度等级不得低于C20。

2.2.5　扣件式钢管脚手架的施工

1. 施工准备工作

1）工程项目技术负责人应按施工组织设计中有关脚手架的要求，向架设和使用人员进行技术交底，并签字确认。

2）应按上述相关规定和施工组织设计的要求对钢管、扣件、脚手板等构、配件进行检查验收，不合格产品不得使用。

3）经检验合格的构、配件应按品种、规格分类，堆放整齐、平稳，堆放场地不得有积水。

4）应清除搭设场地的杂物，平整搭设场地，并使排水畅通。

5）当脚手架基础下有设备基础、管沟时，在脚手架使用过程中不应开挖，否则必须采取加固措施。

2. 地基与基础

1）脚手架地基与基础的施工，必须根据脚手架搭设高度、搭设场地土质情况与现行国家标准《建筑地基基础工程施工质量验收标准》（GB 50202—2018）的有关规定进行。

2）脚手架底座底面标高宜高于自然地坪 50mm。

3）脚手架基础经验收合格后，应按施工组织设计的要求放线定位。

3. 搭设要求

1）脚手架必须配合施工进度搭设，一次搭设高度不应超过相邻连墙件以上 2 步架。

2）每搭完 1 步架脚手架后，应按规定校正步距、纵距、横距及立杆的垂直度等。

3）底座、垫板均应准确地放在定位线上，并宜采用长度不少于 2 跨、厚度不小于 50mm 的木垫板，也可采用槽钢。

4）立杆的搭设应符合下列规定：

① 严禁混合使用外径不同的钢管。

② 相邻立杆的对接扣件不得在同一高度内，所错开距离应符合上述相关规定。

③ 开始搭设立杆时，应每隔 6 跨设置 1 根抛撑，直至连墙件安装稳定后，方可根据情况拆除。

④ 当搭至有连墙件的构造点时，在搭设完该处的立杆、纵向水平杆、横向水平杆后，应立即设置连墙件。

⑤ 顶层立杆搭接长度与立杆顶端伸出建筑物的高度应符合上述相关规定。

5）纵向水平杆的搭设应符合下列规定：

① 纵向水平杆的搭设应符合其构造要求。

② 在封闭型脚手架的同一步架中，纵向水平杆应四周交汇，并用直角扣件与内外角部立杆固定。

6）横向水平杆的搭设应符合下列规定：

① 搭设横向水平杆应符合其构造要求。

② 双排脚手架横向水平杆的靠墙一端至墙装饰面的距离不宜大于 100mm。

③ 单排脚手架的横向水平杆不应设置在下列部位：①设计上不允许留设脚手眼的部位；②过梁上与过梁两端成 60°的三角形范围内及过梁净跨度 1/2 的高度范围内；③宽度小于 1m 的窗间墙；④梁或梁垫下及其两侧各 500mm 范围内；⑤砖砌体的门窗洞口两侧 200mm 和转角处 450mm 范围内，其他砌体的门窗洞口两侧 300mm 和转角处 600mm 范围内；⑥独立或附墙砖柱。

7）纵、横向扫地杆的搭设应符合上述相关构造要求。

8）连墙件、剪刀撑、横向斜撑等的搭设应符合下列规定：

① 连墙件的搭设应符合相关构造要求。当脚手架施工操作层高出连墙件 2 步时，应采取临时稳定措施，直到上一层连墙件搭设完后方可根据情况拆除。

② 剪刀撑、横向斜撑的搭设应符合上述相关构造要求，并应随立杆、纵向和横向水平

杆等同步搭设，各底层斜杆下端均必须支承在垫块或垫板上。

9）门洞的搭设应符合上述相关构造要求。

10）扣件的安装应符合下列规定：

① 扣件规格必须与钢管外径保持一致。

② 螺栓拧紧扭力矩不应小于40N · m，且不应大于65N · m。

③ 在主节点处固定横向水平杆、纵向水平杆、剪刀撑、横向斜撑等用的直角扣件、旋转扣件的中心点的相互距离不应大于150mm。

④ 对接扣件开口应朝上或朝内。

⑤ 各杆件端头伸出扣件盖板边缘的长度不应小于100mm。

11）作业层、斜道的栏杆和挡脚板的搭设应符合下列规定（图2-9）：

① 栏杆和挡脚板均应搭设在外立杆的内侧。

② 上栏杆上皮高度应为1.2m。

③ 挡脚板高度不应小于180mm。

④ 中栏杆应居中设置。

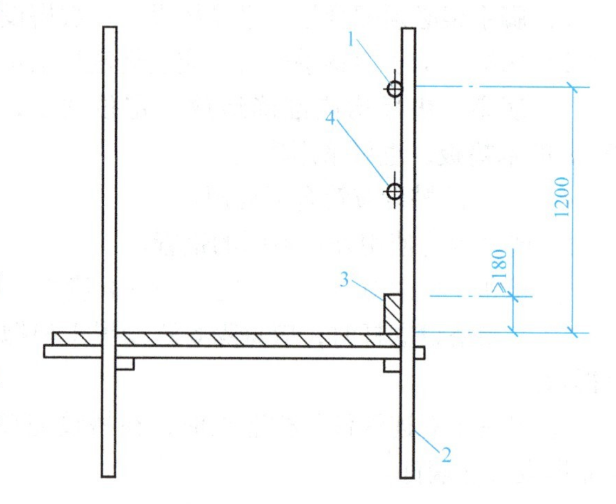

图2-9　栏杆与挡脚板构造

1—上栏杆　2—外立杆　3—挡脚板　4—中栏杆

12）脚手板的铺设应符合下列规定：

① 脚手架应铺满、铺稳，离开墙面120～150mm。

② 采用对接或搭接时均应符合相关规定；脚手板探头应用直径为3.2mm的镀锌钢丝固定在支承杆件上。

③ 在拐角、斜道平台口处的脚手板，应与横向水平杆可靠连接，防止滑移。

④ 自顶层作业层的脚手板下计，宜每隔12m满铺一层脚手板。

13）模板支架的搭设除应符合相关构造规定外，还应符合现行国家标准《混凝土结构工程施工质量验收规范》（GB 50204—2015）的有关规定。

4. 拆除要求

1）拆除脚手架的准备工作应符合下列规定：

① 应全面检查脚手架的扣件连接、连墙件、支撑体系等是否符合构造要求。

② 应根据检查结果补充完善施工组织设计中的拆除顺序和措施，并经主管部门批准后方可实施。

③ 应由工程项目技术负责人进行拆除前的安全技术交底。

④ 应清除脚手架上的杂物及地面障碍物。

2）拆除脚手架时，应符合下列规定：

① 拆除作业必须由上而下逐层进行，严禁上下同时作业。

② 连墙件必须随脚手架逐层拆除，严禁先将连墙件整层或数层拆除后再拆脚手架；分段拆除高差不应大于2步；如高差大于2步，应增设连墙件加固。

③ 当脚手架拆至下部最后一根长立杆的高度（约6.5m）时，应先在适当位置搭设临时

抛撑加固后，再拆除连墙件。

④ 当脚手架采取分段、分立面拆除时，对于不拆除的脚手架两端，应先按相关规定设置连墙件和横向斜撑加固。

3）卸料时应符合下列规定：

① 严禁把各种构、配件抛掷至地面。

② 运至地面的构、配件应按有关规定及时检查、整修和保养，并按品种、规格随时按要求码放。

2.2.6 检查与验收

1）脚手架及其地基基础应在下列阶段进行检查与验收：

① 基础完工后及脚手架搭设前。

② 作业层上施加荷载前。

③ 每搭设完 6 ~ 8m 高度后。

④ 达到设计高度后。

⑤ 遇有六级强风及以上大风或大雨后；冻结地区开冻后。

⑥ 停用超过 1 个月。

2）进行脚手架检查、验收时，应根据下列技术文件进行：

①《建筑施工扣件式钢管脚手架安全技术规范》（JGJ 130—2011）的规定。

② 施工组织设计及变更文件。

③ 专项施工方案及专家论证文件。

④ 技术交底文件等。

3）在脚手架使用过程中，应定期检查下列项目：

① 杆件的设置和连接，连墙件、支撑、门洞桁架等的构造是否符合要求。

② 地基是否积水，底座是否松动，立杆是否悬空。

③ 扣件螺栓是否松动。

④ 高度在 24m 以上的脚手架，其立杆的沉降与垂直度的偏差是否符合表 2-8 第 1、2 项的规定。

⑤ 安全防护措施是否符合要求。

⑥ 是否超载等。

4）搭设脚手架的技术要求、允许偏差和检验方法，应符合表 2-8 的规定。

表 2-8 搭设脚手架的技术要求、允许偏差和检验方法

<table>
<tr><th>项次</th><th colspan="2">项目</th><th>技术要求</th><th>允许偏差 Δ/mm</th><th>示意图</th><th>检查方法与工具</th></tr>
<tr><td rowspan="5">1</td><td rowspan="5">地基基础</td><td>表面</td><td>坚实平整</td><td rowspan="4">—</td><td rowspan="5">—</td><td rowspan="5">观察</td></tr>
<tr><td>排水</td><td>不积水</td></tr>
<tr><td>垫板</td><td>不晃动</td></tr>
<tr><td rowspan="2">底座</td><td>不滑动</td></tr>
<tr><td>不沉降</td><td>-10</td></tr>
</table>

（续）

<table>
<tr><th>项次</th><th colspan="2">项目</th><th>技术要求</th><th>允许偏差Δ/mm</th><th colspan="2">示意图</th><th>检查方法与工具</th></tr>
<tr><td rowspan="6">2</td><td rowspan="6">立杆垂直度</td><td>最后验收垂直度20～80m</td><td>—</td><td>±100</td><td colspan="2">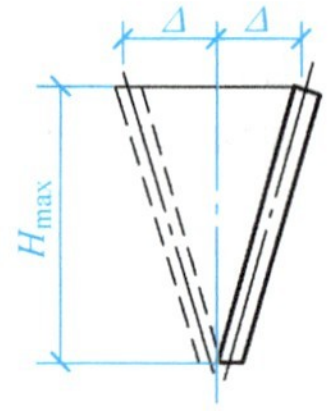</td><td rowspan="5">经纬仪或吊线和卷尺</td></tr>
<tr><td colspan="2" rowspan="3">搭设中检查偏差的高度/m</td><td colspan="3">下列脚手架允许水平偏差/mm</td></tr>
<tr><td colspan="3">总高度</td></tr>
<tr><td>50m</td><td>40m</td><td>20m</td></tr>
<tr><td colspan="2">H=2
H=10
H=20
H=30
H=40
H=50</td><td>±7
±20
±40
±60
±80
±100</td><td>±7
±25
±50
±75
±100</td><td>±7
±50
±100</td></tr>
<tr><td colspan="5">中间档次用插入法计算</td><td></td></tr>
<tr><td>3</td><td>间距</td><td>步距
纵距
横距</td><td>—</td><td>±20
±50
±20</td><td colspan="2">—</td><td>钢板尺</td></tr>
<tr><td rowspan="2">4</td><td rowspan="2">纵向水平杆高差</td><td>一根杆的两端</td><td>—</td><td>±20</td><td colspan="2">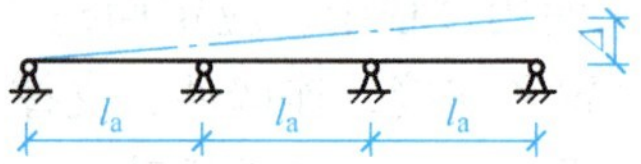</td><td rowspan="3">水平仪或水平尺</td></tr>
<tr><td>同跨内两根纵向水平杆高差</td><td>—</td><td>±10</td><td colspan="2">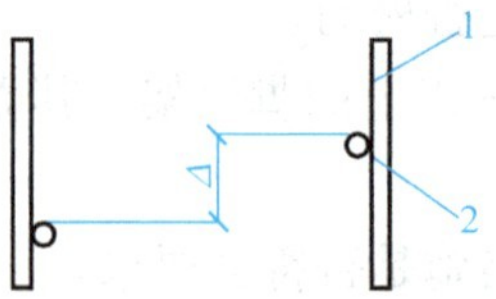</td></tr>
<tr><td>5</td><td colspan="2">双排脚手架横向水平杆外伸长度偏差</td><td>外伸500mm</td><td>-50</td><td colspan="2">—</td></tr>
<tr><td>6</td><td>扣件安装</td><td>主节点处各扣件中心点相互距离</td><td>a≤150mm</td><td>—</td><td colspan="2">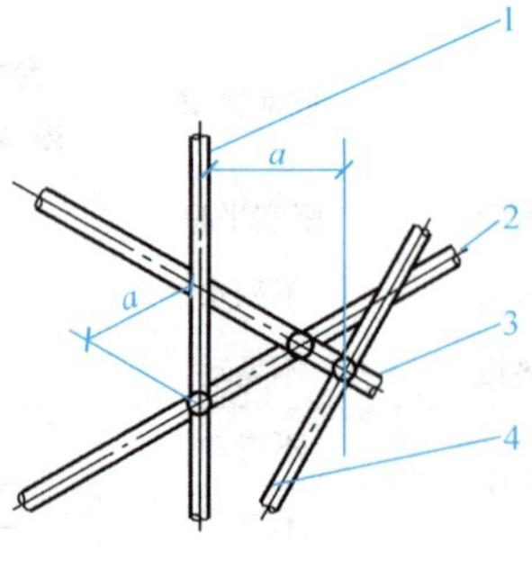</td><td>钢板尺</td></tr>
</table>

（续）

项次	项目		技术要求	允许偏差Δ/mm	示意图	检查方法与工具
6	扣件安装	同步立杆上两个相隔对接扣件的高差	$a \geqslant 500$mm	—		钢卷尺
		立杆上的对接扣件至主节点的距离	$a \leqslant h/3$			
		纵向水平杆上的对接扣件至主节点的距离	$a \leqslant l/3$	—		
		扣件螺栓拧紧扭力矩	40～65N·m	—	—	扭力扳手
7	剪刀撑斜杆与地面的倾角		45°～60°	—	—	角尺
8	脚手板外伸长度	对接	a = 130～150mm $l \leqslant 300$mm	—		卷尺
		搭接	$a \geqslant 100$mm $l \geqslant 200$mm	—		

注：图中1—立杆；2—纵向水平杆；3—横向水平杆；4—剪刀撑。

5）安装后的扣件螺栓拧紧扭力矩应采用力矩扳手检查，抽样方法应按随机分布原则进行。抽样检查数目与质量判定标准应按表2-9的规定确定。不合格的必须重新拧紧，直至合格为止。

表2-9　扣件螺栓拧紧抽样检查数目及质量判定标准

项次	检查项目	安装扣件数量/个	抽检数量/个	允许的不合格数/个
1	连接立杆与纵（横）向水平杆或剪刀撑的扣件；接长立杆、纵向水平杆或剪刀撑的扣件	51～90	5	0
		91～150	8	1
		151～280	13	1
		281～500	20	2
		501～1200	32	3
		1201～3200	50	5

（续）

项次	检查项目	安装扣件数量/个	抽检数量/个	允许的不合格数/个
2	连接横向水平杆与纵向水平杆的扣件（非主节点处）	51～90 91～150 151～280 281～500 501～1200 1201～3200	5 8 13 20 32 50	1 2 3 5 7 10

2.2.7　安全管理

1）脚手架搭设人员必须是经过按现行国家标准《特种作业人员安全技术培训考核管理规定》（GB 5306—2010）（2015年修订）考核合格的专业架子工。上岗人员应定期体检，合格者方可持证上岗。

2）脚手架搭设人员必须戴安全帽，系安全带，穿防滑鞋。

3）脚手架的构、配件质量和搭设质量应按规定进行检查验收，合格后方准使用。

4）作业层上的施工荷载应符合设计要求，不得超载。不得将模板支架、缆风绳、泵送混凝土和砂浆的输送管等固定在脚手架上；严禁悬挂起重设备。

5）当有六级及六级以上大风和雾、雨、雪天气时，应停止脚手架搭设和拆除作业。雨、雪后，上架作业应有防滑措施，并应扫除积雪。

6）脚手架的安全检查与维护应按规定进行，安全网应按有关规定搭设或拆除。

7）在脚手架使用期间，严禁拆除下列杆件：主节点处的纵、横向水平杆以及纵、横向扫地杆；连墙件。

8）不得在脚手架基础及其邻近处进行挖掘作业，否则应采取安全措施，并报主管部门批准。

9）临街搭设脚手架时，外侧应有防止坠物伤人的防护措施。

10）在脚手架上进行电、气焊作业时，必须有防火措施，并派专人看守。

11）工地临时用电线路的架设及脚手架接地、避雷措施等，应按现行行业标准《施工现场临时用电安全技术规范》（JGJ 46—2005）的有关规定执行。

12）搭、拆脚手架时，地面应设围栏和警戒标志，并派专人看守，严禁非操作人员入内。

子单元3　门式钢管脚手架

门式钢管脚手架是以门架、交叉支撑、连接棒、挂扣式脚手板或水平架、锁臂等组成基本结构，再设置水平加固杆、剪刀撑、扫地杆、封口杆、托座和底座，并采用连墙件与建筑物主体结构相连的一种标准化钢管脚手架，包括门式作业脚手架和门式支撑架。它具有装拆简单、移动方便、承载性好、使用安全可靠、经济效益好等优点，所以发展速度很快。它不

但能用作建筑施工的内、外脚手架，还能用作楼板、梁模板支架和移动式脚手架等，具有较多的功能，所以又称为多功能脚手架。但是，如果这种脚手架材质或搭设质量满足不了《建筑施工门式钢管脚手架安全技术标准》（JGJ/T 128—2019）的规定，影响施工工效，并且极易发生安全事故。

2.3.1　基本组成

门式钢管脚手架是以门架、交叉支撑、连接棒、挂扣式脚手板或水平架、锁臂等组成基本结构，再以水平加固杆、剪刀撑、扫地杆加固，并采用连墙件与建筑物主体结构相连的一种定型化钢管脚手架。

1. 门架

门架是门式钢管脚手架的主要构件，由立杆、横杆及加强杆焊接组成，如图2-10所示。

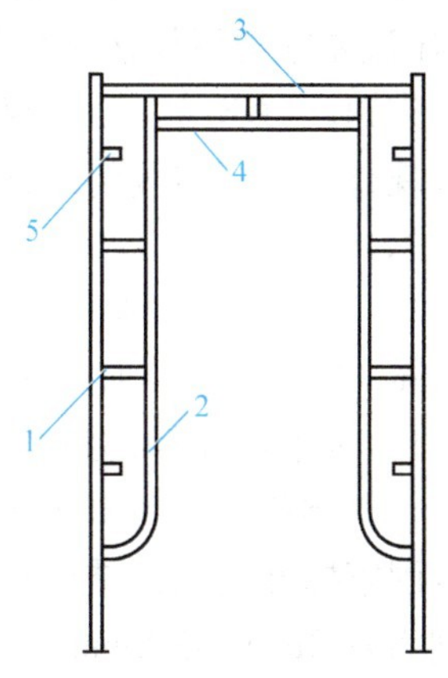

图2-10　门架

1—立杆　2—立杆加强杆　3—横杆　4—横杆加强杆　5—锁臂

2. 其他构、配件

门式钢管脚手架的其他构、配件包括连接棒、锁臂、交叉支撑、水平架、挂扣式脚手板、底座和托座等，如图2-11所示。

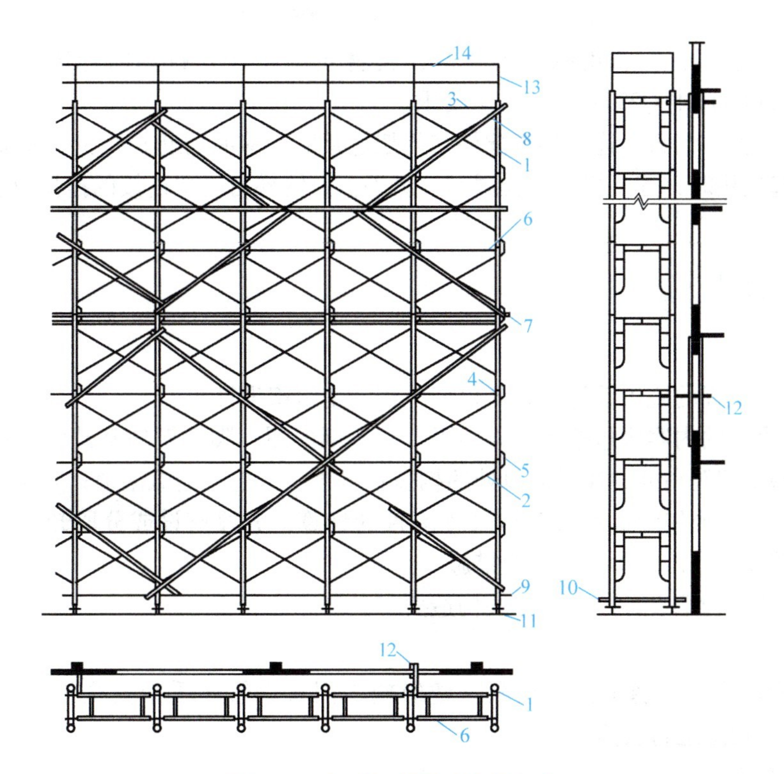

图2-11　门式钢管脚手架的组成

1—门架　2—交叉支撑　3—脚手板　4—连接棒　5—锁臂　6—水平架　7—水平加固杆　8—剪刀撑　9—扫地杆　10—封口杆　11—底座　12—连墙件　13—栏杆　14—扶手

2.3.2 构、配件的材质性能

1）门架与配件的钢管应采用现行国家标准《直缝电焊钢管》（GB/T 13793—2016）或《低压流体输送用焊接钢管》（GB/T 3091—2015）中规定的普通钢管，其材质应符合《碳素结构钢》（GB/T 700—2006）中Q235级钢的规定。门架及其配件的性能、质量及型号应符合现行行业标准《门式钢管脚手架》（JG13—1999）的规定，并应有出厂合格证明书及产品标志。

2）门架立杆加强杆的长度不应小于门架高度的70%；门架宽度外部尺寸不得小于800mm，门架高度不宜小于1700mm。

3）水平加固杆、封口杆、扫地杆、剪刀撑及脚手架转角处连接杆等宜采用$\phi42\times2.5$mm焊接钢管，也可采用$\phi48\times3.5$mm焊接钢管，其材质在保证可焊性的条件下应符合现行国家标准《碳素结构钢》（GB/T 700—2006）中Q235A钢的规定，相应的扣件规格应分别为$\phi42$mm、$\phi48$mm。

4）钢管应平直，平直度允许偏差为管长的1/500；两端面应平整，不得有斜口、毛口，严禁使用有硬伤（硬弯、砸扁等）及严重锈蚀的钢管。

5）连接外径为48mm钢管的扣件的性能、质量应符合现行国家标准《钢管脚手架扣件》（GB 15831—2006）的规定。连接外径42mm与48mm钢管的扣件应有明显标记，并按照现行国家标准《钢管脚手架扣件》（GB 15831—2006）中的有关规定执行。

6）连墙件采用钢管、角钢等型钢时，其材质应符合现行国家标准《碳素结构钢》（GB/T 700—2006）中Q235A钢的质量要求。

7）交叉支撑、锁臂、连接棒等配件与门架连接时，应有防止退出的止退机构，当连接棒与锁臂一起应用时，连接棒可不受限制。脚手板、钢梯与门架连接的挂扣应有防止脱落的扣紧机构。

2.3.3 设计计算

1. 施工设计

1）脚手架工程的施工设计应列入单位工程施工组织设计。

2）施工设计的内容应包括脚手架的平、立、剖面图；脚手架的基础做法；连墙件的布置及构造；脚手架转角处、通道洞口处的构造；脚手架的施工荷载限值；脚手架的计算，一般包括脚手架稳定或搭设高度计算以及连墙件的计算；分段搭设或分段卸荷方案的设计计算；脚手架搭设、使用、拆除等安全措施。

3）脚手架的构造设计应满足相关构造要求。

2. 稳定性

门式钢管脚手架的稳定性应按照《建筑施工门式钢管脚手架安全技术标准》（JGJ/T 128—2019）的规定进行验算。

3. 搭设高度

1）敞开式脚手架，当其搭设高度不超过表2-10规定及相关构造要求时，可不进行稳定性或搭设高度的计算。

2）落地脚手架搭设高度超过表2-10规定时，宜采用分段卸荷或分段搭设等方法；分段

搭设时，每段脚手架高度宜控制在30mm以下。

4. 连墙件

门式钢管脚手架的连墙件应进行强度、稳定性、风荷载作用及与主体结构（或脚手架）连接强度的验算。

2.3.4　门式作业脚手架

1. 搭设高度

门式作业脚手架的搭设高度不宜超过表2-10的规定。

表2-10　门式作业脚手架搭设高度

序　　号	搭设方式	施工荷载标准值/(kN/m²)	搭设高度/m
1	落地、密目式安全网全封闭	≤2.0	≤60
2		>2.0且≤4.0	≤45
3	悬挑、密目式安全立网全封闭	≤2.0	≤30
4		>2.0且≤4.0	≤24

注：表中数据适用于重现期为10年、基本风压值 $\omega_0 \leqslant 0.45\text{kN/m}^2$ 的地区。对于10年重现期，基本风压值 $\omega_0 > 0.45\text{kN/m}^2$ 的地区，应按实际计算确定。

2. 门架

1）门架跨距应符合现行行业标准《门式钢管脚手架》（JG 13—1999）的规定，并与交叉支撑规格相配合。

2）门架立杆离墙面净距不宜大于150mm；大于150mm时，应采取内挑架板或其他安全防护措施。

3. 配件

1）门架的内、外两侧均应设置交叉支撑，并应与门架立杆上的锁臂锁牢。

2）上、下榀门架的组装必须设置连接棒及锁臂，连接棒直径应小于立杆内径1~2mm。

3）在有脚手架的操作层上，应连续满铺与门架配套的挂扣式脚手板，并扣紧挡板，防止脚手板脱落和松动。

4）水平架的设置应符合下列规定：

① 必须在脚手架的顶层门架上部、连墙件设置层、防护棚设置处设置水平架。

② 当脚手架搭设高度 $H \leqslant 45\text{m}$ 时，应沿脚手架高度至少两步一设水平架；当脚手架搭设高度 $H > 45\text{m}$ 时，应每步一设水平架；不论脚手架多高，均应在脚手架的转角处、端部及间断处一个跨距范围内每步一设水平架。

③ 应在其设置层面内连续设置水平架。

④ 若因施工需要，临时局部拆除脚手架内侧交叉支撑时，应在拆除交叉支撑的门架上方及下方设置水平架。

⑤ 水平架可由挂扣式脚手板或门架两侧设置的水平加固杆代替。

5）底步门架的立杆下端应设置固定底座或可调底座。

4. 加固件

1）剪刀撑的设置应符合下列规定：

① 脚手架高度超过 20m 时，应在脚手架外侧连续设置剪刀撑。

② 剪刀撑斜杆与地面的倾角宜为 45°～60°，剪刀撑宽度宜为 4～8m。

③ 剪刀撑应采用扣件与门架立杆扣紧。

④ 若采用搭接接长剪刀撑斜杆，搭接长度不宜小于 600mm，搭接处应采用两个扣件扣紧。

2）水平加固杆的设置应符合以下规定：

① 当脚手架高度超过 20m 时，应在脚手架外侧每隔 4 步设置 1 道水平加固杆，并宜设置在有连墙件的水平层。

② 连续设置纵向水平加固杆，并形成水平闭合圈。

③ 应在脚手架的底步门架下端加封口杆，门架内、外两侧应设通长扫地杆。

④ 水平加固杆应采用扣件与门架立杆扣牢。

5. 转角处门架连接

1）在建筑物转角处的脚手架内、外两侧应每步设置水平连接杆，将转角处的两门架连成一体，如图 2-12 所示。

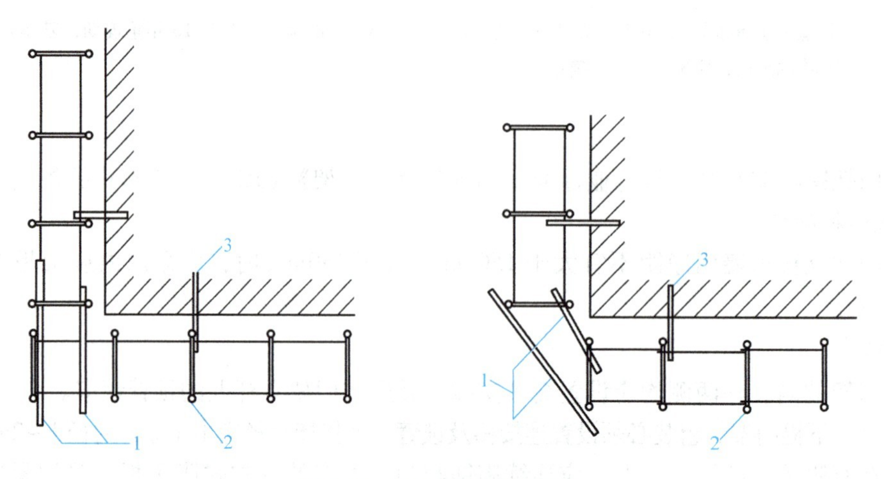

图 2-12　转角处脚手架连接

1—连接钢管　2—门架　3—连墙件

2）水平连接杆应采用钢管，其规格应与水平加固杆相同。

3）水平连接杆应采用扣件与门架立杆及水平加固杆扣紧。

6. 连墙件

1）脚手架必须采用连墙件与建筑物做到可靠连接。连墙件的设置除应满足规范的计算要求外，还应满足表 2-11 的要求。

表 2-11　连墙件间距

脚手架搭设高度/m	基本风压/(kN/m²)	连墙件的间距/m	
		竖向	水平向
≤45	≤0.55	≤6.0	≤8.0
	≤0.55		
>45	—	≤4.0	≤6.0

2）应在脚手架的转角处及开口形脚手架端部增设连墙件，其竖向间距不应大于4.0m。

3）在脚手架外侧因设置防护棚或安全网而承受偏心荷载的部位，应增设连墙件，其水平间距不应大于建筑物的层高，且不应大于4.0m。

4）连墙件应能承受拉力和压力，其承载力标准值不应小于10kN；连墙件与门架、建筑物的连接也应具有相应的连接强度。

7. 通道洞口

1）通道洞口高不宜大于2个门架，宽不宜大于1个门架跨距。

2）通道洞口应按以下要求采取加固措施：当洞口宽度为1个跨距时，应在脚手架洞口上方的内、外侧设置水平加固杆，在洞口上部两端加设斜撑杆，如图2-13所示；当洞口宽为2个及2个以上跨距时，应在洞口上方设置经专门设计和制作的托架，并加强洞口两侧的门架立杆。

8. 斜梯

1）作业人员上、下脚手架的斜梯应采用挂扣式梯段，并宜采用“之”字形，1个梯段宜跨越2～3步。

2）钢梯规格应与门架规格配套，并应与门架挂扣牢固连接。

3）钢梯应设栏杆扶手。

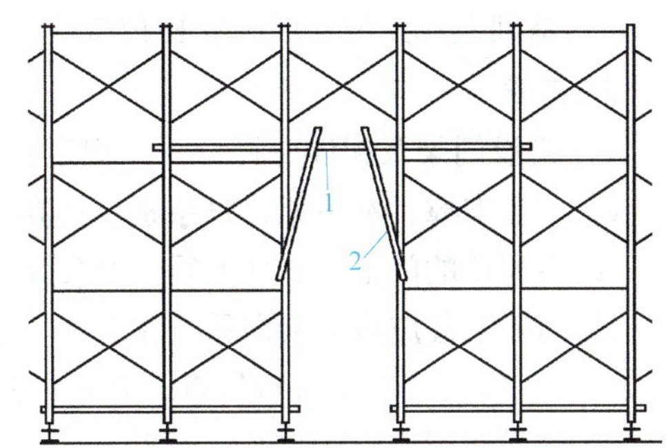

图2-13　通道洞口加固示意
1—水平加固杆　2—斜撑杆

9. 地基与基础

1）搭设脚手架的场地必须平整、坚实，并做好排水，回填土地面必须分层回填，逐层夯实。

2）落地式脚手架的基础须根据土质及搭设高度按表2-12的要求处理。当土质与表2-12不符时，应按现行国家标准《建筑地基基础设计规范》（GB 50007—2011）的有关规定经计算确定。

表2-12　地基基础要求

搭设高度/m	地基土质		
	中低压缩性且压缩性均匀	回填土	高压缩性或压缩性不均匀
≤24	夯实原土，干重力密度为15.5kN/m^{3}以上。立杆底座置于面积不小于0.075m^{2}的垫木上	土夹石或素土回填夯实，立杆底座置于面积不小于0.10m^{2}的垫木上	夯实原土，设宽度不小于200mm的通长槽钢或垫木
>24且≤40	垫木面积不小于0.1m^2，其余同上	砂夹石回填夯实，其余同上	夯实原土，在搭设地面满铺C15混凝土，厚度不小于150mm
>40且≤55	垫木面积不小于0.15m^2，或铺通长垫木，其余同上	砂夹石回填夯实，垫木面积不小于0.15m^2，或铺通垫木	夯实原土，在搭设地面满铺C15混凝土，厚度不小于200mm

注：表中混凝土垫块厚度不小于200mm；垫木厚度不小于50mm，宽度不小于200mm。

3）当脚手架搭设在结构的楼面、挑台上时，应在立杆底座下铺设垫板或混凝土垫板，

并应对楼面或挑台等结构进行承载力验算。

2.3.5　搭设与拆除

1. 施工准备工作

1）搭设脚手架前，项目工程技术负责人应按规程和施工组织设计要求向搭设及使用人员做技术和安全作业要求的交底。

2）应按要求对门架、配件和加固件进行检查、验收，严禁使用不合格的门架、配件。

3）应对脚手架的搭设场地进行清理、平整，并做好排水。

2. 基础

1）应按规定和施工组织设计要求进行地基基础施工。

2）基础上应先弹出门架立杆位置线，垫板、底座安放位置应准确。

3. 搭设

1）搭设门架及配件应符合下列规定：

① 交叉支撑、水平架、脚手板、连接棒和锁臂的设置应符合构造要求。

② 不配套的门架和配件不得混合使用于同一脚手架。

③ 门架安装应自一端向另一端延伸，并逐层改变搭设方向，不得相对进行。搭设完一步架后，应按规范要求进行检查，并调整其水平度和垂直度。

④ 应紧随门架的安装及时设置交叉支撑、水平架或脚手板。

⑤ 连接门架和配件的锁臂、搭钩必须处于锁住状态。

⑥ 应在同一步内连续设置水平架或脚手板，并满铺脚手板。

⑦ 底层钢梯的底部应加设钢管，并用扣件扣紧在门架的立杆上，钢梯的两侧均应设置扶手，每梯段可跨越2~3步门架再行转折。

⑧ 栏板（杆）、挡脚板应设置在脚手架操作层外侧、门架立杆的内侧。

2）加固杆、剪刀撑等加固件的搭设除应符合上述的要求外，尚应满足下列规定：

① 必须与脚手架同步搭设加固杆和剪刀撑。

② 水平加固杆应设于门架立杆内侧，剪刀撑应设于门架立杆外侧并连接牢固。

3）连墙件的搭设应符合下列规定：

① 连墙件的搭设必须与脚手架的搭设同步进行，严禁滞后设置或搭设完毕后补做。

② 当脚手架操作层高出相邻连墙件以上两步时，应采用确保脚手架稳定的临时拉结措施，直到连墙件搭设完毕后方可拆除。

③ 连墙件宜垂直于墙面，不得向上倾斜，连墙件埋入墙身的部分必须锚固可靠。

④ 连墙件应连于上、下两榀门架的接头附近。

4）加固件、连墙件等与门架采用扣件连接时，应符合下列规定：

① 扣件规格应与所连钢管外径相匹配。

② 扣件螺栓拧紧扭力矩宜为40~65N·m，并不得小于40N·m。

③ 各杆件端头伸出扣件盖板边缘长度不应小于100mm。

5）脚手架应沿建筑物周围连续、同步搭设升高，在建筑物周围形成封闭结构；如果不能封闭，脚手架两端应增设连墙件。

4. 验收

1）脚手架搭设完毕或分段搭设完毕，应按规范规定对脚手架工程的质量进行检查，经检查合格后方可交付使用。

2）高度为20m及20m以下的门式钢管脚手架，应由单位工程负责人组织专职安全技术人员进行检查验收；高度大于20m的脚手架，应由上一级技术负责人随搭设进度分段组织工程负责人及有关技术人员进行检查验收。

3）验收时应具备下列文件：

① 脚手架工程施工组织设计文件。

② 脚手架构、配件的出厂合格证或质量分类合格标志。

③ 脚手架工程的施工记录及质量检查记录。

④ 脚手架搭设过程中出现的重要问题及处理记录。

⑤ 脚手架工程的施工验收报告。

4）验收脚手架工程时，除应查验有关文件外，还应进行现场检查，应着重检查以下各项，并记入施工验收报告。

① 构、配件和加固件是否齐全，质量是否合格，连接和挂扣是否紧固可靠。

② 安全网的张挂及扶手的设置是否齐全。

③ 基础是否平整、坚实，支垫是否符合规定。

④ 连墙件的数量、位置和设置是否符合要求。

⑤ 垂直度及水平度是否合格。

5）脚手架搭设的垂直度与水平度允许偏差应符合表2-13的要求。

表2-13　脚手架搭设垂直度与水平度允许偏差　　（单位：mm）

项　目		允许偏差	项　目		允许偏差
垂直度	每步架	$\frac{h}{300}$及±6.0	水平度	一跨距内水平架两端高差	±5.0
	脚手架整体	$\frac{H}{300}$及±100.0		脚手架整体	±100

注：h—步距；H—脚手架高度。

5. 拆除

1）脚手架经单位工程负责人检查验证并确认不再需要时，方可拆除。

2）拆除脚手架前，应清除脚手架上的材料、工具及其他物品。

3）拆除脚手架时，应设置警戒区和警戒标志，并由专职人员负责警戒。

4）应在统一指挥下拆除脚手架，按“后装先拆、先装后拆”的顺序及下列安全作业的要求进行：

① 脚手架的拆除应从一端向另一端、自上而下逐层地进行。

② 同一层的构、配件和加固件应按“先上后下，先外后里”的顺序进行，最后拆除连墙件。

③ 在拆除过程中，脚手架的自由悬臂高度不得超过两步；当必须超过两步时，应加设临时拉结杆件。

④ 连墙杆、通长水平杆和剪刀撑等，必须在脚手架拆卸到相关的门架时方可拆除。

⑤ 工人必须站在临时设置的脚手板上进行拆卸作业，并按规定使用安全防护用品。

⑥ 在拆除工作中，严禁使用榔头等硬物击打、撬挖，拆下的连接棒应放入工具袋内，锁臂应先传递至地面并在室内存放。

⑦ 拆卸连接部件时，应先将锁座上的锁板与卡钩上的锁片旋转至开启位置，然后开始拆除，不得硬拉，严禁敲击。

⑧ 拆下的门架、钢管与配件，应成捆用机械吊运或由井架传送至地面，防止碰撞，严禁抛掷。

2.3.6 门式支撑架

1. 一般规定

1）门式钢管脚手架用作模板支撑和满堂脚手架时，结构、构造应根据荷载、支撑高度、使用面积等进行设计，并列入施工方案中。

2）门式脚手架用于模板支撑时，荷载应按现行国家标准《混凝土结构工程施工质量验收规范》（GB 50204—2015）及《组合钢模板技术规范》（GB 50214—2013）中有关规定取值，并进行荷载组合。门式脚手架用于满堂脚手架时，荷载应按实际作用取值，门架承载力应按《建筑施工门式钢管脚手架安全技术标准》（JGJ/T 128—2019）的有关规定进行计算。

3）模板支撑及满堂脚手架的基础做法应符合《建筑施工门式钢管脚手架安全技术规范》（JGJ 128—2010）的要求，当模板支撑架设在钢筋混凝土楼板、挑台等结构上部时，应对该结构强度进行验算。

4）可调底座调节螺杆伸出长度不宜超过200mm。当超过200mm时，一榀门架承载力设计值应根据可调底座调节螺杆伸出长度进行修正：伸出长度为300mm时，应乘以修正系数0.90；超过300mm时，应乘以修正系数0.80。模板支撑架的高度调整宜以采用可调顶托为主。

5）模板支撑及满堂脚手架构造的设计，宜使立杆直接传递荷载。当荷载作用于门架横杆上时，门架的承载能力应乘以折减系数：当荷载对称作用于立杆与加强杆范围内时，应取0.9；当荷载对称作用在加强杆顶部时，应取0.70；当荷载集中作用于横杆中间时，应取0.30。

2. 模板支撑

1）门架、调节架及可调托座应根据支撑高度设置，支撑架底部可采用固定底座及木楔调整标高。

2）用于梁模板支撑的门架，可采用平行或垂直于梁轴线的布置方式。垂直于梁轴线布置时，门架两侧应设置交叉支撑（图2-14a）；平行于梁轴线设置时，两门架应采用交叉支撑或梁底模小楞连接牢固（图2-14b）。

3）当模板支撑高度较高或荷载较大时，模板可采用图2-15所示的构架形式进行支撑。

4）门架用于楼板支撑时，门架间距与门架跨距应由计算和构造要求确定，门架可按照上述相关要求设置水平加固杆；楼板模板支撑较高时（大于10m），门架可按照要求设置剪刀撑。

5）门架用于整体式平台模板时，门架立杆、调节架应当设置锁臂，模板系统与门架支撑应做满足吊运要求的可靠连接。

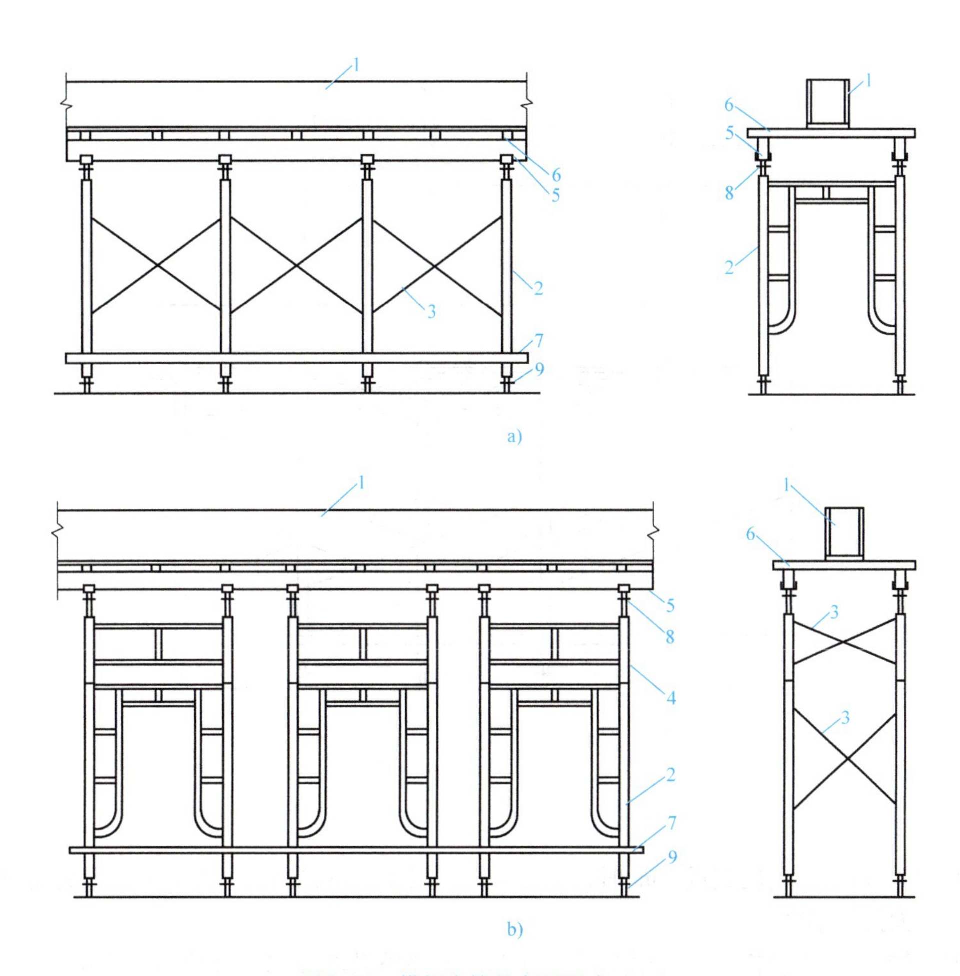

图 2-14　模板支撑的布置形式（一）

1—混凝土梁　2—门架　3—交叉支撑　4—调节架　5—托梁
6—小楞　7—扫地杆　8—可调托座　9—可调底座

3. 满堂脚手架

1）门架的跨距和间距应根据实际荷载经设计确定，间距不宜大于 1.2m。

2）应在每列门架两侧设置交叉支撑，并应采用锁销与门架立杆锁牢，施工期间不得随意拆除。

3）应每步设置水平架或脚手板。顶步作业层应满铺脚手板，并应采用可靠连接方式与门架横梁固定，大于 200mm 的缝隙应挂设安全平网。

4）应在满堂脚手架的周边顶层及中间每 5 列、5 排通长连续设置水平加固杆，并应采用扣件与门架立杆扣牢。

5）应在满堂脚手架外侧周边和内部每隔 15m 间距设置剪刀撑，剪刀撑宽度不应大于 4 个跨距或间距，斜杆与地面倾角宜为 45°～60°。

6）满堂脚手架距墙或其他结构物边缘的距离应小于 0.5m，周围应设置栏杆。

7）满堂脚手架中间设置通道时，通道处底层门架可不设纵（横）方向水平加固杆，但通道上部应每步设置水平加固杆。通道两侧门架应当设置斜撑杆。

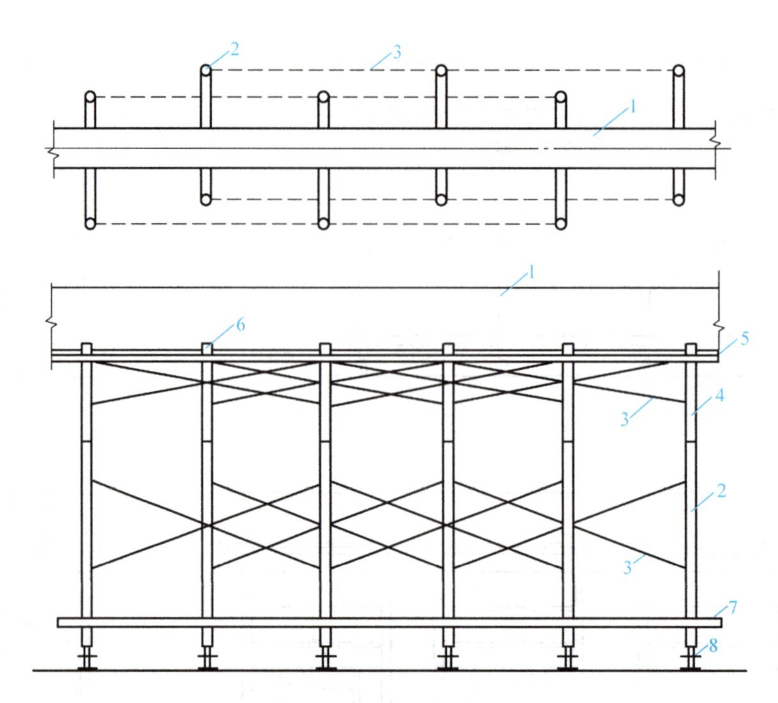

图2-15　模板支撑的布置形式（二）

1—混凝土梁　2—门架　3—交叉支撑　4—调节架

5—托梁　6—小楞　7—扫地杆　8—可调底座

8）满堂脚手架高度超过10m时，上、下层门架间应设置锁臂，外侧应当设置抛撑或缆风绳与地面拉结牢固。

9）满堂脚手架的搭设可采用逐列、逐排和逐层搭设的方法，并应当随搭随设剪刀撑、水平纵横加固杆、抛撑（或缆风绳）和通道板等安全防护构件。

10）搭设、拆除满堂脚手架时，应在施工操作层铺设脚手板，工人应系安全带。

4. 搭设与拆除

1）在支撑模板及安装满堂脚手架在前，应在楼面或地面弹出门架的纵、横方向位置线进行找平。

2）模板支撑及满堂脚手架组装完毕后，应进行下列各项内容的验收检查：门架设置情况；交叉支撑、水平架及水平加固杆、剪刀撑及脚手板配置情况；门架横杆荷载状况；底座、顶托螺旋杆伸出长度；扣件紧固扭力矩；垫木情况；安全网设置情况。

3）施工应符合下列规定：

① 对于可调底座、顶托，应采取防止砂浆、水泥浆等污物填塞螺纹的措施。

② 不得采用使门架产生偏心荷载的混凝土浇筑顺序。采用泵送混凝土时，应随浇随捣随平整，混凝土不得堆积在泵送管路出口处。

③ 应避免装卸物料对模板支撑和脚手架产生偏心、振动和冲击。

④ 不得随意拆卸交叉支撑、水平加固杆和剪刀撑，因施工需要临时局部拆卸时，应在施工完毕后立即恢复。

⑤ 拆除时，应采用“先搭后拆”的施工顺序。

⑥ 拆除模板支撑及满堂脚手架时，应采用可靠安全措施，严禁高空抛掷。

2.3.7 安全管理与维护

1）搭拆脚手架的工作必须由专业架子工担任，并按现行国家标准《特种作业人员安全技术培训考核管理规定》考核合格后持证上岗。上岗人员应定期进行体检，凡不适于高处作业者，不得上脚手架操作。

2）搭、拆脚手架时，工人必须戴安全帽，系好安全带，穿防滑鞋。

3）操作层上施工荷载应符合设计要求，不得超载；不得在脚手架上集中堆放模板、钢筋等物件。严禁在脚手架上拉缆风绳或固定、架设混凝土泵、泵管及起重设备等。

4）出现六级及六级以上大风和雨、雪及雾天，应停止脚手架的搭设、拆除及施工作业。

5）施工期间不得拆除下列杆件：交叉支撑、水平架；连墙件；加固杆件，如剪刀撑、水平加固杆、扫地杆、封口杆等；栏杆。

6）必须临时拆除交叉支撑或连墙件时，应经主管部门批准，并应符合下列规定：

① 交叉支撑只能在门架一侧局部拆除，临时拆除后，应在拆除交叉支撑的门架上、下层面满铺水平架或脚手板。作业完成后，应立即恢复拆除的交叉支撑；拆除时间较长时，还应加设扶手或安全网。

② 只能拆除个别连墙件，拆除前、后应采取安全措施，并应在作业完成后立即恢复；不得在竖向或水平向同时拆除两个及两个以上连墙件。

7）严禁在脚手架基础或邻近进行挖掘作业。

8）临街搭设的脚手架外侧应有防护措施，以防坠物伤人。

9）脚手架与架空输电线路的安全距离、工地临时用电线路架设及脚手架接地避雷措施等应按现行行业标准《施工现场临时用电安全技术规范》（JGJ 46—2005）的有关规定执行。

10）严禁任意攀登脚手架外侧。

11）应设专人负责对脚手架进行经常性检查和保修工作。对于高层脚手架，应定期做门架立杆基础沉降检查，发现问题应立即采取措施。

12）拆下的门架及配件应清理干净，并按规范的规定分类检验和维修，按品种、规格分类整理存放，妥善保管。

子单元4 附着式升降脚手架

在高层建筑施工中，常在建筑物外围采用悬挑钢管脚手架等作为工作面和外防护架，这些方法效率低，安全性差，劳动强度大，周转材料耗用多，施工成本较高。附着式升降脚手架的施工工艺可以较好地解决这些问题。附着式升降脚手架是指采用各种形式的架体结构及附着支承结构，依靠设置于架体或工程结构上的专用升降设备实现升降的施工外脚手架。这种方式工效高，劳动强度低，整体性好，安全可靠，能节省大量周转材料，经济效益显著。目前该项技术日臻成熟，许多施工单位都制订出了行之有效的附着式升降脚手架的施工工

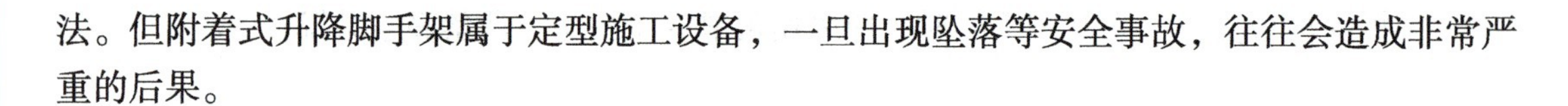

法。但附着式升降脚手架属于定型施工设备，一旦出现坠落等安全事故，往往会造成非常严重的后果。

2.4.1　概述

1. 主要特点

附着式升降脚手架是指预先组装一定高度（一般为4个标准层）的脚手架，将其附着在建筑物的外侧，利用自身的提升设备，从下至上提升一层，施工一层主体，当主体施工完毕，再从上至下装修一层下降一层，直至将底层装修完毕。按施工工艺需要，脚手架可以整体提升，也可以分段提升，它比落地式脚手架可节省工料，而且建筑越高，其经济效益和社会效益越显著，特别适合高层和超高层建筑的施工。该类脚手架具有以下特点：

1）脚手承重架可在墙柱、楼板、阳台处连接，连接灵活。

2）每榀脚手架各有两处承重连接和附着连接，整体牢靠稳定。

3）防止外倾及导向功能，受环境因素影响小。

4）脚手架一次安装、多次进行循环升降，操作简单，工效高、速度快，材料成本低。

5）可按施工流水段进行分段、分单元升降，便于流水交叉作业。

6）由手动（或电动）葫芦提升，可控性强。

7）具备防坠落保险装置，安全性高。

8）主体及装修均可应用。

但是，如果附着式升降脚手架设计或使用不当，即存在比较大的危险性，会引发脚手架坠落事故。

2. 基本组成

附着式升降脚手架一般由竖向主框架、水平支承桁架、架体构架、附着支承结构、防倾装置、防坠装置等组成。

3. 传力方式

附着式升降脚手架实际上是把一定高度的落地脚手架移到了空中，通过承力构架（水平梁架及竖向主框架）采用附着支撑与工程结构连接。附着式升降脚手架属于侧向支承的悬空脚手架，架体的全部荷载通过附着支撑传给工程结构。

其荷载传递方式如下：架体的竖向荷载传给水平梁架，水平梁架以竖向主框架为支座，竖向主框架承受水平梁架的传力及主框架自身荷载，主框架通过附着支撑传给工程结构。

4. 使用条件

（1）适用范围　不携带施工外模板的附着式升降脚手架适用于高度小于150m的高层、超高层建筑物或高耸构筑物。对于使用高度超过150m，或携带施工外模板的附着式升降脚手架，应对风荷载取值、架体构造等方面进行专项研究后作出相应的加强设计。

（2）实行认证制度　使用附着式升降脚手架具有较大的危险性，它不仅是一种单项施工技术，而且是形成定型化反复使用的工具或载人设备，所以应该有足够的安全保障，必须对使用和生产附着式升降脚手架的厂家和施工企业实行资格认证制度。

1）《建筑施工附着式升降脚手架管理暂行规定》（建字［2000］230号）中第五十五条规定："建设部对从事附着式升降脚手架工程的施工单位实行资质管理，未取得相应资质证

书的不得施工；对附着式升降脚手架实行认证制度，即所使用的附着式升降脚手架必须经过国务院建设行政主管部门组织鉴定或者委托具有资格的单位进行认证”。第五十六条规定：“附着式升降脚手架工程的施工单位应当根据资质管理有关规定到当地建设行政主管部门办理相应审查手续”。并规定：“对已获得附着式升降脚手架资质证书的施工单位实行年检管理制度”。

2）附着式升降脚手架各结构构件在施工现场组装后，在有住房和城乡建设部发放的生产和使用许可证的基础上，经当地建筑安全监督管理部门核实并具体检验合格后，发放准用证，方可使用。

3）附着式升降脚手架处于研制阶段和在工程中使用前，应提出该阶段的各项安全措施，经使用单位的上级部门批准，并到当地安全监督管理部门备案。

4）附着式升降脚手架应由专业队伍施工，对承包附着式升降脚手架工程任务的专业施工队伍进行资格认证，合格者发给证书，不合格者不准承接工程任务。

5）各工种操作工人及有关人员均应持证上岗。

6）施工企业自己设计使用不作为产品提供其他单位的，不需经住房和城乡建设部组织鉴定，但必须在使用前向当地安全监督管理部门申报，并经审查认定。申报单位应提供有关设计、生产和技术性能检验合格资料（包括防倾覆、防坠落、同步以及起重机具等装置）。

以上规定说明，凡未经过认证或认证不合格的，不准生产、制造提升脚手架；使用提升脚手架的工程项目，必须向当地建筑安全监督管理机构登记备案，并接受监督检查。

（3）施工组织设计　附着式升降脚手架的平面布置，附着支承构造和组装节点图，防坠落和防倾覆安全措施，提升机具和吊具，以及索具的技术性能和使用要求等，从组装、使用到拆除的全过程应有专项施工组织设计。施工组织设计应由项目经理部的施工负责人组织编写，并经上级技术部门或技术负责人审批。

1）施工组织设计应包括附着式升降脚手架的设计、施工、检查、维护和管理等，以及各提升机位的布点、架体搭设、水平梁架及主框架的安装、导轨的安装、提升机构及各安全装置的设置，附着支承的连接以及工程结构部位的质量要求等。每次提升（下降）前的检查验收，和脚手架应检查验收固定后的上人作业条件等都要详细写入施工组织设计。

2）应按原设计要求，针对施工工艺特点并结合现场作业条件，将施工过程中的检查部位、检查要点、检查方法、确认精度以及发现问题处理方法等均应写入施工组织设计中，以便施工现场执行。

3）应编写各工种的操作规程。由于此种脚手架施工工艺区别于其他脚手架的操作要求，应针对该型脚手架特点和施工工艺，按各作业条件的工种分工重新编写操作规程，并于施工前和施工中组织相关人员学习、执行。

4）施工管理内容。施工组织设计还应对如何加强对脚手架使用过程中的管理作出规定，建立质量、安全保证体系及相关的管理制度。工程项目的总包单位应对施工现场的安全工作实行统一监督管理，对具体的施工队伍进行审查；对施工过程进行监督检查，发现问题及时解决。分包单位对脚手架的使用安全负直接责任。

5. 一般规定

1）附着式升降脚手架应具有足够强度和刚度且构造合理的架体结构，安全可靠，能适应工程结构特点且满足支承和防倾要求的附着支承结构，可靠的升降动力设备和能保证同步性能及限载要求的控制系统或控制措施，以及可靠的防坠等方面的安全装置。

2）在附着式升降脚手架中采用的升降动力设备、防坠装置、同步及限载控制系统等定型产品的技术性能与安全度应满足附着式升降脚手架的安全技术要求。

3）附着式升降脚手架在保证安全的前提下应力求技术先进，经济合理，方便施工。

4）设计各类附着式升降脚手架时，应明确其技术性能指标和适用范围，使用中不得违反技术性能规定，擅自扩大使用范围。

5）使用附着式升降脚手架的工程项目必须根据工程特点及使用要求编制专项施工组织设计，履行审批和签字手续后予以执行。

2.4.2　设计计算

附着式升降脚手架的架体竖向主框架、架底梁架、导轨与每个楼层的固定、设计荷载、压杆及拉杆的长细比等各组成部件以及防坠安全装置性能等均应进行设计验算，由建筑施工单位项目部技术负责人编制设计计算书，计算书与制作安装图等有关资料必须经上级技术部门或总工程师审批。

1. 基本要求

1）附着式升降脚手架的设计计算应执行《建筑施工工具式脚手架安全技术规范》（JGJ 202—2010）《建筑结构荷载规范》（GB 50009—2012）《钢结构设计标准》（GB 50017—2017）《冷弯薄壁型钢结构技术规范》（GB 50018—2002）《混凝土结构设计规范》（GB 50010—2010）以及其他有关的标准和规定。

2）附着式升降脚手架的架体结构和附着支承结构应按以概率理论为基础的极限状态设计法进行设计计算。

3）附着式升降脚手架升降机构中的吊具、索具应按机械设计的容许应力设计法进行设计计算。

4）附着式升降脚手架应按其结构形式与构造特点确定不同工况下的计算简图，分别进行荷载计算及强度、刚度、稳定性计算或验算，必要时应通过整体模型试验验证脚手架架体结构的强度和刚度。

5）附着式升降脚手架的设计除应满足计算要求外，还应符合有关构造及装置规定。

6）在满足结构安全与使用要求的前提下，附着式升降脚手架的设计应尽量减轻架体的自重。

2. 设计内容

附着式升降脚手架的设计计算应包括下列项目：

1）水平支承结构的变形计算，杆件的强度与稳定性计算，节点及连接件的强度验算。

2）竖向主框架的整体稳定性与变形计算，杆件的强度与稳定性计算，节点及连接件的强度验算。

3）架体板的整体稳定性计算，杆件的强度与稳定性计算，节点及连接件的强度验算。

4）附着支承结构的强度与稳定性计算，节点及连接件的强度验算。

5）升降机构中吊具、索具的强度计算。

6）附着处工程结构混凝土强度的验算，必要时还应进行变形验算。

7）确保安全的其他项目。

2.4.3　构造要求

1. 整体式附着式升降脚手架的架体尺寸

1）架体高度不应大于5倍建筑层高，架体每步步高宜取1.8m。

2）架体宽度不应大于1.2m。

3）直线布置的架体跨度不应大于8m，折线或曲线布置的架体跨度不应大于5.4m，悬挑长度不宜大于1/4相邻跨架体跨度，且最大值不得超过2m。悬挑长度超过1/4限值时，架体结构上必须采取相应的措施，以确保结构安全。

4）架体悬臂高度不宜大于4.8m。当悬臂高度超过4.8m时，架体结构上必须采取相应的措施，以确保结构安全。

5）架体全高与支承跨度的乘积不应大于110m^2。

2. 单片式附着式升降脚手架的架体尺寸

1）架体高度不应大4倍建筑层高，架体每步步高宜取1.8m。

2）架体宽度不应大于1.2m。

3）架体跨度不应大于6m，悬挑长度不应大于1/4相邻跨架体跨度。

4）架体悬臂高度在使用工况和升降工况下均不应大于4.8m和1/2架体全高。

3. 附着式升降脚手架的架体结构

1）单片式附着式升降脚手架在相邻两个机位之间的架体必须直线布置，实行互爬升降的附着式升降脚手架在工程结构转角部位应设计专门的转角结构；整体式附着式升降脚手架在相邻两个机位之间的架体宜直线布置；当采用折线或曲线布置时，必须进行力矩平衡设计与计算，或进行整体模型试验。

2）竖向主框架的底部应设置水平支承桁架，其宽度与主框架相同，平行于墙面，其高度不宜小于1.8m。

3）架体在与附着支承结构相连的竖向平面内必须设置具有足够刚度和强度的定型竖向主框架。竖向主框架不得采用一般脚手管和扣件搭设。竖向主框架与附着支承结构的连接不得采用脚手扣件或碗扣方式。

4）架体内外立面应按跨设置剪刀撑，剪刀撑斜角为45°~60°。

5）架体板内部应设置必要的竖向斜杆和水平斜杆，以确保架体结构的整体稳定性。

4. 架体结构应采取可靠的加强构造措施部位

1）与附着支承结构连接处。

2）位于架体上的升降机构的设置处。

3）位于架体上的防坠、防倾装置的设置处。

4）平面布置的转角处。

5）碰到塔吊、施工电梯、物料平台等设施而断开或开洞处。

6）其他有加强要求的部位。

5. 附着式升降脚手架架体安全防护的要求

1）架体外侧必须用密目安全网（2000目/100cm^2）围挡并兜过架体底部，底部还必须加设小眼网；密目安全网及小眼网必须可靠地固定在架体上。

2）每一作业层必须在靠架体外侧设置防护栏杆、围护笆等防护设施。

3）在使用工况下，架体与工程结构外表面之间、单片架体之间的间隙必须封闭，升降工况下架体开口处必须有防止人员及物料坠落的可靠措施。

6. 其他要求

1）升降动力设备、防坠装置与架体结构的连接应通过水平支承结构或竖向主框架来实现。在正常使用工况下和升降工况下，附着支承结构的防倾构件与架体结构的连接应通过竖向主框架来实现。

2）必须单独设置物料平台等可能增大架体外倾力矩的设施，单独升降，不得与附着式升降脚手架连接。

3）附着支承结构采用螺栓与工程结构连接时，应采用双螺母，螺杆露出螺母端部不应少于3扣并不得少于10mm。螺栓宜采用穿墙螺栓，若必须采用预埋螺栓时，则预埋螺栓的长度及构造应满足承载力要求，螺栓钢垫板应根据设计确定，最小不得小于100mm×100mm×10mm（厚）。

4）架体结构内侧与工程结构之间的距离不宜超过0.4m，超过时应对附着支承结构予以加强。位于阳台等悬挑结构处的附着支承结构应进行特别设计，确保悬挑结构与附着支承结构的安全。附着支承结构应采取腰形孔，可调节螺杆等构造措施，以适应工程结构在允许范围内的施工误差。

5）附着支承结构与工程结构连接处混凝土的强度应按计算确定，并不得小于C10。

6）附着支承结构应有防止脚手架发生侧向位移的构造措施。附着式升降脚手架的升降动力设备应具有满足附着式升降脚手架使用要求的工作性能，用于整体式附着式升降脚手架的升降动力设备应有相应的同步及限载控制系统相配套。升降动力设备的额定起重量不应小于吊点最大设计荷载（不考虑荷载附加计算系数）的1.8倍。

7）同步及限载控制系统应通过控制吊点实际荷载来控制各机位间的升降差。吊点实际荷载的变化值应不超过吊点最大设计荷载（不考虑荷载附加计算系数）的±50%。同步及限载控制系统应具备超载报警停机、失载报警停机等功能，并宜与防坠装置实现联动。中央控制台宜具有显示每一机位的设置、荷载值、即时荷载值、机位状态等功能。升降时，控制中心宜设置于工程结构上，对于单片式附着式升降脚手架，可通过人工控制来实现同步升降。

8）整体式附着式升降脚手架的升降动力控制台应具备点控和群控等功能，采用电动系统时，控制台还应具备逐台工作显示、故障信号显示、漏电保护、缺相保护、短路保护等功能，并符合其他相关的安全用电规定。

9）在脚手架平面布置中，升降动力机位应与架体主框架对应布置，并且每一个机位设置一套防坠装置。防坠装置的技术性能除满足承载力的要求外，制动时间和制动距离应符合以下规定：整体式附着式升降脚手架，制动时间不大于0.2s，制动距离不大于80mm；单片式附着式升降脚手架，制动时间不大于0.5s，制动距离不大于150mm。

10）防坠装置可以单独设置，也可以作为保险装置附着于升降设施中。

11）在附着式升降脚手架使用中，除应有防止坠落、倾覆的设施外，还应结合工程特点采取防止发生其他事故的保险设施。

2.4.4 安全装置

1. 防倾装置

（1）作用 设置防倾斜装置的目的是控制脚手架在升降过程中的倾斜度和晃动程度，架体在两个方向（前后、左右）的晃动倾斜均不能超过30mm。防倾装置应有足够的刚度，在架体升降过程中始终保持水平约束，确保升降状态的稳定性。

（2）要求

1）防倾装置必须与竖向主框架、附着支撑结构或工程结构可靠连接。应用螺栓连接，不得采用钢管扣件或碗扣方式连接。

2）防倾装置的导向间隙应小于5mm。

3）在升降和使用状态下，位于在同一竖向平面的防倾装置均不得少于两处，并且其最上和最下一个防倾覆支承点之间的最小间距不得小于2.8m架体全高的1/4。

2. 防坠装置

（1）作用 设置防坠装置的目的是防止因脚手架在升降工况下发生断绳、折轴等意外故障而造成脚手架坠落事故，当脚手架意外坠落时，能及时牢靠地将架体卡住，以确保安全。

（2）要求

1）防坠装置应设置在竖向主框架部位，且每一竖向主框架提升设备处必须设置一个防坠装置。

2）防坠装置必须灵敏，其制动距离规格如下：对于整体式附着式升降脚手架，制动距离不大于80mm；对于单片式附着式升降脚手架，制动距离不大于150mm。

3）防坠装置应有专门详细的检查方法和管理措施，以确保其工作可靠、有效。

4）防坠装置与提升设备必须分别设置在两套附着支承结构上，若有一套失效，另一套必须能独立承担全部坠落荷载。

对于防坠装置可靠性，必须提供专业技术部门的检测报告，一般应通过100~150次坠落荷载试验，以验证其可靠及抗疲劳性能；日常除有固定的管理措施外，应能提供在施工现场可随机检测其可靠性的方法，由人工控制自发生坠落到架体卡住时的坠落距离不大于150mm。

3. 同步装置

（1）作用 设置同步装置的目的是控制脚手架在升降过程中，各机位应保持同步升降，当其中一台机位超过规定的数值时，即切断脚手架升降动力源停止工作，避免发生超载事故。

（2）要求 《建筑施工附着式升降脚手架管理暂行规定》中规定："同步及荷载控制系统应通过控制各提升设备间的升降差和控制各提升设备的荷载来控制各提升设备的同步性，且应具备超载报警停机、欠载报警等功能。"

在严格按设计规定控制各提升点的同步性，相邻提升点的高差不大于30mm，整体架最大升降差不得大于80m。

1）关于同步及荷载双控问题。《建筑施工附着式升降脚手架管理暂行规定》要求同步装置应同时实现保证架体同步升降和荷载监控的双控方法来保证架体升降的同步性，即通过控制各吊点的升降差和各吊点实际承受荷载两个方面，来达到升降同步，避免发生个别吊点超载问题。

升降差包括动作行程同步差和累计行程同步差。动作行程同步差可按一个单循环升降的行程差计算，当其设备无单循环行程连续动作时，可按每分钟计算；累计行程同步差为升降一个层高的同步差。相邻吊点同步差不大于30mm，整体同步差不大于80mm。

在脚手架升降过程中，跨度不均、架体受力不均以及架体受阻、机械故障等多种原因会造成各吊点受力不均，导致升降过程中各吊点运行不同步、机具超载，引发事故。必须安装吊点（机位）限载预警装置，控制各吊点最大荷载达到设备额定荷载的80%时报警，自动切断动力源，避免发生事故。

2）关于装置的自动功能。

① 自动显示：在升降过程中，自动显示每个吊点的负载和高度，并同时显示平均高度和相邻吊点升降差。

② 自动调整：自动调整吊点过快或过慢的升降速度，使相邻吊点的升降差控制在允许范围内。

③ 遇故障自停：当设备发生故障或不正常负载时，自动停止升降动作，便于及时排除故障，防止发生事故。

2.4.5　安装、使用与拆除的管理

1. 一般规定

1）附着式升降脚手架安装及每一次升降、拆除前，均应根据专项施工组织设计要求组织技术人员和操作人员进行安全技术交底。

2）附着式升降脚手架安装使用过程中使用的计量器具应定期进行计量检定。

3）遇六级以上（包括六级）大风、大雨、大雪、浓雾等恶劣天气时，禁止附着式升降脚手架作业；遇六级以上（包括六级）大风时，还应事先对脚手架采取必要的加固措施或其他应急措施，并撤离架体上的所有施工活荷载。夜间禁止进行附着式升降脚手架的升降作业。

4）附着式升降脚手架施工区域应有防雷措施。

5）附着式升降脚手架在安装、升降、拆除过程中，应在操作区域及可能坠落的范围内设置安全警戒。

6）采用整体式附着式升降脚手架时，施工现场应配备必要的通信工具，以加强通信联系。

7）在附着式升降脚手架使用全过程中，施工人员应遵守现行《建筑施工高处作业安全技术规范》（JGJ 80—2016）的有关规定。各工种操作人员应基本固定，并按规定持证上岗。

8）附着式升降脚手架施工用电应符合现行《施工现场临时用电安全技术规范》（JGJ 46—2005）的要求。

9）在单项工程中使用的升降动力设备、同步及限载控制系统、防坠装置等设备，应分别采用同一厂家、同一规格型号的产品，并应编号使用。

10）动力设备、控制设备、防坠装置等应有防雨、防尘等措施。对于保护要求较高的电子设备，还应有防晒、防潮、防电磁干扰等方面的措施。

11）整体式附着式升降脚手架的控制中心应专人负责操作，并应有安全防护措施，禁

止闲杂人员入内。

12）附着式升降脚手架在空中悬挂时间超过30个月或连续停用时间超过10个月时，必须予以拆除。

13）附着式升降脚手架上应设置必要的消防设施。

2. 安装

（1）施工准备

1）应根据工程特点和使用要求编制专项施工组织设计。对于特殊尺寸的架体，应进行专门设计，架体在使用过程中因工程结构的变化而需要局部变动时，应制定专门的处理方案。

2）应根据施工组织设计要求，落实现场施工人员及组织机构。

3）核对脚手架搭设材料与设备的数量、规格，查验产品质量合格证（出厂合格证）、材质检验报告等文件资料，必要时应进行抽样检验。主要搭设材料应满足以下规定：

① 脚手管外观表面质量平直光滑，没有裂纹、分层、压痕、硬弯等缺陷，并应进行防锈处理；立杆最大弯曲变形应小于$L/500$，横杆最大弯曲变形应小于$L/150$；端面平整，切斜偏差应小于1.70mm；实际壁厚不得小于标准公称壁厚的90%。

② 焊接件焊缝应饱满，焊缝高度应符合设计要求，没有咬肉、夹渣、气孔、未焊透、裂纹等缺陷。

③ 螺纹连接件应无滑丝、严重变形、严重锈蚀等现象。

④ 扣件应符合现行《钢管脚手架扣件》（GB 15831—2006）的规定。

⑤ 安全围护材料及其他辅助材料应符合相应国家标准的有关规定。

4）准备必要的电工工具、机械工具和机电设备，并检查其是否合格，限载控制系统的传感器等在每一个单体工程使用前均应进行标定。

5）安装与拆除附着式升降脚手架而需要塔吊配合时，应核验塔吊的施工技术参数是否满足需要。

6）采用电动设备升降附着式升降脚手架时，应核验施工现场的供电容量。

（2）安装

1）附着式升降脚手架安装搭设前，应核验工程结构施工时设置的预留螺栓孔或预埋件的平面位置、标高、预留螺栓孔的孔径、垂直度等，还应核实预留螺栓孔或预埋件处混凝土的强度等级。预留螺栓孔或预埋件的中心位置偏差应小于15mm，预留螺栓孔孔径最大值与螺栓直径的差值应小于5mm，预留孔应垂直于结构外表面。不能满足要求时，应采取合理可行的补救措施。

2）安装搭设附着式升降脚手架前，应设置可靠的安装平台来承受安装时的竖向荷载。安装平台上应设有安全防护措施。安装平台的水平精度应满足架体安装精度要求，任意两点间的高差最大值不应大于20mm。

3）附着式升降脚手架的安装搭设应按照施工组织设计规定的程序进行。

4）在安装过程中，应严格控制水平支承结构与竖向主框架的安装偏差。水平支承结构相邻两机位处的高差应小于20mm；相邻两榀竖向主框架的水平高差应小于20mm；竖向主框架和防倾导向装置的垂直偏差不应大于5‰，且不得大于60mm。

5）在安装过程中，架体与工程结构间应采取可靠的临时水平拉撑措施，确保架体稳定。

6）对于扣件式或碗扣式脚手杆件搭设的架体，其搭设质量应符合相关标准的要求。

7）扣件螺栓螺母的预紧力矩应控制在40～50N·m。

8）作业层与安全围护设施的搭设应满足设计和使用要求。

9）架体搭设的整体垂直偏差应小于4‰，底部任意两点间的水平高差不应大于50mm。

10）当脚手架邻近高压线时，必须有相应的防护或隔离措施。

（3）调试与验收

1）施工单位应自行对下列项目进行调试与检验，并对调试和检验情况作详细的书面记录：

① 架体结构中采用扣件式脚手杆件搭设的部分，应对扣件拧紧质量按50%的比例进行抽检，合格率应达到100%。

② 采用碗扣式脚手杆件搭设的架体，应对碗扣连接点拧紧情况进行全数检查。

③ 对所有螺纹连接处进行全数检查。

④ 进行架体提升试验，应检查升降动力设备能否正常运行。

⑤ 对电动系统进行用电安全性能测试。

⑥ 整体式附着式升降脚手架按机位数30%的比例进行超载和失载试验，检验同步及限载控制系统的可靠性。

⑦ 对防坠装置制动的可靠性进行检验。

⑧ 其他必须检验、调试的项目。

2）脚手架调试验收合格后，方可办理投入使用的手续。

3. 升降作业

1）升降前应均匀预紧机位，以避免预紧引起机位过大超载。

2）在完成下列项目检查后方能发布升降令，应对检查情况作详细的书面记录：

① 附着支承结构附着处混凝土的实际强度已达到脚手架设计要求。

② 所有螺纹连接处的螺母已拧紧。

③ 应撤去的施工活荷载已撤离完毕。

④ 所有障碍物已拆除，所有不必要的约束已解除。

⑤ 动力系统能正常运行。

⑥ 所有碗扣式脚手架的碗扣连接点已拧紧。

⑦ 碗扣连接点已拧紧，所有相关人员已到位，无关人员已全部撤离。

⑧ 所有预留螺栓孔洞或预埋件均符合上述相关要求。

⑨ 所有防坠装置功能正常。

⑩ 所有安全措施已落实，其他必要的检查项目也已完成。

3）在升降过程中，必须统一指挥，指令规范，并应配备必要的巡视人员。

4）在升降过程中，若出现异常情况，必须立即停止升降，并进行检查，彻底查明原因，消除故障后方能继续升降。每一次异常情况均应彻底查明原因，消除故障后方能继续升降。作详细的书面记录。

5）在整体式附着式升降脚手架升降过程中，由于升降动力不同步引起超载或失载过度时，应通过点控予以调整。

6）采用葫芦作为升降动力时，升降过程中应严防发生翻链、绞链现象。

7）附着式升降脚手架进行升降作业时，塔式起重机、施工电梯等设备应暂停使用。

8）升降到位后，必须及时固定脚手架。在没有完成固定工作且未办妥交付使用手续前，脚手架操作人员不得交班或下班。

9）架体升降到位，完成下列检查项目后方能办理交付使用的手续，并对下列检查情况作详细的书面记录：

① 附着支承结构已固定完毕。

② 所有螺纹连接处已拧紧。

③ 所有安全围护措施已落实。

④ 所有碗扣连接点及脚手扣件未松动。

⑤ 其他必要的检查项目。

10）脚手架由提升转为下降时，应制订专门的升降转换措施，确保转换过程的安全。

4. 使用

1）在使用过程中，脚手架上的施工荷载必须符合设计规定，严禁超载，严禁放置影响局部杆件安全的集中荷载，应及时清理建筑垃圾。

2）脚手架只能作为操作架，不得作为施工外模板的支模架。

3）在使用过程中，禁止进行下列违章作业：

① 利用脚手架吊运物料。

② 在脚手架上推车。

③ 在脚手架上拉结吊装线缆。

④ 任意拆除脚手架杆部件和附着支承结构。

⑤ 任意拆除或移动架体上的安全防护设施。

⑥ 塔式起重机起吊构件时碰撞或扯动脚手架。

⑦ 其他影响架体安全的违章作业。

4）在使用过程中，应以1个月为周期，按上述相关要求作安全检查，不合格部位应立即整改。

5）脚手架在空中暂时停用时，应以1个月为周期，按上述相关要求进行检查，不合格部位立即整改。

6）脚手架在空中停用时间超过1个月或遇六级以上（包括六级）大风后复工时，应按上述相关要求进行检查，检查合格后方能投入使用。

5. 拆除

1）脚手架的拆除工作必须按施工组织设计中有关拆除的规定执行。拆除工作宜在低空进行。

2）脚手架的拆除工作应有安全可靠的防止人员和物料坠落的措施。

3）拆下的材料应做到随拆随运，分类堆放，严禁抛扔。

6. 维修保养及报废

1）每浇捣一次工程结构混凝土，或完成一层外装饰，即应及时清理架体、设备及构、配件上的混凝土残渣、尘土等建筑垃圾。

2）升降动力设备、控制设备应每月进行一次维护保养。其中，升降动力设备的链条、丝绳等应每升降一次就进行一次维护保养。

3）螺纹连接件应每月进行一次维护保养。

4）每完成一个单体工程，应对脚手杆件及配件、升降动力设备、控制设备、防坠装置等进行一次检查、维修和保养，必要时应送生产厂家检修。

5）附着式升降脚手架的各部件及专用装置、设备均应制订相应的报废制度，标准不得低于以下规定：

① 焊接件严重变形或严重锈蚀时即应予以报废。

② 穿墙螺栓与螺母在使用1个单体工程后，发生严重变形、严重磨损或严重锈蚀时，即应予以报废；其余螺纹连接件在使用2个单体工程后，发生严重变形、严重磨损或严重锈蚀时，即应予以报废。

③ 动力设备一般部件损坏后允许进行更换维修，但主要部件损坏后应予以报废。

④ 防坠装置的部件有明显变形时应予以报废，其弹簧件使用1个单体工程后应予以更换。

子单元5　吊篮脚手架

吊篮脚手架是指悬挂机构架设于建筑物或构筑物上，提升机驱动悬吊平台通过钢丝绳沿立面上下运行，为施工人员提供一种可移动的非常设悬挂的脚手架。一般按驱动方式不同分为手动、气动和电动。

吊篮脚手架一般用于高层建筑的外装修施工，它与落地式脚手架相比较可节省材料和人工，缩短工期，但必须严格按有关规定进行设计、制作、安装和使用，否则极易发生坠落事故。

2.5.1　型号和标记

吊篮脚手架的型号由悬吊平台结构层数、类代号、组代号、型代号、特性代号、主参数代号和更新变形代号组成，如图2-16所示。

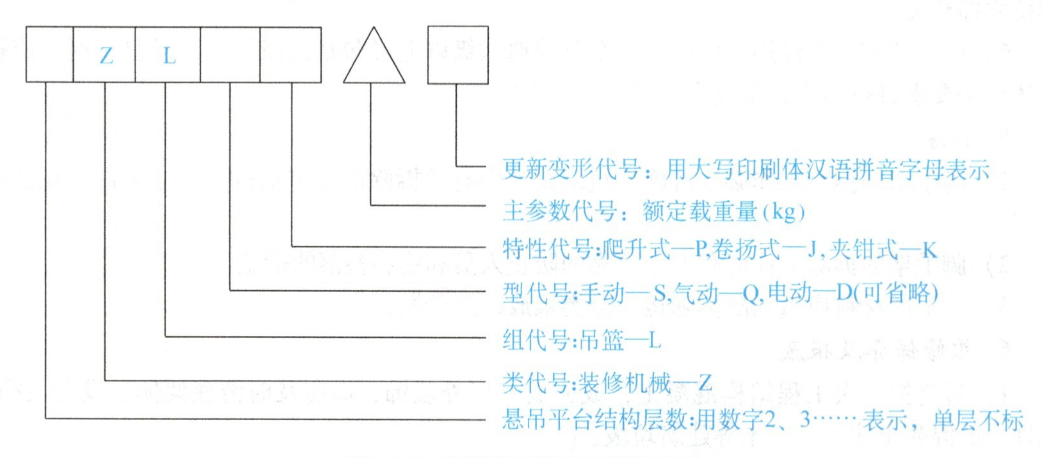

图2-16　吊篮脚手架型号代号组成

例如：额定载重量为300kg，电动，单层卷扬机高处作业吊篮，应标注如下：高处作业吊篮 ZLJ300 GB/T 19155—2017。

2.5.2 基本要求

1）吊篮应按照规定程序批准的图样及技术文件制造。

2）吊篮的自制零部件应经检验合格后方可装配。

3）标准件、外购件、外协件应具有制造厂的合格证，否则应按有关标准进行检验，合格后方可进行装配。

4）原材料应符合产品图样规定，并应有供应厂的正式标记及合格证。对于关键零部件所有原材料，制造厂应抽样检验，确认合格后方可使用。

5）制造厂生产的同一型号吊篮脚手架的零部件应具有互换性。

6）吊篮应能在下列环境中正常使用：

① 环境温度 -10 ~55℃。

② 环境相对湿度不大于90%（25℃）。

③ 电源电压偏离额定值 ±5% 以内。

④ 工作处阵风风速不大于8.3m/s（相当于五级风力）。

7）建筑设计相关要求

① 建筑物或构筑物支撑处能承受脚手架的全部重量。

② 建筑物在设计和建造时，应便于吊篮脚手架的安全安装和使用，并提供工作人员的安全出入通道。

③ 楼面上设置的安全锚固环或安装吊篮用的预埋螺栓，其直径不得小于16mm。

④ 建筑物上应设置供吊篮脚手架使用的电源插座。

⑤ 应向吊篮脚手架使用者提供安装的有关资料。

2.5.3 安全技术要求

1）结构安全系数规定如下：

① 吊篮的承重结构件为塑性材料时，应按材料的屈服点计算，其安全系数不应小于2。

② 吊篮的承重结构件为非塑性材料时，应按材料的极限强度计算，其安全系数不应小于5。

③ 在设计吊篮脚手架时，应考虑风荷载的影响；在工作状态下，应能承受的基本风压值不低于500Pa；在非工作状态下，当吊篮安装高度不超过60m时，应能承受的基本风压值不低于1915Pa，每增高30m，基本风压值增加165Pa；悬挂机构设计风压值应按基本风压值的1.5倍进行计算。

2）吊篮制动器必须使用带有动力试验荷载的悬吊平台，在不大于100mm制动距离内停止运行。

3）吊篮必须设置上行程限位装置。

4）吊篮的每个吊点必须设置两根钢丝绳，安全钢丝绳必须装有安全锁或相同作用的独立安全装置。在正常运行时，安全钢丝绳应顺利通过安全锁或相同作用的独立安全装置。

5）吊篮宜设超载保护装置。

6）吊篮必须设有在断电时使悬吊平台平稳下降的手动滑降装置。

7）在正常工作状态下，吊篮悬挂机构的抗倾覆力矩与倾覆力矩之比不得小于2。

8）钢丝绳吊点距悬吊平台端部的距离不应大于悬吊平台全长的1/4，悬吊平台的抗倾覆力矩与额定载重量集中作用在悬吊平台外伸段中心引起的最大倾覆力矩之比不得小于1.5。

9）吊篮所有外漏传动部分，应装有防护装置。

10）连接应符合下列规定：

① 主要受力焊缝质量应符合《建筑机械与设备焊接件通用技术条件》中的B级规定，焊后应进行质量检查。

② 采用高强螺栓连接时，其连接表面应清除灰尘、油漆、油迹和锈蚀，应使用力矩扳手或专用工具，按设计、装配技术要求拧紧。

11）报废应符合下列规定：

① 吊篮脚手架主要结构件由于腐蚀、磨损等原因使结构的计算应力提高，当超过原计算应力的10%时应予以报废；对无计算条件的，当腐蚀深度达到原构件厚度的10%时，则应予以报废。

② 主要受力构件产生永久变形而不能修复时，应予以报废。

③ 悬挂构件、悬吊平台和提升机架等整体失稳后不得修复，应予以报废。

④ 当结构件及其焊缝出现裂纹时，应分析原因，根据受力和裂纹情况采取加强措施。当达到原设计要求时，才能继续使用，否则应予以报废。

2.5.4　吊篮要求

1）吊篮在动力试验时，应有超过25%额定载重量的能力。

2）吊篮在静力试验时，应有超过50%额定载重量的能力。

3）吊篮的额定速度不得大于18m/min。

4）手动滑降装置应灵敏可靠，下降速度不应大于额定速度的1.5倍。

5）吊篮在承受静力试验荷载时，制动器作用15min，滑移距离不得大于10mm。

6）吊篮在变换额定载重量下工作时，操作者耳边噪声不应大于85dB（A），机外噪声值不应大于80dB（A）。

7）吊篮上所设置的各种安全装置均不能妨碍紧急脱离危险的操作。

8）吊篮的各部件均应采取有效的防腐蚀措施。

2.5.5　主要部件技术要求

1. 悬挂机构

1）悬挂机构应有足够的强度和刚度。单边悬挂悬吊平台时，应能承受平台自重、额定载重量及钢丝绳自重。

2）悬挂机构施加于建筑物顶面或构筑物上的作用力均应符合建筑结构的承载要求。当悬挂机构的荷载由屋面预埋件承受时，其预埋件的安全系数不应小于3。

3）配重应标有质量标记。

4）配重应准确、牢固地安装在配重点上。

2. 悬吊平台

1）悬吊平台应有足够的强度和刚度。承受 2 倍的均布额定载重量时，不得出现焊缝裂纹、螺栓铆钉松动和结构构件破坏等现象。

2）悬吊平台在承受动力试验荷载时，平台底面最大挠度值不得大于平台长度的 1/300。

3）悬吊平台在承受试验偏心荷载时，在模拟工作钢丝绳断开、安全锁锁住钢丝绳状态下，其危险断面处应力值不应大于材料的许用应力。

4）应校核悬吊平台在单边承受额定荷重时其危险断面处材料的强度。

5）悬吊平台四周应设置两道防护栏杆，靠近建筑物一侧的栏杆高度不低于 0.8m，平台外侧（及两短边）防护栏杆高度应高于 1.2m，栏杆应能承受 1000N 水平力，栏杆的底部应设有不小于 100mm 高的挡脚板，挡脚板与底板间隙不大于 5mm。防护栏杆外围应全部用钢板网封挂严密。

6）悬吊平台内工作宽度不应小于 0.4m，并应设置防滑底板，底板有效面积不小于 0.25m^2/人，底板排水口最大直径为 10mm。

7）悬吊平台应装有靠墙轮、导向装置或缓冲装置，在沿建筑物表面滑动时，避免与建筑物撞击，保护建筑物和吊篮的稳定性。

8）悬吊平台在工作中的纵向倾斜角度不应大于 8°。

9）悬吊平台上应醒目地注明额定载重量及注意事项。

10）悬吊平台上应设有操纵用按钮开关，操纵系统应灵敏可靠。

3. 爬升式提升机

1）禁止提升机传动系统在钢丝绳滑轮之前采用离合器和摩擦传动。

2）提升机滑轮直径与钢丝绳直径之比不应小于 20。

3）提升机必须设有制动器，其制动力矩应大于额定提升力矩的 1.5 倍。制动器必须设有手动释放装置，动作应灵敏可靠。

4）提升机应能承受 125% 的额定提升力，电动机堵转转矩不低于额定转矩的 180%。

5）手动提升机必须设有闭锁装置。当提升机变换方向时，应动作准确，安全可靠。

6）手动提升机施加于手柄端的操作力不应大于 250N。

7）提升机滑轮应具有良好的穿绳性能，不得卡绳和堵绳。

8）提升与悬吊平台应连接可靠，其连接强度不应小于 2 倍允许冲击力。

4. 卷扬式提升机

卷扬式提升机应符合《建筑卷扬机》（GB/T 1955—2019）中的相关规定。

5. 安全锁

1）安全锁或具有相同作用的独立安全装置的功能应满足以下规定：

① 对于离心触发式安全锁，悬吊平台运行速度达到安全锁锁绳速度时，即能自动锁住安全钢丝绳，使悬吊平台在 200mm 范围内停住。

② 对于摇摆式的倾斜安全锁，悬吊平台工作时纵向倾斜角度不大于 8°时，能自锁住并停止运行。

③ 安全锁或具有相同作用的独立安全装置，在锁住绳索的状态下应不能自动复位。

2）安全锁承受静力试验荷载时，静置 10min，不得有任何滑移现象。

3）离心触发式安全锁锁绳速度不得大于30m/min。

4）安全锁与悬吊平台应连接可靠，其连接强度不应小于2倍允许冲击力。

5）安全锁必须在有效标定期限内使用，有效标定期限不得大于1年。

6. 钢丝绳

1）吊篮脚手架宜选用高强度、镀锌、柔度好的钢丝绳，其性能应符合《重要用途钢丝绳》（GB 8918—2006）的规定。

2）钢丝绳的安全系数不应小于9。

3）钢丝绳端的固定应符合《塔式起重机安全规程》（GB 5144—2006）中的相关规定；钢丝绳的检查和报废应符合《起重机钢丝绳保养、维护、检验和报废》（GB/T 5972—2016）中的相关规定。

4）工作钢丝绳最小直径不应小于6mm。

5）安全钢丝绳宜选用与工作钢丝绳相同的型号、规格，在正常运行时，安全钢丝绳应处于悬垂状态。

6）安全钢丝绳必须独立于工作钢丝绳另行悬挂。

7. 电器控制系统

1）电器控制系统供电应采用三相五线制。接零、接地线应始终分开，接地线应采用黄绿相间线。

2）吊篮的电器系统应可靠接地，接地电阻不应大于4Ω，接地装置处应有接地标志。电器控制部分应有防水、防震和防尘措施。其元件应排列整齐，链接牢固，绝缘可靠。电控柜门应加锁。

3）控制用按钮开关动作应准确可靠，其外露部分由绝缘材料制成，应能承受50Hz正弦波形、1250V电压作用1min时的耐压试验。

4）带电零件与机体间的绝缘电阻不应低于2MΩ。

5）电器系统必须设置过热、短路、漏电保护等装置。

6）悬吊平台上必须设置紧急状态下切断电源回路的急停按钮，该电路独立于各控制电路。急停按钮为红色，并有明显的“急停”标记，不能自动复位。

7）电器控制箱按钮应动作可靠，标识清晰、准确。

8）应采取防止随行电缆碰撞建筑物、过度拉紧或其他可能导致损害的措施。

2.5.6　制造、装配和外观质量要求

1. 制造和装配质量要求

1）原材料应符合产品图样规定，并应有供应商的正式标记及合格证。关键零部件所有材料，制造商应抽样检验，确认合格后方可使用。

2）吊篮上的各润滑点均应加注润滑剂。

3）减速器不得漏油，渗油不得超过1处（渗油量在10min内超过1滴为漏油，不足1滴为渗油）。

4）吊篮应进行空载、额定载重量和超载试运行，运行中应升降平稳，启动、制动正常，限位装置、安全锁等灵敏、安全可靠。

5）手柄操作方向应有明显箭头指示。

2. 外观质量要求

1）零件加工表面不得有锈蚀、磕碰、划伤等缺陷，已加工外露表面应进行防锈处理。

2）吊篮可见外表面应平整、美观，按规定涂底漆和面漆。漆层应均匀、平滑、色泽一致、附着力强，不得有起皮、脱皮、漏漆、气泡等缺陷。

3）罩壳应平整，不得有直径超过 15mm 的锤印痕，安全牢固可靠。

2.5.7　可靠性要求

1）吊篮承受额定重量时，提升机应正常工作3000个循环次数，首次故障前工作时间不少于 $0.5t_0$（t_0 为累计工作时间），平均无故障工作时间不少于 $0.3t_0$，可靠度不低于92%。

2）手动提升吊篮承受额定载重量时，提升机能正常工作 500 个循环次数，应无断裂、明显磨损；当提升机变换运行方向时，制动器应起作用。

3）可靠性检验按《高处作业吊篮》（GB/T 19155—2017）的相关规定进行。

2.5.8　检验规则

吊篮脚手架分出厂检验和型式试验，检验时应依据《高处作业吊篮》（GB/T 19155—2017）的相关规定进行。

1. 出厂检验

产品出厂前，制造商检验部门应按表 2-14 列出的出厂检验项目对产品进行逐台检验，检验合格并签发产品合格证后方可出厂。

表 2-14　吊篮出厂检验项目

序号	检验项目	出厂检验	型式试验
1	绝缘性能试验	√	√
2	安全锁绳速度试验	√	√
3	安全锁绳角度试验	√	√
4	安全锁静置滑移量试验		√
5	自由坠落锁绳距离试验	√	√
6	空载运行试验		√
7	额定载重量运行试验	√	√
8	超载运行试验		√
9	噪声测定		√
10	滑移距离		√
11	制动距离	√	√
12	手动滑降速度试验	√	√
13	悬吊平台强度和刚度试验		√
14	悬挂机构抗倾覆性及应力试验		√
15	可靠性试验		√
16	手动提升操作力测定		√
17	外观质量检查	√	√
18	电器控制系统检查	√	√

2. 型式试验

1）凡属于下列情况之一时，应进行型式试验：

① 新产品或老产品转厂生产的试制定型鉴定。

② 产品停产后，当结构、材料、工艺有较大改变，可能影响产品性能时。

③ 产品停产两年后，恢复生产时。

④ 出厂检验结果与上次型式试验有较大差异时。

⑤ 国家质量监督机构提出形式检验要求时。

2）型式试验项目见表2-14。

2.5.9　检查、操作和维护

1. 检查

1）吊篮脚手架应经专业人员安装调试，并进行空载运行试验。操作系统、上限位装置、提升机、手动滑降装置、安全锁动作等均应灵活、安全可靠方可使用。

2）吊篮脚手架投入运行后，应按照使用说明书定期进行全面检查，并做好记录。

2. 操作

1）吊篮操作人员应经过专门培训，合格后并取得有效的证明方可进行操作。

2）有架空输电线路的场所，吊篮的任何部位与输电线的安全距离不应小于10m。如果条件限制，应与有关部门协商，并采取安全防护措施后方可架设。

3）每天工作前，应经过安全检查员核实配重和检查悬挂机构。

4）每天工作前，应进行空载运行，以确认设备处于正常状态。

5）吊篮上的操作人员应配置独立于悬吊平台的安全绳，安全带及其他安全装置，应严格遵守操作规程。

6）严禁吊篮超载或带故障使用。

7）吊篮在正常使用时，严禁使用安全锁制动。

8）利用吊篮进行电焊作业时，严禁用吊篮作接线回路，吊篮内严禁放置氧气瓶、乙炔瓶等易燃易爆品。

3. 维护

1）吊篮脚手架应按使用说明书进行检查、测试、维护和保养。

2）随行电缆损坏或有明显擦伤时，应立即维护或更换。

3）控制线路和各种电器元件、动力线路的接触器应保持干燥，无灰尘污染。

4）钢丝绳不得折弯，不得沾有砂浆等杂物。

5）应定期检查安全锁。若提升机发生异常温升和声响，应立即停止使用。

6）除非测试、检查和维修需要，任何人不得使安全装置或电器保护装置失效。在完成测试、检查和维修后，应立即将所有安全装置恢复到正常状态。

子单元6　碗扣式钢管脚手架

碗扣式钢管脚手架是指采用碗扣方式连接的钢管脚手架。它是一种多功能脚手架，基本

解决了扣件式钢管脚手架的缺陷，它的特点如下：独创了带齿的碗扣式接头，结构合理，解决了偏心距问题，力学性能明显优于扣件式和其他类型接头；装卸方便，安全可靠，劳动效率高，功能多；不易丢失零散扣件等。碗扣式脚手架适用于工业与民用建筑工程施工中脚手架及模板支撑架的设计、施工和使用，还适用于烟囱、水塔等一般构筑物以及道路、桥梁、水坝等工程。

2.6.1 基本组成和搭设高度

1. 基本组成

碗扣式钢管脚手架是由立杆、横杆、上碗扣、下碗扣、横杆接头和上碗扣限位销、专用斜杆、水平斜杆、十字撑、八字斜杆、间横杆、挑梁、连墙杆可调底座、可调托撑、梯架、脚手板等组成。其节点的构成如图2-17所示。

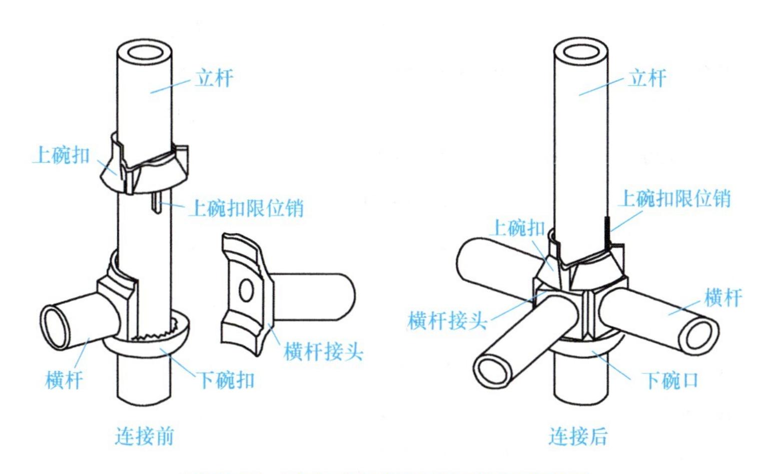

图2-17 碗扣式钢管脚手架节点构成图

碗扣式钢管脚手架立杆碗扣节点应按0.6m模数设置。立杆上应设有接长用套管及连接销孔。

2. 搭设高度

当搭设高度$H \leqslant 20$m时，落地碗扣式钢管脚手架可按普通架子常规搭设；当搭设高度$H > 20$m，及超高、超重、大跨度的模板支撑体系，必须制订专项施工设计方案，并进行结构分析和计算。双排碗扣式钢管脚手架外脚手架的搭设高度在结构分析和计算时应考虑如下因素：最不利立杆的单肢承载力（应为立杆最下段）；施工荷载和层数及脚手板铺设层数；立杆的纵向和横向间距及横杆的步距；拉墙件间距；风荷载等的影响。

2.6.2 构、配件

1. 构、配件种类、规格及用途

碗扣式钢管脚手架构、配件种类、规格及用途见表2-15。

2. 构、配件材料、制作要求

1）碗扣式钢管脚手架用钢管应采用符合现行国家标准《直缝电焊钢管》（GB/T 13793—2016）或《低压流体输送用焊接钢管》（GB/T 3091—2015）中的Q235A级普通钢管，其材质性能应符合现行国家标准《碳素结构钢》（GB/T 700—2006）的规定。

表2-15　碗扣式钢管脚手架构、配件种类、规格及用途

名称	型号	规格/mm	市场质量/kg	设计质量/kg
立杆	LG-120	ϕ48×3.5×1200	7.41	7.05
	LG-180	ϕ48×3.5×1800	10.67	10.19
	LG-240	ϕ48×3.5×2400	14.02	13.34
	LG-300	ϕ48×3.5×3000	17.31	16.48
横杆	HG-30	ϕ48×3.5×300	1.67	1.32
	HG-60	ϕ48×3.5×600	2.82	2.47
	HG-90	ϕ48×3.5×900	3.97	3.63
	HG-120	ϕ48×3.5×1200	5.12	4.78
	HG-150	ϕ48×3.5×1500	6.28	5.93
	HG-180	ϕ48×3.5×1800	7.43	7.08
间横杆	JHG-90	ϕ48×3.5×900	5.28	4.37
	JHG-120	ϕ48×3.5×1200	6.43	5.52
	JHG-120+30	ϕ48×3.5×(1200+300)	7.74	6.85
	JHG-120+60	ϕ48×3.5×(1200+600)	9.69	8.16
斜杆	XG-0912	ϕ48×3.5×150	7.11	6.33
	XG-1212	ϕ48×3.5×170	7.87	7.03
	XG-1218	ϕ48×3.5×2160	9.66	8.66
	XG-1518	ϕ48×3.5×2340	10.34	9.30
	XG-1818	ϕ48×3.5×2550	11.13	10.04
专用斜杆	ZXG-0912	ϕ48×3.5×1270		5.89
	ZXG-1212	ϕ48×3.5×1500		6.76
	ZXG-1218	ϕ48×3.5×1920		8.73
十字撑	XZC-0912	ϕ30×2.5×1390		4.72
	XZC-1212	ϕ30×2.5×1560		5.31
	XZC-1218	ϕ30×2.5×2060		7.00
窄挑梁	TL-30	宽度300	1.68	1.53
宽挑梁	TL-60	宽度600	9.30	8.60
立杆连接销	LLX	ϕ12		0.18
可调底座	KTZ-45	可调范围≤300		5.82
	KTZ-60	可调范围≤450		7.12
	KTZ-75	可调范围≤600		8.50
可调托座	KTC-45	可调范围≤300		7.01
	KTC-60	可调范围≤450		8.31
	KTC-75	可调范围≤600		9.69
脚手板	JB-120	1200×270		12.80
	JB-150	1500×270		15.00
	JB-180	1800×270		17.90
架梯	JT-255	2546×530		34.70

2）碗扣架用钢管规格为 ϕ48 ×3.5mm，外径允许偏差为 ±0.5mm，壁厚偏差不应为负偏差。

3）上碗扣、可调底座及可调托撑螺母应采用可锻铸铁或铸钢制造，其材料机械性能应符合《可锻铸铁件》（GB/T 9440—2010）中 KTH350—10 牌号及《一般工程用铸造碳钢件》（GB/T 11352—2009）中 ZG270—500 的规定。

4）下碗扣、横杆接头、斜杆接头应采用碳素铸钢制造，其材料机械性能应符合《一般工程用铸造碳钢件》（GB/T 11352—2009）中 ZG270—500 牌号的规定。

5）采用钢板热冲压整体成形的下碗扣，钢板应符合《碳素结构钢》（GB/T 700—2006）标准中 Q235A 级钢的要求，板材厚度不得小于 4mm，并经 600 ~650℃的时效处理。严禁利用废旧锈蚀钢板改制。

6）立杆连接外套管壁厚不得小于（3.5 -0.025）mm，内径不大于 50mm，外套管长度不得小于 160mm，外伸长度不小于 110mm。

7）杆件的焊接应在专用工装上进行，各焊接部位应牢固可靠，焊缝高度不小于 3.5mm，其组焊的形位公差应符合表 2-16 的要求。

表 2-16　杆件组焊形位公差要求

序　号	项　目	允许偏差/mm
1	杆件管口平面与钢管轴线垂直度	0.5
2	立杆下碗扣间距	±1.0
3	下碗扣碗口平面与钢管轴线垂直度	≤1.0
4	接头的接触弧面与横杆轴心垂直度	≤1.0
5	横杆两接头接触弧面的轴心线平行度	≤1.0

8）立杆上的上碗扣应能上下串动和灵活转动，不得有卡滞现象；杆件最上端应有防止上碗扣脱落的措施。

9）立杆之间的连接孔处应能插入 ϕ10mm 的连接销。

10）在碗扣节点上同时安装 1 ~4 个横杆，上碗扣均应能锁紧。

11）构、配件外观质量有以下要求：

① 钢管应无裂纹、凹陷、锈蚀，不得采用接长钢管。

② 铸造件表面应光整，不得有砂眼、缩孔、裂纹、浇冒口残余等缺陷，表面黏砂应清除干净。

③ 冲压件不得有毛刺、裂纹、氧化皮等缺陷。

④ 各焊缝应饱满，焊药应清除干净，不得有未焊透、夹砂、咬肉、裂纹等缺陷。

⑤ 构、配件防锈漆涂层应均匀、牢固。

⑥ 主要构、配件上的生产厂标识应清晰。

12）可调底座及可调托撑丝杆与螺母捏合长度不得少于 5 扣，插入立杆内的长度不得小于 150mm。

2.6.3　结构设计计算

1. 基本规定

1）碗扣式钢管脚手架结构设计应依据《建筑结构可靠性设计统一标准》（GB 50068—

2018)、《建筑结构荷载规范》(GB 50009—2012)、《钢结构设计标准》(GB 50017—2017)、《冷弯薄壁型钢结构技术规范》(GB 50018—2002) 等国家标准的规定。采用以概率理论为基础的极限状态设计法，以分项系数的设计表达式进行设计。

2) 脚手架的结构设计应保证整体结构形成几何不变体系，以“结构计算简图”为依据进行结构计算。脚手架立、横、斜杆组成的节点视为“铰接”。

3) 要满足脚手架立、横杆构成的网格体系保持几何不变条件，应保证网格的每层有一根斜杆，如图2-18所示。

4) 应沿立杆轴线（包括平面 x、y 两个方向）的每行、每列网格结构竖向每层有1根斜杆，以保证模板支撑架（满堂架）的几何不变条件如图2-19所示。也可采用侧面增加链杆与结构柱、墙相连（图2-20），或采用格构柱法（图2-21）。

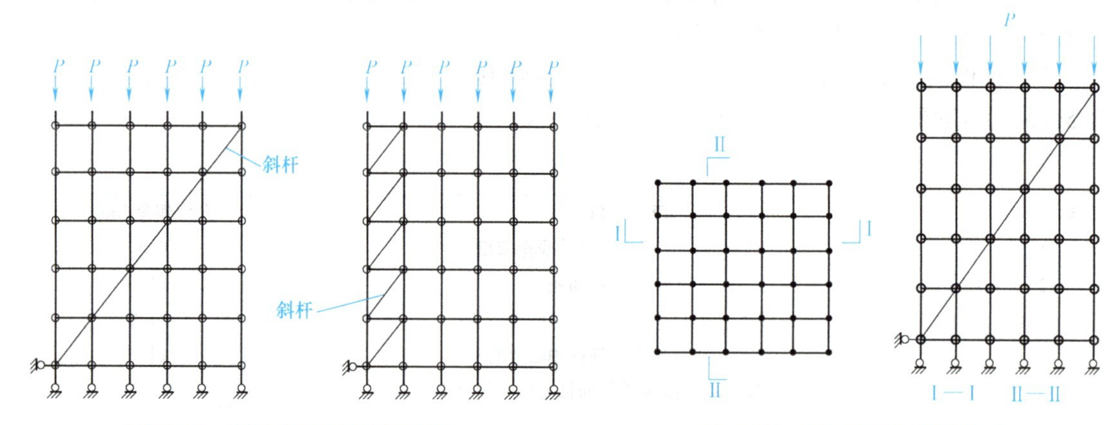

图2-18　网络结构几何不变条件　　图2-19　满堂架几何不变条件

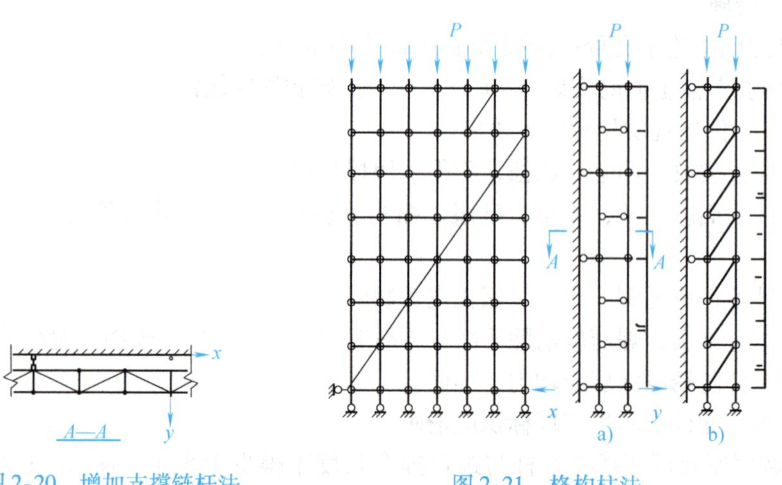

图2-20　增加支撑链杆法　　图2-21　格构柱法

5) 可在每层设1根斜杆，以保证双排脚手架沿纵轴 x 方向形成两片网格结构的几何不变条件（图2-20），在 y 轴方向应与连墙件支撑作用共同分析：

① 当两立杆间无斜杆时（图2-22a），立杆的计算长度等于拉墙件间垂直距离。

② 当两立杆间增设斜杆时（图2-22b），则其立杆计算长度等于立杆节点间的距离。

③ 无拉墙件立杆应在拉墙件标高处增设水平斜杆，使内外大横杆间形成水平桁架（见图2-22A—A剖面）。

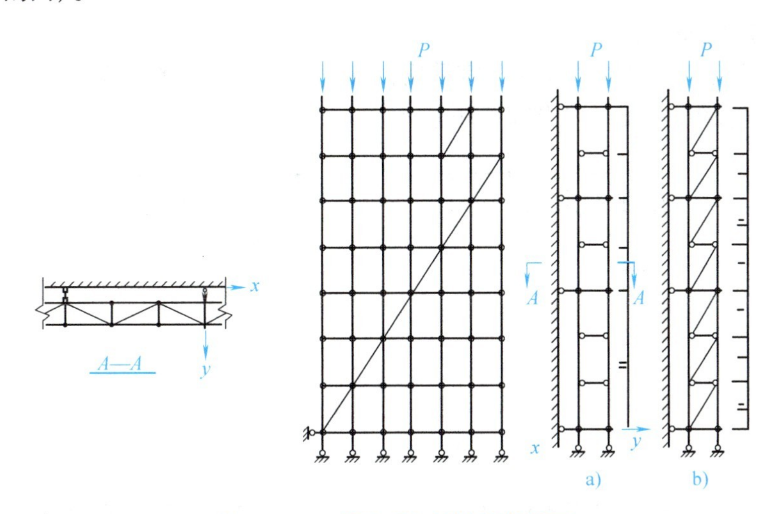

图2-22　双排脚手架结构计算简图

6）双排脚手架无风荷载时，立杆一般按承受垂直荷载计算。当有风荷载时，按压弯构件计算。

7）当横杆承受非节点荷载时，应进行抗弯强度计算。当风荷载较大时，应验算连接斜杆两端扣件的承载力。

8）所有杆件长细比 $\lambda = 10/i$ 不得大于250（i 为回转半径）。

9）当杆件变形有控制要求时，应按照正常使用极限状态验算其变形。

10）脚手架不挂密目网时，可不进行风荷载计算；当脚手架采用密目安全网或其他方法封闭时，则应按挡风面积进行计算。

2. 施工设计

施工设计应包括以下内容：

1）工程概况：用于说明所服务对象的主要情况。对于外脚手架，应说明所建主体结构的高度、平面形状及尺寸；对于模板支撑架，应按平面图说明标准楼层的梁板结构等。

2）架体结构设计和计算。架体结构设计和计算的步骤如下：首先是制定方案；其次进行荷载计算；然后进行最不利位置立杆、横杆、斜杆强度验算，连墙件及基础强度验算；最后绘制架体结构计算图（包括平面图、立面图、剖面图等）。

3）确定各个部位斜杆的连接措施及要求，模板支撑架应绘制顶端节点构造图。

4）确定结构施工的组织形式及具体要求，编制构、配件用料表及供应计划。

5）架体搭设，使用和拆除方法。

6）保证质量安全的技术和组织措施。

架体的上述设计还必须满足腕扣式钢管脚手架的构造要求。

2.6.4　构造要求

1. 双排外脚手架的构造要求

1）双排脚手架应根据使用条件及荷载要求选择结构设计尺寸，横杆步距宜选用1.8m，廊道宽度（横距）宜选用1.2m，立杆纵向间距可选择不同规格的系列尺寸。

2）曲线布置的双排外脚手架组架时，应按曲率要求使用不同长度的内、外横杆组架，曲率半径应大于2.4m。

3）双排外脚手架拐角为直角时，宜采用横杆直接组架，如图2-23a所示；拐角为非直角时，可采用钢管扣件组架，如图2-23b所示。

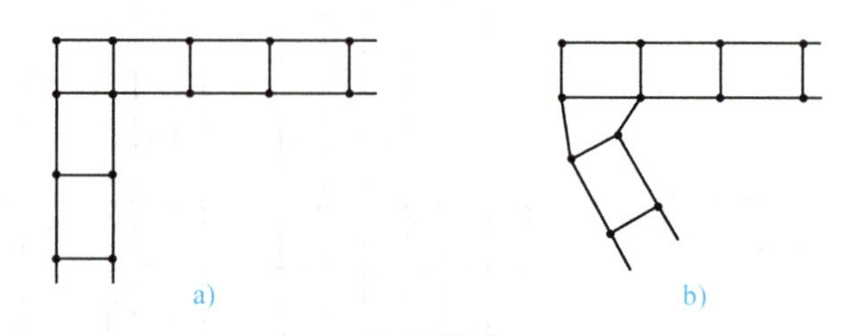

图2-23　拐角组架图
a）横杆直接组架　b）钢管扣件组架

4）脚手架首层立杆应采用不同的长度交错布置，严禁拆除底部横杆（扫地杆），立杆应配置可调底座。

5）脚手架专用斜杆的设置应符合下列规定：

① 斜杆应设置在有纵向及廊道横杆的碗扣节点上。

② 脚手架拐角处及端部必须设置竖向通高斜杆，如图2-24所示。

③ 脚手架高度不大于24m时，每隔不大于5跨设置一组竖向通高斜杆；脚手架高度大于24m时，每隔3跨设置一组竖向通高斜杆；相邻斜撑杆宜对称八字形设置，如图2-24所示。

④ 临时拆除斜杆时，应调整斜杆位置，并严格控制同时拆除的根数。

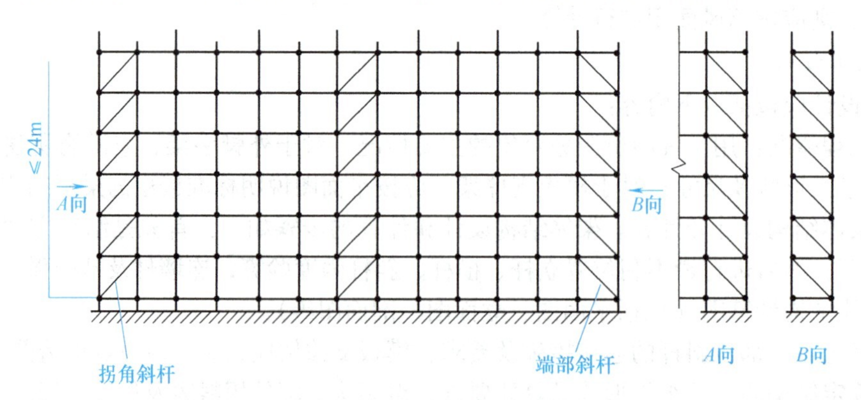

图2-24　专用斜杆设置图

6）当采用钢管扣件做斜杆时，应符合下列规定：

① 斜杆应每步与立杆扣接，扣接点距碗扣节点的距离不宜大于150mm；当出现不能与立杆扣接的情况时，亦可采取与横杆扣接，扣接点应牢固。

② 斜杆宜设置成“八”字形，斜杆水平倾角宜为45°~60°，纵向斜杆间距可间隔1~2跨，如图2-25所示。

③ 当脚手架高度超过20m时，斜杆应在内、外排对称设置。

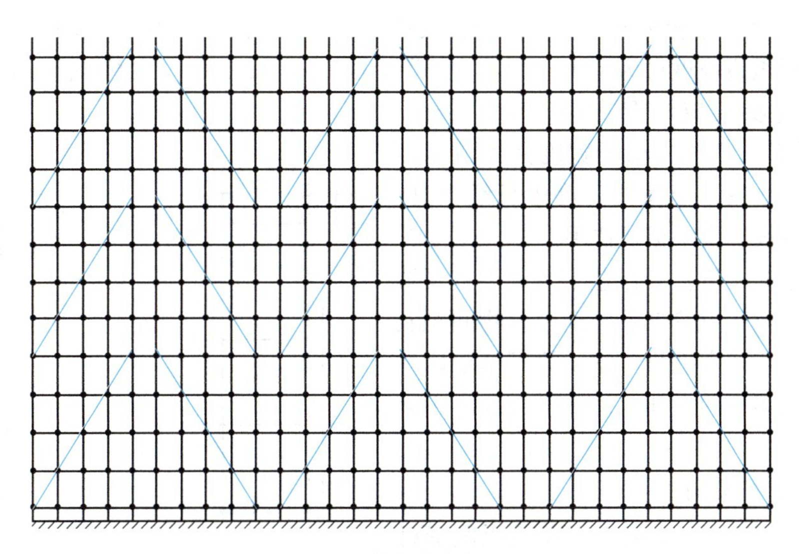

图 2-25　钢管扣件斜杆设置图

7）连墙杆的设置应符合下列规定：

① 连墙杆与脚手架立面及墙体应保持垂直，每层连墙杆应在同一平面，水平间距应不大于 4 跨。

② 连墙杆应设置在有廊道横杆的碗扣节点处，采用钢管扣件做连墙杆时，连墙杆应采用直角扣件与立杆连接，连接点距碗扣节点距离不应大于 150mm。

③ 连墙杆必须采用可承受拉、压荷载的刚性结构。

8）当连墙件竖向间距大于 4m 时，连墙件内、外立杆之间必须设置廊道斜杆或十字撑，如图 2-26 所示。

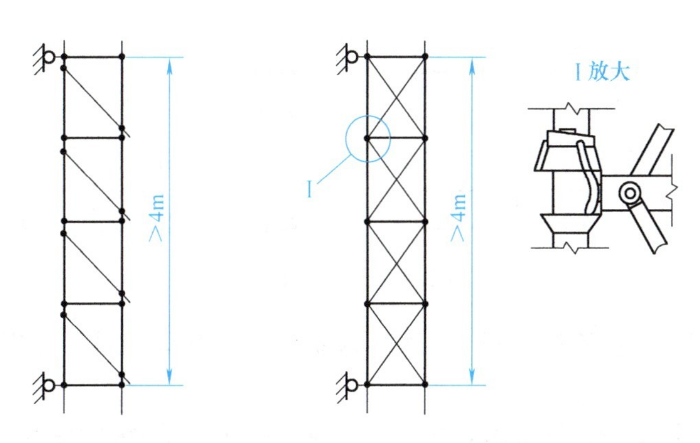

图 2-26　廊道斜杆及十字撑设置示意图

9）当脚手架高度超过 20m 时，上部 20m 以下的连墙杆水平处必须设置水平斜杆。

10）脚手板的设置应符合下列规定：

① 钢脚手板的挂钩必须完全落在廊道横杆上，并带有自锁装置，严禁浮放。

② 平放在横杆上的脚手板，必须与脚手架连接牢靠，可适当加设间横杆，脚手板探头长度应小于 150mm。

③ 作业层的脚手板框架外侧应设挡脚板及防护栏，护栏应采用二道横杆。

11）人行坡道坡度可为1:3，并应在坡道脚手板下增设横杆，坡道可折线上升。

12）人行梯架应设置在尺寸为1.8m×1.8m的脚手架框架内，梯子宽度为廊道宽度的1/2，梯架可在一个框架高度内折线上升。梯架拐弯处应设置脚手板及扶手。

13）脚手架上的扩展作业平台挑梁宜设置在靠建筑物一侧，应按脚手架离建筑物间距及荷载选用窄挑梁或宽挑梁。宽挑梁可铺设两块脚手板，宽挑梁上的立杆应通过横杆与脚手架连接，如图2-27所示。

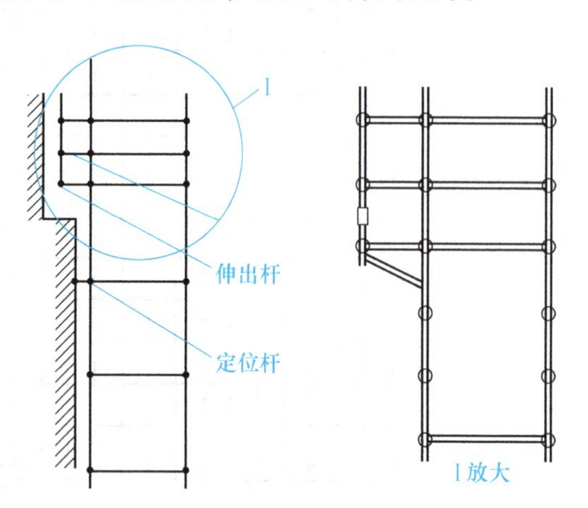

图2-27 扩展作业平台示意图

2. 模板支撑架构造

1）模板支撑架应根据施工荷载组配横杆及选择步距，根据支撑高度选择组配立杆、可调托撑及可调底座。

2）模板支撑架高度超过4m时，应在四周拐角处设置专用斜杆或四面设置八字斜杆，并在每排每列设置一组通高十字撑或专用斜杆，如图2-28所示。

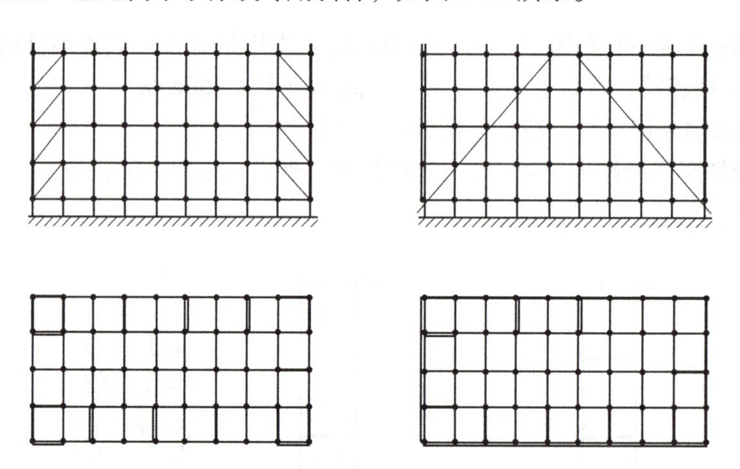

图2-28 模板支撑架斜杆设置示意图

3）模板支撑架高宽比不得超过3，否则应扩大下部架体尺寸，或者按有关规定验算，采取设置缆风绳等加固措施。

4）房屋建筑模板支撑架可采用立杆支撑楼板、横杆支撑梁的梁板合支方法。当梁的荷载超过横杆的设计承载力时，可采取独立支撑的方法，并与楼板支撑连成一体，如图2-29所示。

5）人行通道应符合下列规定：

① 设置双排外脚手架人行通道时，应在通道上部架设专用梁，通道两侧脚手架应加设斜杆，如图2-30所示。

② 设置模板支撑架人行通道时，应在通道上部架设专用横梁，横梁结构应经过设计计

算确定。通道两侧支撑横梁的立杆应根据计算加密，通道周围脚手架应组成一体。通道宽度不应大于4.8m，如图2-31所示。

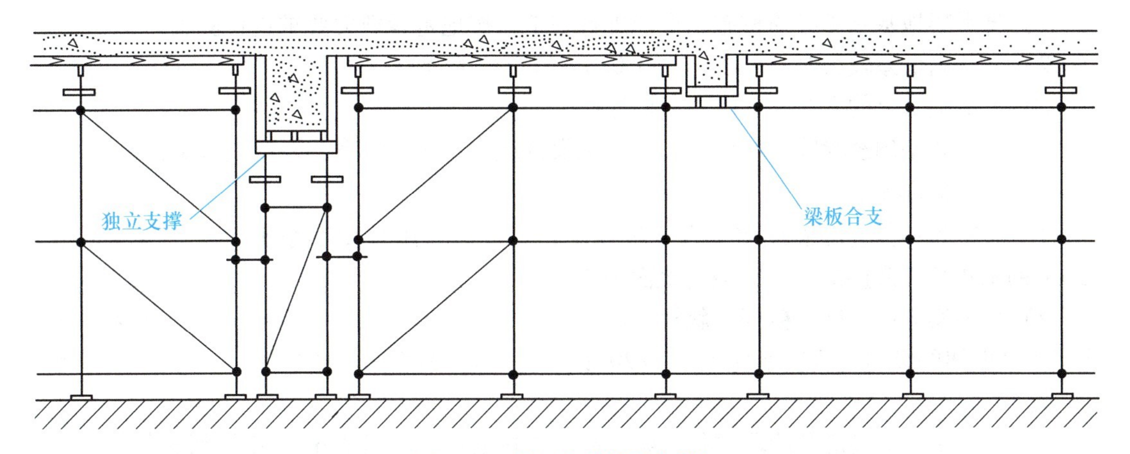

图2-29 房屋建筑模板支撑架

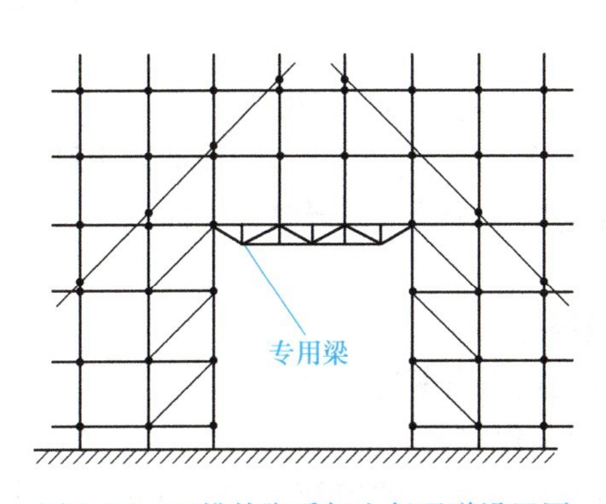

图2-30 双排外脚手架人行通道设置图

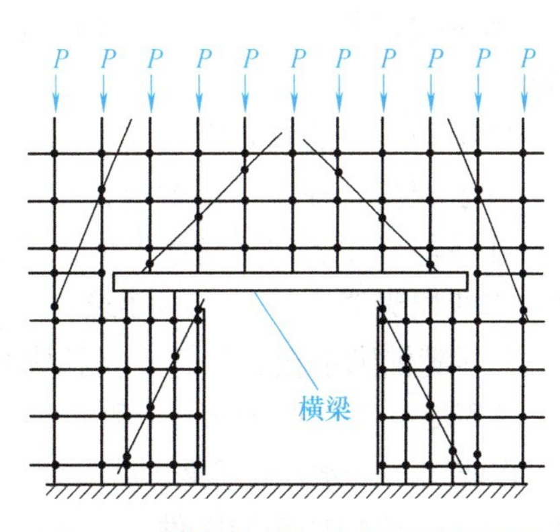

图2-31 模板支撑架人行通道设置图

③ 洞口顶部必须设置封闭的覆盖物，两侧设置安全网。通行机动车的洞口必须设置防撞设施。

2.6.5 搭设与拆除

1. 施工准备

1）脚手架施工前必须制订施工设计或专项方案，保证其技术可靠和使用安全，经技术审查批准后方可实施。

2）搭设脚手架前，工程技术负责人应按脚手架施工设计或专项方案的要求对搭设和使用人员进行技术交底。

3）对进入现场的脚手架构、配件，使用前应对其质量进行复检。

4）构、配件应按品种、规格分类放置在堆料区内，或码放在专用架上，清点好数量备用。脚手架堆放场地应排水畅通，不得有积水。

5）如连墙件采用预埋方式，应提前与设计单位协商，并保证在浇筑混凝土前埋入预埋件。

6）脚手架搭设场地必须平整、坚实，排水措施得当。

2. 地基与基础处理

1）脚手架地基基础必须按施工设计进行施工，按地基承载力要求进行验收。

2）地基高低差较大时，可利用立杆0.6m节点位差调节。

3）土壤地基上的立杆必须采用可调底座。

4）脚手架基础经验收合格后，应按施工设计或专项施工方案的要求放线定位。

3. 脚手架的搭设

1）底座和垫板应准确地放置在定位线上；垫板宜采用长度不小于2跨，厚度不小于50mm的木垫板；底座的轴心线应与地面垂直。

2）脚手架应按立杆、横杆、斜杆、连墙件的顺序逐层搭设，每次上升高度不大于3m。底层水平框架的纵向直线度不应大于$L/200$；横杆间水平度不应大于$L/400$。其中，L为支座跨度。

3）脚手架的搭设应分阶段进行，第一阶段的撂底高度一般为6m，搭设后必须经检查验收后方可正式投入使用。

4）脚手架的搭设应与建筑物的施工同步上升，每次搭设高度必须高于即将施工楼层1.5m。

5）脚手架全高的垂直度应小于$L/500$；最大允许偏差应小于100mm。

6）脚手架内、外侧加挑梁时，挑梁范围内只允许承受人行荷载，严禁堆放物料。

7）连墙件必须随架子高度及时上升，并在规定位置处设置，严禁任意拆除。

8）作业层设置应符合下列要求：

① 必须满铺脚手板，外侧应设挡脚板及护身栏杆。

② 可用横杆在立杆的0.6m和1.2m的碗扣接头处搭设两道护身栏杆。

③ 作业层下的水平安全网应按相关安全技术规范规定设置。

9）采用钢管扣件作加固件、连墙件、斜撑时，应符合《建筑施工扣件式钢管脚手架安全技术规范》（JGJ 130—2011）的有关规定。

10）脚手架搭设到顶时，应组织技术、安全及施工人员对整个架体结构进行全面的检查和验收，及时解决存在的结构缺陷。

4. 脚手架拆除

1）应全面检查脚手架的连接、支撑体系等是否符合构造要求，按技术管理程序批准后方可实施拆除作业。

2）拆除脚手架前，现场工程技术人员应对在岗操作工人进行有针对性的安全技术交底。

3）拆除脚手架时，必须划出安全区，设置警戒标志，派专人看管。

4）拆除前，应清理脚手架上的器具及多余的材料和杂物。

5）拆除作业应从顶层开始逐层向下进行，严禁上、下层同时拆除。

6）严禁提前拆除连墙件，必须拆到该层时方可拆除。

7）拆除的构、配件应成捆用起重设备吊运或人工传递到地面，严禁抛掷。

8）脚手架采取分段、分立面拆除时，必须事先确定分界处的技术处理方案。

9）拆除的构、配件应分类堆放，以便于运输、维护和保管。

5. 模板支撑架的搭设与拆除

1）模板支撑架的搭设应与模板施工相配合，利用可调底座或可调托撑调整底模标高。

2）按施工方案弹线定位，放置可调底座后，分别按“先立杆、后横杆、再斜杆”的搭设顺序进行。

3）建筑楼板多层连续施工时，应保证上、下层支撑立杆在同一轴线上。

4）搭设在结构的楼板、挑台上时，应对楼板或挑台等结构承载力进行验算。

5）拆除模板支撑架应符合《混凝土结构工程施工质量验收规范》（GB 50204—2015）中混凝土强度的有关规定。

6）拆除架体时，应按施工方案设计的拆除顺序进行。

2.6.6 检查与验收

1. 技术资料

进入现场的腕扣式钢管脚手架构、配件应具备的证明资料如下：主要构、配件应有产品标识及产品质量合格证；供应商配套提供的管材、零件、铸件、冲压件等材质、产品性能检验报告等。

2. 构、配件进场检查

构、配件进场质量检查的重点如下：钢管管壁厚度；焊接质量；外观质量；可调底座和可调托撑丝杆直径、与螺母配合间隙及材质等。

3. 搭设质量检验

（1）分阶段检验　脚手架搭设质量应按下列规定分阶段进行检验：

1）首段以高度为6m进行第一阶段（撂底阶段）的检查和验收。

2）架体应随施工进度定期进行检查；达到设计高度后，进行全面的检查和验收。

3）遇六级以上大风或大雨、大雪后，须进行特殊情况的检查。

4）停工超过1个月恢复使用前的检验。

（2）检验内容　对整体脚手架的重点检查应包括以下内容：

1）保证架体几何不变性的斜杆、连墙件、十字撑等设置是否完善。

2）基础是否有不均匀沉降，立杆底座与基础面的接触有无松动或悬空情况。

3）立杆上的碗扣是否可靠锁紧。

4）是否安装立杆连接销，斜杆扣接点是否符合要求，以及扣件的拧紧程度。

（3）检验组织　搭设高度在20m以下（含20m）的脚手架，应由项目负责人组织技术、安全及监理等人员进行验收；对于高度超过20m的脚手架，以及超高、超重、大跨度的模板支撑架，应由其上级安全生产主管部门负责人组织架体设计及监理等人员进行检查验收。

（4）技术文件　验收脚手架时，应具备的技术文件包括施工组织设计及变更文件；高度超过20m的脚手架的专项施工设计方案；周转使用的脚手架构、配件使用前的复验合格记录；搭设的施工记录和质量检查记录。

高度大于8m的模板支撑架的检查和验收要求与脚手架相同。

2.6.7 安全管理与维护

1）作业层上的施工荷载应符合设计要求，不得超载，不得在脚手架上集中堆放模板、钢筋等物料。

2）混凝土输送管、布料杆及塔架拉结缆风绳不得固定在脚手架上。

3）大模板不得直接堆放在脚手架上。

4）遇六级及六级以上大风或雨雪、大雾天气时，应停止脚手架的搭设和拆除作业。

5）脚手架使用期间，严禁擅自拆除架体结构杆件。如须拆除，必须报请技术主管同意，确定补救措施后方可实施。

6）严禁在脚手架基础及邻近处进行挖掘作业。

7）脚手架应与架空输电线路保持安全距离，工地临时用电线路架设及脚手架接地防雷措施等应按现行行业标准《施工现场临时用电安全技术规范》（JGJ 46—2005）的有关规定执行。

8）使用后的脚手架构、配件应清除表面黏结的灰渣，校正杆件变形，表面做防锈处理后待用。

子单元7　承插型盘扣式钢管支架

承插型盘扣式钢管支架有多种称谓，如圆盘式钢管支架、菊花盘式钢管支架、插盘式钢管支架、轮盘式钢管支架以及扣盘式钢管支架等，本书称之为承插型盘扣式钢管支架。

2.7.1　基本组成和搭设高度

1. 基本组成

承插型盘扣式钢管支架由立杆、水平杆、斜杆、可调底座及可调托座等构、配件构成。立杆采用套管或连接棒承插连接，水平杆和斜杆采用杆端扣接头卡入连接盘，用楔形插销快速连接，使结构形成几何不变体系的钢管支架（简称速接架）。根据其用途不同，可分为脚手架和模板支架两类，如图2-32所示。

它适用于工业与民用建筑工程、市政和桥梁工程以及烟囱、水塔、筒仓等一般构筑物工程施工，以及搭建临时舞台、看台工程和灯光架、广告架等工程。

2. 搭设高度

若双排脚手架搭设高度不超过24m，则无须进行详细设计计算，可根据构造要求确定搭设尺寸。对于搭设高度超过24m的双排脚手架，须根据《建筑施工承插型盘扣式钢管支架安全技术规程》（JGJ 231—2010）有关规定进行设计计算，制订专项施工方案。

2.7.2　主要构、配件的材质和性能

1. 主要构、配件

盘扣节点由焊接于立杆上的连接盘、水平杆杆端扣接头和斜杆杆端扣接头组成，如图2-33所示。

插销外表面应与水平杆和斜杆杆端接头表面吻合，插销连接应保证锤击自锁后不拔脱，抗拔能力不得小于3kN。

水平杆和斜杆杆端扣接头与连接盘的插销连接应具有可靠防滑脱构造措施。立杆盘扣节点宜按0.5m模数设置，横杆长度宜按0.3m模数设置。

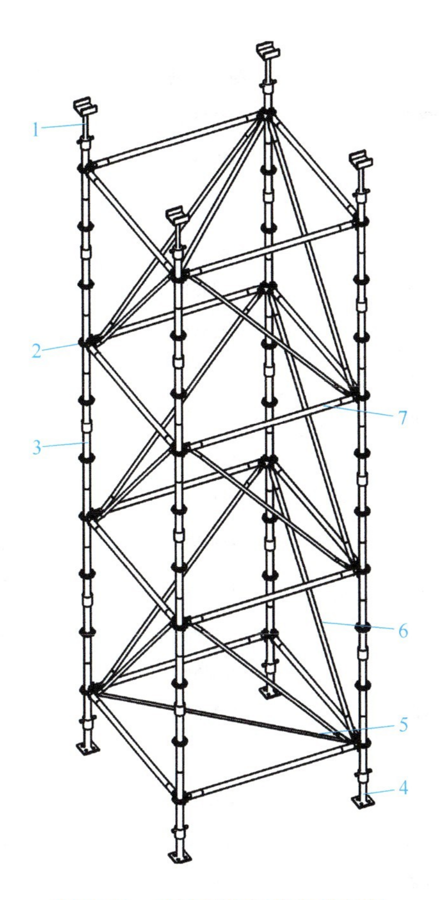

图 2-32　承插型盘扣式钢管支架

1—可调托座　2—盘扣节点　3—立杆
4—可调底座　5—水平斜杆
6—竖向斜杆　7—水平杆

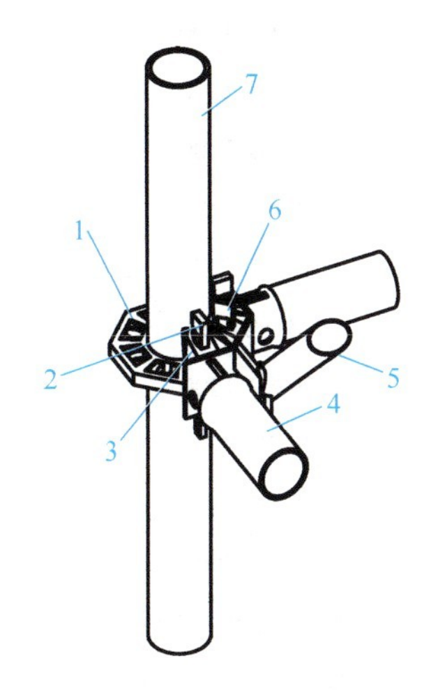

图 2-33　盘扣节点

1—连接盘　2—扣接头插销　3—水平杆
杆端扣接头　4—水平杆　5—斜杆
6—斜杆杆端扣接头　7—立杆

承插型盘扣式钢管支架主要构、配件种类和规格宜符合表 2-17 的要求。

表 2-17　承插型盘扣式钢管支架主要构、配件种类和规格

名　称	型　号	规格/mm	材　质	理论重量/kg
立杆	A-LG-500	$\phi60\times3.2\times500$	Q345A	3.75
	A-LG-1000	$\phi60\times3.2\times1000$	Q345A	6.65
	A-LG-1500	$\phi60\times3.2\times1500$	Q345A	9.60
	A-LG-2000	$\phi60\times3.2\times2000$	Q345A	12.50
	A-LG-2500	$\phi60\times3.2\times2500$	Q345A	15.50
	A-LG-3000	$\phi60\times3.2\times3000$	Q345A	18.40
	B-LG-500	$\phi48\times3.2\times500$	Q345A	2.95
	B-LG-1000	$\phi48\times3.2\times1000$	Q345A	5.30
	B-LG-1500	$\phi48\times3.2\times1500$	Q345A	7.64

（续）

名　称	型　号	规格/mm	材　质	理论重量/kg
	B-LG-2000	ϕ48×3.2×2000	Q345A	9.90
立杆	B-LG-2500	ϕ48×3.2×2500	Q345A	12.30
	B-LG-3000	ϕ48×3.2×3000	Q345A	14.65
	A-SG-300	ϕ48×2.5×240	Q235B	1.40
	A-SG-600	ϕ48×2.5×540	Q235B	2.30
	A-SG-900	ϕ48×2.5×840	Q235B	3.20
	A-SG-1200	ϕ48×2.5×1140	Q235B	4.10
	A-SG-1500	ϕ48×2.5×1440	Q235B	5.00
	A-SG-1800	ϕ48×2.5×1740	Q235B	5.90
	A-SG-2000	ϕ48×2.5×1940	Q235B	6.50
水平杆	B-SG-300	ϕ42×2.5×240	Q235B	1.30
	B-SG-600	ϕ42×2.5×540	Q235B	2.00
	B-SG-900	ϕ42×2.5×840	Q235B	2.80
	B-SG-1200	ϕ42×2.5×1140	Q235B	3.60
	B-SG-1500	ϕ42×2.5×1440	Q235B	4.30
	B-SG-1800	ϕ42×2.5×1740	Q235B	5.10
	B-SG-2000	ϕ42×2.5×1940	Q235B	5.60
	A-XG-300×1000	ϕ48×2.5×1008	Q195	4.10
	A-XG-300×1500	ϕ48×2.5×1506	Q195	5.50
	A-XG-600×1000	ϕ48×2.5×1089	Q195	4.30
	A-XG-600×1500	ϕ48×2.5×1560	Q195	5.60
	A-XG-900×1000	ϕ48×2.5×1238	Q195	4.70
	A-XG-900×1500	ϕ48×2.5×1668	Q195	5.90
	A-XG-900×2000	ϕ48×2.5×2129	Q195	7.20
	A-XG-1200×1000	ϕ48×2.5×1436	Q195	5.30
	A-XG-1200×1500	ϕ48×2.5×1820	Q195	6.40
竖向斜杆	A-XG-1200×2000	ϕ48×2.5×2250	Q195	7.55
	A-XG-1500×1000	ϕ48×2.5×1664	Q195	5.90
	A-XG-1500×1500	ϕ48×2.5×2005	Q195	6.90
	A-XG-1500×2000	ϕ48×2.5×2402	Q195	8.00
	A-XG-1800×1000	ϕ48×2.5×1912	Q195	6.60
	A-XG-1800×1500	ϕ48×2.5×2215	Q195	7.40
	A-XG-1800×2000	ϕ48×2.5×2580	Q195	8.50
	A-XG-2000×1000	ϕ48×2.5×2085	Q195	7.00
	A-XG-2000×1500	ϕ48×2.5×2411	Q195	7.90
	A-XG-2000×2000	ϕ48×2.5×2756	Q195	8.80

（续）

名　称	型　号	规格/mm	材　质	理论重量/kg
竖向斜杆	B-XG-300×1000	ϕ33×2.3×1057	Q195	2.95
	B-XG-300×1500	ϕ33×2.3×1555	Q195	3.82
	B-XG-600×1000	ϕ33×2.3×1131	Q195	3.10
	B-XG-600×1500	ϕ33×2.3×1606	Q195	3.92
	B-XG-900×1000	ϕ33×2.3×1277	Q195	3.36
	B-XG-900×1500	ϕ33×2.3×1710	Q195	4.10
	B-XG-900×2000	ϕ33×2.3×2173	Q195	4.90
	B-XG-1200×1000	ϕ33×2.3×1472	Q195	3.70
	B-XG-1200×1500	ϕ33×2.3×1859	Q195	4.40
	B-XG-1200×2000	ϕ33×2.3×2291	Q195	5.10
	B-XG-1500×1000	ϕ33×2.3×1699	Q195	4.09
	B-XG-1500×1500	ϕ33×2.3×2042	Q195	4.70
	B-XG-1500×2000	ϕ33×2.3×2402	Q195	5.40
	B-XG-1800×1000	ϕ33×2.3×1946	Q195	4.53
	B-XG-1800×1500	ϕ33×2.3×2251	Q195	5.05
	B-XG-1800×2000	ϕ33×2.3×2618	Q195	5.70
	B-XG-2000×1000	ϕ33×2.3×2119	Q195	4.82
	B-XG-2000×1500	ϕ33×2.3×2411	Q195	5.35
	B-XG-2000×2000	ϕ33×2.3×2756	Q195	5.95
水平斜杆	A-SXG-900×900	ϕ48×2.5×1273	Q235B	4.30
	A-SXG-900×1200	ϕ48×2.5×1500	Q235B	5.00
	A-SXG-900×1500	ϕ48×2.5×1749	Q235B	5.70
	A-SXG-1200×1200	ϕ48×2.5×1697	Q235B	5.55
	A-SXG-1200×1500	ϕ48×2.5×1921	Q235B	6.20
	A-SXG-1500×1500	ϕ48×2.5×2121	Q235B	6.80
	B-SXG-900×900	ϕ42×2.5×1272	Q235B	3.80
	B-SXG-900×1200	ϕ42×2.5×1500	Q235B	4.30
	B-SXG-900×1500	ϕ42×2.5×1749	Q235B	5.00
	B-SXG-1200×1200	ϕ42×2.5×1697	Q235B	4.90
	B-SXG-1200×1500	ϕ42×2.5×1921	Q235B	5.50
	B-SXG-1500×1500	ϕ42×2.5×2121	Q235B	6.00
可调托座	A-ST-500	ϕ48×6.5×500	Q235B	7.12
	A-ST-600	ϕ48×6.5×600	Q235B	7.60
	B-ST-500	ϕ38×5.0×500	Q235B	4.38
	B-ST-600	ϕ38×5.0×600	Q235B	4.74
可调底座	A-XT-500	ϕ48×6.5×500	Q235B	5.67

（续）

名　称	型　号	规格/mm	材　质	理论重量/kg
可调底座	A-XT-600	ϕ48×6.5×600	Q235B	6.15
	B-XT-500	ϕ38×5.0×500	Q235B	3.53
	B-XT-600	ϕ38×5.0×600	Q235B	3.89

注：1. 立杆规格为ϕ60×3.2mm的为A型承插型盘扣式钢管支架；立杆规格为ϕ48×3.2mm的为B型承插型盘扣式钢管支架。

2. A（B）SG以及A（B）-SXG分别适用于A型、B型承插型盘扣式钢管支架。

2. 材质要求

1）承插型盘扣式钢管支架的构、配件除有特殊要求外，其材质应符合现行国家标准《低合金高强度结构钢》（GB/T 1591—2018）、《碳素结构钢》（GB/T 700—2006）以及《一般工程用铸造碳钢件》（GB/T 11352—2009）的规定，各类支架主要构、配件材质应符合表2-18的规定。

表2-18　承插型盘扣式钢管支架主要构、配件材质

立杆	水平杆	竖向斜杆	水平斜杆	扣接头	连接套管	可调底座、可调托座	可调螺母	连接盘、插销
Q345A	Q235B	Q195	Q235B	ZG230-450	ZG230-450或20号无缝钢管	Q235B	ZG270-500	ZG230-450或Q235B

2）钢管外径允许偏差应符合表2-19的规定，钢管壁厚允许偏差为±0.1mm。

表2-19　钢管外径允许偏差　（单位：mm）

外径 D	外径允许偏差	外径 D	外径允许偏差
33、38、42、48	+0.2 −0.1	60	+0.3 −0.1

3）连接盘、扣接头、插销以及可调螺母的调节手柄采用碳素铸钢制造时，其材料机械性能不得低于现行国家标准《一般工程用铸造碳钢件》（GB/T 11352—2009），中牌号为ZG230—450的屈服强度、抗拉强度、延伸率的要求。铸钢制作的连接盘的厚度不得小于8mm，钢板冲压制作的连接盘厚度不得小于10mm，允许尺寸偏差为±0.5mm。

3. 制作质量要求

1）杆件焊接制作应在专用工装上进行，各焊接部位应牢固可靠。焊丝宜采用符合现行国家标准《气体保护电弧焊用碳钢、低合金钢焊丝》（GB/T 8110—2008）中气体保护电弧焊用碳钢、低合金钢焊丝的要求，有效焊缝高度不应小于3.5mm。

2）楔形插销的斜度应满足楔入连接盘后能自锁的要求，厚度不应小于8mm，尺寸允许偏差为±0.1mm。

3）立杆连接套管有铸钢套管和无缝钢管套管两种形式。对于铸钢套管形式，立杆连接套长度不应小于90mm，外伸长度不应小于75mm；对于无缝钢管套管形式，立杆连接套长度不应小于160mm，外伸长度不应小于110mm。套管内径与立杆钢管外径间隙不应大

于 2mm。

4）立杆与立杆连接套管应设置固定立杆连接件的防拔出销孔，承插型盘扣式钢管支架销孔直径为 14mm，立杆连接件直径宜为 12mm，允许尺寸偏差为 ±0.1mm。

5）构、配件外观质量应符合以下要求：

① 钢管应无裂纹、凹陷、锈蚀，不得采用接长钢管。

② 钢管应平直，直线度允许偏差为管长的 1/500，两端面应平整，不得有斜口、毛刺。

③ 铸件表面应光整，不得有砂眼、缩孔、裂纹、浇冒口残余等缺陷，表面黏砂应清除干净。

④ 冲压件不得有毛刺、裂纹、氧化皮等缺陷。

⑤ 各焊缝有效焊缝高度应符合相关规定，且焊缝应饱满，焊药应清除干净，不得有未焊透、夹砂、咬肉、裂纹等缺陷。

⑥ 可调底座和可调托座的螺牙宜采用梯形牙，A 型管宜配置 ϕ48 丝杆和调节手柄、B 型管宜配置 ϕ38 丝杆和调节手柄，丝杆直径不得小于 36mm。可调底座和可调托座的表面应镀锌，镀锌表面应光滑，在连接处不得有毛刺、滴瘤和多余结块。

⑦ 架体杆件及构、配件表面应镀锌或涂刷防锈漆，涂层应均匀、牢固。

⑧ 主要构、配件上的生产厂标识应清晰。

6）可调底座及可调托座丝杆与螺母旋合长度不得小于 4～5 牙，可调托座插入立杆内的长度必须符合构造要求。

7）其他辅材制作质量应符合有关规程规定。

2.7.3　结构设计计算

承插型盘扣式钢管支架的设计应满足下列基本规定：

1）承插型盘扣式钢管支架的结构设计应依据《建筑结构可靠性设计统一标准》（GB 50068—2018）、《建筑结构荷载规范》（GB 50009—2012）、《钢结构设计标准》（GB 50017—2017）及《冷弯薄壁型钢结构技术规程》（GB 50018—2002）等国家标准的规定，采用概率极限状态设计法，以分项系数的设计表达式进行设计。

2）承插型盘扣式钢管支架的架体结构设计应保证整体结构形成几何不变体系。

3）如图 2-34 所示，模板支架搭设成满布竖向斜撑的独立方塔架形式，可按带有斜腹杆的格构柱结构形式进行计算分析。

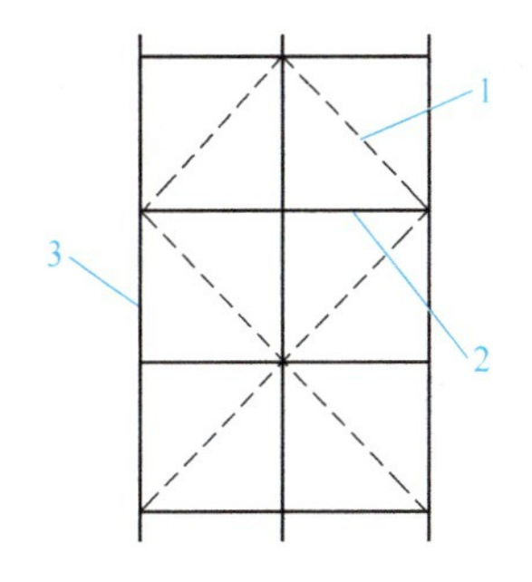

图 2-34　独立方塔架
1—斜杆　2—水平杆　3—立杆

4）模板支架应通过立杆顶部插入可调托座传递水平模板上的各项荷载，水平杆的步距应根据模板支架设计计算确定。

5）模板支架立杆应为轴心受压形式，顶部模板支撑梁应按荷载设计要求选用。混凝土梁下及楼板下的支撑杆件应连成一体。

6）受弯构件的挠度不应超过表 2-20 中规定的容许值。

表2-20　受弯构件的容许挠度

构件类别	容许挠度[v]
受弯构件	l/150 和 10mm

注：l 为受弯构件跨度。

7）模板支架立杆长细比[λ]不得大于150，脚手架立杆长细比[λ]不得大于210，其他杆件长细比[λ]不得大于350。

8）当杆件变形量有控制要求时，应按正常使用极限状态验算其变形量。

9）双排脚手架沿架体外侧纵向每5跨每层应设置1根竖向斜杆（图2-35），或每5跨间应设置扣件钢管剪刀撑（图2-36），端跨的横向每层应设置竖向斜杆，以保证沿纵轴方向形成几何不变体系网格；结构在横轴方向应按与连墙件支撑作用共同计算分析。

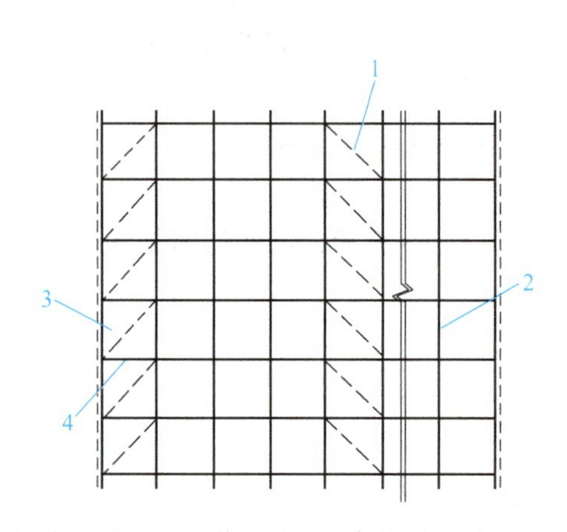

图2-35　双排脚手架每5跨每层设斜杆
1—斜杆　2—立杆　3—两端竖向斜杆
4—水平杆

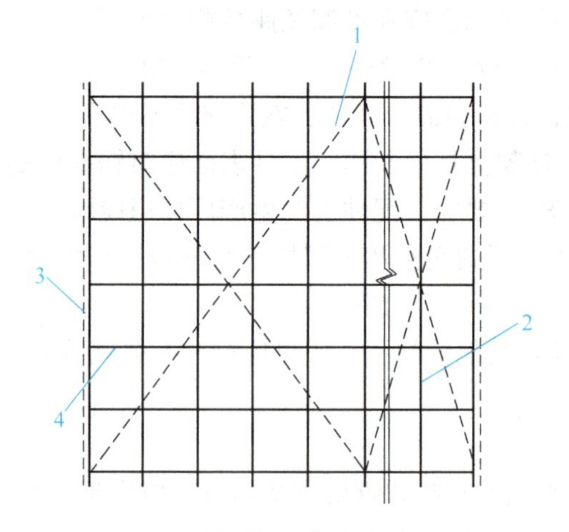

图2-36　双排脚手架每5跨间设扣件钢管剪刀撑
1—扣件钢管剪刀撑　2—立杆　3—两端竖向斜杆
4—水平杆

10）当双排脚手架不考虑风荷载时，立杆应按承受轴向荷载杆件计算，当考虑风荷载作用时，应按压弯杆件计算。

2.7.4　构造要求

1. 模板支架

1）模板支架应根据施工方案计算得出的立杆排架尺寸选用定长的水平杆，并应根据支撑高度组合套插的立杆段、可调托座和可调底座。

2）当搭设高度不超过8m的满堂模板支架时，支架架体四周外立面向内的第一跨每层均应设置竖向斜杆，架体整体底层以及顶层均应设置竖向斜杆，并应在架体内部区域每隔5跨由底至顶纵、横向均设置竖向斜杆（图2-37），或采用扣件钢管搭设的大剪刀撑（图2-38）。当满堂模板支架的架体高度不超过4个步距立杆时，可不设置顶层水平斜杆；当架体高度超过4个步距立杆时，应设置顶层水平斜杆或扣件钢管水平剪刀撑。

3）当搭设高度超过8m的满堂模板支架时，竖向斜杆应满布设置，水平杆的步距不得大于1.5m，应沿高度每隔4～6个标准步距设置水平层斜杆或扣件钢管大剪刀撑，如图2-39所示，并应与周边结构形成可靠拉结。对于长条状的独立高支模架，架体总高度与架体的宽度之比 H/B 不应大于3，如图2-40所示。

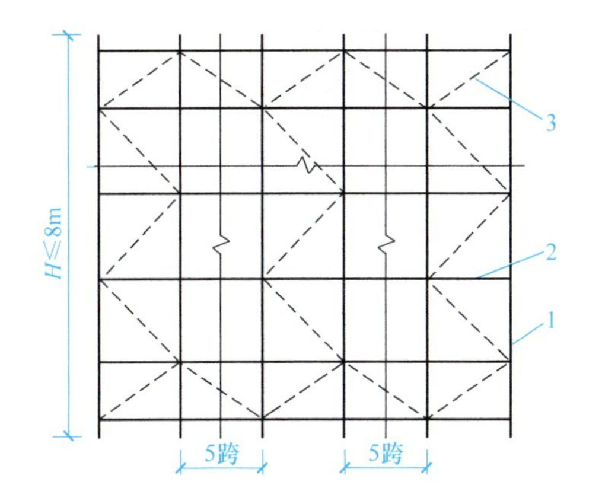

图2-37　满堂架高度不大于8m斜杆设置立面图
1—立杆　2—水平杆　3—斜杆

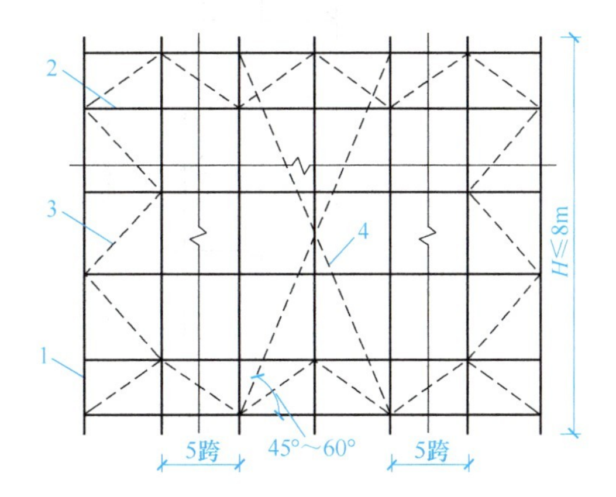

图2-38　满堂架高度不大于8m大剪刀撑设置立面图
1—立杆　2—水平杆　3—斜杆　4—大剪刀撑

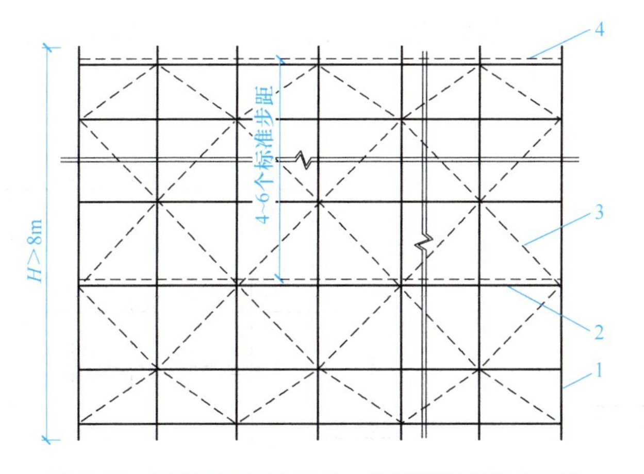

图2-39　满堂架高度大于8m水平斜杆设置立面图
1—立杆　2—水平杆　3—斜杆　4—水平层斜杆或大剪刀撑

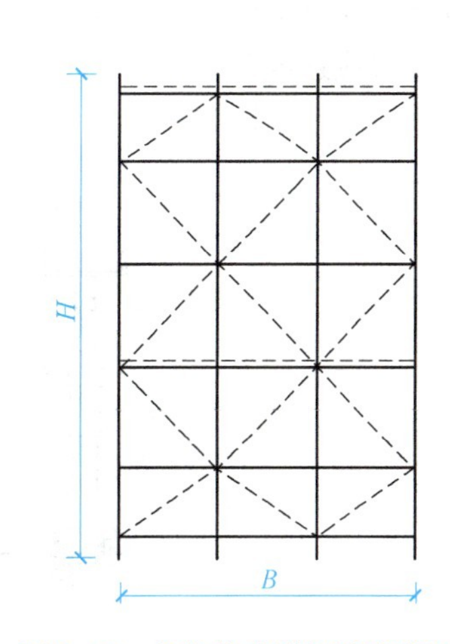

图2-40　长条状支模架的高宽比

4）当模板支架搭设成独立方塔架时，为避免发生扭转失稳破坏，每个侧面每步距均应设竖向斜杆。当有防扭转要求时，可在顶层及每隔3～4步增设水平层斜杆或钢管水平剪刀撑，如图2-41所示。

5）模板支架立杆可调托座的伸出顶层水平杆的悬臂长度严禁超过650mm，可调托座插入立杆的长度不得小于150mm；架体最顶层的水平杆步距应比标准步距缩小一个盘扣间距，如图2-42所示。

6）模板支架应设置扫地水平杆，可调底座调节螺母离地高度不得大于300mm，作为扫地杆的水平杆离地高度应小于550mm。当可调底座调节螺母离地高度不大于200mm时，第一层步距可按照标准步距设置，且应设置竖向斜杆，并可间隔抽除第一层水平杆，形成施工人员进入通道，与通道正交的两侧立杆间应设置竖向斜杆。

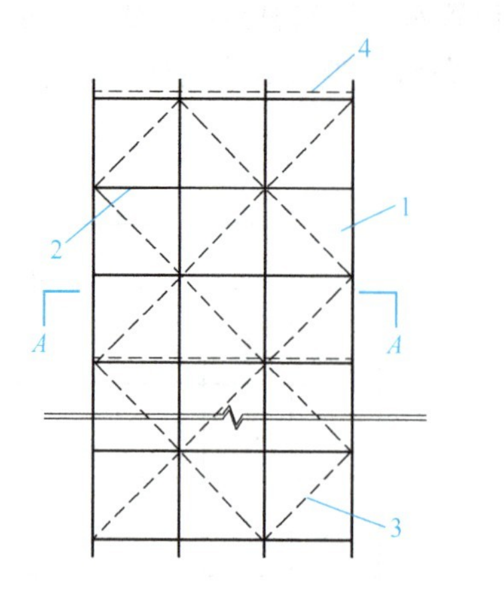

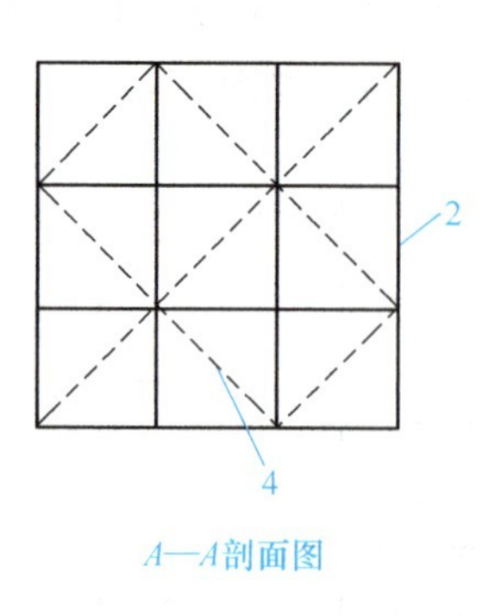

图2-41　独立支模塔架

1—立杆　2—水平杆　3—斜杆　4—水平层斜杆

7）模板支架应与周围已建成的结构进行可靠连接。

8）当模板支架体内设置人行通道时，应在通道上部架设支撑横梁，横梁截面大小应按跨度以及承受的荷载确定。通道两侧支撑梁的立杆间距应根据计算结果设置，通道周围的模板支架应连成整体，如图2-43所示。洞口顶部应铺设封闭的防护板，两侧应设置安全网。通行机动车的洞口，必须设置安全警示和防撞设施。

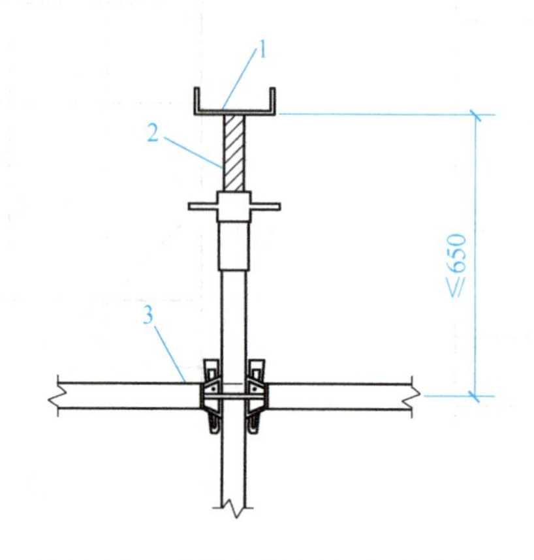

图2-42　立杆带可调托座伸出顶层水平杆的悬臂长度

1—可调托座　2—立杆悬臂端　3—顶层水平杆

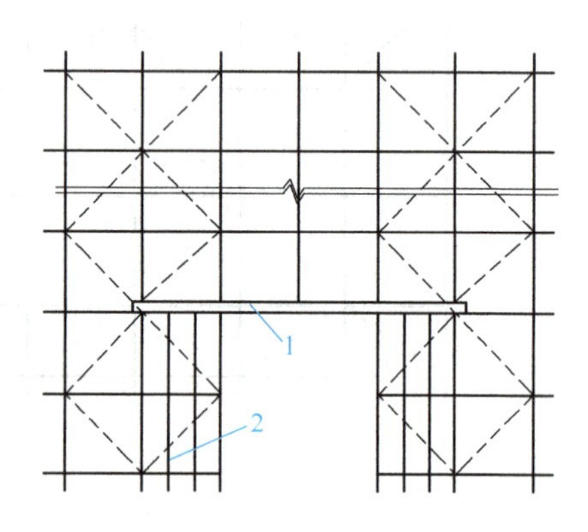

图2-43　模板支架人行通道设置图

1—支撑横梁　2—加密立杆

2. 双排外脚手架

1）用承插型盘扣式钢管支架搭设双排脚手架时，可根据使用要求选择架体几何尺寸，相邻水平杆步距宜选用2m，立杆纵距宜选用1.5m或1.8m，且不宜大于3m，立杆横距宜选用0.9m或1.2m。

2）脚手架首层立杆应采用不同长度的立杆交错布置，错开立杆竖向距离不应小于500mm，当需要设置人行通道时，应符合双排脚手架人行通道的构造要求，立杆底部应配置可调底座。

3）承插型盘扣式钢管支架由塔式单元扩大组合而成，应在拐角为直角部位设置立杆间的竖向斜杆。当作为外脚手架使用时，通道内可不设置斜杆。

4）当设置双排脚手架人行通道时，应在通道上部架设支撑横梁，横梁截面大小应按跨度以及承受的荷载计算确定，通道两侧脚手架应加设斜杆；洞口顶部应铺设封闭的防护板，两侧应设置安全网；通行机动车的洞口，必须设置安全警示和防撞设施。

5）对于双排脚手架的每步水平杆层，当无挂扣钢脚手架板加强水平层刚度时，应每5跨设置水平斜杆，如图2-44所示。

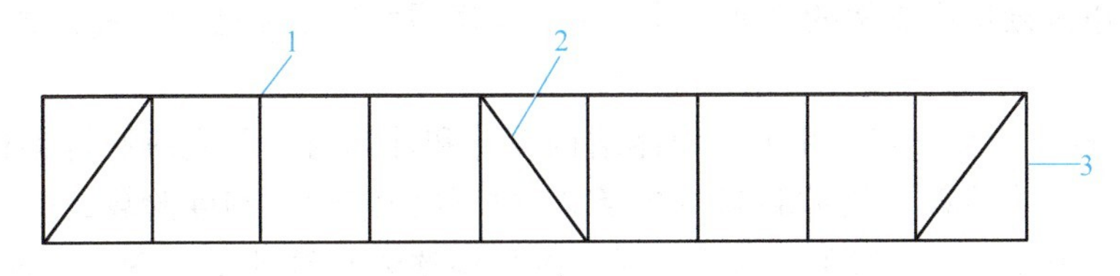

图2-44 双排脚手架水平斜杆设置

1—立杆 2—水平斜杆 3—水平杆

6）连墙件的设置应符合下列规定：

① 连墙件必须采用可承受拉、压荷载的刚性杆件，连墙件与脚手架立面及墙体应保持垂直，同一层连墙件应在同一平面，水平间距不应大于3跨。

② 连墙件应设置在有水平杆的盘扣节点旁，连接点至盘扣节点的距离不得大于300mm；当采用钢管扣件做连墙杆时，连墙杆应采用直角扣件与立杆连接。

③ 当脚手架下部暂不能搭设连墙件时，应用扣件钢管搭设抛撑。抛撑杆应与脚手架通长杆件可靠连接，与地面的倾角为45°~60°，抛撑应在连墙件搭设后方可拆除。

7）脚手板的设置应符合下列规定：

① 钢脚手板的挂钩必须完全扣在水平杆上，挂钩必须处于锁住状态，作业层脚手板应满铺。

② 作业层的脚手板架体外侧应设挡脚板和防护栏，护栏高度宜为1000mm，均匀设置两道，并应在脚手架外侧立面满挂密目安全网。

8）挂扣式钢梯宜设置在尺寸不小于0.9m×1.8m的脚手架框架内，钢梯宽度应为廊道宽度的1/2，钢梯可在一个框架高度内折线上升；钢架拐弯处应设置钢脚手板及扶手。

2.7.5 搭设与拆除

1. 施工准备

1）在模板支架及脚手架施工前，应根据施工对象情况、地基承载力、搭设高度，按《建筑施工承插型盘扣式钢管支架安全技术规程》（JGJ 231—2010）的基本要求编制专项施工方案，并应经审核批准后方可实施。

2）搭设操作人员必须经过专业技术培训及专业考试合格，持证上岗。在模板支架及脚手架搭设前，工程技术负责人应按专项施工方案的要求对搭设作业人员进行技术和安全作业交底。

3）应对进入施工现场的钢管支架及构、配件进行验收，使用前应对其外观进行检查，并应核验其检验报告以及出厂合格证，严禁使用不合格的产品。

4）经验收合格的构、配件应按品种、规格分类码放，并标挂数量规格铭牌备用。构、配件堆放场地应排水畅通，无积水。

5）当采用预埋方式设置脚手架连墙件时，应确保在浇筑混凝土前埋入预埋件。

2. 施工方案

1）专项施工方案应包括以下内容：

① 工程概况：应说明所应用对象的主要情况，模板支架应按结构设计平面图说明须支模的结构情况以及须搭设支架的高度；外脚手架应说明所建主体结构形式、高度、平面形状和尺寸。

② 架体结构设计和计算。在进行架体结构设计和计算时，首先应制订架体方案；然后进行荷载计算及架体验算（架体验算应包括架体杆件稳定性、刚度验算，脚手架连墙件承载力验算以及基础承载力验算）；最后绘制架体结构整体布置的平面图、立面图和剖面图。模板支架还应绘制支架顶部梁、板模板支架节点构造详图及支撑架与已建结构的拉结或水平支撑构造详图；脚手架应绘制连墙件构造详图。

③ 模板支撑架应说明施工流水步骤、混凝土浇筑程序及方法。

④ 应明确架体主要构、配件及材质要求，编制构、配件用料表及供应计划。

⑤ 应说明架体搭设、使用和拆除方法。

⑥ 应制订保证质量安全的技术措施。

2）架体的构造应符合上述相关构造要求。

3. 地基与基础处理

1）模板支架及脚手架搭设场地必须坚实、平整，排水措施得当。支架地基与基础必须结合搭设场地条件，综合考虑支架承担荷载、搭设高度的情况，应按现行国家标准《建筑地基基础工程施工质量验收标准》（GB 50202—2018）的有关规定进行；同时应满足《建筑施工承插型盘扣式钢管支架安全技术规程》（JGJ 231—2010）关于地基承载力验算的要求。

2）对于直接支承在土体上的模板支架及脚手架，立杆底部应设置可调底座，土体应采取压实、铺设块石或浇筑混凝土垫层等加固措施防止不均匀沉陷，也可在立杆底部垫设垫板，垫板的长度不宜少于2跨。

3）当地基高差较大时，可利用可调底座调整立杆，使相邻立杆上安装的同一根水平杆的连接盘处于同一水平面，如图2-45所示。

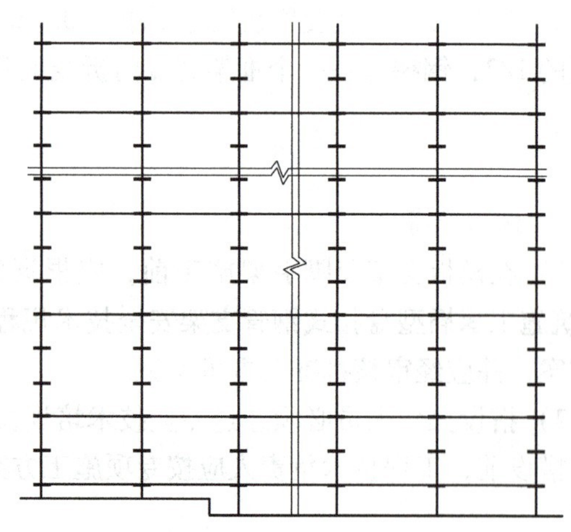
图2-45 可调底座调整立杆连接盘示意图

4）模板支架及脚手架地基基础验收合格后方可使用。

4. 模板支架的搭设与拆除

1）模板支架立杆的搭设位置应按专项施工方案放线确定，不得任意搭设。

2）当模板支架沿水平方向搭设时，

首先应根据立杆位置的要求布置可调底座，接着插入 4 根立杆，将水平杆、斜杆通过扣接头上的楔形插销扣接在立杆的连接盘上形成基本的架体单元，并以此向外扩展搭设成整体支撑体系。垂直方向应搭完一层以后再搭设次层，以此类推。

3）可调底座和垫板应准确地放置在定位线上，并保持水平，垫板应平整、无翘曲，不得采用已开裂垫板。

4）立杆应通过立杆连接套管进行连接，在同一水平高度内，相邻立杆连接套管接头的位置应错开；水平杆扣接头应通过插销与连接盘连接，应采用榔头击紧插销，保证水平杆与立杆可靠连接。

5）每搭完一步支模架后，应及时校正水平杆步距，立杆的纵、横距，立杆的垂直偏差以及水平杆的水平偏差。应控制立杆的垂直偏差不大于 $H/500$，且不得大于 50mm（H 为架体的搭设高度）。

6）模板支架搭设应与模板施工相配合，可利用可调底座和可调托座调整底模标高。

7）建筑楼板多层连续施工时，应保证上、下层支撑立杆处于同一轴线上。

8）支架搭设完成后及混凝土浇筑前，应由项目技术负责人组织相关人员进行验收，符合专项施工方案后方可浇筑混凝土。

9）拆除架体时，应按施工方案设计的拆除顺序进行拆除。拆除作业必须按先搭后拆、后搭先拆的原则，从顶层开始，逐层向下进行，严禁上、下层同时拆除。已拆除的构、配件应成捆吊运或人工传递至地面，严禁抛掷。

10）分段、分立面拆除时，应确定分界处的技术处理方案，保证分段后临时结构的稳定。

5. 双排外脚手架的搭设与拆除

1）脚手架立杆应定位准确，搭设必须配合施工进度，一次搭设高度不应超过相邻连墙件以上两步距。

2）连墙件必须随脚手架高度上升，在规定位置处设置，严禁任意拆除。

3）作业层的设置应符合下列要求：

① 必须满铺脚手板；脚手架外侧应设挡脚板及护身栏杆；护身栏杆可在立杆的 0.5m 和 1.0m 的盘扣节点处布置两道水平杆，并应在外侧满挂密目安全网。

② 应在作业层与主体结构间的空隙处设置内侧防护网。

4）加固件、斜杆必须与脚手架同步搭设。采用扣件钢管做加固件、斜撑时，应符合现行行业标准《建筑施工扣件式钢管脚手架安全技术规范》（JGJ 130—2011）的有关规定。

5）当架体搭设至顶层时，外侧立杆高出顶层架体平台的长度不应小于 1000mm，以用做顶层的防护立杆。

6）当搭设悬挑外脚手架时，立杆的套管连接接长部位必须采用螺栓作为立杆连接件进行固定。

7）脚手架可分段搭设、分段使用，应由工程项目技术负责人组织相关人员进行验收，符合专项施工方案后方可使用。

8）脚手架应经单位工程负责人确认并签署拆除许可令后方可拆除。

9）拆除脚手架时，必须划出安全区，设置警戒标志，派专人看管。

10）拆除前，应清理脚手架上的器具及多余的材料和杂物。

11）拆除脚手架必须按照后装先拆、先装后拆的原则进行，严禁上、下同时作业。连墙件必须随脚手架逐层拆除，严禁先将连墙件整层或数层拆除后再拆脚手架。分段拆除高度差不应大于两步距；如高度差大于两步距，必须增设连墙件加固。

12）拆除的脚手架构件应安全地传递至地面，严禁抛掷。

2.7.6　检查与验收

1. 钢管支架及构、配件

对进入现场的钢管支架构、配件的检查与验收应符合下列规定：

1）应有钢管支架产品标识及产品质量合格证。

2）应有钢管支架产品主要技术参数及产品使用说明书。

3）应对进入现场的构、配件的管径、构件壁厚等进行抽样核查，还应进行外观检查，外观质量应符合《建筑施工承插型盘扣式钢管支架安全技术规程》（JGJ 231—2010）的相关规定。

4）如有必要，可对支架杆件进行质量抽检和试验。

2. 模板支架

（1）检查阶段　模板支架应按以下步骤分阶段进行检查和验收：

1）基础完工后及模板支架搭设前。

2）超过8m的高支模架搭设至一半高度后。

3）达到设计高度后，应进行全面的检查和验收。

4）遇六级以上大风、大雨、大雪后，须进行特殊情况的检查。

5）停工超过一个月恢复使用前。

（2）检查内容　模板支架应由工程项目技术负责人组织模板支架设计及管理人员进行检查，对模板支架应重点检查以下内容：

1）模板支架应按施工方案及上述规程相应的基本构造要求设置斜杆。

2）可调托座及可调底座伸出水平杆的悬臂长度必须符合设计限定要求。

3）水平杆扣接头应销紧。

4）立杆基础应符合要求，应检查立杆与基础间有无松动或悬空现象。

3. 脚手架

对于脚手架的检查与验收，应重点检查以下内容：

1）连墙件应设置完善。

2）立杆基础不应有不均匀沉降，立杆可调底座与基础面的接触不应有松动或悬空现象。

3）斜杆和剪刀撑的设置应符合要求。

4）外侧安全立网和内侧层间水平网应符合专项施工方案的要求。

5）周转使用的支架构、配件使用前应复检合格记录。

6）搭设的施工记录和质量检查记录应及时、齐全。

上述所有检查和验收均应形成书面记录，记录表应符合相关要求。

2.7.7　安全管理与维护

1）高大模板支架及脚手架搭设和拆除人员应参加建筑行业主管部门组织的建筑施工特种作业培训且考核合格，取得上岗资格证。

2）支架搭设作业人员必须正确戴安全帽，系好安全带，穿防滑鞋。

3）应控制模板支架混凝土浇筑作业层上的施工荷载，集中堆载不应超过设计值。

4）在浇筑混凝土过程中，应派专人观测模板支架的工作状态，发生异常时，观测人员应及时报告施工负责人。情况紧急时，应迅速撤离施工人员，并应进行相应加固处理。

5）在模板支架及脚手架使用期间，严禁擅自拆除架体结构杆件。如需拆除，必须报请工程项目技术负责人以及总监理工程师同意，确定防控措施后方可实施。

6）严禁在模板支架和脚手架基础及邻近处进行挖掘作业。

7）模板支架及脚手架应与架空输线电路保持安全距离，工地临时用电线路的架设及脚手架接地防雷击措施等应按现行行业标准《施工现场临时用电安全技术规范》（JGJ 46—2005）的有关规定执行。

相关案例

【背景资料】西安市某实验厅工程主体为54m×45m钢筋混凝土框架结构，屋面为球形节点网架结构，由中铁某公司总承包。由于总承包单位不具备该屋面结构的施工能力，建设单位便将屋面网架工程分包给了常州某网架厂，并由总承包单位配合搭设满堂脚手架，以提供高空组装网架的操作平台，脚手架高度26m。

为赶施工进度，未等脚手架交接验收确认，网架厂便于2001年4月25日晚，将运至施工现场的网架部件（约40t）全部成捆吊上脚手架，使脚手架严重超载。4月26日上班后，用撬棍解捆时产生的震动导致堆放部件处的脚手架坍塌，脚手架上的网架部件及施工人员同时坠落，导致发生7人死亡、1人重伤的较大安全事故。

【事故分析】通过了解以上事故的情况，可以看出该工程在以下技术方面存在安全隐患：

（1）屋面网架结构在施工前的施工组织设计中存在安全隐患，立杆、横杆的间距均为1.8m，步距为1.8m，均为构造要求的最大值，其承载能力应为2.5kN/m^2；而常州网架厂提供的网架单件重量达1.5t，按相应的条件，要求最低承载力应不低于4 kN/m^2，故脚手架设计存在问题，且监理单位和建设单位未严格履行审核、验收手续。

（2）施工人员蛮干，管理人员违规指挥。

（3）未按规定即时搭设连墙件和剪刀撑，从而影响脚手架受力后的整体稳定性。

（4）分包单位未按规定对脚手架进行验收而直接使用，且任意摆放大量的部件，使脚手架严重超载，加之在解捆时产生冲击荷载，导致脚手架坍塌。

【想一想】当时现场管理人员（包括施工单位、监理单位或建设单位等）懂得脚手架的安全技术和管理规定，并严格执行，会导致类似的安全事故发生吗？吊篮脚手架、扣件式钢管脚手架等在使用前和使用过程中都有哪些安全要求？

思考与拓展题

2-1　为什么扣件式钢管脚手架在建筑施工中的应用较为广泛？在搭设、使用和拆除时，应当特别注意哪些问题？

2-2　门式脚手架有哪些安全隐患？如何避免这些安全隐患？

2-3　附着式升降脚手架在使用时会出现哪些安全事故？请谈谈如何避免这些安全事故。

单元3 高处作业

能力目标

1. 掌握各类高处作业的概念和安全技术要求。
2. 能够正确选择、使用和管理安全生产的“三宝”。
3. 掌握高处作业的分级方法和安全基本要求。
4. 掌握高处作业安全设施的搭设。

学习重点与难点

重点掌握高处作业的基本要求和临边作业、洞口作业、攀登作业、悬空作业、操作平台作业和交叉作业的具体安全技术规定，这也是学习本章的难点。

课程思政 学习专业知识，勇挑职业责任

高处坠落事故是建筑行业多发性事故，且致死率和致残率均较高。如何减少和避免此类事故是降低伤亡事故的关键，发生此类事故不仅会给企业造成严重的经济损失，影响企业的声誉，制约企业的生存和发展，还会给家庭带来悲痛和不幸。

作为新时代的青年学生，要勇挑职业责任，增强安全意识，学好专业知识，提升综合素养，避免在今后的工作中，由于安全意识淡薄、安全知识缺乏而出现违章指挥、违章操作、违反劳动纪律等不安全行为。作为未来的建筑施工安全管理者，应参照建筑施工安全相关标准规范，不断学习积累，为实现我国安全生产治理体系和治理能力现代化，全民安全文明素质全面提升，安全生产保障能力显著提高这一改革发展目标贡献自己的力量。

子单元1 高处作业的基本安全技术

高处作业的工作量大是建筑施工的特点之一，并且作业环境复杂多变，手工操作劳动强度大，多工种交叉作业危险因素多，极易发生安全事故。因此，建筑业在我国各行业中属于危险性较大的行业。事实表明，在建筑业“五大伤害”事故中，高处坠落事故的发生率最高、危险性极大。因此，减少和避免高处坠落事故的发生，是降低建筑业伤亡事故、落实安全生产的关键。

3.1.1 高处作业的相关概念与分级

1. 高处作业的相关概念

（1）高处作业 按照国家标准《高处作业分级》（GB/T 3608—2008）的规定：高处作业是指凡在坠落高度基准面2m以上（含2m）有可能坠落的高处进行的作业。其中，坠落高度基准面是指通过可能坠落范围内最低处的水平面，它是确定高处作业高度的起始点，如从作业位置可能坠落到最低点的楼面、地面、基坑等平面。

（2）可能坠落范围半径 为确定可能坠落范围而规定的，相对于作业位置的一段水平距离，以R表示。其大小取决于与作业现场的地形、地势或建筑物分布等有关的基础高度。依据该值可以确定不同高处作业时安全平网架设的宽度。

（3）基础高度 以作业位置为中心、6m为半径，画出一个垂直水平面的柱形空间，此柱形空间内最低处与作业位置间的高度差，以h表示。该值是确定高处作业高度的依据。

（4）可能坠落范围 以作业位置为中心，可能坠落范围为半径画成的与水平面垂直的柱形空间。该值是确定防范高处坠落范围的依据。

（5）高处作业高度 作业区各作业位置至相应坠落高度基准面的垂直距离中的最大值，称为该作业区的高处作业高度，简称为作业高度，以H表示。作业高度是确定高处作业危险性高低的依据，作业高度越高，作业的危险性就越大。按作业高度不同，国家标准将高处

作业划分为2～5m、5～15m、15～30m及大于30m四个区域。

作业高度的确定方法：根据《高处作业分级》（GB/T 3608—2008）的规定，首先依据基础高度 h 查表3-1，即可确定可能坠落范围半径 R；在确定基础高度 h 和可能坠落范围半径 R 后，即可根据实际情况计算出作业高度，见例3-1。

表3-1 高处作业基础高度与坠落半径 （单位：m）

高处作业基础高度 h	2～5	5～15	15～30	30
可能坠落范围半径 R	3	4	5	6

【例3-1】 如图3-1所示，试确定基础高度、可能坠落范围半径和作业高度。

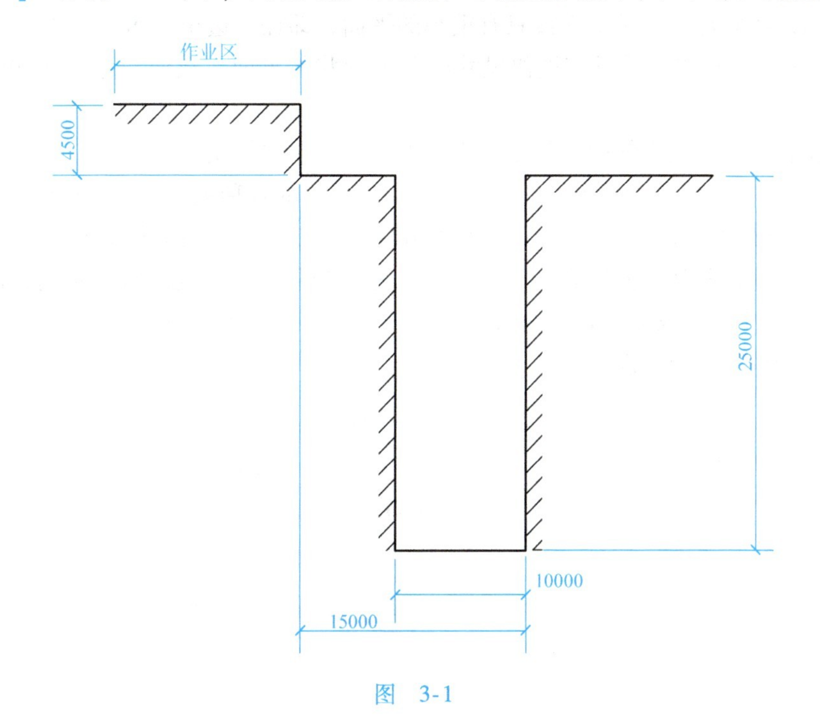

图 3-1

解：由图中条件可知，在作业区边沿至附近最低处的可能坠落的基础高度为

$$h=4.5\text{m}+25.0\text{m}=29.5\text{m}$$

查表3-1可知：可能坠落范围半径 $R=5\text{m}$。

则在作业区边缘，半径为5m的作业区范围内，高处作业高度为4.5m。

2. 高处作业的分级

根据《高处作业分级》（GB/T 3608—2008）的规定：高处作业分为A、B两类。其中，符合下列十类而直接引起坠落的客观危险因素之一的高处作业，即为B类高处作业：

1）阵风风力五级（风速8.0m/s）以上的作业。

2）Ⅱ级及其以上的高温作业。

3）平均气温等于或低于5℃的环境中的作业。

4）接触冷水温度等于或低于12℃的作业。

5）作业场地有冰、雪、霜、水、油等易滑物的作业。

6）作业场所光线不足，能见度差的作业。

7）作业活动范围内与危险电压带电体的距离小于表3-2规定的作业。

表3-2　作业活动范围内与危险电压带电体的距离

危险电压带电体的等级/kV	距离/m	危险电压带电体的等级/kV	距离/m
≤10	1.7	220	4.0
35	2.0	330	5.0
63~110	2.5	500	6.0

8）摆动，或立足处不是平面或只有很小的平面，即任一边小于500mm的矩形平面、直径小于500mm的圆形平面或具有类似尺寸的其他形状的平面，致使作业者无法维持正常姿势的作业。

9）存在有毒气体或空气中含氧量低于0.195环境中的作业。

10）可能引起各种灾害事故的作业和抢救突然发生的各种灾害事故的作业。

不存在以上列举的任一种客观危险因素的高处作业就是A类高处作业。

A、B类高处作业又可依据表3-3分别划分为四个和三个级别。级别越高，高处作业的危险性就越大，应该采取安全防范的措施就要更加完善。例3-1中，若作业环境为5℃的室外作业，即为B类的Ⅱ级高处作业。

表3-3　高处作业分级

分类法	作业高度/m			
	2~5	5~15	15~30	>30
A	Ⅰ	Ⅱ	Ⅲ	Ⅳ
B	Ⅱ	Ⅲ	Ⅳ	Ⅳ

3.1.2　高处作业安全的基本要求

1. 高处作业人员的基本要求

1）凡从事高处作业的人员必须身体健康，并定期体检。患有高血压、心脏病、癫痫病、贫血病、四肢有残疾以及其他不适应高处作业的人员，不得从事高处作业。

2）高处作业人员应正确佩戴和使用安全带和安全帽。安全带和安全帽应完好，并符合相关要求。

3）高处作业人员衣着要便利，禁止赤脚，以及穿硬底鞋、拖鞋、高跟鞋和带钉、易滑的鞋从事高处作业。

4）严禁酒后进行高处作业。

5）所有高处作业人员应从规定的通道上、下，不得在阳台、脚手架上等非规定通道进行攀登上、下，也不得任意利用吊车悬臂架及非载人设备上、下。

2. 高处作业的基本要求

根据《建筑施工高处作业安全技术规范》（JGJ 80—2016）的规定，建筑施工单位在进

行高处作业时，应满足以下基本要求：

1）凡进行高处作业时，应正确使用脚手架、操作平台、梯子、防护栏杆、安全带、安全网和安全帽等安全设施和用具，作业前应认真检查所用安全设施和用具是否牢固、可靠。

2）高处作业的安全技术措施及其所需料具，必须列入工程的施工组织设计。

3）单位工程施工负责人应对工程的高处作业安全技术负责，并建立相应的责任制。

4）施工单位应有针对性地将高处作业的警示标志悬挂于施工现场相应的醒目部位，夜间应设红灯警示。各类安全标志、工具、仪表、电气设施和各种设备，必须在施工前加以检查验收，确认其完好，并经相关人员签字后，方能投入使用。

5）作业前，应按规定逐级进行安全技术教育及技术交底，落实所有安全技术措施和人身防护用品，未经落实不得进行施工操作。

6）攀登和悬空高处作业人员及搭设高处作业安全设施的人员，必须经过专业技术培训及专业考试合格，持证上岗，并定期进行身体检查。

7）施工中，发现高处作业的安全技术设施有缺陷和隐患时，必须及时解决；当危及人身安全时，必须停止作业。

8）高处作业上、下应设置联系信号或通信装置，并指定专人负责。

9）施工作业场所有可能坠落的物件，应一律先行撤除或加以固定；高处作业中所用的物料，均应堆放平稳，不得妨碍通行和装卸。

10）使用的工具应随手放入工具袋，拆卸下的物件、余料和废料均应及时清理运走，不得任意乱置或向下丢弃，禁止抛掷所传递的物件。作业中的走道、通道板和登高用具，应随时清理干净。

11）雨、霜、雾、雪等天气进行高处作业时，必须采取可靠的防滑、防寒和防冻措施。凡存有水、冰、霜、雪，均应及时清除。

12）对进行高处作业的高耸建筑物，应事先设置避雷设施。遇有六级以上强风和浓雾、雷电、暴雨等恶劣气候，不得进行露天高处作业。暴风雪及台风暴雨后，应对高处作业安全设施逐一加以检查，发现有松动、变形、损坏或脱落等现象，应立即修理完善。

13）因作业需要而临时拆除或变动安全防护设施时，必须经项目负责人同意，并采取相应的可靠措施，作业后应立即恢复。

14）搭设与拆除防护棚时，应设警戒区，并应派专人监护，严禁上、下同时搭设或拆除。

15）高处作业安全设施的主要受力杆件，力学计算应按一般结构力学公式进行，强度及挠度计算应按现行有关规范进行，但受弯构件的强度计算不考虑塑性影响，构造上应符合现行相应规范的要求。

3. 高处作业安全防护设施的验收

建筑施工进行高处作业之前，应由单位工程负责人组织有关人员，进行安全防护设施的逐项检查和验收。验收合格后，方可进行高处作业。验收也可分层进行，或分阶段进行。

1）安全防护设施验收时应具备的资料包括以下内容：

① 施工组织设计中的安全技术措施或施工方案。

② 安全防护设施验收记录。

③ 安全防护设施变更记录及签证。

④ 安全防护用具、材料和设备产品合格证明。

⑤ 预埋件隐蔽验收记录。

2）安全防护设施验收主要包括以下内容：

① 所有临边、洞口等各类安全技术措施的设置状况。

② 安全技术措施所用的配件、材料和工具的规格和材质。

③ 安全技术措施的节点构造及其与建筑物的固定情况。

④ 扣件和连接件的紧固程度。

⑤ 安全防护设施的用品及设备的性能与质量是否合格的验证等。

安全防护设施的验收应按类别逐项查验，并做出验收记录。凡不符合规定者，必须修整合格后再行查验，施工期间还应定期进行抽查。

子单元2　临边与洞口高处作业的安全防护

3.2.1　临边高处作业

1. 临边高处作业的概念

在施工作业时，当作业中的工作面边沿没有围护设施或围护设施的高度低于800mm时的高处作业即为临边高处作业，简称为临边作业，如在基坑（槽）、阳台边、屋面周边等2m以上部位的施工作业。

2. 临边作业的安全防护

按规定，临边作业必须设置防护措施，并符合下列规定：

1）基坑周边，尚未安装栏杆或栏板的阳台、卸料台与悬挑平台周边，雨篷与挑檐边，无外脚手架的屋面与楼层周边及水箱与水塔周边等处，都必须设置防护栏杆并用密目式安全网或工具式栏板封闭。

2）底层墙高度超过3.2m的二层楼面周边，以及无外脚手架的高度超过3.2m的楼层周边，必须在外围架设一道安全平网。

3）分层施工的楼梯口和梯段边，必须安装临时护栏；顶层楼梯口应随工程结构进度安装正式防护栏杆。

4）井架与施工用电梯和脚手架等与建筑物通道的两侧边，必须设防护栏杆；地面通道上部应装设安全防护棚；双笼井架通道中间，应予以分隔封闭。

5）各种垂直运输卸料平台，除两侧设防护栏杆外，平台口还应设置安全门或活动防护栏杆。

3. 临边防护栏杆杆件的搭设

1）防护栏杆的材质要求、规格及连接要求，应符合下列规定：

① 毛竹横杆小头有效直径不应小于70mm，栏杆柱小头直径不应小于80mm，并须用不小于16号的镀锌钢丝绑扎，不应少于3圈，并无滑动。

② 原木横杆上栏杆梢直径不应小于70mm，下栏杆梢直径不应小于60mm，栏杆柱梢直径不应小于75mm，并必须用相应长度的圆钉钉紧，或用不小于12号的镀锌钢丝绑扎，要求表面平顺和稳固无动摇。

③ 钢筋横杆上杆直径不应小于16mm，下杆直径不应小于14mm，栏杆柱直径不应小于18mm，采用电焊或镀锌钢丝绑扎固定。

④ 钢管栏杆及栏杆柱均应采用$\phi48\times3.5$的管材，以扣件或电焊固定。

⑤ 以其他钢材（如角钢等）做防护栏杆杆件时，应选用强度相当的规格，以电焊固定。

2）防护栏杆的搭设，必须符合下列要求：

① 防护栏杆应由上、下两道横杆及栏杆柱组成，上栏杆离地高度为1.0~1.2m，下栏杆离地高度为0.5~0.6m；坡度大于1∶2.2的层面，防护栏杆应高于1.5m，并加挂安全立网。除经设计计算外，横杆长度大于2m时，必须加设栏杆柱。

② 当在基坑四周固定栏杆柱时，可采用钢管并打入地面500~700mm深。钢管距基坑边的距离不应小于500mm，当基坑周边采用板桩时，钢管可打在板桩外侧。

③ 当在混凝土楼面、屋面或墙面固定栏杆柱时，可用预埋件与钢管或钢筋焊牢。采用竹、木栏杆时，可在预埋件上焊接300mm长的∟50×5角钢，其上、下各钻一孔，然后用10mm螺栓与竹、木等杆件固定牢固。

④ 当在砖或砌块等砌体上固定栏杆柱时，可预先砌入相应规格含有预埋件的混凝土块，预埋件应与立杆连接牢固。

⑤ 栏杆柱的固定及其与横向栏杆的连接，其整体构造应使防护栏杆在上横杆任何处，能经受任何方向1000N的外力。当栏杆所处位置有发生人群拥挤、车辆冲击或物件碰撞等可能时，应加大横杆截面或加密柱距。

⑥ 防护栏杆必须自上而下用安全立网封闭，或在栏杆下边设置严密固定的高度不低于180mm的挡脚板或高度不低于400mm的挡脚竹笆。如挡脚板与挡脚竹笆上有孔眼，不应大于25mm。板与竹笆下边距离底面的空隙不应大于10mm。

⑦ 卸料平台两侧的防护栏杆，必须自上而下加挂安全立网或满扎竹笆。

⑧ 当临边的外侧面临街道时，除防护栏杆外，敞口立面必须采取满挂安全网或其他可靠措施作全封闭处理。

⑨ 临边防护栏杆应进行抗弯强度、挠度等力学验算，此项计算应纳入施工组织设计的内容。

⑩ 临边防护栏杆的构造形式如图3-2和图3-3所示。

3.2.2 洞口高处作业

1. 洞口高处作业的概念

洞口高处作业是指在洞口、孔口或边口旁的高处作业，包括施工现场及通道旁深度在2m及2m以上的桩孔、人孔、沟槽与管道、孔洞等边沿上的作业，简称为洞口作业。

孔口和洞口的定义按照《建筑施工高处作业安全技术规范》（JGJ 80—2016）做如下规定：

1）孔口是指楼板、屋面、平台等面上，短边尺寸小于250mm，墙上高度小于750mm

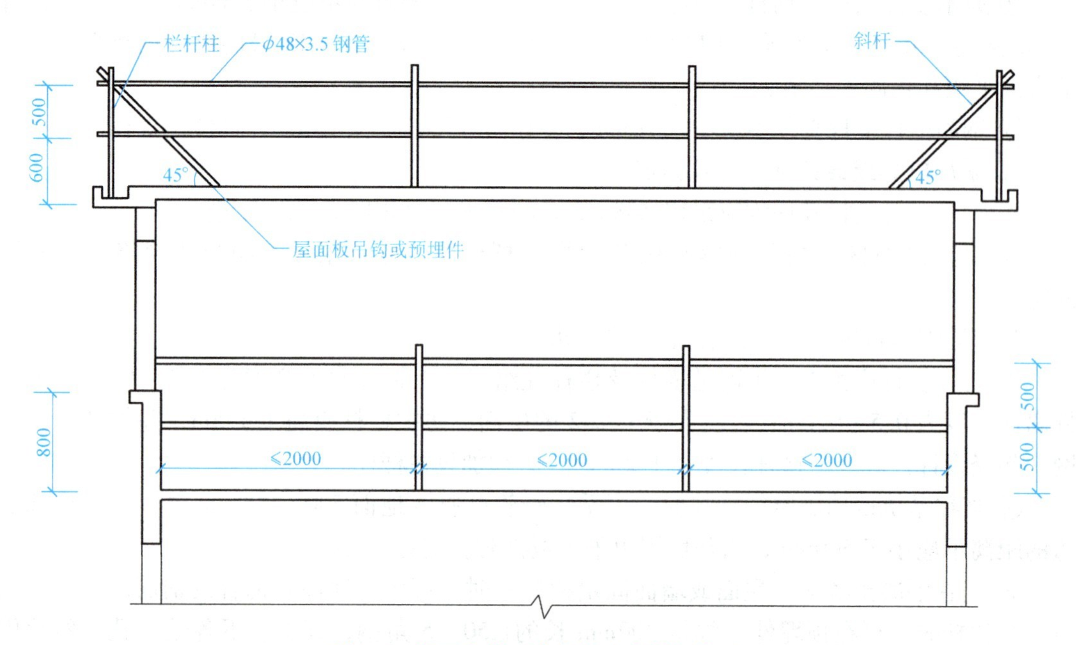

图3-2　屋面和楼面临边的防护栏杆构造

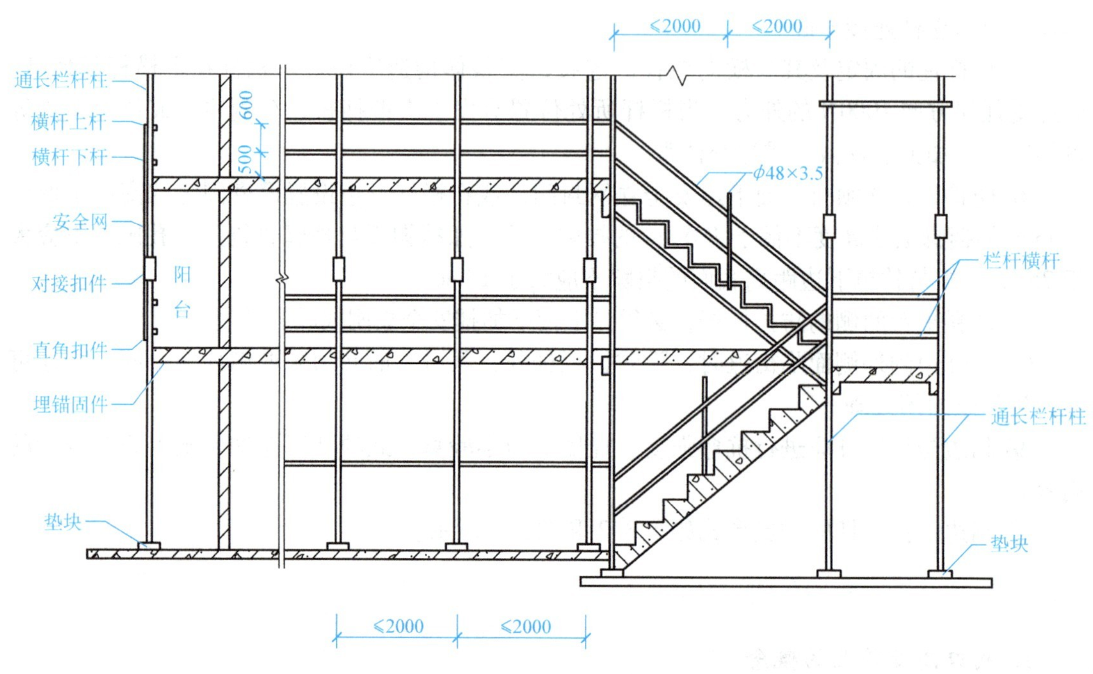

图3-3　楼梯、楼层和阳台临边防护栏杆的构造

的孔洞。

2）洞口是指楼板、屋面、平台等面上，短边尺寸等于或大于250mm，墙上高度等于或大于750mm的孔洞。

建筑施工中常因工程或工序的需要而留设一些洞口。常见的洞口有桩孔口、预留洞口、电梯井口、楼梯口、通道口等，即为常称的“五口”。

2. 洞口作业的安全防护要求

进行洞口作业以及在因工程和工序需要而产生的，使人与物有坠落危险或危及人身安全的其他洞口进行高处作业时，必须按下列规定设置防护设施：

1）板与墙的洞口，必须设置牢固的盖板、防护栏杆、安全网或其他防坠落的防护设施。

2）电梯井口必须设防护栏杆或固定栅门，高度不得低于1.8m；电梯井内应每隔两层并最多每隔10m设一道安全网。

3）钢管桩、钻孔桩等桩孔上口，杯形、条形基础上口，未填土的坑槽，以及人孔、天窗、地板门等处，均应按洞口防护设置稳固的盖件或防护栏杆。

4）施工现场通道附近的各类洞口与坑槽等处，除设置防护设施与安全标志外，夜间还应设红灯示警。

3. 洞口作业安全设施的要求

洞口根据具体情况采取设防护栏杆、加盖件、张挂安全网与装栅门等措施时，必须符合下列要求：

1）楼板、屋面和平台等面上短边尺寸小于250mm，但大于25mm的孔口，必须用坚实的盖板覆盖，盖板应防止挪动移位。

2）楼板面等处边长为250～500mm的洞口、安装预制构件时的洞口以及其他临时形成的洞口，可用竹、木等作盖板，盖住洞口，盖板须能保持四周搁置均衡，并有固定其位置的措施。

3）边长为500～1500mm的洞口，必须设置以扣件连接钢管而成的网格，并在其上满铺脚手板。也可采用贯穿于混凝土板内的钢筋构成防护网，钢筋网格间距不得大于200mm。

4）边长在1500mm以上的洞口，应在四周设防护栏杆，洞口下张挂安全平网。

5）垃圾井道和烟道，应随楼层的砌筑或安装而消除洞口，或参照预留洞口作防护；管道井施工时，除按上述要求设置防护外，还应加设明显的标志，如有临时性拆移，须经施工负责人核准，工作完毕后必须恢复防护设施。

6）位于车辆行驶道旁的洞口、深沟与管道坑、槽，所加盖板应能承受不小于当地额定卡车后轮有效承载力2倍的荷载。

7）对于墙面等处的竖向洞口，凡落地的洞口应加装开关式、工具式或固定式的防护门，栅门网格的间距不应大于150mm，也可采用防护栏杆，下设挡脚板（笆）。

8）下边沿至楼板或底面低于800mm的窗台等竖向洞口，如侧边落差大于2m时，应加设1.2m高的临时护栏。

9）对邻近的人与物有坠落危险性的其他竖向的孔、洞口，均应予以覆盖或加以防护，并有固定其位置的措施。

10）洞口防护设施应进行必要的力学验算，此项计算应纳入施工组织设计的内容。

11）洞口防护设施的构造形式如图3-4～图3-6所示。

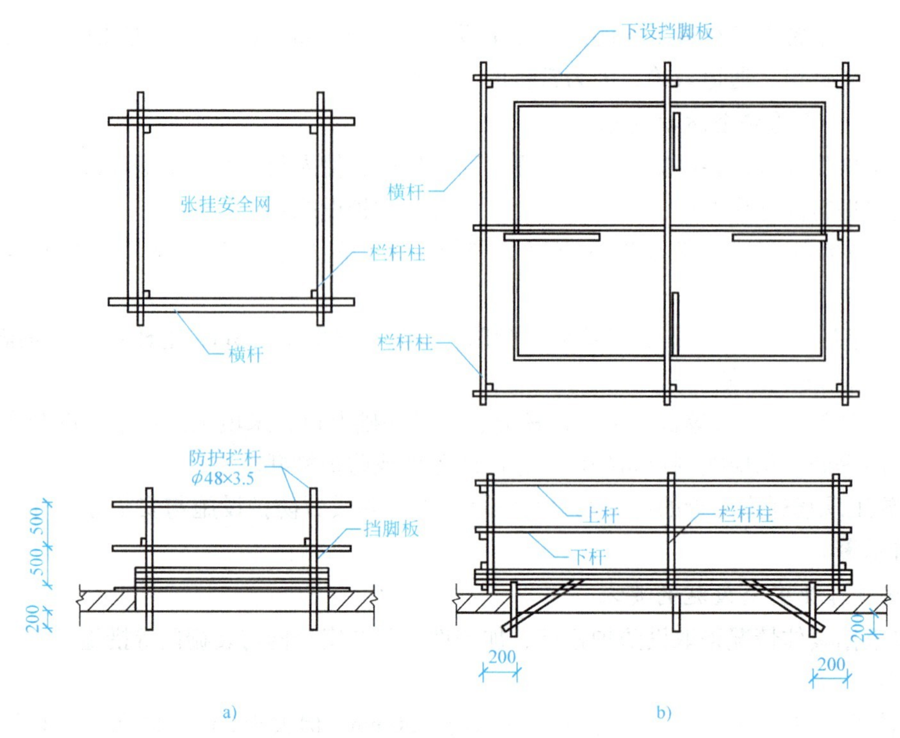

图3-4　洞口防护栏杆的构造

a）边长1500～2000mm的洞口　b）边长2000～4000mm的洞口

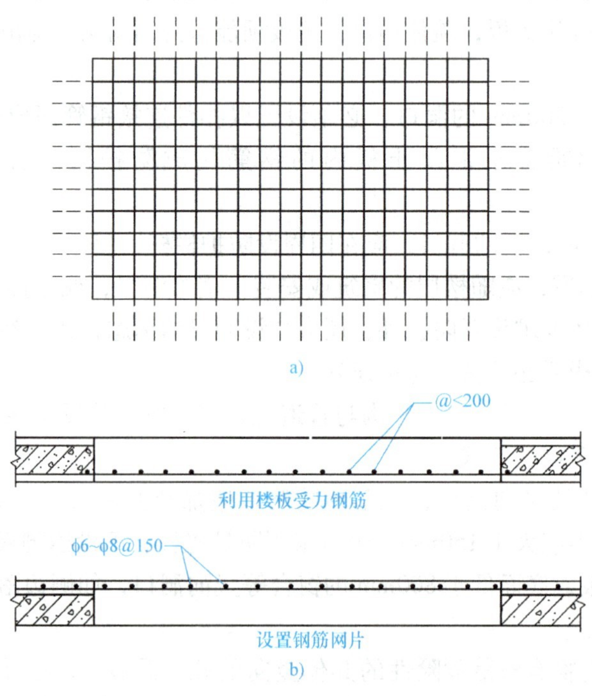

图3-5　洞口钢筋防护网的构造

a）平面图　b）剖面图

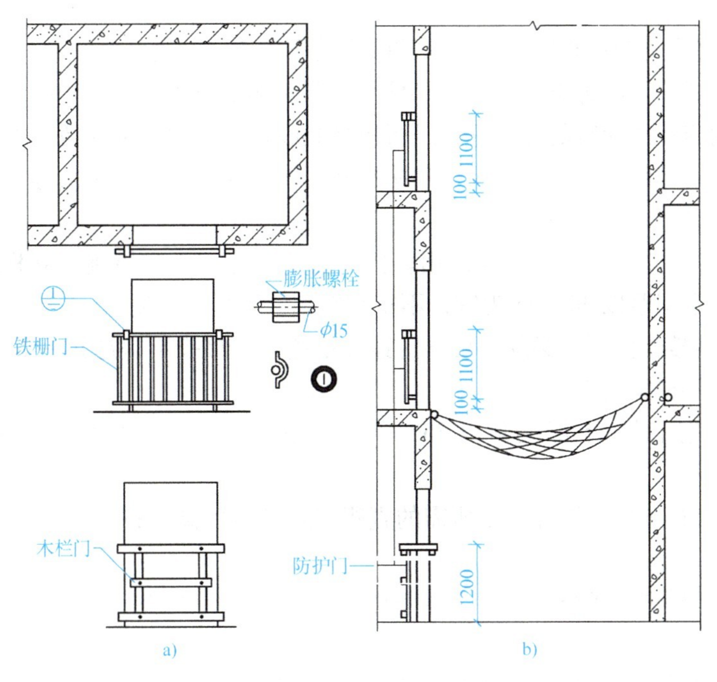

图3-6　电梯井口防护门的构造

a）立面图　b）剖面图

子单元3　攀登与悬空高处作业的安全防护

3.3.1　攀登高处作业

1. 攀登高处作业的概念

攀登高处作业是指在施工现场，凡是借助于登高用具或登高设施，在攀登的条件下进行的高处作业，简称为攀登作业。

攀登作业危险性较大，因此在施工过程中，各类作业人员都应严格执行安全操作规定，防止安全事故发生。

2. 登高用梯的安全技术要求

登高作业经常使用的工具是梯子，国家对不同类型的梯子有相应的标准和要求，如角度、斜度、宽度、高度、连接措施和受力性能等。供人上、下的踏板负荷能力（即使用荷载）不应小于1100N，这是以人和衣物的总重量750N乘以动载安全系数1.5而定的。因而，就限定了过于肥胖的人员不宜从事攀登高处作业。对梯子的具体技术要求如下：

1）攀登用具的结构构造必须牢固可靠。供人上、下的踏板，其使用荷载不应小于1100N，当梯面上有特殊作业，重量超过上述荷载时，应按实际情况加以验算。

2）固定式直爬梯应用金属材料制成。梯宽应为400～600mm，支撑应采用不小于∟70×6的角钢，埋设与焊接均必须牢固。梯子顶端的踏板应与攀登的顶面齐平，并加设1.1～

1.5m高的扶手。

3）移动式梯子均应按现行的国家标准验收其质量。

另外，移动式梯子的种类甚多，现场使用也最频繁，往往随手搬用，不加细查。因此，除新梯子使用前应按照现行的有关标准进行质量验收外，还须经常性地对施工现场所使用的各类梯子进行检查和维修。对各种梯子的构造和要求，在制作时都必须遵守相关国家标准的规定。

4）梯脚底部应坚实，不得垫高使用。梯子的上端应有固定措施。立梯工作角度以75°为宜，踏板上、下间距以300mm为宜，不得有缺档，不得垫高使用。

5）梯子如需接长使用，必须有可靠的连接措施，且接头不得超过一处。连接后梯梁的强度不应低于单梯梯梁的强度。

6）折叠梯使用时，上部夹角以35°～45°为宜，铰链必须牢固，并应有可靠的拉撑措施。

7）柱、梁和行车梁等构件吊装所需的直爬梯及其他登高用拉攀件，应在构件施工图或说明中作出规定。

8）使用直爬梯进行攀登作业时，攀登高度超过3m时，宜加设护笼，超过8m时，必须设置梯间平台。

9）上、下梯子时，必须面向梯子，且不得手持器物。

10）钢柱安装登高时，应使用钢挂梯或设置在钢柱上的爬梯。

3. 钢屋架安装的安全要求

钢屋架安装时，应遵守下列规定：

1）在层架上、下弦登高操作时，对于三角形屋架应在屋脊处，梯形屋架应在两端，设置攀登时上、下的梯架。材料可选用毛竹或原木等，踏步间距不应大于400mm，毛竹梢径不应小于70mm。

2）屋架吊装以前，应在上弦设置防护栏杆。

3）屋架吊装以前，应预先在下弦挂设安全网；吊装完毕后，即将安全网铺设固定。

4. 其他要求

1）在施工组织设计中，应确定用于现场施工的登高和攀登设施。现场登高应借助建筑结构或脚手架上的登高设施，也可采用载人的垂直运输设备。进行攀登作业时，可使用梯子或其他攀登设施。

2）作业人员应从规定的通道上、下，不得在阳台之间等非规定通道进行攀登，也不得任意利用吊车臂架等施工设备进行攀登。

3）钢柱的接柱施工，应使用梯子或操作台。当无电焊防风要求时，操作台横杆高度不宜小于1m；有电焊防风要求时，其高度不宜小于1.8m。其构造形式如图3-7所示。

4）登高安装钢梁时，应视钢梁高度，在两端设置挂梯或搭设钢管脚手架，其构造形式如图3-8所示。

5）在梁面上行走时，其一侧的临时护栏横杆可采用钢索，当改用扶手绳时，绳的自然下垂度不应大于1/20，并应控制在100mm以内，如图3-9所示。

6）挂梯构造形式如图3-10所示。

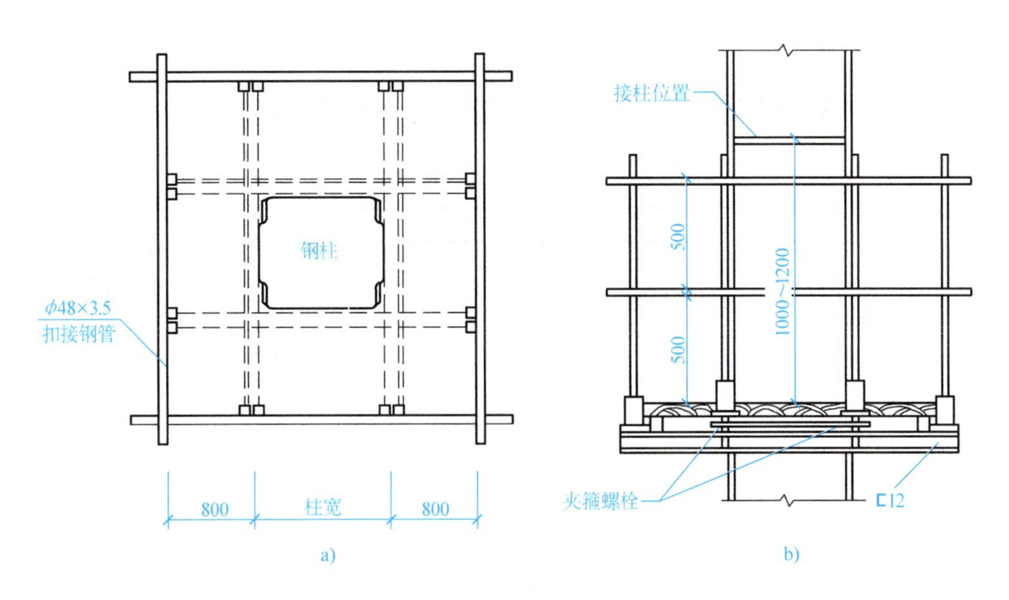

图3-7 钢柱接柱用操作台构造

a）平面图 b）立面图

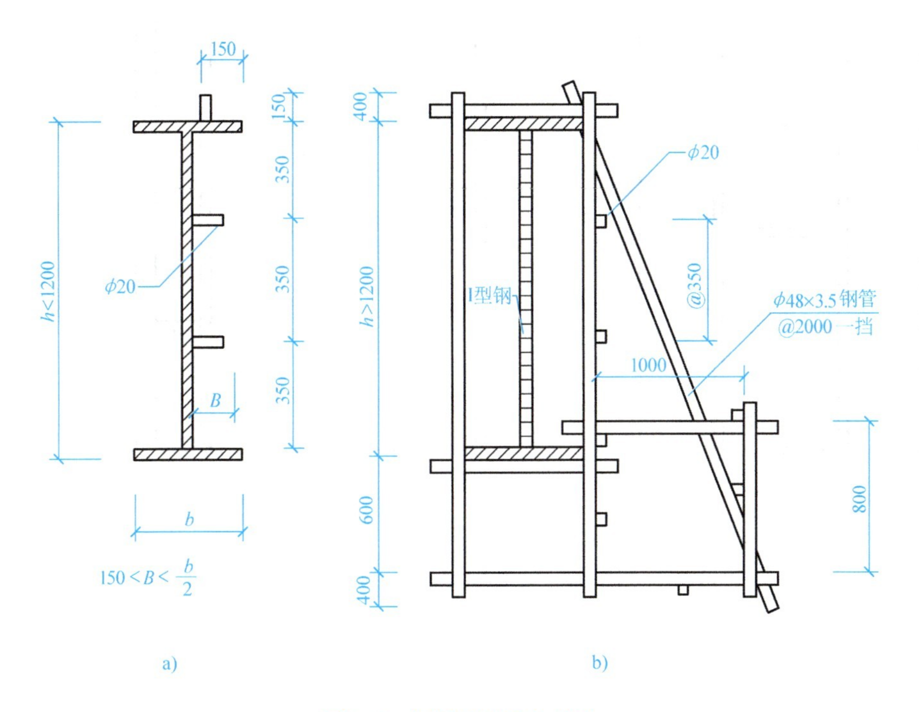

图3-8 钢梁登高设施构造

a）爬梯 b）钢管脚手架

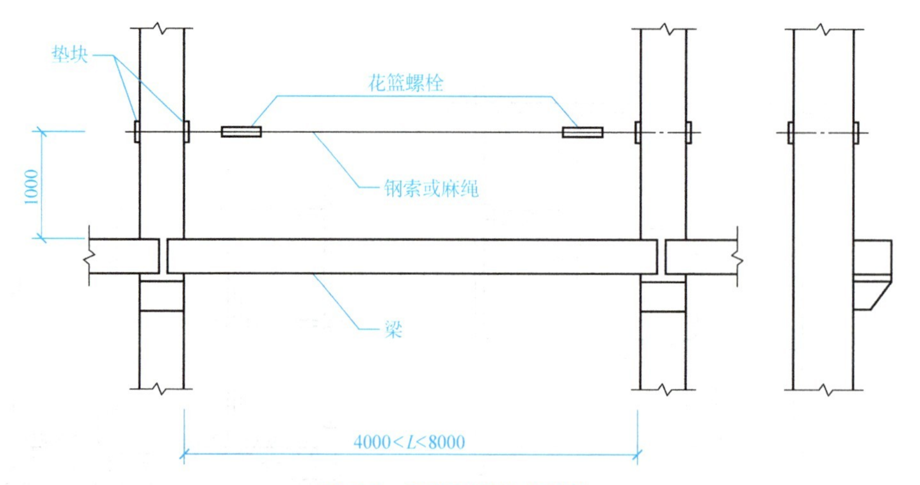

图3-9 梁面临时护栏构造

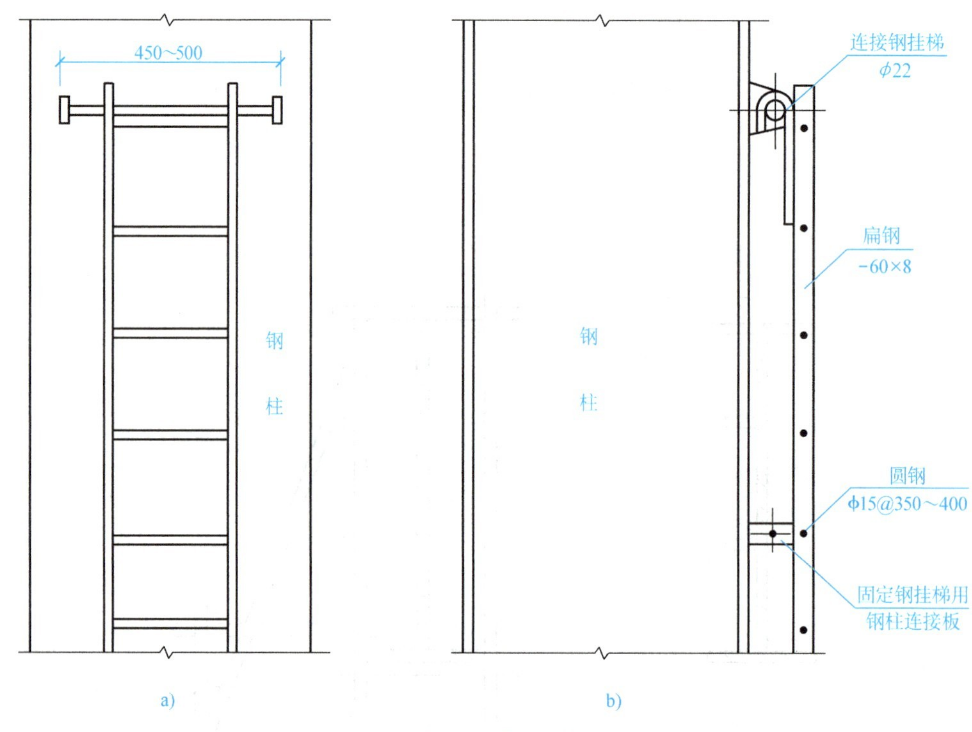

图3-10 钢柱登高挂梯构造形式

a）立面图 b）剖面图

3.3.2 悬空高处作业

1. 悬空高处作业的概念

悬空高处作业是指在无立足点或无牢靠立足点的条件下进行的高处作业，简称为悬空作业。

建筑施工现场的悬空作业，主要是指从事建筑物或构筑物结构主体和相关装修施工的悬空操作，一般包括构件吊装与管道安装、模板支撑与拆卸、钢筋绑扎和安装钢筋骨架、混凝土浇筑、预应力现场张拉、门窗安装作业等六类。

2. 悬空作业的基本安全要求

1）悬空作业处应有牢靠的立足处，并视具体情况，配置防护栏网、栏杆或其他安全设施。

2）悬空作业所用的索具、脚手板、吊篮、吊笼、平台等设备，均须经过技术鉴定或检证合格后，方可使用。

3. 构件吊装和管道安装悬空作业的安全要求

构件吊装和管道安装时的悬空作业，必须遵守下列规定：

1）钢结构的吊装构件应尽可能在地面组装，并应搭设进行临时固定、电焊、高强螺栓连接等工序的高空安全设施，随构件同时上吊就位。拆卸时的安全措施，亦应一并考虑和落实。高空吊装预应力钢筋混凝土屋架、桁架等大型构件前，也应搭设悬空作业中所需的安全设施。

2）悬空安装大模板、吊装第一块预制构件和单独的大中型预制构件时，必须站在操作平台上操作。

3）安装管道时，必须有已完结构或操作平台为立足点，严禁在安装中的管道上站立和行走。

4. 模板支撑和拆卸时悬空作业的安全要求

模板支撑和拆卸时的悬空作业，必须遵守下列规定：

1）支模应按规定的作业程序进行，模板未固定前不得进行下一道工序。严禁从连接件和支撑件上、下，并严禁在上、下同一垂直面上装、拆模板。对于结构复杂的模板，其安装和拆卸应严格按照施工组织设计的措施进行。

2）支设高度在3m以上的柱模板，四周应设斜撑，并应设立操作平台。如低于3m，可使用马凳等设施操作。

3）支设悬挑形式的模板时，应有稳固的立足点。支设临空构筑物模板时，应搭设支架或脚手架。模板上有预留洞时，应在安装后将洞口覆盖。混凝土板上拆模后形成的临边或洞口，应按有关规定进行防护。

4）拆除模板的高处作业，应配置登高用具或搭设支架，并设置警戒区域，有专人看护。

5. 钢筋绑扎悬空作业时的安全要求

钢筋绑扎时的悬空作业，必须遵守下列规定：

1）绑扎钢筋和安装钢筋骨架时，必须搭设脚手架和马道。

2）绑扎圈梁、挑梁、挑檐、外墙和边柱等钢筋时，应搭设操作台架和张挂安全网。

3）悬空大梁钢筋的绑扎，必须在满铺脚手板的支架或操作平台上操作。

4）在深坑下或较密的钢筋中绑扎钢筋时，应采用低压电源进行照明，并禁止将高压电线悬挂在钢筋上。

5）绑扎立柱和墙体钢筋时，不得站在钢筋骨架上或攀登骨架上、下。对于3m以内的柱钢筋，可在地面或楼面上绑扎，整体竖立。绑扎3m以上的柱钢筋，必须搭设操作平台。

6. 混凝土浇筑悬空作业的安全要求

混凝土浇筑时的悬空作业，必须遵守下列规定：

1）浇筑离地2m以上框架、过梁、雨篷和小平台时，应设操作平台，不得直接站在模板或支撑件上操作。

2）浇筑拱形结构，应自两边拱脚对称地相向进行。浇筑储仓，下口应先行封闭，并搭设脚手架以防人员坠落。

3）在特殊情况下，如无可靠的安全设施，必须系好安全带并扣好保险钩，或架设安全网。

7. 预应力张拉悬空作业时的安全要求

进行预应力张拉的悬空作业时，必须遵守下列规定：

1）进行预应力张拉时，应搭设站立操作人员和设置张拉设备的牢固可靠的脚手架或操作平台。雨天张拉时，还应架设防雨棚。

2）预应力张拉区域应标示明显的安全标志，禁止非操作人员进入。张拉钢筋的两端必须设置防护板。防护板应设置于距所张拉钢筋的端部1.5～2m处，且应高出最上一组张拉钢筋0.5m，其宽度不应小于张拉钢筋两外侧各1m。

3）孔道灌浆应按预应力张拉安全设施的有关规定进行。

8. 门窗安装悬空作业的安全要求

进行门窗悬空作业时，必须遵守下列规定：

1）安装门、窗，油漆及安装玻璃时，严禁操作人员站在窗樘、阳台栏板上操作。门窗临时固定、封填材料未达到强度，以及电焊时，严禁手拉门窗进行攀登。

2）在高处外墙安装门、窗，无外脚手时，应张挂安全网。无安全网时，操作人员应系好安全带，其保险钩应挂在操作人员上方的可靠物件上。

3）进行各项窗口作业时，操作人员的重心应位于室内，不得在窗台上站立，必要时应系好安全带进行操作。

子单元4　操作平台与交叉高处作业的安全防护

3.4.1　操作平台高处作业

1. 操作平台高处作业的概念

操作平台是指在建筑施工现场，用以站人、卸料，并可进行操作的平台。操作平台有移动式操作平台和悬挑式操作平台两种。操作平台高处作业是指供施工操作人员在操作平台上进行砌筑、绑扎、装修以及粉刷等的高处作业，简称为操作平台作业。操作平台的安全性能将直接影响操作人员的安危。

2. 移动式操作平台的安全要求

移动式操作平台必须符合下列规定：

1）操作平台应由专业技术人员按现行的相应规范进行设计，计算书及图样应编入施工组织设计。

2）操作平台的面积不应超过$10m^2$，高度不应超过5m，高宽比不应大于2:1，施工荷载不应大于$1.5kN/m^2$。

3）对于装设轮子的移动式操作平台，轮子与平台的接合处应牢固可靠，立柱底端离地面不得超过80mm。

4）操作平台可用$\phi48\times3.5$（或$\phi51\times3.0$）的钢管，以扣件连接，也可采用门架式或

承插式钢管脚手架部件，按产品使用要求进行组装。平台的次梁间距不应大于400mm；台面应满铺竹笆或不小于30mm厚的木板。

5）操作平台四周必须按临边作业要求设置防护栏杆，并应布置登高扶梯。

6）移动式操作平台的构造如图3-11所示。

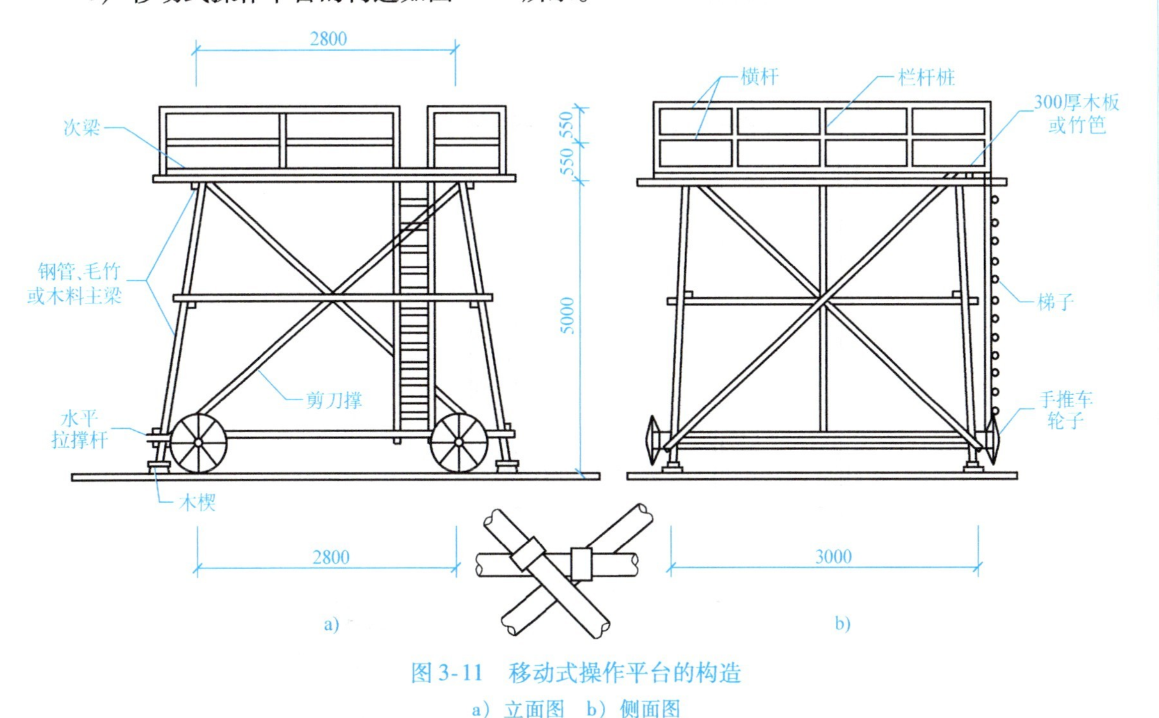

图3-11 移动式操作平台的构造
a）立面图 b）侧面图

3. 悬挑式钢平台的安全要求

悬挑式钢平台必须符合下列规定：

1）悬挑式钢平台应按现行的相应规范进行设计，其结构构造应能防止左右晃动，计算书及图样应编入施工组织设计。

2）悬挑式钢平台的搁支点与上部连接点必须位于建筑物上，不得设置在脚手架等施工设备上。

3）斜拉杆或钢丝绳，构造上宜设前、后两道，两道中的每一道均应作单道受力计算。

4）应设置4个经过验算的吊环。应使用卡环吊运平台，不得使吊钩直接钩挂吊环。吊环应用Q235号沸腾钢制作。

5）安装钢平台时，钢丝绳应采用专用的挂钩挂牢；采取其他方式时，卡头的卡子不得少于3个。应在建筑物锐角利口围系钢丝绳处加软垫物，钢平台外口应略高于内口。

6）钢平台左、右两侧必须装置固定的防护栏杆。

7）吊装钢平台须待横梁支撑点电焊固定，接好钢丝绳，调整完毕，经过检查验收后，方可移去起重吊钩，上、下操作。

8）使用钢平台时，应有专人进行检查，发现钢丝绳有锈蚀或损坏应及时调换，焊缝脱焊应及时修复。

9）操作平台上应显著地标明容许荷载值。严禁操作平台上人员和物料的总重量超过设计的容许荷载，应配备专人加以监督。

10）操作平台可以 $\phi48 \times 3.5$ 镀锌钢管做次梁与主梁，上铺厚度不小于30mm的木板做铺板。铺板应予固定，并以 $\phi48 \times 3.5$ 的钢管做立柱。

11）悬挑式钢平台的构造如图3-12所示。

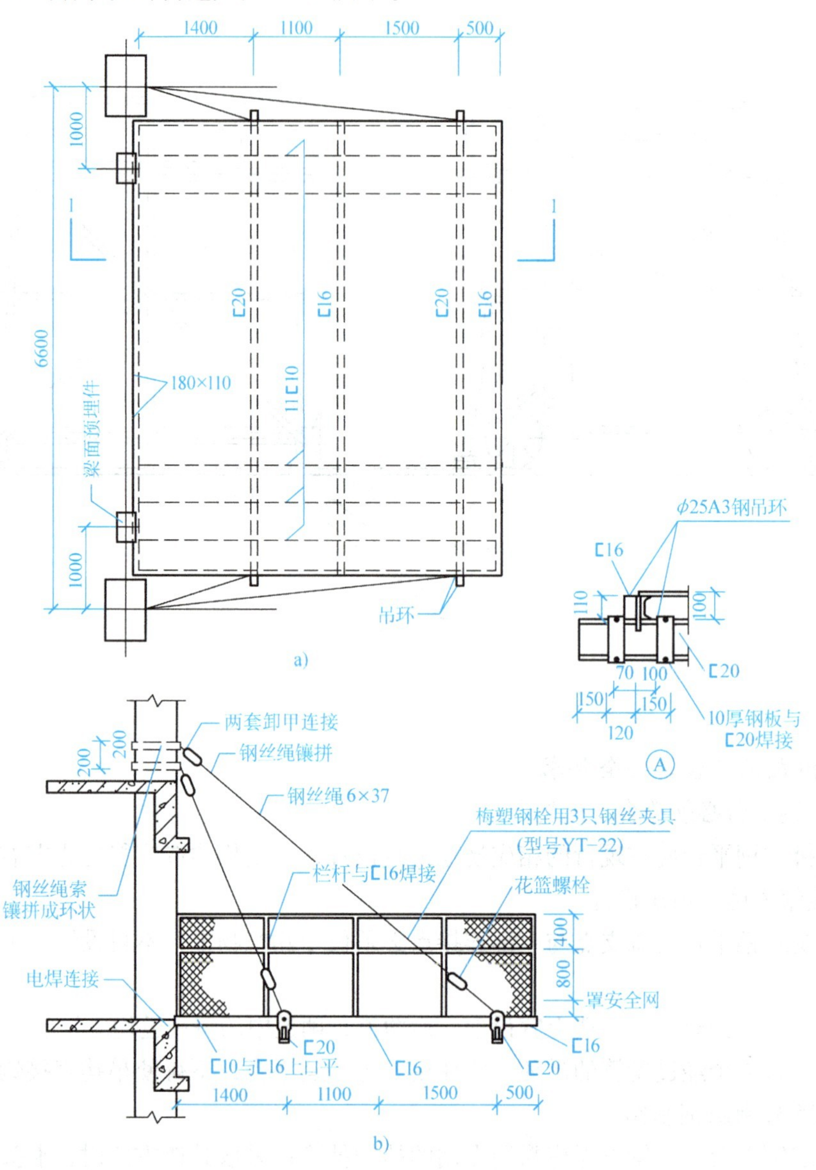

图3-12　悬挑式钢平台的构造
a）平面图　b）1—1剖面图

在上述操作平台上进行高处作业时，还应满足临边高处作业的相关安全技术要求。

3.4.2　交叉高处作业

1. 交叉高处作业的概念

交叉高处作业是指在施工现场的不同层次，于空间贯通状态下同时进行的高处作业，简

称为交叉作业。

建筑物形体庞大，为加速施工进度，经常会组织立体交叉的施工作业，而上下立体的交叉作业又极易造成坠物伤人，所以，交叉作业必须严格遵守相关的安全操作要求。

2. 交叉作业的安全要求

交叉作业时，必须满足以下安全要求：

1）支模、粉刷、砌墙等各工种进行上、下立体交叉作业时，不得在同一垂直方向上操作。下层作业的位置，必须处于依据上层高度确定的可能坠落范围半径之外。不符合以上条件时，应设置安全防护层。

2）拆除钢模板、脚手架等时，下方不得有其他操作人员。

3）拆除钢模板部件后，临时堆放处外边缘与楼层边沿的距离不应小于1m，堆放高度不得超过1m。楼层临边口、通道口、脚手架边缘等处，严禁堆放拆下的任何物件。

4）结构施工自二层起，凡人员进出的通道口（包括井架、施工用电梯的进出通道口），均应搭设安全防护棚。高度超过24m以上的交叉作业，应设双层防护，且高层建筑的防护棚长度不得小于6m。

5）由于上方施工可能坠落物件处，或处于起重机悬臂回转范围之内的通道处，在其受影响的范围内，必须搭设顶部能防止穿透的双层防护棚。

6）交叉高处作业防护通道的构造如图3-13所示。

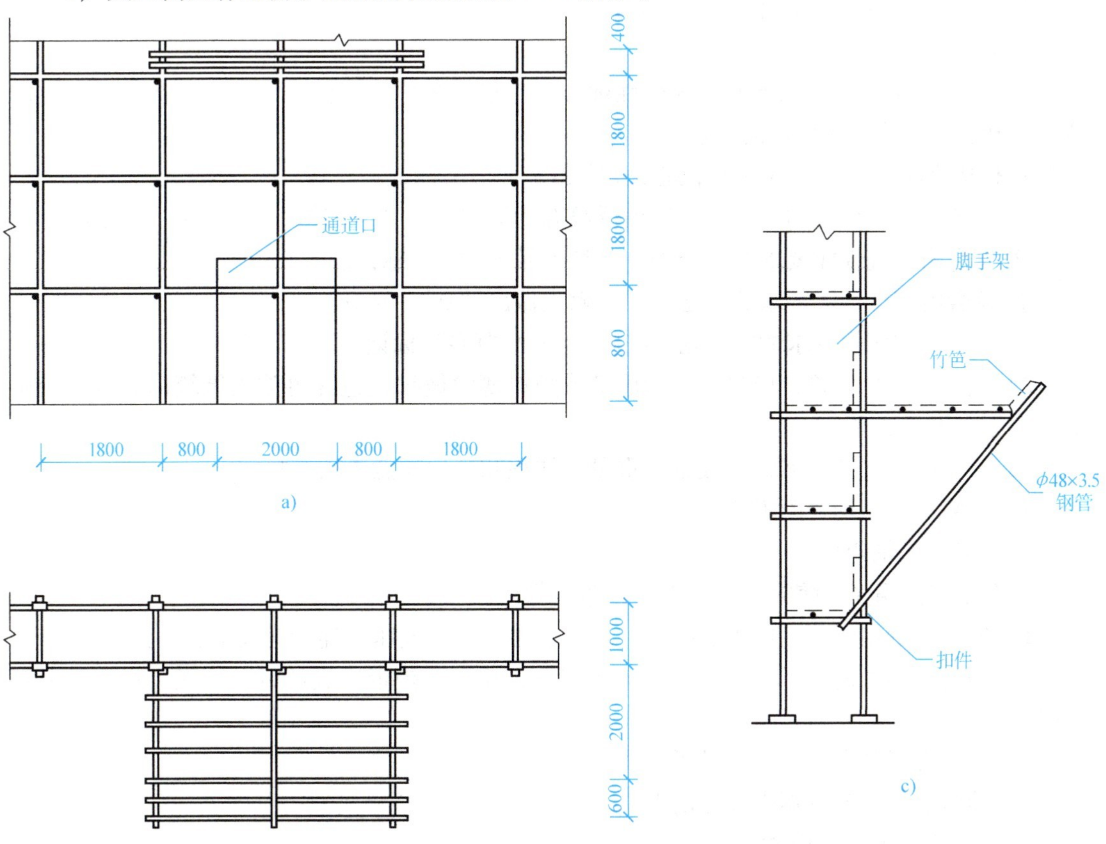

图3-13 交叉高处作业防护通道的构造

a）立面图 b）平面图 c）剖面图

子单元5　安全生产“三宝”

建设工程安全生产的“三宝”，是指安全帽、安全带和安全网。安全帽是用来保护使用者的头部、减轻撞击伤害的个人用品；安全带是用来预防高处作业人员坠落的个人防护用具；安全网是用来防止人、物坠落而伤人的防护设施。多年的实践经验证明，正确使用、佩戴建设工程的“三宝”，是降低建筑施工伤亡事故的有效措施。

3.5.1　安全帽

通过对物体打击事故的分析，由于不正确佩戴安全帽而造成的伤害事故占事故总数的90%以上。所以，选择并且正确地佩戴品质合格的安全帽，是预防发生伤害事故的有效措施。

当前安全帽的产品类别很多，制作安全帽的材料一般有塑料、橡胶、竹、藤等。但无论选择哪一类的安全帽，均应满足相关的安全要求。

1. 安全帽的技术要求

任何一类安全帽，均应满足以下要求：

（1）标志和包装

1）每顶安全帽应有以下四项永久性标志：制造厂名称、商标、型号；制造年月；生产合格证和验证；生产许可证编号。

具有其他性能的安全帽应按下述规定在帽子上做出标记：

① 符合耐低温性能的安全帽，做出低温温度标记，如“－20℃”“－30℃”字样。

② 符合耐燃烧性能要求的安全帽，在帽上做出“R”标记。

③ 符合电绝缘性能要求的安全帽，在帽上做出“D”的标记。

④ 符合侧向刚性要求的安全帽，在帽上做出“CG”标记。

2）安全帽出厂装箱，应将每顶帽用纸或塑料薄膜做衬垫包好再放入纸箱内。装入箱中的安全帽必须是成品。

3）箱上应注有产品名称、数量、重量、体积和其他注意事项等标记。

4）每箱安全帽均要附说明书。

（2）安全帽的组成

安全帽应由帽壳、帽衬、下颚带、锁紧卡等组成。

1）安全帽的帽壳包括帽舌、帽檐、顶筋、透气孔、插座、连接孔及下颚带插座等。

2）帽衬是帽壳内部部件的总称，包括帽箍、托带、护带、吸汗带、拴绳、衬垫、后箍及帽衬接头等。

3）下颚带指系在下颚上的带子。

4）锁紧卡指调节下颚带长短的卡具。

（3）安全帽的结构形式

1）应加强帽壳顶部结构，可以制成光顶或有筋结构。帽壳可制成无帽檐、有帽檐或卷边。

2）塑料帽衬应制成有后箍的结构，能自由调节帽箍大小。

3）无后箍帽衬的下颚带应制成Y形；有后箍的，允许制成单根。

4）接触头前额部的帽箍，要透气、吸汗。

5）帽箍周围的衬垫，可以制成条形或块状，并留有空间使空气流通。

（4）尺寸要求

1）帽壳内部长195~250mm；宽170~220mm；高120~150mm。

2）帽舌长10~70mm。

3）帽檐长0~70mm，向下倾斜度为0°~60°。

4）帽壳上的透气孔隙总面积不应少于400mm^2，特殊用途不受此限。

5）帽箍分三个型号，大号：610~660mm；中号：570~600mm；小号：510~560mm。帽箍可以分开单做，也可以通用。

6）塑料衬的垂直间距为25~50mm，棉织或化纤带为30~50mm。

7）佩戴高度为80~90mm。

8）水平间距为5~20mm。

9）帽壳内周围突出物高度不应超过6mm，突出物周围应有软垫。

（5）重量

1）小檐、卷边安全帽不得超过430g（不包括附件）。

2）大檐安全帽不得超过460g（不包括附件）。

3）防寒帽不得超过690g（不包括附件）。

（6）安全帽的技术要求

安全帽的应当满足以下基本技术要求：

1）耐冲击。检验方法是用3顶安全帽分别在（50±2)℃（矿井下用安全帽40℃）、(−10±2)℃及浸水三种情况下处理后，将5kg的钢锤自1m高处自由落下，冲击安全帽，若安全帽不破坏即为合格。试验时，最大冲击力不应超过5kN，因为人体的颈椎最大只能承受5kN的冲击力，超过此力就易受伤害。

2）耐穿透。检验方法是根据安全帽的材质选用（50±2)℃、(−10±2)℃及浸水三种法中的一种进行处理后，用3kg的钢锥，自安全帽的上方1m的高处自由落下，以钢锥穿不透安全帽，或穿透但不触及头皮即为合格。

3）耐低温性能良好。要求在−10℃以下的环境中，安全帽的耐冲击和耐穿透性能不变。

4）耐燃烧性能：用《安全帽测试方法》（GB/T 2812—2006）规定的火焰和方法燃烧安全帽10s，移开火焰后，帽壳火焰在5s内应能自灭。

5）电绝缘性能：交流1200V耐压试验1min，泄漏电流不应超过1.2mA。

6）侧向刚性：用《安全帽测试方法》（GB/T 2812—2006）规定的方法给安全帽横向加43kg压力，帽壳最大变形不应超过40mm，卸载后变形不应超过15mm。

施工企业安全技术部门应根据以上规定，对新购买及到期的安全帽要进行抽查测试，合格后方可继续使用，以后每年至少抽验一次。抽验不合格，则该批安全帽即报废。

（7）采购和管理

1）企业必须购买有产品检验合格证的安全帽，购入的产品经验收后，方准使用。

2）安全帽不应储存在酸、碱、高温、日晒、潮湿等处所，更不可和硬物放在一起。

3）安全帽的使用期限，从产品制造完成之日计算：植物枝条编织帽不超过2年；塑料帽、纸胶帽不超过2年半；玻璃钢、橡胶帽不超过3年半。

2. 安全帽的正确佩戴

1）进入施工现场必须正确佩戴安全帽。

2）首先要选择适合自己头形的安全帽，佩戴安全帽前，要仔细检查合格证、使用说明、使用期限，并调整帽衬尺寸，其顶端与帽壳内顶之间必须保持20～50mm的空间。

3）佩戴安全帽时，必须系紧下颚系带，防止安全帽失去作用。不同头形或冬季佩戴的防寒安全帽，应选择合适的型号，并及时调节帽箍，注意保留帽衬与帽壳的距离。

4）不能随意对安全帽进行拆卸或添加附件，以免影响其原有的防护性能。

5）佩戴安全帽时，一定要戴正、戴牢，不能晃动，防止脱落。

6）安全帽在使用过程中会逐渐损坏，所以要经常进行外观检查。如果发现帽壳与帽衬有异常损伤或裂痕，或帽衬与帽壳内顶之间水平垂直间距达不到标准要求，就不能继续使用，应当更换新的安全帽。

7）安全帽不用时，须放置在干燥通风的地方，远离热源，不要受日光的直射，这样才能确保在有效使用期内的防护功能不受影响。

8）注意使用期限，到期的安全帽要进行检验，符合安全要求才能继续使用，否则必须更换。

9）只要安全帽受过一次强力的撞击，就无法再次有效吸收外力，有时尽管外表上看不到任何损伤，但是内部已经遭到损伤，不能继续使用。

3.5.2 安全带

建筑施工中的攀登作业、悬空作业、吊装作业、钢结构安装等，均应按要求系安全带。

1. 安全带的组成及分类

安全带是预防高处作业工人坠落事故的个人防护用品，由带子、绳子和金属配件等组成，总称为安全带，适用于围杆、悬挂、攀登等高处作业用，不适用于消防和吊物。

按使用方式，安全带分为围杆安全带和悬挂及攀登安全带两类。

围杆作业安全带适用于电工、电信工等杆上作业。主要品种有电工围杆单腰带式、电工围杆防下脱式、通用Ⅰ型围杆绳单腰带式、通用Ⅱ型围杆绳单腰带式、电信围杆绳单腰带式和牛皮电工保安带等。

悬挂及攀登安全带适用于建筑、造船、安装、维修、起重、桥梁、采石、矿山、公路及铁路调车等高处作业。其式样较多，按结构分为单腰带式、双背带式、攀登式三种。其中，单腰带式有架子工Ⅰ型悬挂安全带、架子工Ⅱ型悬挂安全带、铁路调车工悬挂安全带、电信悬挂安全带、通用Ⅰ型悬挂安全带、通用Ⅱ型悬挂自锁式安全带六个品种；双背带式有通用Ⅰ型悬挂双背带式安全带、通用Ⅱ型悬挂双背带式安全带、通用Ⅲ型悬挂双背带式安全带、通用Ⅳ型悬挂双背带式安全带、全丝绳安全带等五个品种；攀登式有通用Ⅰ型攀登活动带式安全带、通用Ⅱ型攀登活动式安全带和通用攀登固定式等三个品种。

2. 安全带的代号

安全带按品种系列，采用汉语拼音字母，依前、后顺序分别表示不同工种、不同使用方

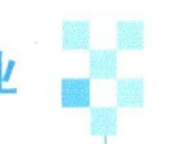

法、不同结构。符号含意如下：D—电工；DX—电信工；J—架子工；L—铁路调车工；T—通用（油漆工、造船、机修工等）；W—围杆作业：W1—围杆带式；W2—围杆绳式；X—悬挂作业；P—攀登作业；Y—单腰带式；F—防下脱式；B—双背带式；S—自锁式；H—活动式；G—固定式。例如：DW1Y—电工围杆带单腰带式；TPG—通用攀登固定式。

3. 安全带的技术要求

按照国家标准《安全带》（GB 6095—2009），安全带须符合下列要求：

1）安全带和安全绳必须用锦纶、维纶、蚕丝料等制成；电工围杆安全带可用黄牛带；金属配件用普通碳素钢或铝合金钢；包裹绳子的套则采用皮革、维纶或橡胶等。

2）安全带、绳和金属配件的破断负荷指标应满足相关国家标准的要求。

3）腰带必须是一整根，其宽度为40~50mm，长度为1300~1600mm，附加1个小袋。

4）护腰带宽度不小于80mm，长度为600~700mm。带子在接触腰部分应垫有柔软材料，外层用织带或皮革包好，边缘圆滑无角。

5）带子颜色主要采用深绿、草绿、橘红、深黄，其次为白色等。缝线颜色必须与带子颜色一致。

6）安全绳直径不应小于13mm，捻度为（8.5~9）/100（单位：花/mm）。吊绳、围杆绳直径不小于16mm，捻度为7.5/100（花/mm）。电焊工用悬挂绳必须全部加护套，其他悬挂绳只是部分加护套，吊绳不加护套。绳头要编成3~4道加捻压股插花，绳股不准有松紧。

7）金属钩必须有保险装置（铁路专用除外）。自锁钩的卡环用在钢丝绳上时，硬度为洛氏HRC60。金属钩舌弹簧有效复原次数不少于20000次。钩体和钩舌的咬口必须平整，不得偏斜。

8）金属配件圆环、半圆环、三角环、8字环、品字环、三道联等不许焊接，边缘应成圆弧形。调节环只允许对接焊。金属配件表面要光洁，不得有麻点、裂纹，边缘呈圆弧形，表面必须防锈。不符合上述要求的配件，不准装用。

4. 安全带检验

安全带及其金属配件、带、绳必须按照国家标准《安全带》（GB 6095—2009）和《坠落防护安全带系统性能测试方法》（GB 6096—2020）进行测试，并符合安全带、绳和金属配件的破断负荷指标。

围杆安全带以静负荷4500N，做100mm/min的拉伸速度测试时，应无破断；悬挂、攀登安全带以100kg质量检验，自由坠落，做冲击试验，应无破断；架子工安全带做冲击试验时，应用模拟人并且腰带的悬挂处要抬高1m；自锁式安全带和速差式自控器以100kg质量做坠落冲击试验，下滑距离均不应大于1.2m；用缓冲器连接的安全带在4m内，以100kg质量做冲击试验，应不超过9000N。

5. 使用和保管

国家标准《安全带》（GB 6095—2009）对安全带的使用和保管作了严格要求：

1）安全带应高挂低用，注意防止摆动碰撞。使用3m以上长绳时，应加缓冲器，自锁钩所用的吊绳则例外。

2）缓冲器、速差式装置和自锁钩可以串联使用。

3）不准将安全绳打结使用，也不准将挂钩直接挂在安全绳上使用，应挂在连接环上使用。

4）不得任意拆除安全带上的各种部件，更换新绳时要注意加绳套。

5）安全带使用2年后，按批量购入情况，抽验一次。应对围杆安全带做静负荷试验，以2206N拉力拉伸5mm，如无破断，方可继续使用；悬挂安全带冲击试验时，以80kg质量做自由坠落试验，若不破断，该批安全带可继续使用。对经抽样测试过的样带，必须更换安全绳后才能继续使用。

6）对于使用频繁的绳，要经常进行外观检查，发现异常时，应立即更换新绳。

7）安全带的使用期为3~5年，发现异常应提前报废。

3.5.3 安全网

安全网是用来防止人、物坠落，或用来避免、减轻坠落及物击伤害的网具。

1. 安全网的组成

安全网一般由网体、边绳、系绳、筋绳等部分组成。

1）网体是由单丝、线、绳等经编织或采用其他成网工艺制成的，构成安全网主体的网状物。

2）边绳是沿网体边缘与网体连接的绳索。

3）系绳是把安全网固定在支撑物上的绳索。

4）筋绳是为增加安全网强度而有规则地穿在网体上的绳索。

2. 分类和标记

（1）分类

根据功能，安全网产品分为三类：

1）平网：安装平面不垂直水平面，用来防止人或物坠落的安全网。

2）立网：安装平面垂直水平面，用来防止人或物坠落的安全网。

3）密目式安全立网：网目密度不低于800目/100cm^2，垂直于水平面安装，用于防止人员坠落及坠落物伤害的网，一般由网体、开眼环扣、边绳和附加系绳等组成。

（2）产品标记

产品标记应由名称、类别、规格和标准代号四部分组成，字母P、L、ML分别代表平网、立网及密目式安全立网。如：宽3m、长6m的锦纶平网标记为锦纶安全网-P-3×6 GB 5725；宽1.8m、长6m密目式安全立网标记为ML-1.8×6 GB 16909。

3. 技术要求

1）安全网可采用锦纶、维纶、涤纶或其他的耐候性不低于上述品种的材料制成。丙纶因为性能不稳定，应严禁使用。

2）同一张安全网上的同种构件的材料、规格和制作方法须一致，外观应平整。

3）平网宽度不得小于3m，立网宽（高）度不得小于1.2m，密目式安全立网宽（高）度不得小于1.2m。产品规格偏差应在±2%以内。每张安全网质量一般不宜超过15kg。

4）菱形或方形网目的安全网，其网目边长不大于80mm。

5）边绳与网体连接必须牢固，平网边绳断裂强力不得小于7000N；立网边绳断裂强力不得小于3000N。

6）沿网边的系绳应均匀分布，相邻两系绳间距应符合平网≤0.75m；立网≤0.75m；密目式≤0.45m，且长度不小于0.8m的规定。当筋绳、系绳合一使用时，系绳部分必须加长，

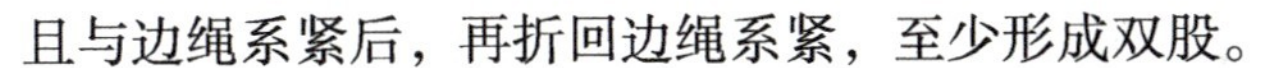
且与边绳系紧后，再折回边绳系紧，至少形成双股。

7）筋绳分布应合理，平网上两根相邻筋绳的距离不应小于300mm，筋绳的断裂强力不应小于3000N。

8）网体（网片或网绳线）断裂强力应符合相应的产品标准。

9）安全网所有节点必须固定。

10）应按规定的方法进行验收，平网和立网应满足外观、尺寸偏差、耐候性、抗冲击性能、绳的断裂强力、阻燃性能等要求。密目网应满足外观、尺寸偏差、耐贯穿性能、耐冲击性能等要求。

11）阻燃安全网必须具有阻燃性，其续燃、阻燃时间均不得小于4s。

4. 检验方法

1）耐候性能试验按《机械工业产品用塑料、涂料、橡胶材料人工气候老化试验方法 荧光紫外灯》（GB/T 14522—2008）中的有关规定进行。

2）外观检验采用目测。

3）规格与网目边长采用钢卷尺测量（精度不低于1mm），质量采用衡器测定（精度不低于0.05kg）。

4）绳的断裂强力试验按《纤维绳索绳索 有关物理和机械性能的测定》（GB/T 8834—2016）规定进行。

5）冲击试验按《安全网》（GB 5725—2009）规定进行。

6）平网和立网的阻燃性试验按《塑料 燃烧性能的测定 水平法和垂直法》（GB/T 2408—2008）规定进行（试验绳直径不大于7mm）。

5. 标志、包装、运输、储存

产品标志包括产品名称和分类标记，网目边长，制造厂名、厂址，商标，制造日期（或编号）或生产批号，有效期限，以及其他按有关规定必须填写的内容（如生产许可证编号等内容）。

每张安全网宜用塑料薄膜、纸袋等独立包装，内附产品说明书、出厂检验合格证及其他按有关规定必须提供的文件（如安全鉴定证书等）。外包装可采用纸箱、丙纶薄膜袋等，上面应有产品名称、商标，制造厂名、地址，数量、毛重、净重和体积，制造日期或生产批号，运输时的注意事项等标记。

安全网在运输、储存中，必须通风、避光、隔热，同时避免化学物品的侵袭，袋装安全网在搬运时，禁止使用钩子。储存期超过2年后，按0.2%抽样，不足1000张时抽样2张进行冲击试验，符合要求后方可销售或使用。

6. 安装时的注意事项

1）安全网上的每根系绳都应与支架系结，四周边绳（边缘）应与支架贴紧，系结应符合打结方便、连接牢固、容易解开以及工作中受力后不会开脱的原则。安装有筋绳的安全网时，还应把筋绳连接在支架上。

2）平网网面不宜绷得过紧，当网面与作业面高度差大于5m时，其伸出长度应大于4m，当网面与作业面高度差小于5m时，其伸出长度应大于3m，平网与下方物体表面的最小距离不应小于3m。两层平网间距离不得超过10m。

3）立网网面应与水平面垂直，并与作业面边缘的最大间隙不应超过100mm。

4）安装后的安全网应经专人检验后，方可使用。

7. 使用

1）使用时，不得随便拆除安全网的构件，人不得跳进或把物品投入安全网内，不得将大量焊接或其他火星落入安全网内。

2）不得在安全网内或下方堆积物品；安全网周围不得有严重腐蚀性烟雾。

3）应对使用中的安全网进行定期或不定期的检查，并及时清理网上落物污染，当受到较大冲击后应及时更换。

4）安全网使用3个月后，应对系绳进行强度检验。

5）安全网应由专人保管发放，暂时不用的安全网应存放在通风、避光、隔热、无化学品污染的仓库或专用场所。

相关案例

【背景资料】2002年深圳市某电厂一续建工程由某建筑公司承建，该工程为钢结构，钢屋架跨度27m，间距9m，南北长63m，共7个节间，屋架上弦高度为33.2m。屋架上部为型钢檩条，檩条上铺设钢板瓦，每块钢板瓦的尺寸为9800mm×830mm，质量为92kg。钢板瓦按长度平行屋架跨度沿南北方向铺设，第一块板铺设后，用螺钉与檩条进行固定，再铺第二块。事发前已完成第一节间的屋面板铺设工作。2月20日铺设第二节间屋面板，当边沿的第一块板铺完后，没有进行固定就进行第二块板的铺设，为图省事，工人又将第二块和第三块板咬合在一起同时铺设，但因两块板不仅面积大，而且重量增加，操作不便。于是5名工人在钢檩条上用力推移，由于上面操作人员未挂牢安全带，下面也未设安全网，推移中，3名作业人员从屋面坠落而死亡。

【事故分析】通过以上背景资料的了解，该工程施工中有以下不符合安全要求之处：

1. 管理方面

施工单位编制的施工组织设计未经审批程序，以致安全防护过于简单。按照高处作业的相关规定，作业人员不能站在屋架上弦作业，必须站在搭设的操作平台上操作；操作人员不允许在屋架上行走，要求在屋架下弦处张挂安全网等。另外，屋面板吊装作业须由特种作业人员进行，该工程雇用的劳务工人未经过培训，更未取得特种作业证，因而违章操作，导致事故发生。

2. 技术方面

作业人员在没有稳固的作业条件下，且又一次铺设两块板，增加了作业难度；屋架上弦处仅拉了一条ϕ5mm的白棕绳作为安全绳，而作业工人又没有将安全带系牢在安全绳上，因而失去了唯一的安全保障；未按要求张挂安全平网。

3. 事故结论

该事故属于责任事故。

【想一想】假设操作工人懂得安全生产的权利和义务，现场管理人员懂得高处作业的安全技术和管理要求……，结果又是如何？

思考与拓展题

3-1 试想一下，为什么国家将高处作业的界限高度定为2m（含2m）以上？

3-2 请结合可能坠落范围半径、作业高度等概念，谈一下，将高处作业分为四级，对建筑施工高处作业的安全防范有什么实际意义。

3-3 调查一下附近的建筑施工现场，从高处作业安全的基本要求和具体要求，评价他们的高处作业安全防范是否合格？存在哪些问题和隐患？应当如何解决？

3-4 应当怎样确定安全帽、安全网和安全带这些安全用品的安全性能（可以查阅相关资料）？

单元4 施工用电

能力目标

1. 能正确编制施工现场临时用电组织设计，正确选用电动工具，正确选择配电线路，掌握建筑施工现场临时用电的基本原则。

2. 掌握预防常见用电事故的方法。

学习重点与难点

施工现场临时用电的原则、安全保护系统、供配电系统、电气防火措施。

课程思政 匠心筑梦，铸就多彩人生

张永刚，男，汉族，1977年7月17日出生，内蒙古第三建筑工程有限公司电工组组长、中级工，2018年获“全国五一劳动奖章”的荣誉，2020年获“全国劳动模范”称号。

他20多年如一日，凭借着对建筑事业的热爱，将自己的青春热情与智慧全部倾注于平凡的工作中，铸就了一位新时代农民工的多彩人生。他常年扎根于施工一线，先后参与了20多个公司建设的工程项目，近5年累计完成了棚户区改造项目40多万m^2。在毫沁营棚户区集中回迁安置工程建设中，他带领电工组反复研究图纸，周密制订实施计划，最后提出了科学的施工方案，历经两年时间完成了近23万m^2的施工，为企业节约了成本、提高了效益。他设计研发出时光控照明配电自动系统，充分发挥了节能环保、绿色施工的作用。

匠心筑梦，砥砺奋进。张永刚把“在岗就要爱岗，爱岗就要敬业”作为职业理念，默默奉献，忘我工作，用青春和热血书写着基层劳动者的辉煌篇章。张永刚以自身的模范行动和崇高品质，生动诠释了中国人民具有的伟大创造精神、伟大奋斗精神、伟大团结精神、伟大梦想精神，充分彰显了以爱国主义为核心的民族精神和以改革创新为核心的时代精神。

作为新时代的大学生，我们更应当向全国劳动模范和先进工作者学习，增强“四个意识”、坚定“四个自信”、做到“两个维护”，大力弘扬劳模精神、劳动精神、工匠精神，为全面建设社会主义现代化国家、实现中华民族伟大复兴的中国梦而不懈奋斗！

子单元1 低压配电保护系统及安全电压

低压配电系统中常采用工作接地、保护接地、保护接零、重复接地和漏电保护器等措施进行系统保护。

4.1.1 安全保护系统

在中性点直接接地的低压电源中，其电气设备的保护方式，按照国际IEC/TC64标准分为两种保护系统，即TT系统和TN系统。

TT系统第一个字母T表示工作接地，第二个字母T表示保护接地。

TN系统第一个字母T表示工作接地，第二个字母N表示保护接零。

由于TT系统只在我国北方少数地方使用，而我国大部分地区使用TN系统，故下面仅介绍TN系统。

TN系统可以分为三种形式，即TN-C系统、TN-S系统、TN-C-S系统。TN-C系统为保护接零PE与工作零线N合一的系统。TN-S系统为保护接零PE与工作零线N分开的系统。TN-C-S系统为在同一电网内，一部分采用TN-C系统，另一部分采用TN-S系统。

4.1.2 TN-C系统

下面通过TN-C系统（图4-1a）介绍工作接地、保护接零、重复接地及漏电保护器在低压配电系统中的作用。

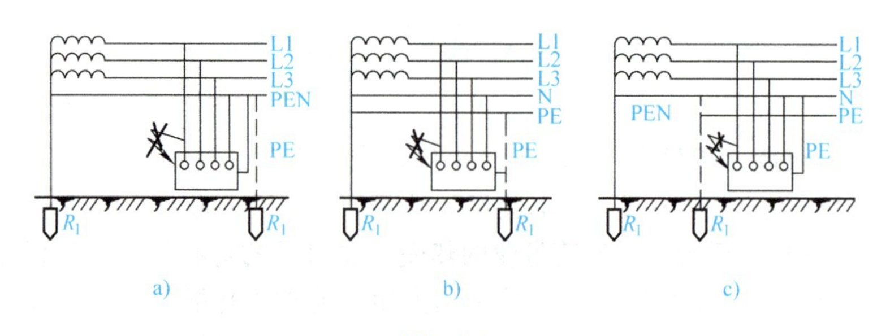

图　4-1

a）TN-C 系统　b）TN-S 系统　c）TN-C-S 系统

1. 工作接地

将变压器中性点直接接地称为工作接地。限值应小于4Ω。这种接地可以稳定系统电压，防止高压侧电源直接进入低压侧，而造成低压系统的电气设备被摧毁不能正常工作的情况。

2. 保护接零

如图4-1a所示三相设备，其火线L1同电机外壳触碰时，电机外部带电，人与设备外壳接触就易发生触电危险。若将用电设备金属与零线N相连，发生碰壳漏电时，就形成火线L1与零线短接，强大的短路电流将烧断熔断器，切断电源，防止发生触电事故。

这种将电气设备金属外壳与电网零线的连接称为保护接零。

3. 重复接地

在上述保护接零设备漏电的情况下，若零线发生断线，则断线后零线和所有保护接地设备金属外壳变成了与火线相连，它们对地电压为220V，此时如果人触及它们将十分危险，保护接零失去保护作用。为此，将电网中零线在中间和末端多处接地，此时触碰外壳处故障电流 I_d 将通过零线接地线和工作接地线与电源组成回路，降低设备外壳接地电压。

这种在保护零线上再作接地叫做重复接地，其阻值应小于10Ω。

重复接地可以起到保护零线断线后的补充保护作用，也可以降低漏电设备的对地电压，缩短故障持续时间。

4. 漏电保护器

在配电系统中，由于受到用电设备负荷电源和启动电流的限制，过流保护装置的动作额定电流不能太小，否则用电设备无法启动和运作。在作设备保护接零后，遇到设备触碰外壳短路故障时，往往不能迅速切断电流（如熔断器烧断需一段时间），此时人体若接触故障设备外壳，则易发生触电危险；有时设备漏电电流较小，根本无法使熔断器烧断，但其漏电电流却对人体安全造成威胁。因此，在系统作了保护接零、重复接地后，还必须加装漏电保护器。高灵敏度的漏电保护器在只有很小漏电电流时就会在瞬间切断电源，确保设备用电安全。

5. 工作零线与保护零线

从图4-1a中可以看出，零线PEN在接入单相设备如照明灯时，它是灯具与电源组成电源回路的一部分，没有它则灯具不能工作。根据零线PEN此时所起作用，可称之为工作零线。而在它与三相设备金属外壳相连时，没有它设备能照常工作，只是设备发生漏电时，将

起到保护作用，此时，可称之为保护零线。

由此可见，TN-C 保护系统是工作零线与保护零线合一的系统（三相四线制）。

6. TN-C 保护系统的缺陷

TN-C 系统形式是工作零线与保护零线合一的形式，它存在以下显著缺陷：

1）当三相负载不平衡时，零线带电。

2）零线断线时，单相设备的工作电流会导致电气设备外壳带电。

3）会给安装漏电保护器带来困难。

4.1.3 TN-S 系统

对照 TN-C 系统的形式缺陷，连接电气设备金属外壳的保护接零线同工作零线分开而单独敷设，就可有效排除 TN-C 系统的形式缺陷，提高安全保护的可靠性。图 4-1b 是具有重复接地的 TN-S 系统，即保护零线与工作零线分离的系统，俗称三相五线制。按《施工现场临时用电安全技术规范》（JGJ 46—2005）的要求，建筑施工临时用电必须采用 TN-S 系统。

4.1.4 TN-C-S 系统

有些施工现场没有自己的变电所，直接使用供电局提供的 TN-C 三相四线制供电系统供电，此电源进入施工现场后，须另接保护零线 PE，使施工现场变为 TN-S 三相五线制供电系统。就整个系统而言，其一部分采用 TN-C 系统，而另一部分采用 TN-S 系统，此系统称为 TN-C-S 系统。

将外部 TN-C 系统变为施工现场 TN-C-S 系统的接线方法如下：当三相四线电源进入工地总配电箱后，将零线 N 接地，接地电阻为 10Ω，然后，再从该零线上引出两条零线，即工作零线 N 和保护零线 PE，如图 4-1c 所示。

4.1.5 安全电压

安全电压是在一定条件下、一定时间内不会危及生命安全的电压。

我国规定的安全电压为 42V、36V、24V、12V、6V 五个等级。应当指出，安全电压的“安全”是个相对的概念，安全的使用是有条件的。

在一般场合，使用行灯常选取 36V 电压。而 36V 电压的安全是有条件的，允许触电持续时间为 3 ~ 10s，而不是长时间接触也不会有危险，所以规定在采用超过 24V 的安全电压时，必须有相应的绝缘措施。

若在特别潮湿的场所使用行灯，仍采用 36V 电压就不能保证安全了，因为在潮湿的条件下，人体的电阻阻值会下降，此时触电后，流经人体的电流将大于 50mA（致命电流），造成触电事故，此时因选用 24V 或 12V 电压。在特别潮湿又是高空作业的场所，即使选用 12V 电压也不一定安全，在此条件下，应采用 6V 电压。

因此，在安全电压的使用时应做到以下几点：

1）架设 36V 的电线时，应遵守一般 220V 的架设规定，不能乱拉乱扯，应用绝缘子沿墙布线，接头应包扎严密。

2）应按作业条件选择安全电压等级，不能一律采用 36V 电压。

子单元2　施工现场临时用电的管理原则及负荷计算

4.2.1　临时用电的施工组织设计

按照《施工现场临时用电安全技术规范》（JGJ 46—2005）的规定："临时用电设备在5台及5台以上或设备容量在50kW及50kW以上者，应编制临时用电施工组织设计。"编制临时用电施工组织设计是施工现场临时用电管理应遵循的第一项技术性原则。

临时用电施工组织设计具有以下内容：

（1）现场勘探

（2）确定电源进线、变电所或配电室、配电装置、用电设备的位置及线路走向　电源进线、变电所、配电装置、用电设备位置及线路走向的确定要依据现场勘测资料提供的技术条件综合确定。

（3）负荷计算　负荷是电力负荷的简称，是指电气设备（例如变压器、发电机、配电装置、配电线路、用电设备等）中的电流和功率。在配电系统设计中，负荷是选择电器、导线、电缆以及供电变压器和发电机的重要依据。

（4）选择变压器　施工现场电力变压器的选择主要是指对施工现场用电提供电力的10/0.4kV级电力变压器的形式和容量的选择。

（5）设计配电系统　配电系统主要由配电线路、配电装置和接地装置三部分组成。其中，配电装置是整个配电系统的枢纽，经过配电线路、接地装置的连接，形成一个分层次的配电网络，这就是配电系统。设计配电系统的主要内容如下：

1）设计配电线路，选择导线或电缆。

2）设计配电装置，选择电器。

3）设计接地装置。

4）绘制临时用电工程图样，主要包括用电工程平面图、配电装置布置图、配电系统接线图和接地装置设计图。

（6）设计防雷装置　施工现场的防雷主要是防直击雷，对于施工现场专设的临时变压器，还要考虑防感应雷的问题。施工现场的防雷装置设计的主要内容是选择和确定防雷装置设置的位置、防雷装置的形式、防雷接地的方式和防雷接地电阻值。按照《施工现场临时用电安全技术规范》（JGJ 46—2005）规定，所有防雷冲击接地电阻值均不得大于30Ω。

（7）确定防护措施　施工现场在电气领域里的防护主要是指施工现场外电线路和电气设备对易燃易爆物、腐蚀介质、机械损伤、电磁感应、静电等危险环境因素的防护。

（8）制订安全用电措施和电气防火措施　安全用电措施和电气防火措施是指为了正确使用现场用电工程，并保证其安全运行，防止各种触电事故和电气火灾事故而制订的技术性和管理性规定。对于用电设备在5台以下或设备总容量在50kW以下的小型施工现场，按照《施工现场临时用电安全技术规范》（JGJ 46—2005）的规定，可以不系统编制用电组织设计，但仍应制定安全用电措施和电气防火措施，并且要履行与用电组织设计相同的"编制、审核、批准、验收"程序，经编制、审核、批准部门和使用单位共同验收合格后方可投入

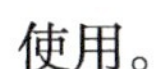

使用。

4.2.2 电工及用电人员

1）电工必须经过国家现行标准考核合格后，持证上岗工作；其他用电人员必须通过相关安全教育培训和技术交底，考核合格后方可上岗工作。

2）安装、巡检、维修或拆除临时用电设备和线路，必须由电工完成，并应有监护。电工等级应同工程的难易程度和技术复杂性相适应。

3）各类用电人员应掌握安全用电基本知识和所用设备的性能，并应符合下列规定：

① 使用电气设备前，必须按规定穿戴和配备好相应的劳动防护用品，并应检查电气装置和保护设施，严禁设备在有缺陷的状态下运转。

② 保管和维护所有设备，发现问题应及时报告、解决。

③ 暂时停用设备的开关箱时，必须分断电源隔离开关，并应关门上锁。

④ 移动电气设备时，必须经电工切断电源并做妥善处理后进行。

4.2.3 安全技术档案

施工现场临时用电必须建立安全技术档案，并应包括下列内容：

1）用电组织设计的全部资料。

2）修改用电组织设计的资料。

3）用电技术交底资料。

4）用电工程检查验收表。

5）电气设备的试验、检验凭单和调试记录。

6）接地电阻、绝缘电阻和漏电保护器漏电动作参数测定记录表。

7）定期检（复）查表。

8）电工安装、巡检、维修、拆除工作记录。

安全技术档案应由主管该现场的电气技术人员负责建立和管理。其中“电工安装、巡检、维修、拆除工作记录”可指定电工代管，每周由项目经理审核认可，并应在临时用电工程拆除后统一归档。

应定期检查临时用电工程。定期检查时，应复查接地电阻值和绝缘电阻值。应按分部、分项工程进行，必须及时处理安全隐患，并应履行复查验收手续。

4.2.4 施工现场电力负荷计算

建筑工程施工现场向供电局提出用电申请时，须提供用电量的大小，即负荷容量。它是确定变压器容量最重要的一个参数。

施工现场用电量由两大部分组成：第一部分是建筑施工现场的动力设备用电；第二部分是照明设备用电。用电量就是这两部分的负荷总和。负荷的大小不但是选择变压器容量的依据，而且是选择供配电线路导线截面面积、控制及保护电器的依据。负荷计算正确与否，直接影响到变压器、导线截面面积和保护电器的选择，关系到供电系统能否经济合理、可靠安全地运行。

较常用的负荷计算方法有需要系数法和二项式法，施工现场还常常采用估算法。在这里仅介绍估算法。

估算法即根据施工现场用电设备的组成状况及用电量的大小等，进行电力负荷的估算。一般采用下列经验公式：

$$S_{\Sigma}=K_{\Sigma 1}\frac{\sum P_i}{\eta\cos\phi_1}+K_{\Sigma 2}S_2+K_{\Sigma 3}\frac{\sum P_3}{\cos\phi_3}$$

式中　S_{Σ}——施工现场电力总负荷，单位为kVA；

$\sum P_i$——所有的动力设备上电动机的额定功率之和，单位为kW；

S_2——电焊机的额定功率，单位为kVA；

$\sum P_3$——所有照明电器的总功率，单位为kW；

$\cos\phi_1$、$\cos\phi_3$——分别为电动机及照明负载的平均功率因数，其中$\cos\phi_1$与同时使用的电动机的数量有关，$\cos\phi_3$与照明光源的种类有关；在白炽灯占绝大多数时，可取1.0，具体见表4-1；

η——电动机的平均效率，一般为0.75～0.93；

$K_{\Sigma 1}$、$K_{\Sigma 2}$、$K_{\Sigma 3}$——同时系数，考虑到各用电设备不同时运行的可能性和不满载运行的可能所设的系数。

表4-1　施工现场用电设备的同时系数及功率因数参考值

用电设备名称	数量	同时系数 K_{Σ}	功率因数 $\cos\phi$
电动机	10台以下	0.7	0.68
	11～30台	0.6	0.65
	30台以上	0.5	0.60
电焊机	10台以下（含）	0.6	交、直流电焊机分别为0.45、0.89
	10台以上	0.5	交、直流电焊机分别为0.40、0.87
照明电器	—	0.7～1.0	1.00

在使用上面公式进行建筑工程施工现场负荷计算时，还可参考表4-2施工现场照明用电量估算参考值。在施工现场，往往是在动力负荷的基础上再加10%作为照明负荷。

表4-2　施工现场照明用电量估算参考表

序号	用电名称	容量	序号	用电名称	容量
1	混凝土及灰浆搅拌站	$5W/m^2$	10	混凝土浇灌工程	$1.0W/m^2$
2	钢筋加工	$8\sim10W/m^2$	11	砖石工程	$1.2W/m^2$
3	木材加工	$5\sim7W/m^2$	12	打桩工程	$0.6W/m^2$
4	木材模板加工	$3W/m^2$	13	安装和铆焊工程	$3.0W/m^2$
5	仓库及库棚	$2W/m^2$	14	主要干道	2000W/km
6	工地宿舍	$3W/m^2$	15	非主要干道	1000W/km
7	变配电所	$10W/m^2$	16	夜间运输、夜间不运输	$1.0W/m^2$、$0.5W/m^2$
8	人工挖土工程	$0.8W/m^2$	17	金属结构和机电修配等	$12W/m^2$
9	机械挖土工程	$1.0W/m^2$	18	警卫照明	1000W/km

【例4-1】 某建筑工程施工现场动力设备用电情况如下：1台TQ60/80塔式起重机，总功率为55.5kW（共有5台电动机），2台JJM-3型卷扬机（7.5kW×2），4台HW-20型夯土机（1.5kW×4），钢筋调直、弯曲、切断机各一台（5.5+3.0+5.5）kW，1台MJ-106木工圆锯（5.5kW），1台BX3-500-2交流电焊机（38.6kVA），1台AX5-500直流电焊机（26.0kW），试求该施工现场的总用电负荷。

解：(1) 首先根据各施工机械用电设备的型号，求出各施工机械设备的总功率。

$$\begin{aligned}\sum P_1 &= P_{11}+P_{12}+P_{13}+P_{14}+P_{15}+P_{16}\\ &= (55.5+7.5\times2+1.5\times4+5.5+3.0+5.5+5.5)\ \text{kW}\\ &= 96\text{kW}\end{aligned}$$

合计17台电动机，取平均效率为0.85计算，查表4-1得同时系数$K_{\Sigma1}=0.6$，功率因素$\cos\phi_1=0.65$，则

$$S_1 = K_{\Sigma1}\frac{\sum P_1}{\eta\cos\phi_1} = 0.6\times\frac{96}{0.85\times0.65}\text{kVA} = 104.7\text{kVA}$$

(2) 求电焊设备的总容量。

查表4-1，电焊设备的同时系数$K_{\Sigma1}=0.6$，$\cos\phi_2=0.89$，所以电焊设备的总容量为

$$K_{\Sigma1}S_2 = 0.6\times\left(38.6+\frac{26.0}{0.89}\right)\text{kVA} = 40.7\text{kVA}$$

(3) 求照明设备和电热设备的总功率。

由于题中没有给出照明设备和电热设备的有关资料，所以按前两项总负荷的10%进行计算：

$$S_3 = (104.7+40.7)\text{kVA}\times10\% = 14.5\text{kVA}$$

(4) 施工现场的总用电负荷S_Σ为

$$S_\Sigma = (104.7+40.7+14.5)\text{kVA} = 159.9\text{kVA}$$

子单元3 供配电系统

施工现场用电工程的基本供配电系统应当按三级设置，即采用三级配电。

4.3.1 系统的基本结构

三级配电是指施工现场从电源进线开始至用电设备之间，应经过三级配电装置配送电力。按照《施工现场临时用电安全技术规范》（JGJ 46—2005）规定，即由总配电箱（一级箱）或配电室的配电柜开始，依次经由分配电箱（二级箱）、开关箱（三级箱）到用电设备。这种分三个层次逐级配送电力的系统称为三级配电系统。它的基本结构形式可用一个系统框图来描述，如图4-2所示。

4.3.2 系统的设置规则

三级配电系统应遵守四项规则，即分级分路规则，动、照分设规则，压缩配电间距规则，环境安全规则。

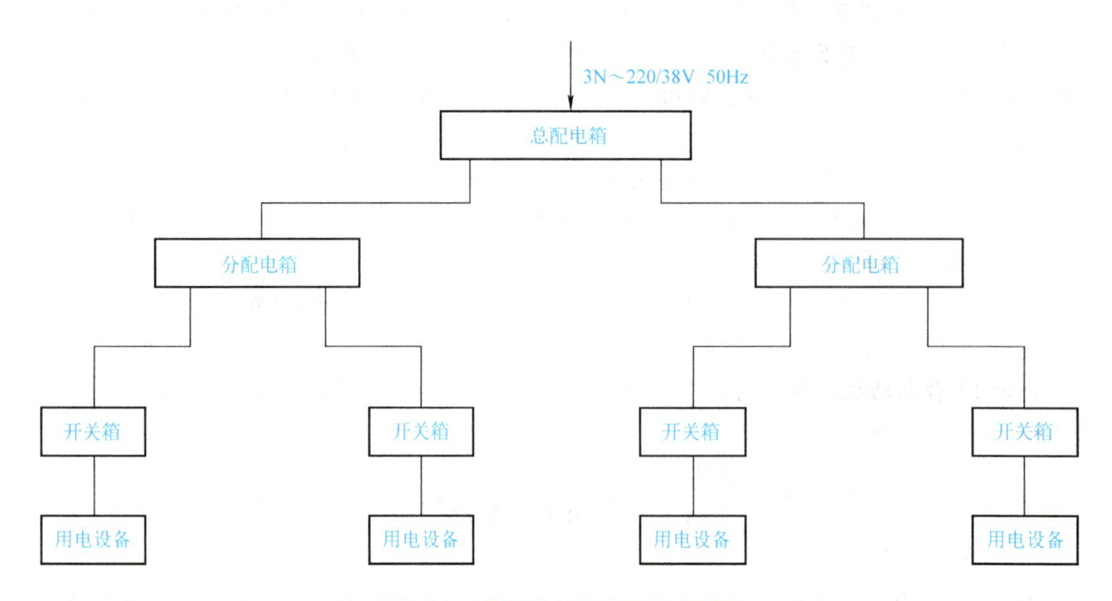

图4-2　三级配电系统结构形式框图

1. 分级分路规则

1）从一级总配电箱（配电柜）向二级分配电箱可以分路，即一个总配电箱（配电柜）可以分若干分路向若干分配电箱配电；每一分路也可以向若干分支连接若干分配电箱。

2）从二级分配电箱向三级开关箱配电同样也可以分路，即一个分配电箱也可以分若干分路向若干开关配电，而其每一分路也可以支接或者链接若干开关箱。

3）从三级开关箱向用电设备配电实行所谓“一机一闸”制，不存在分路问题，即每一开关箱只能连接控制一台与其相关的用电设备（包括插座），包括一组不超过30A负荷的照明器，或每一台用电设备必须有其独立专用的开关箱。

按照分级分路规则的要求，在三级配电系统中，任何用电设备均不得越级配电，即其电源线不得直接连接于分配电箱或总配电箱；任何配电装置不得挂接其他临时用电设备。否则，三级配电系统的结构形式和分级分路规则将被破坏。

2. 动力与照明分设规则

1）宜分别设置动力配电箱与照明配电箱；若动力与照明同置于一配电箱内共箱配电，则动力与照明应分路配电。

2）动力开关箱与照明开关箱必须分箱设置，不存在共箱分路设置问题。

3. 压缩配电间距规则

压缩配电间距规则是指除总配电箱、配电室（配电柜）外，应尽量缩短分配电箱与开关箱之间以及开关箱与用电设备之间的空间距离。按照《施工现场临时用电安全部技术规范》（JGJ 46—2005）规定，压缩配电间距规则可以用以下四个要点说明：

1）总配电箱（配电柜）应设在靠近电源的地方。

2）分配电箱应设在用电设备或负荷相对集中的场所。

3）分配电箱与开关箱的距离一般不得超过30m。

4）开关箱与其供电的固定式用电设备的水平距离不应超过3m。

4. 环境安全规则

环境安全规则是指配电系统对其设置和运行环境安全因素的要求。

4.3.3 配电室的设置

1. 配电室的位置要求

1）靠近电源。

2）靠近负荷中心。

3）进、出线方便。

4）周边道路畅通。

5）周围环境灰尘少，潮气少，振动少，无腐蚀介质，无易燃易爆物，无积水。

6）避开污染源的下风侧和易积水场所的正下方。

2. 配电室的布置

配电室的布置主要是指配电室内配电柜的空间排列。

1）配电柜正面的操作通道宽度，单列布置或双列背对背布置时不小于1.5m；双列面对面布置时不小于2m。

2）配电柜后面的维护通道宽度，单列布置或双列面对面布置时不小于0.8m；双列背对背布置时不小于1.5m；个别地点有建筑物结构突出的空地，则此点通道宽度可减少0.2m。

3）配电柜侧面的维护通道宽度不小于1m。

4）配电室的顶棚与地面的距离不低于3m。

5）配电室内设值班室或检修室时，该室边缘距配电柜的水平距离大于1m，并采取屏障隔离。

6）配电室内的裸母线与地面通道的垂直距离不小于2.5m，小于2.5m时应采取隔离措施，遮拦下面的通道高度不小于1.9m。

7）配电室围栏上端与其正上方带电部分的净距不小于75mm。

8）配电装置上端（包括配电柜顶部与配电母线）距离顶棚不小于0.5m。

9）配电室经常保持整洁，无杂物。

3. 配电室的照明

配电室的照明应包括两个彼此独立的照明系统，一是正常照明，二是事故照明。

4.3.4 自备电源的设置

按照《施工现场临时用电安全技术规范》（JGJ 46—2005）规定，施工现场设置的自备电源，是指自行设置的230/400V发电机组。施工现场设置自备电源主要是基于以下两种情况：

1）正常用电时，由外电线路电源供电，自备电源仅作为外电线路电源停止供电时的后备接续供电电源。

2）正常用电时，当无外电线路电源可供使用时，自备电源即作为正常用电的电源。

子单元4　外电防护

外电线路主要指不为施工现场专用的，原来已经存在的高压或低压配电线路，外电线路一般为架空线，个别现场也会遇到地下电缆。由于外电线路已经固定，所以施工过程中必须与外电线路保持一定的安全距离，当因受现场作业条件限制达不到安全距离时，必须采取屏护措施，以防止发生因碰触造成的触电事故。

外电防护的技术措施有绝缘、屏护、安全距离、限制放电能量、24V及以下安全特低电压等，这五项措施具有普遍适用的意义。但是对于施工现场外电防护这种特殊的防护，基本上不存在安全特低电压和限制放电能量的问题。因此，其防护措施主要是绝缘、屏护和安全距离。

1. 保证安全操作距离

1）在建工程不得在外电架空线路正下方施工，搭设作业棚，建造生活设施或堆放构件、架具、材料及其他杂物等。

2）在建工程（包括脚手架）的周边与外电架空线路的边线之间的最小安全操作距离不应小于表4-3所列数值。上、下脚手架的斜道不宜设在有外电线路的一侧。

表4-3　在建工程（包括脚手架）的周边与外电架空线路的边线之间的最小安全操作距离

外电线路电压等级/kV	1	1～10	35～110	220	330～500
最小安全操作距离/m	4	6	8	10	15

2. 架设安全防护设施

架设安全防护设施是一种绝缘隔离防护措施，宜通过采用木、竹或其他绝缘材料增设屏障、遮拦、围栏、保护网等与外电线路实现强制性绝缘隔离，并须在隔离处悬挂醒目的警告标志牌。

子单元5　施工现场配电防护系统

4.5.1　接地装置

接地装置是构成施工现场用电安全保护系统的主要组成部分之一，是施工现场用电工程的基础性安全装置。在施工现场用电工程中，电力变压器二次侧（低电压）中性点要直接接地，PE线要作重复接地，高大建筑机械和高架金属设施要作防雷接地，产生静电的设备要作防静电接地。

1. 接地与接地装置

接地是指设备与大地作电气连接或金属性连接。电气设备的接地，通常的方法是将金属导体埋入地中，并通过导体与设备作电气连接或金属性连接。这种埋入地中直接与地接触的

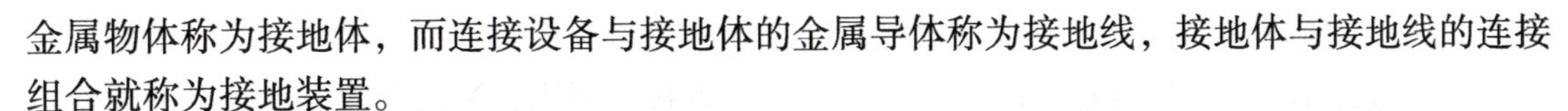

金属物体称为接地体，而连接设备与接地体的金属导体称为接地线，接地体与接地线的连接组合就称为接地装置。

应当注意，金属燃气管道不能用做自然接地体或接地线，螺纹钢和铝板不能用做人工接地体。

2. 接地的分类

接地按其作用可分为功能性接地、保护性接地及兼有功能和保护性的重复接地。

（1）保护性接地　为防止电气设备的金属外壳因绝缘损坏带电而危及人、畜安全和设备安全，以及设置相应保护系统的需要，将电气设备正常不带电的金属外壳或其他金属结构接地称为保护性接地。保护性接地分为保护接地、防雷接地、防静电接地等。

（2）重复接地　在三相四线制系统中，为了增强接地保护系统接地的作用和效果，并提高其可靠性，在其接地线的另一处或多处再作接地（通过新增接地装置），称为重复接地。

4.5.2　接地与接零保护系统

《施工现场临时用电安全技术规范》（JGJ 46—2005）规定，建筑施工现场临时用电工程和专用的电源中性点直接接地的220/380V三相四线制低压电力系统，必须采用TN-S接零保护系统。

施工现场自备变电所的必须采用TN-S系统，即变压器中性点接地、保护零线PE与工作零线N分开的系统；使用外部提供TN-C供电系统的必须在将该系统引入施工现场时变为TN-S系统（TN-C-S系统）。

当施工现场与外电线路共用同一供电系统时，电气设备的接地、接零保护应与原系统保持一致。不得使一部分设备作保护接零，另一部分设备作保护接地。

当采用TN系统作保护接零时，工作零线（N线）必须通过总漏电保护器，保护零线（PE线）必须由电源进线零线重复接地处或总漏电保护器电源侧零线处引出形成局部TN-S接零保护系统。

1. PE线的引出位置

对于专用变压器供电时的TN-S接零保护系统，PE线必须由工作接地线、配电室（总配电箱）电源侧零线或漏电保护器（RCD）电源侧零线处引出；对于共用变压器三相四线供电时的局部TN-S接零保护系统，PE线必须由电源进线零线重复接地处或总漏电保护器电源侧零线处引出。

2. PE线与N线的连接关系

必须经过总漏电保护器PE线与N线分开，其后不得再作电气连接。

3. PE线与N线的应用区别

PE线是保护零线，只用于连接电气设备外露可导电部分，在正常情况下无电流通过，且与大地保持等电位；N线是工作零线，作为电源线用于连接单相设备或三相四线设备，在正常情况下会有电流通过，被视为带电部分，且对地呈现电压。所以，在实用中不得混用或代用。

4. PE线的重复接地

PE线的重复接地不应少于3处，应分别设置于配电系统的首部、中间、末端部，每处重复接地电阻值不应大于10Ω。

重复接地必须与PE线相连接，严禁与N线相连接。否则，N线中的电流将会分流经大地和电源中性点工作接地处形成回路，使PE线对地电位升高而带电。

PE线重复接地的目的，一是降低PE线的接地电阻，二是防止PE线断线而导致接地保护失效。

严禁PE线上装设开关或熔断器、严禁通过工作电流，且严禁断线。

5. PE保护线的绝缘色

为了明显区分PE线和N线以及相线，按照国际统一标准，PE线一律采用绿/黄双色绝缘线（N线采用淡蓝色，相线L1、L2、L3相序的绝缘颜色依次为黄色、绿色、红色）。

在施工现场用电工程的用电系统中，作为电源的电力变压器和发电机中性点直接接地的工作接地电阻值，在一般情况下都取不大于4Ω。

4.5.3　三级配电两级防护

做防雷接地机械上的电气设备，所连接的PE线必须同时做重复接地，同一台机械电气设备的重复接地和机械的防雷接地可共用同一接地体，但接地电阻应符合重复接地电阻值的要求。

在TN-S系统下，为了进一步提高施工现场供电安全性和可靠性，《施工现场临时用电安全技术规范》规定了施工现场必须实行“三级配电两级防护”。

1. 三级配电

《施工现场临时用电安全技术规范》要求，配电箱应进行分级设置，即在总配电箱下设分配电箱，分配电箱下设开关箱，开关箱以下就是用电设备，形成三级配电。这样配电层次清楚，既便于管理又便于查找故障。同时要求最好分别设置照明配电与动力配电，自成独立系统，不致因动力停电影响照明。

2. 两级保护

两级保护主要指采用漏电保护措施，《施工现场临时用电安全技术规范》规定，除在末级开关箱内加防漏电保护器外，应在上一级分配电箱或总配电箱中再加装一级漏电保护器，总体形成两级保护。

子单元6　施工现场的配电箱和开关箱

4.6.1　配电箱和开关箱的安装要求

1. 位置选择

总配电箱位置应考虑便于电源引入，靠近负荷中心，减少配电线路等综合因素确定。

分配电箱应考虑用电设备分布状况，分片装在用电设备或负荷相对集中的地区，一般分配电箱与开关箱距离应不超过30m。

2. 环境要求

配电箱、开关箱应装设在干燥通风及常温场所，无严重瓦斯、烟气、蒸汽、液体及

其他有害介质中，无外力撞击和强烈振动、液体浸溅及热源烘烤的场所，否则应做特殊处理。

配电箱、开关箱周围应有足够2人同时工作的空间和通道，附近不应堆放任何妨碍操作、维修的物品，不得有灌木、杂草。

3. 安装高度

固定式配电箱、开关箱的中心点与地面的垂直距离应为1.4～1.6m。移动式分配电箱、开关箱中心点与地面的垂直距离宜为0.8～1.6m。

4.6.2　电器装置的选择

1）总配电箱应装设总隔离开关和分路隔离开关、总熔断器和分熔断器（或自动开关和分路自动开关）以及漏电保护器。若漏电保护器同时具备过负荷和短路功能，则可不设分路熔断器或分路自动开关。总开关电器的额定值、动作整定值应与分路开关电器的额定值、动作整定值相适应。

总配电箱应设电压表、总电流表、总电度表及其他仪器。

2）分配电箱应装设总隔离开关、分路隔离开关，并装设总熔断器和分熔断器（或自动开关和分路自动开关）。总开关电器的额定值、动作整定值应与分路开关电器的额定值、动作整定值相适应。

3）每台用电设备应有各自的开关箱，箱内必须装有隔离开关和漏电保护器。漏电保护器应安装在隔离开关的负荷侧，严禁用同一个开关电器直接控制两台及两台以上用电设备（包括插座），即“一机一闸一箱一漏”。

4）隔离开关须满足以下要求：

隔离开关一般多用于高压变配电装置中。《施工现场临时用电安全技术规范》考虑到施工现场实际情况，规定在总配电箱、分配电箱以及开关箱中，都要装设隔离开关，满足在任何情况下都可以使用电设备实现电源隔离。

隔离开关必须是能使工作人员可以看见的在空气中有一定间隔的断路点。一般可将闸刀开关、闸刀型转换开关和熔断器用做电源隔离开关。但空气开关（自动空气断路器）不能用做隔离开关。

一般隔离开关没有灭弧能力，绝对不可带负荷拉闸合闸，否则会造成电弧伤人和其他事故。因此在操作中，必须在负荷开关切断后，才能拉开隔离开关；只有在先合上隔离开关后，再合负荷开关。

4.6.3　其他要求

1）配电箱、开关箱应采用冷轧钢板或阻燃绝缘材料制作，钢板厚度应为1.2～2.0mm，其中开关箱箱体钢板厚度不得小于1.2mm，配电箱箱体钢板厚度不得小于1.5mm，箱体表面应做防腐处理。

2）配电箱、开关箱应装设端正、牢固。固定式配电箱、开关箱的中心点与地面的垂直距离应为1.4～1.6m。移动式分配电箱、开关箱中心点与地面的垂直距离宜为0.8～1.6m。

3）配电箱、开关箱内的电器（包括插座）应先安装在金属或非木质阻燃绝缘电器安装板上，然后方可整体固定在配电箱、开关箱箱体内。

4）配电箱、开关箱内的电器（包括插座）应按其规定位置固定在电器安装板上，不得歪斜和松动。

5）配电箱的电器安装板上必须分设N线端子板和PE线端子板。N线端子板必须与金属电器安装板绝缘；PE线端子板必须与金属电器安装板做电气连接。进出线中的N线必须通过N线端子板连接；PE线必须通过PE线端子板连接。

6）配电箱金属箱体及箱内不应带电金属体都必须做保护接零，保护零线应通过接线端子连接。

7）严禁配电箱、开关箱的电源进线端采用插头和插座做活动连接。

8）配电箱、开关箱的导线的进线和出线应设在箱体的下端，严禁设在箱体的上顶面、侧面、后面或箱门处。进出线应加护套，分路成束并做防水套，导线不得在箱体进出口直接接触。

9）所有的配电箱均应标明其名称、用途并做出分路标记。

10）所有的配电箱、开关箱应每月进行检查和维修一次。检查、维修人员必须是专业电工。检查、维修时，必须按规定穿绝缘鞋、戴手套，必须使用电工绝缘工具。

11）对配电箱、开关箱进行检查、维修时，必须将其前一级相应的电源分闸断电，并悬挂“禁止合闸，有人工作”的停电标志牌，严禁带电作业。

12）现场停止作业1h以上时，应将动力开关箱断电上锁。

13）所有配电箱、开关箱在使用过程中必须遵守下述操作顺序。

送电操作顺序：总配电箱—分配电箱—开关箱。

停电操作顺序：开关箱—分配电箱—总配电箱。

子单元7　施工现场的配电线路

一般情况下，施工现场的配电线路包括室外线路和室内线路。室外线路的敷设方式主要有绝缘导线或电缆架空敷设和绝缘电缆埋地敷设。

4.7.1　架空线路的安全要求

架空线路由导线、绝缘子、横担及电杆等组成。《施工现场临时用电安全技术规范》明确规定：施工现场内的架空线路必须采用绝缘导线，架空线必须架设在专用电杆上，严禁架设在树木、脚手架及其他设施上。

1. 导线的选择

1）架空线路必须采用绝缘铜线或绝缘铝线（或是电缆），严禁使用裸线。导线必须绝缘良好，不允许有老化和破损现象。

2）架空导线截面积的选择不仅要通过负荷计算，使其满足导线中的负荷电流不大于其允许载流量，还必须考虑其机械强度。《施工现场临时用电安全技术规范》规定，为保证机械强度，铝线的截面积不得小于$16mm^2$，铜线的截面积不得小于$10mm^2$。

跨越铁路、公路、河流电力线路的铝线截面积不得小于$25mm^2$，并不得有接头。

3）单相线路的零线截面面积与相线截面面积相同，三相四线制的工作零线和保护零线截面面积不小于相线截面面积的50%。

4）在一个档距内，每层架空线的接头数不得超过该层导线条数的50%，且一根导线只允许有一个接头，线路在跨越铁路、公路、河流、电力线档距内不得有接头。

2. 杆、横担及绝缘子选择

1）架空线路宜采用钢筋混凝土杆或木杆。钢筋混凝土杆不得有露筋，宽度大于0.4mm的裂纹或扭曲；木杆不得腐朽，其梢径不应小于140mm。

电杆埋设深度宜为杆长的1/10加0.6m，回填土应分层夯实。但在松软土质处，应适当加大埋设深度或采用卡盘等加固。

2）横担材料可采用木质或铁质材料。木横担截面积应为80mm×80mm，铁横担应选用角钢，低压直线杆角钢横担型号选择的原则如下：导线截面积在$50mm^2$以下应选用∟50×5，导线截面积大于$50mm^2$选用∟63×5。

横担的长度：三线、四线横担长1.5m，五线横担长1.8m。

3）绝缘子的选择原则：直线杆采用针式绝缘子，耐张杆采用蝶式绝缘子。

3. 架空线路相序排列规定

1）在同一横担架设时，四线导线的相序排列如下：面向负荷从左侧起依次为L1、N、L2、L3。

2）在同一横担架设时，五线导线的相序排列如下：面向负荷从左侧起依次为L1、N、L2、L3、PE。

3）动力线与照明线在两个横担上分别架设时，上层横担面向负荷从左起依次为L1、L2、L3；下层横担面向负荷从左起依次为L1（L2、L3）、N、PE；在两个以上横担上架设时，最下层横担面向负荷，最右边的导线为零线（PE）。

4）架空线路的线间距不得小于0.3m，靠近电杆两导线的间距不得小于0.5m。

4. 架空线路档距及与临近设施的距离

1）架空线的档距是指两电杆之间的距离。《施工现场临时用电安全技术规范》规定，架空线的档距不得大于35m，线间距（在同一横担上两线间的水平距离）不得小于0.3m。

2）对于架空线的最大挠度（架空线上导线的最低点）与地面的最小垂直距离，《施工现场临时用电安全技术规范》规定，施工现场一般场所为4m，机动车道为6m，铁路轨道为7.5m。

3）架空线导线的边线与建筑物凸出部分的最小水平距离为1m。

4）架空线路摆动时至树梢的最小净空距离为0.5m。

5）架空线与其他线路和设施的距离可参见《施工现场临时用电安全技术规范》。

4.7.2　室内配线的安全要求

安装在室内的导线，以及它们的支持物、固定配件，总称室内配线。室内配线安全要求如下：

1）室内配线必须采用绝缘导线。采用瓷瓶、瓷（塑料）夹等敷设，距地高度不得小于2.5m。

2）室内配线所用导线截面面积，应根据用电设备的负荷计算确定，但铝线截面面积不应小于2.5mm²，铜线截面面积不应小于1.5mm²。

3）钢索配线的架吊间距不宜大于12m。采用瓷夹固定导线时，导线间距不应小于35mm，瓷夹间距不应大于800mm；采用瓷瓶固定导线时，导线间距不应小于100mm，瓷瓶间距应不大于1.5m；采用护套绝缘导线时，容许直接敷设于钢索上。

4）进户线过墙应穿管保护，距地面不得小于2.5m，并应采取防雨措施。

5）潮湿场地或埋地非电缆配线必须穿管敷设，管口应密封。采用金属管敷设时，必须做保护接零。

6）配线的线路应减少弯曲而取直。

7）线路中应尽量减少接头，以减少故障点。

8）布线位置应便于检查。

4.7.3 电缆线路的安全要求

1）电缆中必须包含全部工作芯线和用做保护零线或保护线的芯线。需要三相四线制配电的电缆线路必须采用五芯电缆。

五芯电缆必须包含淡蓝、绿/黄二种颜色的绝缘芯线。淡蓝色芯线必须用做N线；绿/黄双色芯线必须用做PE线，严禁混用。

2）电缆线路应采用埋地或架空敷设，严禁沿地面明设，并应避免机械损伤和介质腐蚀。埋地电缆路径应设方位标志。

3）电缆在室外直接埋地时，必须采用铠装电缆，埋地深度不小于0.7m，并应在电缆上、下各均匀铺设不小于50mm的细沙，然后覆盖面砖等硬质保护层。

4）架空架设橡皮电缆时，应沿墙壁或电杆设置，并用绝缘子固定，严禁使用金属裸线做绑线。对于固定点间距，应保证电缆能承受自重所带来的荷重。橡皮电缆的最大弧垂距地不得小于2.5m。

5）电缆穿越建（构）筑物、道路、易受机械损伤的场所及引出地面从2m的高度至地下0.2m处，必须加设防护套管，防护套管内径不应小于电缆外径的1.5倍。

6）电缆接头应牢固可靠，并应做绝缘包扎，保持绝缘强度，不得承受张力。埋地电缆的接头应设在地面的接线盒内，接线盒应能防水、防尘、防机械损伤，并应远离易燃、易爆、易腐蚀场所。

7）在高层建筑的临时电缆配电必须采用电缆埋地引入，电缆垂直敷设的位置应充分利用在建工程中的竖井、垂直孔洞等，并靠近电负荷中心，固定点每楼层不得少于一处。电缆水平敷设宜沿墙或门口固定，最大弧垂距地不得小于2.0m。

8）不容许由室外地面配电箱用橡皮电缆从地面直接引入各楼层使用。其原因如下：一是电缆直接受拉易造成导线截面变细过热；二是距离控制箱过远，发生故障时不能及时处理；三是线路混乱不好固定，容易引发事故。

9）施工现场使用的五线线路应采用五芯电缆，不容许在四芯电缆外侧加设一根PE线代替五芯电缆；施工现场的配电方式采用动力与照明分别设置时，三相设备线路可采用四芯电缆，单相设备和照明可采用三芯电缆。

子单元8 现场照明与手持电动工具

4.8.1 现场照明

1）现场照明应采用节能高效、长寿命的照明光源。对于需要大面积照明的场所，应采用高压汞灯、高压氙灯或卤钨灯。

2）在坑洞作业、夜间施工或自然采光差的场所，作业厂房、料具堆放场、道路、仓库、办公室、食堂、宿舍等，应设一般照明、局部照明或混合照明。

在一个工作场所内，不得只装设局部照明。

停电后，操作需要及时撤离现场的特殊工程，必须装设自备电源的应急照明。

3）照明灯具的金属外壳必须做保护接零。单相回路的照明开关箱（板）内必须装设漏电保护器。

4）一般场所宜选用额定电压为220V的照明器。对下列特殊场所应使用安全电压照明器：

① 隧道、人防工程，有高温、导电灰尘或灯具离地面高度低于2.5m等场所的照明，电源电压应不大于36V。

② 在潮湿和易触电及带电体场所的照明电源电压不得大于24V。

③ 在特别潮湿的场所、导电良好的地面、锅炉或金属容器内工作的照明电源电压不得大于12V。

5）使用行灯应符合下列要求：

① 电源电压不应超过36V。

② 灯体与手柄应坚固、绝缘良好并耐湿热。

③ 灯光与灯体结合牢固，灯头无开关。

④ 灯泡外部有金属保护网。

6）照明变压器必须使用双绕组安全隔离器，严禁使用自耦变压器。

7）工作零线截面应按照下列规定选择：

① 在单相及二相线路中，零线截面面积与相线截面面积相同。

② 在三相四线制线路中，当照明器为白炽灯时，零线截面面积应按相线截面面积流量的50%选择；当照明器为气体放电灯时，零线截面面积应按最大负荷相的电流选择。

③ 在分相控制的三相照明电路中，零线截面面积与相线截面面积相等；若数条线路共用一条零线时，零线截面面积应按最大负荷相对的电流选择。

8）在照明系统中的每一单相回路上，灯具和插座数量不宜超过25个，并装设熔断电流为15A及15A以下的熔断器进行保护。

9）室外灯具距地面不得低于3m，室内灯具不得低于2.5m，否则应采用36V以下安全电压。

10）路灯的每个灯具应单独装设熔断器进行保护。灯头线应做防水弯。荧光灯的管架应固定或使用吊链。悬挂镇流器不得安装在易燃的结构物上。

11）金属卤化物灯具的安装高度宜在5m以上，灯线应在接线柱上固定，不得靠近灯具表面。

12）暂设工程的照明灯具宜采用拉线开关。开关安装位置应符合下列要求：

① 拉线开关距地面高度为2～3m，与出、入口的水平距离为0.15～0.2m。拉线的出口应向下。

② 其他开关距地面高度为1.3m，与出、入口的水平距离为0.15～0.2m。

③ 严禁将插座与搬把开关靠近装设；严禁在床上装设开关。

13）电器、灯具的相线必须经开关控制，不得将相线直接引入灯具。

14）对于夜间影响飞机或车辆通行的在建工程或机械设备，必须安装、设置醒目的红色信号灯。其电源应设在施工现场总开关的前侧，并应设置外电线路以及停止供电时的应急自备电源。

4.8.2 手持电动工具

施工现场使用的电动工具一般都是手持式的，所以称为手持电动工具，如电钻、冲击钻、电锤、射钉枪及手持式电锯、切割机、砂轮等。手持电动工具按防触电保护的要求可分为Ⅰ类工具、Ⅱ类工具和Ⅲ类工具。

1. Ⅰ类工具

Ⅰ类工具在防止触电的保护方面不仅依靠其基本绝缘，而且包含一个附加的安全预防措施。其方法是将可触及的可导电部分与已安装的固定线路中的保护（接地或接零）导线连接起来，即当基本绝缘损坏时，会成为带电体的可触及的可导电零件永久、可靠地与工具内的接线端子做金属连接。

Ⅰ类工具在无其他附加触电保护措施情况下，只能依靠保护接地或保护接零来保证其安全使用。但单纯接地不能保证触电者的人身安全。因此，在使用Ⅰ类工具时必须另有附加保护措施，如使用个人防护用品、漏电保护器和隔离变压器等。目前，一些国家已不允许生产和销售Ⅰ类工具，我国也正在向这一方面发展。

2. Ⅱ类工具

Ⅱ类工具在防止触电的保护方面不仅依靠其基本绝缘，而且还提供双重绝缘或加强绝缘的附加安全预防措施。设有保护接地或依赖安装条件的安全措施，即所有可触及的金属零件与带电部分之间必须用双重绝缘或加强绝缘隔离，不得仅有用基本绝缘隔离的部分。

通俗来讲，Ⅱ类工具是将个人防护用品以可靠、有效的方式设计制作在工具上，因此其具有双重独立的保护系统。Ⅱ类工具在其明显部位应有“回”标记。

3. Ⅲ类工具

Ⅲ类工具在防止触电的保护方面依靠安全特低电压供电，使用时，必须用安全隔离变压器供电。带电体不得采用基本绝缘或外壳防护，防止人体直接接触带电体。

4. 手持电动工具使用注意事项

1）一般场所（空气湿度小于75%）应选用Ⅱ类手持电动工具，并应装设额定电流不大于15mA、额定漏电动作时间小于0.1s的漏电保护器。

2）在露天、潮湿场所或金属构架上操作时，必须选用Ⅱ类手持电动工具或由安全隔离

变压器供电的Ⅱ类手持电动工具，并装设防溅的漏电保护器。严禁使用Ⅰ类手持电动工具。

3）在狭窄场所（如锅炉、金属窗口、地沟、管道内等），宜选用带隔离变压器的Ⅲ类手持电动工具；若选用Ⅱ类手持电动工具，必须装设防溅的漏电保护器。应把隔离变压器或漏电保护器装设在狭窄场所外，工作时应有人监护。

4）手持电动工具的外壳、手柄、负荷线、插头、开关等应完好无损，使用前必须进行空载检查，运转正常方可使用。

5）手持电动工具的负荷线应采用耐气候型橡皮护套铜芯软电缆，并且不得有接头。

子单元9　电气防火措施

4.9.1　电气防火技术措施要点

1）应合理配置用电系统的短路、过载、漏电保护电器。

2）确保PE线连接点的电气连接可靠。

3）不得在电气设备和线路周围堆放易燃易爆和腐蚀介质。如有，应及时清除，或做阻燃隔离防护。

4）不在电气设备周围使用火源，特别在变压器、发电机等场所，应严禁烟火。

5）在电气设备相对集中的场所，如变电所、配电室、发电机室等场所，应配置可扑灭电气火灾的灭火器材。

6）应按《施工现场临时用电安全技术规范》的规定设置防雷装置。

4.9.2　电气防火组织措施要点

1）建立易燃易爆和腐蚀介质管理制度。

2）建立电气防火责任制，加强电气防火重点场所烟火管制，并设置禁止烟火标志。

3）建立电气防火教育制度，定期进行电气防火知识宣传教育，提高各类人员电气防火意识和电气防火知识水平。

4）建立电气防火检查制度，发现问题应及时处理，不留隐患。

5）建立电气火警预报制，防患于未然。

6）建立电气防火领导体系及电气防火队伍，学会和掌握扑灭电气火灾的组织和方法。

7）电气防火措施可与一般防火措施一并编制。

相关案例

【背景资料】2007年9月4日下午，在离万伏高压电线不足2m的一栋建筑物内，两名民工搭铝合金梯子修水管，不慎将梯子碰倒，被电击后一死一伤。

事故发生在汉口火车站附近一栋7m高的建筑物内。此建筑物有两层，第二层顶部系铁制框架。一架铝合金梯子一半置于顶棚上，另一半悬在半空中，被高压线拽住。梯子上有一具被烧焦的男尸，惨不忍睹。

据目击者介绍，下午2时许，两名民工没有采取任何安全措施，在顶棚上修水管。事发时，一民工扶着梯子，另一民工站在梯子上操作。突然，梯子失去重心往外倒，下面的民工极力想扶住梯子，但站在梯子上的民工慌了神不停地晃动。梯子倒下时被一根万伏高压电线拽住，梯子上的民工身上冒出一股浓烟，随即发出刺鼻的糊焦味，下面的民工被电流击出1m开外，惊慌失措地呆在一旁。

“110”“120”、汉口供电公司工作人员随后赶到。已死亡的民工遗体被警方以白布包裹，用绳子系住慢慢运下。受伤的民工被送到市第十一医院救治。

【事故分析】通过上述案例的情况描述可以看出，该建筑物一定是违规建筑。因为按照相关规定，在高压架空线路下，严禁建造任何建、构筑物。另外，在操作人员进行施工前，未进行任何安全技术交底和安全防护，并且，根据国家有关规定，建筑物与高压电线的距离必须在5m以上。

【想一想】在高压架空线路附近进行建筑施工前，应当采取哪些安全措施？在施工过程中又应当满足哪些安全要求？

思考与拓展题

我国目前建筑施工现场临时用电管理的现状如何？有哪些应对措施？

起重吊装

单元5

起重吊装

能力目标

1. 掌握起重吊装的基本要求，掌握常用起重吊装索具设备的安全技术。
2. 熟悉起重吊装的基本操作要求。
3. 会运用本单元的知识，解决建筑工程中起重吊装的安全技术问题。

学习重点与难点

学习重点是起重吊装的基本要求和常用索具设备的安全技术知识。这些内容专业性较强，也是学习时的难点。有条件时，尽量到起重吊装施工作业现场或起重吊装设备的经销部门结合理论学习，效果会更好。

课程思政 新世纪超级工程——港珠澳大桥

港珠澳大桥主桥为三座大跨度钢结构斜拉桥，每座主桥均有独特的“艺术”构思。港珠澳大桥采用了“桥、岛、隧三位一体”的建筑形式，其全长55km，其中包含22.9km的桥梁工程和6.7km的海底隧道，桥墩224座，桥塔7座，沉管隧道长度5664m，沉管海底隧道规模也位居全球之首。在道路设计、使用年限以及防撞防震、抗洪抗风等方面均有超高标准。港珠澳大桥海底隧道配置了主动和被动两种方式的先进防火系统，在抗震方面采用多层新型高阻尼橡胶和钢板交替叠置结合而成的隔震支座实现抗震，利用橡胶黏性大和橡胶变形后恢复力强等特点转换、消耗地震能量，降低对建筑物的破坏力度。

港珠澳大桥沉管隧道及技术是整个工程的核心，采用集数字化集成控制、数控拉合、精准声呐测控、遥感压载等为一体的无人对接沉管技术。沉管隧道安放和对接的精准要求极高，沉降控制范围在10cm之内，基槽开挖误差范围在0~0.5m之间。最终由世界上最大起重船“振华30”进行吊装（其吊装所用的4根吊带，每根长120m，直径40cm，由14万多根高强纤维丝组成，长度误差控制在5cm内，全部经过额定荷载检测试验），成功将接头安放在29m深的海底、水下隧道E29和E30沉管间最后12m的位置，其操作难度较大。

2018年10月24日，港珠澳大桥建成通车，极大地缩短了香港、珠海和澳门三地间的时空距离，且创下多项世界之最，体现了一个国家逢山开路、遇水架桥的奋斗精神。该桥被业界誉为桥梁界的“珠穆朗玛峰”，被英媒《卫报》称为“现代世界七大奇迹”之一，是“一国两制”下粤港澳密切合作的重大成果。作为青年学生，我们应把对祖国的支持和认同转化为积极学习的行动，用自己的青春和热血谱写祖国更加美好的明天。

子单元1 起重吊装的基本要求

随着建筑装配化程度的提高，特别是近年来钢结构的普遍应用，起重吊装在建筑工程中的应用越来越多。建筑物和构筑物的结构或其他构件常在工厂预制，再运至施工现场按设计要求的位置进行安装固定，即在现场对相应构件所进行的拼装、绑扎、吊升、就位、临时固定、校正和永久固定的这一全过程称为起重吊装。起重吊装是一项危险性较大的建筑施工内容，操作不当会引起坍塌、机械伤害、物体打击和高处坠落等事故的发生，所以，建筑施工现场管理人员必须懂得起重吊装的安全技术要求。

5.1.1 对操作人员的基本要求

起重吊装作业的操作人员一般包括起重机司机和起重工。

1. 起重机司机

1）对起重机司机的基本要求主要有稳、准、快、安全、合理。

① 稳是起重机操作时首先必须做到的。稳，主要是要求起重司机在操作过程中，必须做到启动、制动平稳，吊钩、吊具或所吊物体不得游摆。

② 准是指在稳的基础上，被吊物落点准、到位准和估重准。

③ 快是指多吊、快吊，充分合理发挥起重机应有的效能，提高劳动生产率。“快”必须建立在“稳”和“准”的基础上，更要建立在安全的基础上。有时在起重机操作中，并不是慢就安全、保险，在特殊情况下，更要求起重机操作动作要快。

④ 安全是对起重机司机的根本要求。在整个有效的操作过程中，应严格执行安全技术规程，不发生任何事故。

⑤ 合理是指在掌握起重机械性能的基础上，根据所吊重物的具体情况，正确地操纵控制器，使整个起重吊装动作协调、统一。

2）为满足以上要求，起重机司机在操作中应做到以下几点：

① 安全检查。在作业前、作业中或特殊作业时，应认真检查起重机各机构和部件的安全可靠性能。

② 信号确认。只有在确认地面指挥人员发出正确的信号后，起重机司机才能进行各种操作。

③ 状态判断。正确地判断是正确操作的前提。吊运中的判断包括吊运对象和吊物位置的判断、吊物重量的判断、吊物平衡状态的判断、起落环境的判断以及特殊操作下的判断等。

④ 精心操作。熟练掌握各种操作技术，包括点动、平衡、稳钩、兜翻、带翻、游翻、两车抬物等技术，还要熟悉吊运事故状态的处理方法，坚持“十不吊”的原则。

2. 起重工

起重工包括起重指挥人员和起重司索人员。起重指挥人员是指从事指挥起重机械将物件起重吊运全过程的作业组织者；起重司索人员是指在起重指挥的组织下，直接对被吊物件进行绑扎、挂钩、牵引绳索，而完成起重吊运全过程的专业人员。起重工应当遵守的基本要求如下：

1）坚守工作岗位，统一指挥、统一行动，确保作业安全。

2）作业前应对包括起重机、索具等进行全面检查。检查内容包括设备、器具的完好程度；规格型号、数量以及备用品是否齐全等。

3）掌握各类物件的结构、重心、吊点、捆绑的方法。

4）掌握常见物件的吊装、就位、堆放及安全注意事项。

5）明确起重机械的指挥信号和司索作业在生产中的重要作用。

6）熟悉本岗位的职责和职业道德。

以上起重吊装人员均属于特种作业人员，应经专门机构培训，考试合格后，持证上岗。除应满足上述的基本要求外，参加起重吊装作业的人员还必须了解和熟悉所使用的机械设备性能，并遵守既定的操作方案和规程。指挥人员必须站在起重机司机和起重工都能看见的地方，并严格按规定的起重信号指挥作业。如因现场条件限制，可配备信号员传递其指挥信号。高处吊装作业应严格遵守高处作业的安全技术和管理要求。不直接参加吊装的人员以及与吊装无关的人员，禁止进入吊装作业现场。

5.1.2 起重吊装的基本要求

在进行起重吊装时，应当做好以下基本工作：

1. 做好作业前准备

在起重吊装作业前，必须充分做好各方面的准备工作，以防出现意外情况而发生事故。作业准备的内容如下：详细了解吊装方案；准备并检查起吊用具和防护设施；准备辅助用具；确定并清理落物地点；人员分工等。

2. 构件的运输

1）钢筋混凝土构件在运输时的混凝土强度不应低于设计的规定，也不得低于设计强度的 70%，以防止构件在运输过程中遭到破坏。

2）构件的支撑位置应符合设计的受力情况。应防止因支承位置不当而产生过大应力，引起构件开裂和破坏。装卸时的吊点要符合设计规定。较长而重的构件应事先根据吊装方法及运输方向确定装车方向，以免现场调头困难。

3）运输道路应平稳坚实，有足够的宽度和转弯半径，使车辆及构件能顺利通过。

4）构件的运输顺序及卸车位置应按施工组织设计的规定进行，以免造成现场混乱，增加二次搬运，影响吊装工作。

5）构件运输应根据路面情况，掌握行车速度，重载、路况差及上下坡转弯时应减速。起步及停车必须平稳，已装载构件的车辆不准搭人。

6）在汽车上装卸构件时，应用木块支垫，以免滑动。装卸构件时，司机必须离开驾驶室。市区内运输超高、超长、超宽的构件时，应遵守交通部门关于汽车运输的有关规定。超长、超宽部分应悬挂安全标志。

3. 构件的堆放

1）现场堆放构件时，大型构件（柱、屋架等）应按施工组织设计中的构件平面布置图进行就位，按构件型号、吊装顺序堆放，堆放位置应尽可能设在起重机回转半径范围内。小型构件（梁、板）可在适当位置堆放。

2）堆放就位前，应将场地平整、坚实。构件就位时，应按设计受力情况堆放在垫木上，重叠的构件之间要垫上垫木，上、下层垫木应在同一垂线上。比较薄的构件如薄腹梁、屋架等，应从两边垫衬牢固或捆绑于柱边。各构件之间应留有不少于 20cm 的间距，以免构件损坏。一般梁可叠堆 2 ~ 3 层；屋面板可叠堆 6 ~ 8 层。

4. 构件绑扎的要求

起重机通过吊索进行吊装，捆绑工作一般分为绑、挂、摘、解。一般要求绑扎好的构件，在起吊时不发生永久变形、脱落、断裂等现象，并便于安装和卸钩。绑扎方法虽与构件形状、重叠、吊装方法及吊具有关，但基本要求是牢固可靠、易绑易拆。绑扎构件时的注意事项如下：

1）应选取适当长度的起吊钢丝绳，绳索间的夹角应为 60°左右，最大不应超过 90°，并且钢丝绳的直径应随着夹角的增大而相应增大。

2）在起吊有棱角或特别光滑的物件时，应在绑扎钢丝绳处加以垫衬，以防止钢丝绳滑脱。

3）绑扎吊物时，要掌握重心，吊钩应对准所吊物体重心，如无吊环且设计未规定吊点时，绑扎点一般距梁端不大于 1/5 梁长。

4）高空吊装构件时，应在构件上捆绑溜绳，以控制构件的悬空位置。

5）现场脱模的构件起吊，其底部要填实，避免起吊时支垫不实发生振动，损坏构件。

5. 指挥信号标准化

指挥联络信号是司机同其他作业人员联系的桥梁，很多事故均是在信息交换失误的情况下产生的。因此应按规定的指挥信号标准进行联络，特别是起重机司机，一定要对指挥信号、吊挂状态、运行通道、起落空间确认后才能进行操作。

6. 选择安全位置

在起重机吊运过程中，由于吊物冲击、摇摆、坠落所危及的区域称为危险区。作业中起重作业人员往往处于危险区中，因此，根据危险区的个体条件选择安全位置，是有效地预防起重伤害的一个重要方面。在雷雨季节，若起重设备在相邻建筑物或构筑物的防雷装置保护范围以外，应根据当地平均雷暴日数及设备高度设置防雷装置。例如，年平均雷暴日小于15d的地区且50m高的设备，或年均雷暴日大于90d的地区且12m高的设备，均需装置避雷设施。

7. 构件的临时固定

构件吊装就位后，应及时按要求进行临时固定。临时固定的方法很多，如焊接、螺栓连接、捆绑、支撑、缆绳等。具体使用哪种临时固定的方法，应根据施工现场的具体情况和要求，正确合理地选择。

目前柱多采用无缆风绳临时固定和校正，即用松紧钢楔的办法，给倾斜的柱身施加一个水平力，使之绕着柱脚转动而垂直。当柱对位后，进行垂直度校正。当偏差值小时，在杯口用打紧或稍放松钢楔的方法校正，但严禁将钢楔拨出杯口，以防发生柱子向大面倾倒的重大事故。由于这种校正或临时固定不稳定，所以当柱基础的杯口深度与柱长之比小于1/20或偏心柱时，单靠钢楔不能保证柱的临时固定的稳定，这时应采取增设缆风绳或加斜撑等措施来加强临时固定的稳定。

为了保证整体结构的稳定，凡设计中有支撑的，必须随吊装进度安装牢固或施焊连接好，使之成为一个整体，保证结构的稳定，如果把支撑放在后面装，则可能发生屋架或天窗架倾斜，造成结构倒塌事故。

8. 防止高空坠落、物体打击事故，改善操作条件

为了防止高空坠落，改善操作条件是很重要的。为此，工人在操作时应佩挂安全带，屋架吊装前应在柱头上搭设操作平台后，架设牢固；如需在屋架上行走，则应在上弦设置安全拉绳。在行车梁和连续梁上操作时，应在梁上1 m处柱间设置安全绳，做安全扶手，并将安全带挂在安全绳上。吊装用操作台，应为工具式，通用性大，自重要轻，装拆要安全、方便。操作台应设置在低于吊装接头1.0～1.2m处。此外，为了上、下方便，应配备依靠式和悬挂式梯子，依靠式梯子上端必须用绳子与已固定的构件绑牢，攀登时要检查。梯子与地面的角度以60°为宜，梯子如搭设在屋面等处，伸出檐口高度应在1m以上，以便上、下。若须站在梯子上作业，操作者距离梯子顶端不应少于1m，不得站在最上的两阶上工作。不得两人以上在同一梯上工作。进行高空作业时，除有关人员外，其他人员不许在工作地点的下面逗留和通行，工作地点下面应有围栏或其他保护装置，以防落物伤人。

高空往地面传递物件时，应用绳索拴好放下，若因特殊原因必须往下抛扔时，应在有可能落下的范围内，由专人警戒，严禁行人通过，待警戒人员发出安全信号后方准向下抛扔。

对于现场内危险的悬岩、陡坡、深坑和施工预留孔，应有防护设施或危险标志，未经许可，不许任意迁移或拆除。

9. 工业生产设备吊装安全技术

在设备安装工程中，工艺设备的吊装就位是保证设备完好的重要工序，应制订施工方案，选择合适的吊装方法和确定合理的吊点位置。

在车间内吊装设备时，应充分利用车间内的桥式起重机。车间外的设备则可选用履带式、轮胎式、汽车式起重机以及龙门起重机等起重机械。

设备接连螺栓一般采用正常方法较妥，如设备横卧运进现场，吊装时上面吊一点，尾部直接支承在垫衬上，随吊点的起升而将设备逐渐扶直落位：如设备尾部有缺口或容易变形损坏，可在尾部增加吊点，提高到一定的高度，松下尾部的吊点，使设备竖立就位。质量、体积较大的设备可用两台起重机进行双机抬吊，但单边重量不要超过该机安全重量的80%，两台起重机的起重能力最好相等或相似，以便对称承担荷载，起重臂不宜太长，以免影响机械的稳定性。

对于大型塔罐设备，由于质量大、塔体高和直径大，一般常用桅杆配用卷扬机作为吊装设备。吊装方法大致有三种：一种是回转法，特别是桅杆固定，塔体底部装有绞腕，桅杆顶部的定滑轮与吊点处的动滑轮间的绳索收缩时，塔体以绞腕为支点而回转竖立。二是搬倒桅杆法，其特点是桅杆和塔体底部均装有绞腕，可以自由回转，桅杆顶部节点与塔体节点间的绳索距离固定不变，搬倒桅杆时塔体也随着竖起。三是滑移法，这种方法的使用较为普遍，特点是桅杆固定，塔体随着起吊升高时，底部在地面上滑移，直到最后塔体被吊起全部离开地面而成垂直。

吊点的基本形式有两种。一是吊耳，即焊接在塔壁上的金属环或金属圆柱。用吊耳来进行塔体吊装的优点是易于起吊，但由于塔壁薄，吊耳直接与塔壁连接，要耗用较多的钢材做加强处理。二是用钢丝绳绑扎在塔体四周，弱点是对塔壁产生环向力而使塔的四周方向有失去稳定的可能。另外，绑扎绳之间互相挤压，易于磨损以及绑绳与壁易产生滑移。但该方法操作简便，成本较低，在增强捆绑点的四周稳定性以防止相对滑动等措施情况下，有时也采用绑绳做吊点连接的形式。

大型薄壁塔类设备吊装中有两种失去局部稳定的可能性，一种是塔体绑绳吊点处的环向部分，一种是塔体轴向（纵向）某一局部部位（塔体受到轴向压力的作用）。由于塔径大，壁薄，任意一种作用力超过临界值时，塔体就会丧失环向或轴向的局部稳定性而导致塔体变形和破坏。因此，要根据不同情况采取加固措施，塔体绑绳吊点处的环向可采用加固环，装在塔的外壁或内壁；或者在塔体内增设三角形或多角形支撑杆，位置在绑绳宽度的两端或中间。塔体轴向（长度方向）的加固，可采用加固环（沿长度方向增装几个）和加固柱，此类加固方法耗用钢材较多。如塔体轴向局部稳定不够时，可采用增加吊点、合理选择吊点位置以及采用滑移法吊装等方法加以解决。由于塔的裙座与垫衬接触，在塔体直立前，将离开垫衬时，这时裙座与垫衬接触部分受力最大，如裙座无加强措施。有造成裙座变形的可能，因此也要对裙座进行加固。

在吊装塔类设备时，为减少吊装变形，还应注意以下几点：

1）在塔体同一标高上如有左、右两个吊点，这两个吊点必须与塔体轴向（纵向）水平对称，避免吊装中发生困难而产生变形。

2）用桅杆吊装大型塔类设备时，均用多台卷扬机联合操作，必须要求各卷扬机的卷扬速度大致相同，要保证塔体上各吊点受力大致趋于均匀，避免塔体受力不均而变形。

3）塔体上的绑绳及左、右溜绳（稳定塔体用）不能绑在塔的入孔或管口等部件上，以免损坏零件和造成局部缺陷而产生变形。

4）采用滑动法吊装时，由于塔重、体大，要求有可靠的滑动垫衬，并要对所经过的地面平整、夯实，必要时应铺设钢轨或钢板。

5）采用回转法或搬倒法时，塔体底部要装绞腕，它必须具有抵抗起吊中水平推力的能力。起吊过程中塔体的左、右溜绳必须牢靠，塔体回转到就位高度时，由于塔体重心逐渐落入其底面积中，有自然倾倒的危险，因此起吊的相反方向必须有带动绳，使其慢慢落入基础，避免发生意外和变形。

子单元2 起重吊装的基本操作技术

5.2.1 抬、撬、拨和垫

1. 抬的安全技术

1）对于质量小于1000kg的物体，在没有合适的运输机具和道路，而运距又不太远的情况下，可以采用抬的办法运输，如抬预应力楼板、模板和过梁等。

2）若使用工具，操作前应检查杠棒、索具等器具，必须坚实、适用。

3）扛重物时，每个操作者应准备一根手棍，在换肩、路滑及上坡时支撑借力用。

4）多人抬起重物时，参与抬的人身高搭配应合适，重物离开地面要低，一般距地200~300mm为宜。

5）操作中必须步调一致，小步紧走，可应用劳动号子来协调行动。

6）将重物放下或中途休息时，必须将重物支垫稳妥，并要慢起慢落，严防重物倾倒而发生危险。

2. 撬的安全技术

1）撬在操作时，使用的主要工具是撬杠，撬杠实际上就是一根棒，形状可直可弯，材料可以是金属或者木材。金属撬杠一般用圆钢、带肋钢筋或六棱钢制作，外径18~24mm、长600~1000mm，一端做成尖状，另一端做成楔形工作端头；木撬杠的最小端直径不宜小于50mm。

2）在没有千斤顶的情况下，可用撬杠来提高或落下重物，即先用撬杠将重物一端撬起，垫上枕木或其他硬物；再撬起重物另一端，垫上硬物，如此反复进行，依次逐渐把重物提高或落下。

3）撬杠的支点应尽量靠近重物，且支点下应利用坚硬的材料（如钢板等）垫实，并应具有一定的受力面积。

4）起重工在高处进行起重吊装作业时，应随身携带一根撬杠以便应用，操作时撬杠的插入深度要适宜，双手握撬杠向上方或下方施力。

3. 拨的安全技术

1）用撬杠将重物前、后方向撬动称为拨，左、右方向撬动称为迈或磨。

2）拨动重物时，应先用一根或几根撬杠同时置入重物下面，向上推动撬棍将重物拨至所需位置。

3）迈和拨同时操作时，一定要严密配合，协调操作。

4. 垫的安全技术

1）铺垫枕木垛或枕木排时，宜采用规格为160mm×220mm×2500mm的普通枕木。

2）枕木排和枕木垛的地基应经过碾压或夯实，表面必须平整；有积水时，应提前排干；遇有特别松软的土质，应挖除换土，或采取铺垫碎石、砂石等加固措施。

3）搭设枕木垛的枕木几何尺寸应相同，表面应平整，严禁使用腐朽和损坏的枕木。

4）枕木垛最下一层和最上一层，必须满铺，以增大承压面积，中间各层应保持水平，不平处必须用楔状木板垫平、垫实，并尽量垫满全部缝隙。

5）各层枕木上、下层应纵横交错铺摆，枕木上、下要对正，接头处要错开。

6）采用搭接法接长枕木时，相互搭接长度不得小于400mm；如采用对接时，其侧面应加一根衬木，衬木与枕木的搭接长度不应小于400mm。

7）枕木垛上同一层枕木在接长处和上、下层之间应用扒钉连接，扒钉必须相互钉成八字形。

8）为保证高枕木垛的稳定性，四周可加设缆风绳或支撑。

5.2.2 顶和落

1. 顶的安全技术

1）顶是指用千斤顶把重物顶起来的操作过程。

2）应根据所顶重物的情况，选择合适的千斤顶型号。使用千斤顶时，底部应用无油污、坚实的木板垫平，不宜用铁板代替木板，以防滑动，地面要求平整、坚实。

3）顶升高度超过千斤顶的起升高度时，必须分成若干次顶升。

4）设顶的位置，应考虑被顶物体的强度。对于平面为矩形的重物，用一台千斤顶时，应放在其重心位置；用两台千斤顶时，要放在重心两侧对称的位置。

5）在平面为矩形的重物四角设置千斤顶时，应分头起升，待一侧的两角稍许起升后，再使另一侧两角起升。每次顶升量不宜过大，以免重物倾斜翻倒。每一侧的千斤顶起升应同步。

6）千斤顶底座长边应与起升重物长边垂直，如用两个或两个以上千斤顶在同一端起重时，其底座的长边应相互略成八字形，使前后和左右方向不易倾倒。

7）起升量较大时，每一个顶点应设置两台同型号和同起重能力的千斤顶，使其交替工作，连续顶升。

2. 落的安全技术

1）落是指用千斤顶把重物从较高位置落到较低位置的操作过程。

2）落的操作，则按顶的相反操作步骤进行（具体参见顶的安全技术）。

3）为确保安全，在把重物略微顶起后，拆去枕木，及时垫入不同厚度的垫木，要使重

物与垫木的距离保持在50mm以内，并随着千斤顶的下落逐次拆除放入的垫木，直至将重物落在下一层的枕木上，拆去千斤顶下部分垫木，重复以上操作，直到将重物落至所需位置为止。

5.2.3　滑和滚

1. 滑的安全技术

1）“滑”是指把重物放在滑道上，用人力或卷扬机牵引，使重物向前滑移的操作过程。

2）先按运输方向铺设钢轨滑道，滑道上放置滑板或滑杠，滑板或滑杠上面再搁置所需滑移的重物，为减小摩擦力，钢轨滑道上可涂机油或黄油加以润滑。

3）滑动时，应时刻注意用力应均匀且缓慢，严防重物倾倒。必要时，应设置一定数量的缆绳，或采取其他稳固措施。

2. 滚的安全技术

1）“滚”是指在地面设滚道，滚道上放置滚杠，滚杠上面再放置上滚道，并把重物放置在上滚道上面（与上滚道固定在一起），使重物随着上、下两滚道间的滚杠滚动到所需的位置。

2）上滚道的宽度应略小于重物体宽度，下滚道则应比上滚道略宽些。

3）滚杠常采用硬木棒或钢管，直径为50～150mm，其长度应比下滚道宽200～400mm，同时超出下滚道外缘的距离不得小于100～200mm。

4）重物前进的方向由滚杠的方向控制：滚杠与滚道轴线垂直时，重物直线前进；滚杠偏转某一侧，重物也随之转向某一侧。为使重物直行，应经常用大锤将偏转的滚杠校直；滚杠之间的净距始终要保持在150mm左右。

5）在滚动过程中，应采取相应的措施，严防重物倾倒和滚杠伤人。

5.2.4　转和卷

1. 转的安全技术

1）“转”是指将重物在平面内旋转一定角度的操作过程。

2）应沿物体前进的方向设置上、下滚道，并在滚移过程中偏转滚杠来逐渐转动重物。

3）底面大体为正方形的物体，可在四角设置短的上滚道，采用一角牵引或对角牵引，重物即可绕其中心转动；也可在三个角设置短的上滚道，在设上滚道的任意一角牵引，重物即可绕不设上滚道的一角旋转。

4）对于较长的重型设备和构件，需在原地转动一定角度时，可先在重物两端设置千斤顶，顶起重物，然后在重物中部下方搭设枕木垛，枕木垛上放置两层或三层10～20mm厚钢板的圆形转盘，并在各钢板之间涂以润滑油；再在钢板上面搭设枕木排，落下千斤顶，将重物平稳地搁置在枕木排上，用人力或卷扬机牵引，推动重物两端，即可转动重物至所需角度。在操作过程中，要严格保持重物和转盘的水平位置，防止倾斜。

5）为使转盘转动灵活，可在转盘钢板上刻成环形凹槽，内放置滚珠，再滚动。

2. 卷的安全技术

1）“卷”是用绳索缠绕在圆柱形物体上，牵引绳索，以搬移、举高或降低该圆柱体的操作过程。

2）操作之前，首先要选择类型和强度合适的绳索，其次要选择安全可靠的牵引方法（一般有人力或机械）。

3）卷动之前，应认真检查绳索的安全可靠性能，统一指挥，分工明确，行动一致。

4）操作时，一般用两根钢丝绳在物体两端同时卷，并注意保持两根钢丝绳卷动速度相同，以保证物体的平衡稳定。

5.2.5　捆、吊和测

1. 捆的安全要求

1）“捆”是指用绳索捆绑需要搬移、提升或固定的构件、设备或其他物体的操作过程。

2）捆绑物体前，首先应正确选择合适的绳索，并确定合理的捆绑方法。

3）起吊竖直长大的重物时，应将绳索捆绑于其重心部位；如须使重物在吊运过程中保持水平位置，则应在重心两侧对称捆绑。

4）捆绑应牢固，起吊前应进行试吊，经确认无误后，方可正式起吊。

5）双吊点起吊时，必须使吊索与水平面的夹角保持在45°~60°。

6）在起吊过程中，钢丝绳应保持平顺，严防打结。

7）捆绑重物时，应考虑方便拆除绳索的需要；重物就位后，严禁压住或压坏索具。

8）起吊各种零星物件时，必须选择与其相适应的工具或夹具，确保吊运平稳、安全。

9）严禁将三根以上吊索并列、一起悬吊重物。

2. 吊的安全要求

1）“吊”是指用起重机械、起重拔杆或其他吊装设备将重物吊起，移动到某个确定位置的操作。

2）吊是整个吊装作业中的关键性操作，应根据所吊重物的重量、结构特点、现场的具体条件等因素，合理选择起重吊装设备和吊装方案。

3）如采用拨杆或人字杆来起吊重物，必须经过严格的设计和计算，经相关人员审核批准后，还要经试吊观察，确认无误后，方可进行正式作业。

3. 测的安全要求

1）“测”是指对起吊对象的重量、尺寸、重心位置、起吊高度等进行目测和估算的方法。

2）测毕竟是一种经验性的结果，所以，除有丰富的实践经验，可以确认起吊重物的重量、尺寸等参数外，一般必须经现场多方会审，集思广益后，再确定起吊的方案和程序。

3）应在实践中不断学习和总结，积累经验，方能准确地掌握测的结果，更好地服务于工程实际。

子单元3　索具设备

索具设备主要包括绳索、吊具常用的端部件和吊装设备等。

5.3.1 绳索

起重作业中常使用绳索捆绑、搬运和提升重物，它可与吊具的端部件（如吊钩、吊环和卸扣等）组成各种索具。常用的绳索有白棕绳、钢丝绳和链条等。

1. 白棕绳的安全技术

1）白棕绳必须由剑麻基纤维搓成线，线再搓成股，最后将股拧成绳。白棕绳有涂油和不涂油之分。涂油的白棕绳防潮防腐性能较好，但强度比不涂油的绳要降低10%～20%；不涂油的白棕绳在干燥情况下，强度高、弹性好，但受潮后强度降低约50%。起重吊装宜使用不涂油的白棕绳。

2）因白棕绳强度较低，故只允许用做起吊轻型构件，或作为受力不大的缆风绳、溜绳等，严禁和酸、碱及油漆等化学物品接触使用。

3）原封整卷白棕绳开启使用时，先将绳卷平放在地上，并将卷内的绳头抽出，切不可从卷外把绳头拉出，否则易使绳索扭结；放到所需长度并切断前，应在切断处两侧约50mm处，用铁丝或细麻绳扎紧，以免切断后绳股松散。

4）使用时应将绳索抖直，若发生扭结，绳索在受拉时易折断；如有局部损伤，应切去损伤部分。

5）当绳不够长或需要连接时，不宜打结接长，应尽量采用编接方法接长，并用扎丝扎牢。

6）编接绳头、绳套前，每股绳头上应用细绳或铁丝扎紧，编结后相互搭接长度如下：绳套不应小于白棕绳直径的15倍，绳头接长不应小于其直径的30倍。

7）穿绕滑轮时，滑轮的直径应大于白棕绳直径的10倍，以免绳索因受到较大的弯曲力而使其强度降低。绳子有结时，严禁穿过滑轮狭小处，以避免损伤绳索而发生事故；长期在滑轮上使用的白棕绳，应定期改变穿绳方向，使绳索磨损均匀。

8）捆绑有棱角的物件时，必须以木板或麻袋等软物垫衬，防止断绳。

9）施工中，严禁在粗糙的构件上或地上拖拉绳索，并防止砂石等硬物嵌入绳内而磨损绳索。

10）吊装作业中所使用的绳扣应结扣方便，受力后不得松脱，解扣应简易。

11）使用旧绳索起重时，应预先做超载25%的静载试验或超载10%的动载试验，合格后，方可使用。一般情况下，旧绳的允许应力取新绳的50%左右。不能使用有断股、霉烂和损伤的绳索。

12）使用中，绳索应尽量避免雨淋或受潮，不能高温烘烤。使用完毕，应清除表面泥污，收回晾干，盘成卷后存放于通风干燥的木板上，以免腐烂。

2. 钢丝绳的安全技术

1）钢丝绳按绕捻方法不同可分为左同向捻、右同向捻、左交互捻和右交互捻四种，起重吊装作业中必须使用交互捻的钢丝绳，以右交互捻的为宜。

2）6×7（6股每股7丝）钢丝绳可用做缆风绳；6×19钢丝绳只宜制作吊索和在手摇卷扬机上使用；高速转动的起重机械或穿绕滑轮组，必须采用6×37钢丝绳；起吊精密仪表机器设备宜用6×61钢丝绳。

3）解开原卷钢丝绳时，必须按正确的方法进行；当按需要长度切断前，应在切口两侧

50mm 处用细铁丝捆牢。在切断后，剩余的钢丝绳上要挂木牌，并应注明钢丝绳的型号、直径、长度以及出产日期等，以备核查和后期使用。

4）用錾子或钢锯切断钢丝绳时，斩切位置不应前后变化，操作者应戴上护目镜，以避免钢丝碎屑蹦起损伤眼睛。

5）新钢丝绳使用前以及旧钢丝绳使用过程中，每隔半年应进行强度检验；其检验方法如下：以钢丝绳容许力的 2 倍进行静载负荷检验，在 20min 内，钢丝绳保持完好状态，即认为合格。

6）钢丝绳穿过滑轮时，严禁使用轮缘已破损的滑轮；滑轮槽的直径应比钢丝绳的直径大 1 ~2. 5mm。过大，则钢丝绳易被压扁；过小，则钢丝绳易发生磨损。

7）起重机械的起动和制动必须平稳，严防起重时钢丝绳承受过大的冲击荷载。

8）钢丝绳端部与吊钩、卡环连接时，应利用钢丝绳固接零件或使用插接绳套，不得用打结绳扣的方法进行连接。

9）工作中若发现钢丝绳绳股缝间有大量的油挤出时，这是钢丝绳即将断裂的前兆，应立即停吊查明原因，并进行处置。

10）工作中的钢丝绳不得与其他物体相互摩擦，特别是带棱角的金属物体；着地的钢丝绳应用垫板或滚轮托起。

11）钢丝绳端头与起重卷筒或滑轮组连接时，卷筒的直径应比钢丝绳直径大 16 倍。起重钢丝绳端部自身固定或与吊钩的连接，应采用楔式固定，并应留出不小于 2. 5 倍钢丝绳直径的绳头；若有条件，钢丝绳端部固定或与吊钩的连接应尽量采用叉头索节（A 型）或环头索节（B 型）。

12）使用钢丝绳卡子固结时，应采用骑马式卡子，同时 U 形螺栓内侧净距应与钢丝绳直径大小相适应，不得用大卡子夹细绳。

13）钢丝绳应尽可能避免打结，必须打结时，只允许在钢丝绳端部打结；打结时应根据不同用途而采用所需要的形式。

14）严禁钢丝绳与电线接触使用，以免发生触电事故；靠近高温物体时，要采取隔热措施。

15）钢丝绳吊索的安全系数如下：当利用吊索上的吊钩、卡环来钩挂重物上的起重吊环时，应不小于 6；当用吊索直接捆绑重物，且吊索与重物棱角间已采取妥善保护措施时，应取 5 ~8；当吊索与重物棱角之间未采取任何保护措施时，应取 8 ~10；当吊装特重、精密或几何尺寸较大的重物时，为保证安全，除应采取妥善保护措施外，安全系数应取 10。

16）吊索与所吊构件间的水平夹角应为 45° ~60°。

3. 链条的安全技术

1）应采用短环焊接链条吊索。

2）新链条使用前，应用破断荷载的一半进行试验，试验合格者方准用于起重作业中。

3）链条吊索不允许承受振动或冲击荷载，也不准超载使用。

4）焊接链条仅适用于垂直起吊，而不适用于双链夹角起吊。

5）在使用前后，应经常检查链环接触处的磨损情况，并定期进行负荷试验。

6）当链条磨损量超过其直径的 5% 时，必须进行试验和计算，并降低起重量或更换链条。

5.3.2 吊具常用的端部件

吊具常用的端部件有卡环、吊钩、吊环、钢丝绳夹等。

1. 卡环的安全技术

1）卡环，也称为卸甲、卸扣等，不仅可作为吊索的端部部件，更是起重吊装作业中广泛使用的轻便、灵活的连接工具。

2）使用卡环时，必须注意其受力方向，正确的安装方式是力的作用点在卡环本身的弯曲部分和横销上。否则，作用力会使卡环本体开口扩大，或可能会损坏横销的螺纹。

3）卡环不得超载使用。在起重作业中，可按标准查取卡环的型号及额定荷载而直接选用。若无资料可查，可预估一下卡环的容许荷载［其容许荷载（N）约为卡环弯曲部分直径（mm）的60倍］，再根据所起吊的重物，判断可否使用。

4）安装卡环横销时，应在螺纹旋足后再反向旋转半圈，以防止螺纹旋得过紧而使横销无法退出。

5）起重作业完成后，严禁将拆除的卡环从高空向下抛掷，以防卡环变形、损坏或伤人。

6）当卡环任何部位产生裂纹、塑性变形、螺纹脱扣、销轴和环体断面磨损达原尺寸的3%～5%时，应立即报废。

2. 吊钩的安全技术

1）吊钩应当由专业生产厂家按吊钩的技术标准和安全规范生产，产品应有制造厂的质量合格证书，否则严禁使用。

2）吊钩不得超负荷作业。对于起重量不明确的吊钩，可根据其截面尺寸，初步估算容许起重量，再用比计算结果大25%的重量试吊合格后，方可使用。

3）吊钩表面应光滑，不得有裂纹、刻痕、剥裂、锐角等存在，并应每年至少检查一次。试验时以1.25倍容许荷重进行10min的静力试验，用放大镜或其他方法检查，若发现裂纹、裂口及残余变形，应停止使用。

4）吊钩的危险截面（吊钩的螺纹的根部和吊钩的底部）上磨损量超过10%时，或开口度比原尺寸增加15%时，应予以报废。

5）严禁对裂纹或磨损处进行焊补或填补焊。

3. 吊环的安全技术

1）吊环是吊装作业中的取物工具。其表面应光洁，不得有刻痕、锐角、接缝和裂纹等现象。

2）使用吊环前，应检查螺钉根部是否有弯曲变形，螺纹扣规格是否符合要求，螺纹有无损伤。

3）使用时，吊环螺纹必须旋紧，最好用扳手等工具用力扳紧，防止吊索受力打转时，物件脱落。

4）使用吊环时，若发现螺纹太长，须加垫片，拧紧后方可使用。

5）使用吊环时，必须注意其受力方向。垂直受力为最佳，严禁横向受力。当重物有两个以上吊点使用吊环时，钢丝绳间夹角一般应在60°以内，以防吊环受到过大的横向力而造成弯曲变形，甚至断裂。若遇特殊情况，可在两绳之间加横吊梁来减少吊钩的横向力。

4. 钢丝绳夹的安全技术

1）钢丝绳夹（又称为钢丝绳卡）用于钢丝绳端头的固定、钢丝绳的连接及捆绑绳的固定等处，应优先选用骑马式钢丝绳夹。

2）应根据钢丝绳直径的大小选择钢丝绳夹，钢丝绳夹的型号应与钢丝绳直径接近。绳夹的使用数量见表5-1，钢丝绳夹的排列间距约为钢丝绳直径的6~7倍。

表5-1　钢丝绳夹数量的选用表

钢丝绳直径/mm	<7	7~16	16~20	20~26	26~40
绳夹最少数量/个	3	5	6	7	8

3）使用钢丝绳夹时，U形环螺栓必须拧紧，直到钢丝绳直径被压扁约1/3为止。为检查钢丝绳受力后绳夹是否有移动，宜加装一个安全绳夹，安全绳夹一般安装在距最后一只绳夹约500mm处，将绳头放出一段安全弯后与主绳夹紧。

4）钢丝绳末端与距它最近绳夹的最小距离应在140~160mm。

5）钢丝绳受力后，应认真检查绳夹是否移动。如果钢丝绳受力后产生变形，应对绳夹进行二次拧紧。

6）使用绳夹后，应检查其螺纹扣有无损坏。当螺纹扣损坏、螺母松动、压板上留有的绳刻痕较深时，均应报废。

7）绳夹暂时不用时，应在螺纹扣部位涂上防锈油，并放在干燥处，防止生锈。

5.3.3　吊装设备

起重吊装工程中常用的吊装设备包括自行杆式起重机、塔式起重机、滑轮和滑轮组、横吊梁、手动葫芦、绞磨、千斤顶和地锚等。

1. 自行杆式起重机的安全技术

自行杆式起重机有履带式起重机、汽车式起重机和轮胎式起重机三类。

履带式起重机由动力装置、传动装置、回转机构、行走装置、卷扬机构、操纵系统、工作装置以及电器设备等部分组成。履带式起重机具有操纵灵活、使用方便、可在一般道路上行走和工作、车身能回转360°、可以负载行驶等优点，故在单层工业厂房的结构安装工程中得到广泛的应用。但其稳定性较差，使用时必须严格遵守操作规程。若需超负荷或加长起重杆时，必须先对其稳定性进行验算。

汽车式起重机是将起重装置安装在载货汽车（越野汽车）底盘上的一种起重机械，其动力来自汽车的发动机。汽车式起重机的主要优点是转移迅速，对路面破坏性小。但它起吊时，必须将支腿落地，不能负载行走，故使用上不及履带式起重机灵活，轻型汽车式起重机主要用于装卸作业，大型汽车式起重机可用于一般单层或多层房屋的结构安装。使用汽车式起重机时，因它自重较大，对工作场地要求较高，起吊前必须将场地平整、压实，以保证操作平稳、安全。此外，起重机工作时的稳定性主要依靠支腿，故支腿落地必须严格按操作规程进行。

轮胎式起重机是一种将起重机构安放在一个加重型轮胎和轮轴组成的特制底盘上的起重机，其起重量可达40t，吊杆长度可达40m左右，可用于构件装卸和一般工业厂房的结构安装。轮胎式起重机行驶时对路面的破坏性较小，行驶速度比汽车式起重机慢，其稳定性较

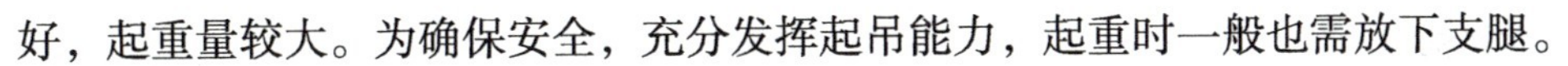

好，起重量较大。为确保安全，充分发挥起吊能力，起重时一般也需放下支腿。

自行杆式起重机必须满足以下安全技术要求：

1）作业地面应坚实平整，支腿必须支垫牢靠（轮胎均需离开地面），回转半径及有效高度以外5m内不得有障碍物。

2）检查钢丝绳是否有损伤，各紧固螺钉是否松动及传送带松紧程度。

3）起重机驾驶员、起重工必须听从指挥人员指挥，不得各行其是，工作现场只许由一名指挥人员指挥。

4）工作前必须发出信号，空负荷运行5min以上，检查工作机构是否正常，安全装置是否牢固、可靠。

5）吊起重物时，应先将重物吊离地面100mm左右，停机检查制动器灵敏性和可靠性以及重物绑扎的牢固程度，确认情况正常后，方可继续工作。

6）工作场地应尽量远离高压网线，如必须在输电线路下作业时，起重臂、吊具、辅具、钢丝绳等与输电线的距离应满足以下要求：输电线路电压为1kV以下，最小距离为1.5m；输电线路电压为1~35kV，最小距离为3m；输电线路电压不小于60kV时，最小距离为$[0.1(U-50)+3]$m（U为实际输电线路电压）。

7）严禁让起吊的货物从人的头顶、汽车和拖盘车驾驶室上空经过。工作中，任何人不准上、下机械；提升物体时，禁止猛起、急转弯和突然制动。

8）吊重行走时，上吊部分应全部制动，吊杆应置于起重机正前上方。轮胎式起重机起吊量不得超过额定起重量的60%，履带式起重机起吊量不得超过额定起重量的70%。防止吊物或起重机与其他任何物体碰撞。

9）严禁起重物长时间滞留空中；起重机满负荷或接近满负荷时，禁止复合操作；起吊物吊在空中时，驾驶员不得离开驾驶室。

10）两台或多台起重机吊运同一重物时，钢丝绳应保持垂直，各台起重机应同步升降。

11）两台或多台起重机联合工作时，轮胎式起重机起吊量不得超过两台起重机允许起重量之和的75%；履带式起重机起吊量不得超过两台起重机允许起重量之和的70%，且每台起重机的负荷不得大于该机允许起重量的80%。

12）风速大于10m/s时，不准起吊任何物体。

13）起升和降下重物时，速度应均匀、平稳，保持机身的稳定，防止重心倾斜，严禁起吊的重物自由下落。

14）从卷筒上放出钢丝绳时，至少要留有5圈，不得放尽。

15）起吊易燃、易爆危险品时，应采取必要的安全措施；无安全措施时，不得随意起吊。

16）应配备必要的灭火器，驾驶室内不得存放易燃品。雨天作业，制动器淋雨打滑时，应停止作业。

17）夜间工作需有良好的照明。

18）工作完毕，应将机车停放在坚固的地面上，吊钩收起，各部制动器刹牢，操纵杆放到空档位置。

19）履带式起重机长途转移工作场地（1km以上）时，必须用平板车拖运；短途转移（1km以内）时，臂杆应降到20°~30°，并将吊钩收起。

2. 塔式起重机

塔式起重机可按行走机构、变幅形式、回转机构部位以及爬升方式的不同分为行走式塔式起重机和自升塔式起重机。

行走式塔式起重机一般安装在轨道上，轨道沿建筑物铺设。此类塔式起重机型号很多，有上回转式，也有下回转式。变幅方式有动臂式，也有小车运行式。其主要优点有构造合理、质量轻、用钢省、可以折叠、运输方便、全部机构在塔身下面、稳定性好、能自拆自装、装拆时间短等，在一般民用建筑中应用较广泛。

自升塔式起重机有内爬式、附着式两种形式。内爬式就是将塔式起重机放置在拟建建筑物内，随着建筑物升高而往上爬升；附着式则是将起重机置于建筑物外，随着建筑物的上升而自动接建筑物的已安装部分作为塔身支撑，以保证其稳定性。目前，自升塔式起重机多用于建筑施工现场。

塔式起重机的安全技术要求参见单元6的相关内容。

3. 滑轮和滑轮组的安全技术

1）使用前，应检查滑轮的轮槽、轮轴、颊板、吊钩等部分有无裂纹或损伤，滑轮转动是否灵活，润滑是否良好。同时，滑轮槽应比钢丝绳直径大1~2.5mm。

2）使用时，应按其标定的容许荷载值使用，严禁超载使用；若滑轮起重量不明，可先进行测估，并经过负荷试验合格后，方可使用。

3）滑轮组内绳索可采用顺穿法，但“三三”以上滑轮组宜用花穿法。滑轮组穿绕后，开动卷扬机或推动绞磨，缓慢将钢丝绳收紧和试吊，检查卡绳、磨绳和钢丝绳之间有无摩擦，以及其他部分是否运转良好。如有异常，应立即修正，以确保安全使用。

4）滑轮吊钩中的吊环应与所起吊构件的重心在同一垂线上，以使构件能平稳吊升；如用溜绳斜拉构件，会使滑轮组中心偏离，滑轮组的受力将增大，故计算和选用滑轮组时应予以考虑。

5）滑轮使用前后均应清理干净，并擦油保养，轮轴应经常加油润滑，严禁锈蚀和磨损。

6）对高处和起重量较大的吊装作业，不宜用吊钩型滑轮，应使用吊环、链环或吊梁型滑轮，以便严防脱钩事件的发生。

7）严防滑轮组的上下动、定滑轮过分靠近，一般应保持1.5~2.0m的距离。

4. 横吊梁（也称铁扁担）的安全技术

1）吊装8t以内的柱宜用滑轮横吊梁，其滑轮横吊梁的吊环必须用Q235钢材锻制而成，环圈大小应能保证直接顺利挂上起重吊钩；滑轮的直径应大于起吊柱的厚度。

2）吊装12t以下的柱宜用钢板横吊梁，它也必须全部用Q235钢或低合金钢钢板制作，横吊梁中挂卡环的孔距应比柱大出200mm，且于孔的两侧面焊上与孔同直径且不小于ϕ10mm的钢筋环；横吊梁的挂钩孔两侧应焊不小于根据计算所需厚度的钢板，且不得小于12mm厚；另两卡环孔之间为增强横向刚度，应扣焊∟50×5通长角钢。

3）当吊装18m以上跨度屋架时，应采用钢管横吊梁，钢管长一般为6~12m，钢管必须采用Q235无缝钢管。

4）当屋架跨度很大或需要翻转时，需要多吊点绑扎，则应采用相应型钢焊接而成的三角形桁架式横吊梁。

5. 手动葫芦的安全技术

1）使用前，应查阅其说明书，了解其技术性能，严禁超载使用。

2）操作前，必须认真检查吊钩、链条、制动器、螺钉等部件以及润滑情况，确认完好无损后，方可使用。

3）作业前必须先试吊，检查制动器是否可靠，其他部件是否正常、可靠。

4）起吊前，检查上、下吊钩是否挂牢，吊钩不得歪斜、错扭，以免影响正常作业。

5）拉动手拉链时，必须使拉链方向与手拉链轮处于同一平面，严禁斜拉，以防卡链；起重链条要求垂直悬挂重物，链条各个链环间不得错扭。

6）拉动时，必须用力平稳，以免跳链或卡链。当发现拉动困难时，应及时检查原因，不得硬拉，更不许增人加力，以免拉断链条或销子。

7）起吊重物时，严禁任何人员在重物下做任何工作和行走。

8）使用三脚架时，三脚间必须保持相等间距，两脚间应用绳索联系。当联系绳索置于地面时，要注意防止将作业人员绊倒。

9）数台手动葫芦同时起吊一个重物时，应选择规格和起重量相同的手动葫芦，受力要均衡，每台葫芦的荷载应为其额定荷载的75%，并由专人指挥、同步起落。

10）使用完毕，应拆卸、洗净、上油、安装复原送库房妥善保管。

6. 绞磨的安全技术

1）绞磨是由卷绕钢丝绳的磨芯、连接杆、磨杆、支承磨芯和连接杆的磨架等主要部分组成，适用于起重量不大、无电源、起重速度不快的吊装作业，或用于拔杆吊装作业的牵引缆风绳等处，一般不宜使用。

2）使用时，绞磨应安装在场地平整和宽敞的地方，并用牢固的地锚或木桩（铁桩）固定牢固。绞杠要有足够的回转余地，绞磨前面每一个导向滑轮应与绞磨的磨芯中心基本在同一水平线。

3）绳在磨芯缠绕的圈数不得少于3圈。

4）跑绳的一端由磨芯的下部引出，并让有经验的人拉紧，用人拉活手绳（跑头）的一端，切不可松手，否则，绞杠旋转就会发生伤人的危险。拉绳的人数要根据拉力的大小而确定，拉力大时，可将绳索在磨芯上多绕几圈。

5）绞磨必须装有制动器（自锁装置），起重中途需要暂停工作时，应使用制动器制动，绞杠不能离手，严防发生事故。

6）为确保安全，绳尾应在木桩上绕一圈以上，并保持绳尾始终保持拉紧状态，长出的剩余绳索应就地盘绕成圈。

7）松绳时，后尾拉活手绳的人不能只松绳，要用绞杠的反向旋转来配合，缓慢放出绳索。

8）多人操作时，分工应明确，并由专人指挥，统一行动，操作人员要精力集中。工作现场，特别是跑绳及拉绳的两旁，严禁无关人员停留。

7. 千斤顶的安全技术

1）使用千斤顶时，底部要用无油污、坚实的木板垫平，地面应平整、坚实，不能用铁板代替木板，以防滑动。同时，设置的顶升点须坚实牢固，荷载的传力中心应与千斤顶轴线一致，严禁荷载偏斜，以防千斤顶歪斜受力而发生事故。

2）开始顶升时，先将结构构件轻微顶起后停住，检查千斤顶承力、地基、垫木、枕木垛是否正常。如有千斤顶歪斜等异常情况，应及时处理后，方准继续工作。

3）结构构件顶起后，应随起随搭枕木，随着构件的顶升，枕木上应加临时短木块，短木块与构件间的距离必须保持在50mm以内，以防千斤顶突然倾倒或回油而造成伤亡事故。严禁把千斤顶用做永久支撑。

4）严禁超载、超高。在起升过程中，不得随意加长千斤顶手柄或强力硬压。当套筒出现红线时，表明已达到额定高度，应停止顶升，提升高度不得超过螺纹杆螺纹扣或活塞总高度的3/4。如构件的起升降高度或荷载较大，应重新选择合适的千斤顶。

5）千斤顶不适用于有酸、碱或腐蚀性气体的场所。

6）使用千斤顶时，要时刻注意密封部分与管接头部分，必须保证其安全可靠。

7）数台千斤顶同时作业时，应采用同型号的千斤顶，并由专人指挥，使起升或下降同步进行。应在相邻两台千斤顶之间支撑木块，保证间隔，以防滑动。

8）使用千斤顶后，应清理干净，零件损坏或不符要求者应立即予以更换，安装好后应检查各部配件运转是否灵活。对于油压千斤顶，还应检查阀门、活塞、皮碗等是否完好，油液是否洁净，稠度是否符合要求。

9）使用完毕后，应把千斤顶存放在干燥、少尘的地方，不得置于露天日晒和雨淋。

8. 地锚的安全技术

1）地锚的埋设应事前经过周密的计算。

2）地锚应埋设在场地平整、土质坚硬和干燥的地方，地面不准被水浸泡或有积水。

3）木质地锚应使用剥皮落叶松、杉木，严禁使用油松、杨木、柳木、桦木、椴木，不准使用腐朽或多疖木料。

4）卧木上绑扎生根钢丝绳的绳环可用编接或卡接，须保证牢固可靠；同时，横卧木四角应用长500mm角钢进行加固，并在角钢棱角外扣上长300mm的半圆钢管，以保护绳环不被磨断。

5）生根钢丝绳的方向应与地锚受力方向一致。

6）使用重要地锚前，必须进行试拉，合格后方可使用；对埋设不明的地锚，未经试拉不得使用。使用时，要指定专人检查、看守，如发生变形，应立即处理或加固。

相关案例

【背景资料】某工地一台20t履带式起重机在雨后执行吊装重量为19.6t的设备安装工作，设备周边均有棱角。起重工用两组钢丝绳直接绑扎好后，开始起吊。到达安装位置后，下降设备时，在距安装高度约3m高的位置，指挥人员发现位置有偏差，立即发出停止下降的信号，司机马上操纵下降制动，但制动失灵，重物下滑，当下滑约2m多后，突然制动，此时，一根吊绳突然断裂，设备倾翻落下，造成设备损坏。

【事故分析】通过对以上事故情况的了解可以看出，该案例在以下方面违反了起重吊装的安全要求：

（1）起重工严重违反吊索经过有棱角处必须垫上隔离物，以防钢丝绳被切断的规定，

未进行任何处理，就捆扎重物，埋下了事故的隐患。

(2) 指挥人员、司机未按规程要求在雨、雪等特殊季节后，作业前必须检查制动器是否可靠，致使制动器在有水的情况下制动性能下降，致使重物下滑。

(3) 指挥人员、司机未按规定要求，在荷载达到90%以上额定起重量时，必须进行试吊。从而失去了发现制动失灵的机会。

【想一想】 假设安全管理制度到位，参与吊装人员牢记起重吊装的安全技术规程，后果又会怎样？从这一事故中，能得到什么启示和教训呢？

思考与拓展题

5-1 请走访一些起重吊装作业人员，让他们具体谈谈对起重吊装作业的基本要求和工作体会，再结合教材的知识，领会一下如何实现起重吊装作业的安全生产。

5-2 生活中也会遇到许多起重吊装的基本操作，你是按照规定的要求做的吗？应该怎样做？只有日常生活中养成了良好的安全习惯，才能在工程实际中处处贯彻安全技术和管理的要求，你认为是这样吗？请谈谈你的体会。

5-3 索具设备是起重吊装的关键器具，它们的正确选择和安全使用是起重吊装工作安全生产的基本保障。请到施工现场或销售单位等处了解一些索具设备的安全知识。

垂直运输机械

单元6 垂直运输机械

能力目标

1. 熟悉塔式起重机、施工升降机和物料提升机的安装拆卸方案内容，熟悉安全使用塔式起重机、施工升降机和物料提升机的要点。

2. 掌握对塔式起重机、施工升降机和物料提升机的安全使用和检查验收的方法，根据《建筑施工安全检查标准》(JGJ 59—2011)进行评分。

学习重点与难点

塔式起重机、施工升降机和物料提升机的结构和分类，安装和拆卸要点，安全保护装置，安全使用和维修保养，以及安全检查内容。

课程思政　北京奥运会主体育场——“鸟巢”

国家体育场“鸟巢”主要由巨大的门式钢架组成，共有24根桁架柱，每根柱子的吊装都展示了中国技艺的精湛。国家体育场建筑顶面呈鞍形，长轴为332.3m，短轴为296.4m，最高点高度为68.5m，最低点高度为42.8m。在保持“鸟巢”建筑风格不变的前提下，新设计方案对结构布局、构建截面形式、材料利用率等方面进行了较大的调整与优化。原设计方案中的可开启屋顶被取消，屋顶开口扩大，大跨度屋盖支撑在24根桁架柱之上，柱距为37.96m。看台部分采用钢筋混凝土框架—剪力墙结构体系，与大跨度钢结构完全脱开。主桁架围绕屋盖中间的开口放射形布置，有22榀主桁架直通或接近直通。

“鸟巢”形态如同孕育生命之“巢”，它更像一个摇篮，寄托着人类对未来的希望。更值得一提的是：撑起“鸟巢”的铁骨钢筋是我国自主创新、具有自主知识产权的国产Q460钢材，这种低合金高强度钢，只有在其受力强度达到460MPa时才会发生塑性变形，生产难度可想而知。这是我国科研人员经过长达半年多的科技攻关，前后多次试制才取得成功的。作为21世纪的新青年，我们理应继承这种不怕苦、不怕累，勇攀科技高峰，用更具人性化的设计理念、更现代化的施工机械，推动我国早日实现科技强国梦。

子单元1　塔式起重机

6.1.1　塔式起重机的分类

塔式起重机简称为塔机。塔机是现代工业和民用建筑中的重要起重设备，在建筑工程施工中，尤其在高层、超高层的工业和民用建筑的施工中有非常广泛的应用。塔机在施工中主要用于建筑结构和工业设备中安装、吊运建筑材料和建筑构件。它的主要作用是重物的垂直运输和施工现场内的短距离水平运输。

塔机根据其不同的形式，可分类如下：

1. 按结构形式分类

（1）固定式塔式起重机　通过连接件将塔身基架固定在地基基础或结构物上，进行起重作业的塔式起重机。

（2）移动式塔式起重机　具有运行装置，可以行走的塔式起重机。根据运行装置的不同，又可分为轨道式、轮胎式、汽车式和履带式。

（3）自升式塔式起重机　依靠自身的专门装置，增、减塔身标准节或自行整体爬升的塔式起重机。根据升高方式的不同又分为附着式和内爬式两种。

1）附着式塔式起重机：按一定间隔距离，通过支撑装置将塔身锚固在建筑物上的自升式塔式起重机。

2）内爬式塔式起重机：设置在建筑物内部，通过支承在结构物上的专门装置，使整机能随着建筑物高度的增加而升高的塔式起重机。

2. 按回转形式分类

(1) 上回转塔式起重机（图6-1） 回转支撑设置在塔身上部的塔式起重机，又可分为塔帽回转式、塔顶回转式、上回转平台式、转柱式等形式。

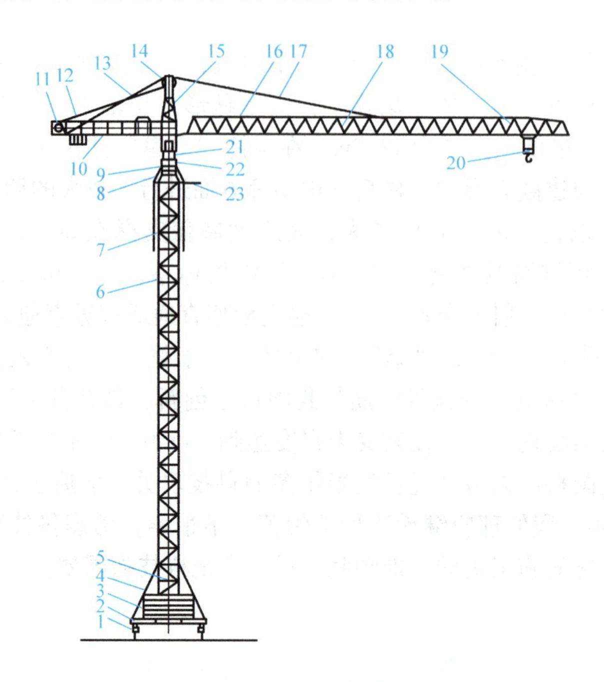

图6-1 上回转塔式起重机外形结构示意图

1—台车 2—底架 3—压重 4—斜撑 5—塔身基础节 6—塔身标准节 7—顶升套架 8—承座 9—转台 10—平衡臂 11—起升机构 12—平衡重 13—平衡臂拉索 14—塔帽操作平台 15—塔帽 16—小车牵引机构 17—起重臂拉索 18—起重臂 19—起重小车 20—吊钩滑轮 21—司机室 22—回转机构 23—引进轨道

(2) 下回转塔式起重机（图6-2） 回转支撑设置于塔身底部、塔身相对于底架转动的塔式起重机。

3. 按架设方法分类

(1) 非自行架设塔式起重机 依靠其他起重设备进行组装架设成整机的塔式起重机。

(2) 自行架设塔式起重机 依靠自身的动力装置和机构能实现运输状态与工作状态相互转换的塔式起重机。

4. 按变幅方式分类

(1) 小车变幅塔式起重机 起重小车沿起重臂运行进行变幅的塔式起重机。

(2) 动臂变幅塔式起重机 臂架做俯仰运动进行变幅的塔式起重机。

(3) 折臂式塔式起重机 根据起重作业的需要，臂架可以弯折的塔式起重机。它可以同时具备动臂变幅和小车变幅的性能。

塔式起重机型号分类及表示方法具体见表6-1。

6.1.2 塔式起重机的性能参数

塔式起重机的技术性能用各种数据来表示，即性能参数。

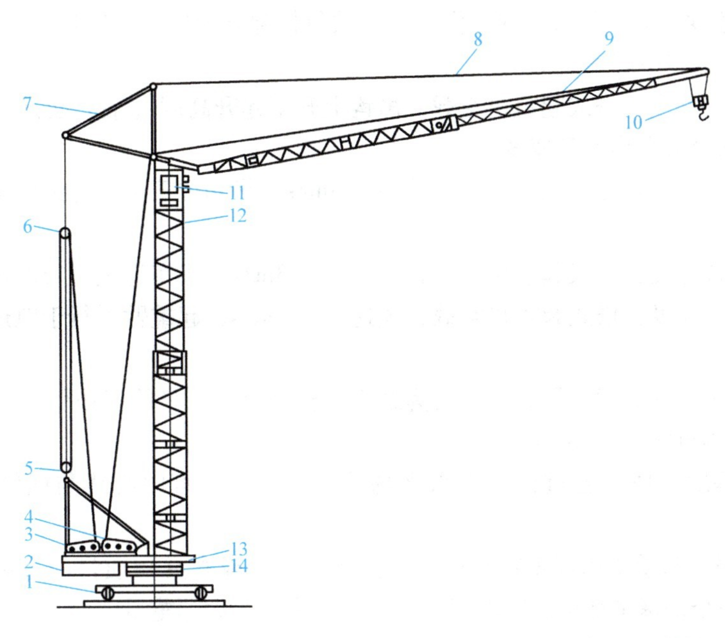

图6-2　下回转塔式起重机外形结构示意图

1—底架（即行走机构）　2—配重　3—架设及变幅机构　4—起升机构　5—变幅定滑轮组
6—变幅动滑轮组　7—塔顶撑架　8—臂架拉绳　9—起重臂　10—吊钩滑轮
11—司机室　12—塔身　13—转台　14—回转支撑装置

表6-1　塔式起重机型号分类及表示方法

类	组	型		代号	代号含义	主参数	
						名称	单位表示
建筑起重机	塔式起重机 QT	轨道式	—	QT	上回转式塔式起重机	额定起重力矩	$kN \cdot m \times 10^{-1}$
			Z（自）	QTZ	上回转自升式塔式起重机		
			A（下）	QTA	下回转式塔式起重机		
			K（快）	QTK	快速安装式塔式起重机		
		固定式 G（固）		QTG	固定式塔式起重机		
		内爬式 P（爬）		QTP	内爬式塔式起重机		
		轮胎式 L（轮）		QTL	轮胎式塔式起重机		
		汽车式 Q（汽）		QTQ	汽车式塔式起重机		
		履带式 U（履）		QTU	履带式塔式起重机		

1. 主参数

塔式起重机以公称起重力矩为主参数。公称起重力矩是指起重臂为基本臂长时最大幅度与相应起重量的乘积。

2. 基本参数

（1）起升高度（最大起升高度）　塔式起重机处于运行或固定状态时，空载、塔身处于最大高度，吊钩位于最大幅度外，吊钩支承面对塔式起重机支承面的允许最大垂直距离。

(2) 工作速度 塔式起重机的工作速度参数包括起升速度、回转速度、小车变幅速度、整机运行速度和稳定下降速度等。

1) 最大起升速度：塔式起重机空载，吊钩上升至起升高度（最大起升高度）过程中稳定运动状态下的最大平均上升速度。

2) 回转速度：塔式起重机空载，风速小于3m/s，吊钩位于基本臂最大幅度和最大高度时的稳定回转速度。

3) 小车变幅速度：塔式起重机空载，风速小于3m/s，小车稳定运行的速度。

4) 整机运行速度：塔式起重机空载，风速小于3m/s，起重臂平行于轨道方向稳定运行的速度。

5) 最低稳定下降速度：吊钩滑轮组为最小钢丝绳倍率，吊钩以该倍率允许的最大起重量，吊钩稳定下降时的最低速度。

(3) 工作幅度 塔式起重机置于水平场地时，吊钩垂直中心线与回转中心线的水平距离。

(4) 起重量 起重机吊起重物和物料，包括吊具（或索具）质量的总和。起重量又包括两个参数，一个是基本臂幅度时的起重量，另一个是最大起重量。

(5) 轨距 两条钢轨中心线之间的水平距离。

(6) 轴距 前后轮轴的中心距。

(7) 自重 塔机自身的全部重量，不包括压重和平衡重。

6.1.3 塔式起重机的主要机构

塔式起重机是一种塔身直立，起重臂回转的起重机械。塔机主要由金属结构、工作机构和控制系统组成。

1. 金属结构

塔机金属结构基础部件包括底架、塔身、塔帽、起重臂、平衡臂、转台等部分。

塔机底架结构的构造形式由塔机的结构形式（上回转和下回转）、行走方式（轨道式或轮胎式）及相对于建筑物的安装方式（附着及自升）而定。下回转轻型快速安装塔机多采用平面框架式底架，而中型或重型下回转塔机则多用水母式底架。上回转塔机，轨道中央要求用作临时堆场或作为人行通道时，可采用门架式底架。自升式塔机的底架多采用平面框架加斜撑式底架。轮胎式塔机则采用箱形梁式结构。

塔身结构形式可分为两大类：固定高度式和可变高度式。轻型吊钩高度不大的下旋转塔机一般采用固定高度塔身结构，而其他塔机的塔身高度多是可变的。可变高度塔身结构又可分为五种不同形式：折叠式塔身、伸缩式塔身、下接高式塔身、中接高式塔身和上接高式塔身。

塔帽结构形式多样，有竖直式、前倾式及后倾式之分。同塔身一样，主弦杆采用无缝钢管、圆钢、角钢或组焊方钢管制成，腹杆用无缝钢管或角钢制作。

起重臂为小车变幅臂架采用正三角形断面，一般长30~40m，但也有做到50m和超过50m的。俯仰变幅臂架多采用矩形断面桁架结构，由角钢或钢管组焊而成，节与节之间采用销轴连接、法兰盘连接或高强螺栓连接。臂架结构钢材选用16Mn、20号或Q235钢。

上回转塔机的平衡臂多采用平面框架结构，主梁采用槽钢或工字钢，连系梁及腹杆采用

无缝钢管或角钢制成。重型自升塔机的平衡臂常采用三角断面桁架结构。

2. 工作机构

塔机一般设置有起升机构、变幅机构、回转机构和行走机构。这四个机构是塔机最基本的工作机构。

塔机的起升机构绝大多数采用电动机驱动。常见的驱动方式有：集电环电动机驱动；双电动机驱动（高速电动机和低速电动机，或负荷作业电动机及空钩下降电动机）。

动臂变幅式塔机的变幅机构用以完成动臂的俯仰变化。水平臂小车变幅式塔机，小车牵引机构的构造原理同起升机构，采用的传动方式如下：变极电动机—少齿差减速器、圆柱齿轮减速器或圆锥齿轮减速器—钢丝绳卷筒。

塔机回转机构目前常用的驱动方式如下：集电环电动机—液力耦合器—少齿差行星减速器—开式小齿轮—大齿圈（回转支承装置的齿圈）。轻型和中型塔机只装一台回转机构，重型的一般装两台回转机构，而超重型塔机则根据起重能力和转动质量的大小，装设三台或四台回转机构。

轻、中型塔机采用 4 轮式行走机构，重型塔机采用 8 轮或 12 轮行走机构，超重型塔机采用 12 ~ 16 轮式行走机构。

3. 控制系统

塔机的控制系统主要包括提升控制系统、电路控制系统、速度控制系统、起升上下控制系统、档位控制系统以及程序控制系统等。

6.1.4　安全装置

为了保证塔机的安全作业，防止发生各项意外事故，根据《塔式起重机》(GB/T 5031—2019）规定，塔机必须配备各类安全保护装置。安全装置有下列几种：

1. 起重力矩限制器

起重力矩限制器的主要作用是防止塔机超载的安全装置，避免塔机由于严重超载而引起塔机的倾覆或折臂等恶性事故。力矩限制器是塔机最重要的安全装置，它应始终处于正常工作状态。力矩限制器仅对塔机臂架的纵垂直平面内的超载力矩起防护作用，不能防护因风载、轨道的倾斜或陷落等引起的倾翻事故。对于起重力矩限制器，除了要求一定的精度，还要有很高的可靠性。

根据力矩限制器的构造和塔式起重机形式的不同，它可安装在塔帽、起重臂根部和端部等部位。力矩限制器主要分为机械式和电子式两大类，机械力矩限制器按弹簧的不同可分为螺旋弹簧和板弹簧两类。

当起重力矩超过其相应幅度的规定值并小于规定值的 110% 时，起重力矩限制器应起作用使塔机停止提升方向并产生向臂端方向变幅的动作。对于小车变幅的塔机，起重力矩限制器应分别由起重量和幅度进行控制。

2. 起重量限制器

起重量限制器的作用是保护起吊物品的重量不超过塔机的允许最大起重量，用以防止塔机的吊物重量超过最大额定荷载，避免发生机械损坏事故。起重量限制器根据构造不同可装在起重臂头部、根部等部位。它主要分为电子式和机械式两种。

1）电子式起重量限制器俗称“电子称”或称拉力传感器，当所吊载荷的重力传感器的应变元件发生弹性变形时，而与应变元件连成一体的电阻应变元件随其变形产生阻值变化，这一变化与载荷重量大小成正比，这就是“电子秤”工作的基本原理。一般情况下，可将电子式起重量限制器串接在起升钢丝绳中置地臂架的前端。

2）机械式起重量限制器安装在回转框架的前方，主要由支架、摆杆、导向滑轮、拉杆、弹簧、撞块、行程开关等组成。当绕过导向滑轮的起升钢丝绳的单根拉力超过其额定数值时，押运杆带动拉杆克服弹簧的张力向右运动，使紧固在拉杆上的碰块触发行程开关，从而接触电铃电源，发出警报信号，并切断起升机构的起升电源，使吊钩只能下降不能提升，以保证塔机安全作业。

当起重量大于相应档位的额定值并小于额定值的110%时，应切断上升方向的电源，但允许机构有下降方向的运动。具有多档变速的起升机构，限制器应对各档位具有防止超载的作用。

3. 起升高度限位器

起升高度限位器是用来限制吊钩接触到起重臂头部或与载重小车之前，或是下降到最低点（地面或地面以下若干米）以前，使起升机构自动断电并停止工作，防止因起重钩起升过度而碰坏起重臂的装置。它可使起重钩在接触到起重臂头部之前，起升机构自动断电并停止工作。常用的起升高度限位器有两种形式：一是安装在起重臂端头附近，二是安装在起升卷筒附近。

安装在起重臂端头的是以钢丝绳为中心，从起重臂端头悬挂重锤，当起重钩达到限定位置时，托起重锤，在拉簧作用下，限位开关的杠杆转过一个角度，使起升机构的控制回路断开，切断电源，起重钩停止上升。安装在起升卷筒附近的是卷筒的回转，通过链轮和链条或齿轮带动丝杆转动，并通过丝杆的转动使控制块移动到一定位置时，限位开关断电。

对于动臂变幅的塔机，当吊钩装置顶部升至起重臂下端的最小距离为800mm时，应能立即停止起升运动。对于小车变幅的塔机，吊钩装置顶部至小车架下端的最小距离应根据塔机形式及起升钢丝绳的倍率而定：上回转式塔机2倍率时为1000mm，4倍率时为700mm；下回转塔机2倍率时为800mm，4倍率时为400mm，此时应能立即停止起升运动。

4. 幅度限位器

幅度限位器是用来限制起重臂在俯仰时不超过极限位置的装置。当起重的俯仰到一定限度之前，幅度限位器发出警报；当达到限定位置时，则自动切断电源。

动臂式塔机的幅度限制器是用以防止臂架在变幅时，变幅到仰角极限位置时（一般与水平夹角为63°~70°），切断变幅机构的电源，使其停止工作；同时，还设有机械止挡，以防臂架因起幅中的惯性而后翻。小车运行变幅式塔机的幅度限制器用来防止运行小车超过最大或最小幅度的两个极限位置。一般小车变幅限位器是安装在臂架小车运行轨道的前后两端，用行程开关达到控制。

对于动臂变幅的塔机，应设置最小幅度限位器和防止臂架反弹后倾的装置。对于小车变幅的塔机，应设置小车行程限位开关和终端缓冲装置。限位开关动作后，应保证小车停车时其端部距缓冲装置最小距离为200mm。

5. 行程限位器

（1）小车行程限位器　设于小车变幅式起重臂的头部和根部，包括终点开关和缓冲器

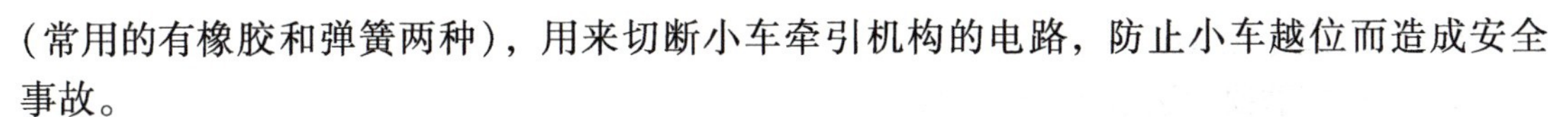

（常用的有橡胶和弹簧两种），用来切断小车牵引机构的电路，防止小车越位而造成安全事故。

（2）大车行程限位器 包括设于轨道两端尽头的制动缓冲装置、制动钢轨以及装在起重机行走台车上的终点开关，用来防止起重机脱轨。

6. 夹轨钳

夹轨钳是装设于行走底架（或台车）的金属结构上，用来夹紧钢轨，防止起重机在大风情况下被风力吹动而行走造成塔机出轨倾翻事故的装置。

7. 风速仪

风速仪可自动记录风速，当超过六级风速以上时自动报警，操作司机应及时采取必要的防范措施，如停止作业、放下吊物等。

臂架根部铰点高度大于50m的塔机，应安装风速仪。当风速大于工作极限风速时，应能发出停止作业的警报。风速仪应安装在起重机顶部至吊具最高位置间的不挡风处。

8. 障碍指示灯

高度超过30m的塔机，必须在起重机的最高部位（臂架、塔帽或人字架顶端）安装红色障碍指示灯，并保证供电不受停机影响。

9. 钢丝绳防脱槽装置

钢丝绳防脱槽装置主要用以防止钢丝绳在传动过程中，脱离滑轮槽而造成钢丝绳卡死和损伤。

10. 吊钩保险

吊钩保险是安装在吊钩挂绳处的一种防止起吊钢丝绳由于角度过大或挂钩不妥时，造成起吊钢丝绳脱钩或吊物坠落事故的装置。吊钩保险一般采用机械卡环式，用弹簧来控制挡板，阻止钢丝绳的滑脱。

11. 回转限位器

无集电器的起重机应安装回转限位器且工作可靠。塔机回转部分在非工作状态下应能自由旋转；对于有自锁作用的回转机构，应安装安全极限力矩联轴器。

6.1.5 吊钩、滑轮与钢丝绳

吊钩、滑轮与钢丝绳等是塔式起重机重要的配件。在选用和使用中应按规范进行检查，达到报废标准及时报废。

1. 吊钩的报废标准

吊钩出现下列情况之一者，应予报废：

1）用20倍放大镜观察表面有裂纹及破口。

2）吊钩尾部和螺纹部分等危险断面及钩筋有永久性变形。

3）挂绳处断面磨损量超过原高的10%。

4）心轴磨损量超过其直径的5%。

5）开口度比原尺寸增加15%。

2. 滑轮的报废标准

当发现滑轮出现下列情况之一者，应予以报废：

1）裂纹或轮缘破损。

2）卷筒壁磨损量达原壁厚的10%。

3）滑轮绳槽壁厚磨损量达原壁厚的20%。

4）滑轮槽底的磨损量超过钢丝绳直径的25%。

3. 钢丝绳的报废标准

钢丝绳的报废应严格按照《起重机 钢丝绳 保养、维护、检验和报废》（GB/T 5972—2016）的规定。钢丝绳出现下列情况时，必须报废和更新：

1）钢丝绳断丝现象严重。

2）断丝的局部聚集。

3）当钢丝磨损或锈蚀严重，钢丝的直径减小达到其直径的40%时，应立即报废。

4）钢丝绳失去正常状态，产生严重变形时，必须立即报废。

6.1.6　塔式起重机的安装和拆卸

塔式起重机的安装和拆卸应按规定制订安装与拆卸方案，经申报批准后方可实施。塔式起重机的拆装方案包括拆装作业的程序、方法和要求。合理、正确的拆装方案，不仅是指导拆装作业的技术文件，也是拆装质量、安全以及提高经济效益的重要保证。由于各类型塔式起重机的结构不同，因而其拆装方案也各不相同。

1. 安装、拆除专项施工方案的内容

塔式起重机的拆装方案一般应包括以下内容：

1）整机及部件的安装或拆卸的程序与方法。

2）安装过程中应检测的项目以及应达到的技术要求。

3）关键部位的调整工艺应达到的技术条件。

4）需使用的设备、工具、量具、索具等的名称、规格、数量及使用注意事项。

5）作业工位的布置、人员配备（分工种、等级）以及承担的工序分工。

6）安全技术措施和注意事项。

7）需要特别说明的事项。

2. 安装前的准备工作

拆装作业前，应进行一次全面检查，以防止任何隐患存在，确保安全作业。

1）检查路基和轨道铺设或混凝土固定基础是否符合技术要求。混凝土强度等级不应低于C35，基础表面平整度偏差小于1/1000。

2）对所拆装塔式起重机的各机构、各部位、结构焊缝、重要部位螺栓、销轴、卷扬机构和钢丝绳、吊钩、吊具以及电气设备、线路等进行检查，发现问题应及时处理。

3）对自升塔式起重机顶升液压系统的液压缸和油管、顶升套架结构、导向轮、挂靴爬爪等进行检查，发现问题应及时处理。

4）对拆装人员所使用的工具、安全带、安全帽等进行全面检查，不合格者应立即更换。

5）检查拆装作业中的辅助机械，如起重机、运输汽车等必须性能良好，技术要求能保证拆装作业的需要。

6）检查电源闸箱及供电线路，保证电力正常供应。

7）检查作业现场有关情况，如作业场地、运输道路等是否已具备拆装作业条件。

8）技术人员和作业人员应符合规定要求。

9）安全措施应符合要求。

3. 拆装作业中的安全技术

1）塔式起重机的拆装作业必须在白天进行，如须加快进度，可在具备良好照明条件的夜间做一些拼装工作。不得在大风、浓雾和雨雪天进行拆除工作。

2）在拆装作业的全过程，必需保持现场的整洁和秩序。周围不得堆存杂物，以免妨碍作业并影响安全。在放置起重机金属结构的下面，必须垫放枋子，防止损坏结构或造成结构变形。

3）安装架设用的钢丝绳及其连接和固定，必须符合标准和满足安装上的要求。

4）在进行逐件组装或部件安装之前，必须对部件各部分的完好情况、连接情况和钢丝绳穿绕情况、电气线路等进行全面检查。

5）在拆装起重臂和平衡臂时，要始终保持起重机的平衡，严禁只拆装一个臂就中断作业。

6）在拆装作业过程中，如突然发生停电、机械故障、天气骤变等情况不能继续作业，或已到作业时间必须停机时，必须使起重机已安装、拆卸的部位达到稳定状态并已固定牢靠，所有结构件已连接牢固，塔顶的重心线处于塔底支撑四边中心处，再经过检查确认妥善后，方可停止作业。

7）安装时，应按安全要求使用规定的螺栓、销、轴等连接件，螺栓紧固时应符合规定的预紧力，螺栓、销、轴都要有可靠的防松动或保护装置。

8）在安装起重机时，必须将大车行走限位装置和限位器碰块安装牢固可靠，并将各部位的栏杆、平台、护链、扶杆、护圈等安全防护装置安装齐全。

9）安装作业的程序，辅助设备、索具、工具以及地锚构筑等，均应遵照该机使用说明书中的规定或参照标准安装工艺执行。

4. 顶升作业的安全技术

1）顶升前，必须检查液压顶升系统各部件的连接情况，并调整好顶升套架导向滚轮与塔身的间隙，然后放松电缆，其长度略大于顶升高度，并紧固好电缆卷筒。

2）顶升作业必须在专人指挥下操作，非作业人员不得登上顶升套架的操作台，操作室内只准一人操作，严格听从信号指挥。

3）风力在四级以上时，不得进行顶升作业。如在作业中风力突然加大时，必须立即停止作业，并使上下塔身连接牢固。

4）顶升时，必须使起重臂和平衡臂处于平衡状态，并将回转部分制动住。严禁回转起重臂及其他作业。顶升中如发现故障，必须立即停止顶升进行检查，待故障排除后方可继续顶升。如短时间内不能排除故障，应将顶升套架降到原位，并及时将各连接螺栓紧固。

5）在拆除回转台与塔身标准节之间的连接螺栓（销子）时，如出现最后一处螺栓拆装困难，应将其对角方向的螺栓重新插入，再采取其他措施。不得以旋转起重臂动作来松动螺栓（销子）。

6）顶升时，必须确认顶升撑脚稳妥就位后，方可继续下一动作。

7）在顶升工作中，应随时注意液压系统压力变化，如有异常，应及时检查调整。还要有专人用经纬仪测量塔身垂直度变化情况，并做好记录。

8）顶升到规定高度后，必须先将塔身附在建筑物上，方可继续顶升。

9）拆卸过程顶升时，其注意事项同上。但锚固装置决不允许提前拆卸，只有降到附着节时方可拆除。

10）安装和拆卸工作的顶升完毕后，各连接螺栓应按规定的预紧力紧固，顶升套架导向滚轮与塔身吻合良好，液压系统的左、右操纵杆应在中间位置，并切断液压顶升机构的电源。

5. 附着锚固作业的安全技术

1）建筑物预埋附着支座处的受力强度，必须经过验算，能满足塔式起重机在工作或非工作状态下的荷载。

2）应根据建筑施工总高度、建筑结构特点以及施工进度要求等情况，确定附着方案。

3）在装设附着框架和附着杆时，要通过调整附着杆的距离，保证塔身的垂直度。

4）附着框架应尽可能设置在塔身标准节的节点连接处，箍紧塔身，塔架对角处应设斜撑加固。

5）随着塔身的顶升接高而增设的附着装置应及时附着于建筑物。附着装置以上的塔身自由高度一般不得超过40m。

6）布设附着支座处必须加配钢筋并适当提高混凝土的强度等级。

7）拆卸塔式起重机时，应随着降落塔身的进程拆除相应的附着装置。严禁在落塔之前先拆除附着装置。

8）遇有六级及以上大风时，禁止拆除附着装置。

9）附着装置的安装、拆卸、检查及调整均应有专人负责，并遵守高空作业安全操作规程的有关规定。

6. 内爬升作业的安全技术

1）内爬升作业应在白天进行。当风力超过五级时，应停止作业。

2）爬升时，应加强上部楼层与下部楼层之间的联系，遇有故障及异常情况，应立即停机检查，故障未经排除，不得继续爬升。

3）在爬升过程中，禁止进行起重机的起升、回转、变幅等各项动作。

4）起重机爬升到指定楼层后，应立即拔出塔身底座的支承梁和支腿，并通过爬升框架固定在楼板上，同时要顶紧导向装置或用楔块塞紧，使起重机能承受垂直和水平荷载。

5）内爬升塔式起重机的固定间隔一般不得小于3个楼层。

6）凡置有固定爬升框架的楼层，应在楼板下面增设支柱做临时加固。搁置起重机底座支承梁的楼层下方两层楼板，也应设置支柱做临时加固。

7）每次爬升完毕后，楼板上遗留下来的开孔，必须立即用钢筋混凝土封闭。

8）起重机完成内爬作业后，必须检查各固定部位是否牢靠，爬升框架是否固定好，底座支承梁是否紧固，楼板临时支撑是否妥善等，确认无遗留问题存在，方可进行吊装作业。

6.1.7　塔式起重机的验收

塔式起重机在安装完毕后，塔机的使用单位应当组织验收。参加验收单位包括塔机的使用单位、安装单位、租赁单位和相关分包单位等。

6.1.8　塔式起重机的安全使用

1. 塔机司机应具备的条件

1）年满18周岁，具有初中以上文化程度。

2）不得患有色盲、听觉障碍。矫正视力不低于5.0（原标准1.0）。

3）不得患有心脏病、高血压、贫血、癫痫、眩晕、断指等疾病及妨碍起重作业的生理缺陷。

4）经有关部门培训合格，持证上岗。

2. 安全使用

塔式起重机的使用，应遵照国家和主管部门颁发的安全技术标准、规范和规程，同时要遵守使用说明书中的有关规定。

（1）日常检查和使用前的检查

1）对于轨道式塔机，应对轨道基础、轨道情况进行检查，对轨道基础技术状况作出评定，并消除其存在的问题。对于固定式塔机，应检查其混凝土基础是否存在不均匀的沉降。

2）起重机的任何部位与输电线路的距离应符合表6-2的规定。

表6-2　塔式起重机和输电线路之间的安全距离

安全距离	电压/kV				
	<1	1~15	20~40	60~110	220
沿垂直方向/m	1.5	3.0	4.0	5.0	6.0
沿水平方向/m	1.0	1.5	2.0	4.0	6.0

3）检查塔机金属结构和外观结构是否正常。

4）检查各安全装置和指示仪表是否齐全有效。

5）检查主要部位的连接螺栓是否有松动。

6）检查钢丝绳磨损情况及各滑轮穿绕是否符合规定。

7）检查塔机的接地，电气设备外壳与机体的连接是否符合规范的要求。

8）配电箱和电源开关设置应符合要求。

9）动臂式和尚未附着的自升式塔式起重机，塔身上不得悬挂标语牌。

（2）使用过程中应注意的事项

1）作业前应进行空运转，检查各工作机构、制动器、安全装置等是否正常。

2）塔机司机要与现场指挥人员配合好；同时，司机对任何人发出的紧急停止信号，均应服从。

3）不得使用限位作为停止运行开关；提升重物，不得自由下落。

4）严禁拔桩、斜拉、斜吊和超负荷运转，严禁用吊钩直接挂吊物、用塔机运送人员。

5）作业中任何安全装置报警，都应查明原因，不得随意拆除安全装置。

6）当风力超过六级时应停止使用。

7）施工现场装有两台以上塔式起重机时，两台塔机距离应保证低位的起重机臂架端部与另一台塔身之间至少有2m距离；高位起重机最低部件与低位起重机最高部件之间垂直距离不得小于2m。

8）作业完毕，应将所有工作机构开关转至零位，切断总电源。

9）在进行保养和检修时，应切断塔式起重机的电源，并在开关箱上挂警示标志。

6.1.9 塔式起重机的检查要点

根据《建筑施工安全检查标准》（JGJ 59—2011）规定，对塔式起重机的检查、评定应符合国家现行标准《塔式起重机安全规程》（GB 5144—2006）和《建筑施工塔式起重机安装、使用、拆卸安全技术规程》（JGJ 196—2010）的规定。塔式起重机检查评定保证项目应包括载荷限制装置、行程限位装置、保护装置、吊钩、滑轮、卷筒与钢丝绳、多塔作业、安拆以及验收和使用。一般项目应包括附着、基础与轨道、结构设施和电气安全。

1. 塔式起重机保证项目的检查

塔式起重机保证项目的检查、评定应符合下列规定：

（1）载荷限制装置

1）应安装起重量限制器，并应灵敏可靠。如没有起重量显示装置，则其数值误差不应大于实际值的±5%。

2）应安装起重力矩限制器，并应灵敏可靠。当起重力矩大于相应工况下的额定值并小于该额定值的110%时，应切断上升和幅度增大方向的电源，但机构可做下降和减小幅度方向的运动。

（2）行程限位装置

1）应安装起升高度限位器，起升高度限位器的安全越程应符合规范要求，并应灵敏可靠。

2）小车变幅的塔式起重机应安装小车行程开关，动臂变幅的塔式起重机应安装臂架幅度限制开关，并应灵敏可靠。

3）回转部分不设集电器的塔式起重机应安装回转限位器，并应灵敏可靠。

4）行走式塔式起重机应安装行走限位器，并应灵敏可靠。

（3）保护装置

1）小车变幅的塔式起重机应安装断绳保护及断轴保护装置，并应符合规范要求。

2）行走及小车变幅的轨道行程末端应安装缓冲器及止挡装置，并应符合规范要求。

3）起重臂根部绞点高度大于50m的塔式起重机应安装风速仪，并应灵敏可靠。

4）当塔式起重机顶部高度大于30m且高于周围建筑物时，应安装障碍指示灯。

（4）吊钩、滑轮、卷筒与钢丝绳

1）吊钩应安装钢丝绳防脱钩装置并应完整可靠，吊钩的磨损、变形应在规定允许范围内。

2）滑轮、卷筒应安装钢丝绳防脱装置并应完整可靠，滑轮、卷筒的磨损应在规定允许范围内；钢丝绳的磨损、变形、锈蚀应在规定允许范围内，钢丝绳的规格、固定、缠绕应符合说明书及规范要求。

（5）多塔作业

1）多塔作业应制订专项施工方案并经过审批。

2）任意两台塔式起重机之间的最小架设距离应符合规范要求。

（6）安拆、验收与使用

1）安装、拆卸单位应具有起重设备安装工程专业承包资质和安全生产许可证。

2）安装、拆卸应制订专项施工方案，并经过审核、审批。

3）安装完毕应履行验收程序，验收表格应由责任人签字确认。

4）安装、拆卸作业人员及司机、指挥应持证上岗。

5）塔式起重机作业前应按规定进行例行检查，并应填写检查记录。

6）实行多班作业，应按规定填写交接班记录。

2. 塔式起重机一般项目的检查

塔式起重机一般项目的检查、评定应符合下列规定：

（1）附着

1）当塔式起重机高度超过产品说明书规定时，应安装附着装置，附着装置安装应符合产品说明书及规范要求。

2）当附着装置的水平距离不能满足产品说明书要求时，应进行设计计算和审批。

3）安装内爬式塔式起重机的建筑承载结构应进行受力计算。

4）附着前和附着后塔身垂直度应符合规范要求。

（2）基础与轨道

1）塔式起重机基础应按产品说明书及有关规定进行设计、检测和验收。

2）基础应设置排水措施。

3）路基箱或枕木铺设应符合产品说明书及规范要求。

4）轨道铺设应符合产品说明书及规范要求。

（3）结构设施

1）主要结构件的变形、锈蚀应在规范允许范围内。

2）平台、走道、梯子、护栏的设置应符合规范要求。

3）高强螺栓、销轴、紧固件的紧固、连接应符合规范要求，高强螺栓应使用力矩扳手或专用工具紧固。

（4）电气安全

1）塔式起重机应采用TN-S接零保护系统供电。

2）塔式起重机与架空线路的安全距离和防护措施应符合规范要求。

3）塔式起重机应安装避雷接地装置，并应符合规范要求。

4）电缆的使用及固定应符合规范要求。

子单元2 施工升降机

6.2.1 概述

建筑施工升降机（又称为外用电梯、施工电梯、附壁式升降机），是一种使用工作笼（吊笼）沿导轨架做垂直（或倾斜）运动用来运送人员和物料的机械。用于运载人员及货物的施工机械称为人货两用施工升降机；用于运载货物，禁止运载人员的施工机械称为货用施工升降机（又称为物料提升机）。

施工升降机的分类如下：

1）建筑施工升降机按驱动方式分为齿轮齿条驱动（SC 型）、卷扬机钢丝绳驱动（SS 型）和混合驱动（SH 型）三种。图 6-3 是齿轮齿条驱动双吊笼施工升降机整机示意图。

2）按导轨架的结构可分为单柱和双柱两种。

一般情况下，SC 型建筑施工升降机多采用单柱式导轨架，而且采取上接节方式。SC 型建筑施工升降机按其吊笼数又分为单笼和双笼两种。单导轨架双吊笼的 SC 型建筑施工升降机，在导轨架的两侧各装一个吊笼，每个吊笼各有自己的驱动装置，并可独立地上、下移动，从而提高了运送客货的能力。

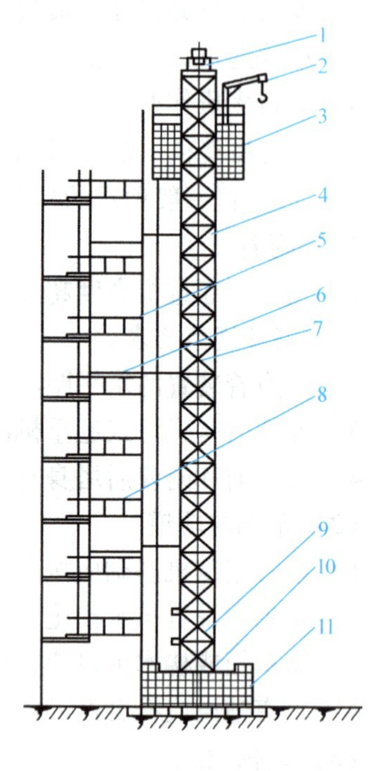

图 6-3 施工升降机整机示意图
1—天轮架 2—吊杆 3—吊笼
4—导轨架 5—电缆 6—后附墙架
7—前附墙架 8—护栏 9—配重
10—吊笼 11—基础

6.2.2 施工升降机的构造

施工升降机主要由金属结构、驱动机构、安全保护装置和电气控制系统等部分组成。

1. 金属结构

金属结构由吊笼、底笼、导轨架、对（配）重、天轮架及小起重机构、附墙架等组成。

1）吊笼又称梯笼，是施工升降机运载人和物料的构件，笼内有传动机构、限速器及电气箱等，外侧附有驾驶室，设置了门保险开关与门联锁，只有当吊笼前后两道门均关好后，吊笼才能运行。

吊笼内空净高度不得小于 2m。对于 SS 型人货两用升降机，提升吊笼的钢丝绳不得少于两根，且应是彼此独立的。钢丝绳的安全系数不得小于 12，直径不得小于 9mm。

2）底笼的底架是施工升降机与基础连接部分，多用槽钢焊接成平面框架，并用地脚螺栓与基础相固结。底笼的底架上装有导轨架的基础节，吊笼不工作时停在其上。底笼四周有钢板网护栏，入口处有门，门的自动开启装置与吊笼门配合动作。底笼的骨架上装有四个缓冲弹簧，以使梯笼坠落时起缓冲作用。

3）导轨架是吊笼上下运动的导轨、升降机的主体，能承受规定的各种载荷。导轨架是由若干个具有互换性的标准节，经螺栓连接而成的多支点的空间桁架，用来传递和承受荷载。标准节的截面形状有正方形、矩形和三角形，标准节的长度与齿条的模数有关，一般每节为 1.5m。导轨架的主弦杆和腹杆多用钢管制造，横缀条则选用不等边角钢。

4）对重用以平衡吊笼的自重，可改善结构受力情况，从而提高电动机功率利用率和吊笼载重。

5）天轮架由导向滑轮和天轮架钢结构组成，用来支承和导向配重的钢丝绳。

6）立柱顶的左前方和右后方安装两组定滑轮，分别支承两对吊笼和对重。当设置单吊笼时，只使用一组天轮。

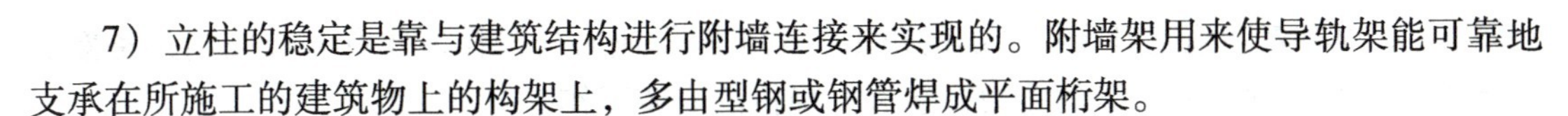

7）立柱的稳定是靠与建筑结构进行附墙连接来实现的。附墙架用来使导轨架能可靠地支承在所施工的建筑物上的构架上，多由型钢或钢管焊成平面桁架。

2. 驱动机构

施工升降机的驱动机构一般有两种形式，一种为齿轮齿条式，一种为卷扬机钢丝绳式。

3. 安全保护装置

（1）限速器　限速器是施工升降机的主要安全装置，它可以限制吊笼的运行速度。为防止吊笼坠落，齿条驱动的施工升降机均装有锥鼓式限速器。限速器每动作一次后，必须进行复位，在调整限速器之前，必须确认传动机构的电磁制动作用可靠，方可进行。

（2）缓冲弹簧　施工升降机的底架上装有缓冲弹簧，用以当吊笼发生坠落事故时，减轻对吊笼的冲击。

（3）上、下限位器　为防止吊笼上、下时超过需停位置，或因司机误操作和电气故障等原因继续上升或下降引发事故而设置的安全装置。

（4）上、下极限限位器　上、下极限限位器是在上、下限位器一旦不起作用，吊笼继续上行或下降到设计规定的最高极限或最低极限位置时能及时切断电源，以保证吊笼安全的安全装置。

（5）安全钩　安全钩是为防止吊笼到达预先设定位置，上限位器和上极限限位器因各种原因不能及时动作、吊笼继续向上运行，将导致吊笼冲击导轨架顶部而发生倾翻坠落事故而设置的。安全钩是安装在吊笼上部的重要装置，也是最后一道安全装置，它能使吊笼上行到导轨架顶部的时候，安全钩钩住导轨架，保证吊笼不发生倾翻坠落事故。

（6）吊笼门、底笼门联锁装置　施工升降机的吊笼门、底笼门均装有电气联锁开关，它们能有效地防止因吊笼或底笼门未关闭就启动运行而造成人员坠落和物料滚落，只有当吊笼门和底笼门完全关闭时才能启动运行。

（7）急停开关　当吊笼在运行过程中发生各种原因的紧急情况时，司机应能及时按下急停开关，使吊笼立即停止，防止事故的发生。急停开关必须是非自行复位的电气安全装置。

（8）楼层通道门　施工升降机与各楼层均搭设了运料和人员进出的通道，通道口与升降机结合部必须设置楼层通道门。此门在吊笼上、下运行时处于常闭状态，只有在吊笼停靠时才能由吊笼内的人打开。应做到楼层内的人员无法打开此门，以确保通道口处在封闭的条件下不出现危险的边缘。

4. 电气控制系统

施工升降机的每个吊笼都有一套电气控制系统。施工升降机的电气控制系统包括电源箱、电控箱、操作台和安全保护系统等。

6.2.3　安装与拆卸

1. 安装前的准备工作

在安装和拆除施工升降机前，必须编制专项施工方案，且必须由相应资质的作业人员来施工。

在安装施工升降机前需做以下准备工作：

1）必须有熟悉施工升降机产品的钳工、电工等作业人员操作，作业人员应当具备熟练的操作技术和排除一般故障的能力，掌握升降机的安装工作。

2）认真阅读全部随机技术文件。通过阅读技术文件，了解升降机的型号、主要参数尺寸，搞清安装平面布置图和电气安装接线图，并在此基础上进行下列工作：

① 核对混凝土基础的承载能力应大于说明书要求的承载能力。基础混凝土强度达到100%后方可安装升降机。基础表面平整度偏差不大于1/1000。核对基础的宽度、平面度、楼层高度和基础深度，并做好记录。

② 核对预埋件的位置和尺寸，确定附墙架等的位置。

③ 核对和确定限位开关装置、限速器装置、电缆架、限位开关碰铁的位置。

④ 核对电源线的位置和容量。确定电源箱位置和极限开关的位置，并做好施工升降机安全接地方案。

3）备齐安装所需工具以及必要的设备和材料。

2. 安装、拆卸安全技术

安装与拆卸施工升降机时，应注意如下安全事项：

1）操作人员必须按高处作业要求，在安装时戴好安全帽，系好安全带，并将安全带系在立柱节上。

2）安装过程中必须由专人负责，统一指挥。

3）在试运行过程中，禁止升降机乘人。

4）每个吊笼顶平台作业人数不得超过2人，顶部承载总质量不得超过650kg。

5）利用吊杆进行安装时，严禁超载，并且只允许用来安装或拆卸升降机零部件，不得作其他用途。

6）遇有雨、雪、大雾及风速超过13m/s的恶劣天气，不得进行安装和拆卸作业。

6.2.4 施工升降机的使用与维护

1. 施工升降机的安全使用

1）收集和整理技术资料，建立健全施工升降机档案。

2）建立施工升降机使用管理制度。

3）操作人员必须了解施工升降机的性能，熟悉使用说明书。

4）使用前，做好检查工作，确保各种安全保护装置和电气设备正常。

5）在操作过程中，司机要随时注意观察吊笼的运行通道有无异常情况，发现险情应立即停车排除。

2. 施工升降机的维修保养

1）检修涡轮减速机。

2）检查配重钢丝绳。检查每根钢丝绳的张力，使之受力均匀，相互差值不超过5%。钢丝绳严重磨损，达到钢丝绳报废标准时要及时更换新绳。

3）检查齿轮齿条。应定期检查齿轮、齿条磨损程度。当齿轮、齿条损坏或超过允许磨损值范围时，应予更换。

4）检修限速制动器。制动器垫片磨损到一定程度时，须进行更换。

5）检修其他部件、部位的润滑。

6.2.5　施工升降机检查要点

根据《建筑施工安全检查标准》（JGJ 59—2011）规定，施工升降机检查评定应符合《建筑施工升降机安装、使用、拆卸安全技术规程》（JGJ 215—2010）的规定。施工升降机检查评定保证项目应包括安全装置、限位装置、防护设施、附墙架、钢丝绳、滑轮与对重、安拆、验收与使用。一般项目应包括导轨架、基础、电气安全和通信装置。

1. 施工升降机保证项目的检查

施工升降机保证项目的检查评定应符合下列规定：

（1）安全装置

1）应安装起重量限制器，并应灵敏可靠。

2）应安装渐进式防坠安全器并应灵敏可靠，应在有效的标定期内使用。

3）对重钢丝绳应安装防松绳装置，并应灵敏可靠。

4）吊笼的控制装置应安装非自动复位型的急停开关，任何时候均可切断控制电路停止吊笼运行。

5）底架应安装吊笼和对重缓冲器，缓冲器应符合规范要求。

6）SC 型施工升降机应安装一对以上安全钩。

（2）限位装置

1）应安装非自动复位型极限开关，并应灵敏可靠。

2）应安装自动复位型上、下限位开关，并应灵敏可靠，上、下限位开关安装位置应符合规范要求。

3）上极限开关与上限位开关之间的安全越程不应小于0.15m。

4）极限开关、限位开关应设置独立的触发元件。

5）吊笼门应安装机电联锁装置，并应灵敏可靠。

6）吊笼顶窗应安装电气安全开关，并应灵敏可靠。

（3）防护设施

1）吊笼和对重升降通道周围应安装地面防护围栏，防护围栏的安装高度、强度应符合规范要求，围栏门应安装机电联锁装置并应灵敏可靠。

2）地面出入通道防护棚的搭设应符合规范要求。

3）停层平台两侧应设置防护栏杆、挡脚板，平台脚手板应铺满、铺平。

4）层门安装高度、强度应符合规范要求，并应定型化。

（4）附墙架

1）附墙架应采用配套标准产品，当附墙架不能满足施工现场要求时，应对附墙架另行设计，附墙架的设计应满足构件刚度、强度、稳定性等要求，制作应满足设计要求。

2）附墙架与建筑结构连接方式、角度应符合产品说明书要求。

3）附墙架间距、最高附着点以上导轨架的自由高度应符合产品说明书要求。

（5）钢丝绳、滑轮与对重

1）对重钢丝绳绳数不得少于2 根，且应相互独立。

2）钢丝绳的磨损、变形、锈蚀应在规范允许范围内。

3）钢丝绳的规格、固定应符合产品说明书及规范要求。

4）滑轮应安装钢丝绳防脱装置，并应符合规范要求。
5）对重重量、固定应符合产品说明书要求。
6）对重除导向轮、滑靴外，应设有防脱轨保护装置。
（6）安拆、验收与使用
1）安装、拆卸单位应具有起重设备安装工程专业承包资质和安全生产许可证。
2）安装、拆卸应制订专项施工方案，并经过审核、审批。
3）安装完毕，应履行验收程序，验收表格应由责任人签字确认。
4）安装、拆卸作业人员及司机应持证上岗。
5）施工升降机作业前，应按规定进行例行检查，并应填写检查记录。
6）实行多班作业，应按规定填写交接班记录。
2. 施工升降机一般项目的检查评定
（1）导轨架
1）导轨架垂直度应符合规范要求。
2）标准节的质量应符合产品说明书及规范要求。
3）对重导轨应符合规范要求。
4）标准节连接螺栓的使用应符合产品说明书及规范要求。
（2）基础
1）基础的制作和验收应符合说明书及规范要求。
2）基础设置在地下室顶板或楼面结构上，应对其支承结构进行承载力验算。
3）基础应设有排水设施。
（3）电气安全
1）施工升降机与架空线路的安全距离和防护措施应符合规范要求。
2）电缆导向架设置应符合说明书及规范要求。
3）如施工升降机在其他避雷装置保护范围外，应设置避雷装置，并应符合规范要求。
（4）通信装置
通信装置应安装楼层信号联络装置，并应清晰有效。

子单元3 物料提升机

6.3.1 概述

物料提升机是建筑施工现场常用的一种输送物料的垂直运输设备。它以卷扬机为动力，以底架、立柱及天梁为架体，以钢丝绳为传动，以吊笼（吊篮）为工作装置，在架体上装设滑轮、导轨、导靴、吊笼、安全装置等与卷扬机配套构成完整的垂直运输体系。物料提升机构造简单，用料品种和数量少，制作容易，安装拆卸和使用方便，价格低，是一种投资少、见效快的垂直运输设备，因而受到施工企业的青睐，并得到广泛的应用。

物料提升机的分类如下：

（1）按结构形式的不同　物料提升机可分为龙门架式物料提升机和井架式物料提

升机。

1）龙门架式物料提升机：以地面卷扬机为动力，由两根立柱与天梁构成门架式架体、吊篮（吊笼）在两立柱间沿轨道做垂直运动的提升机。

2）井架式物料提升机：以地面卷扬机为动力，由型钢组成井字架体、吊笼（吊篮）在井孔内或架体外侧沿轨道做垂直运动的提升机。

（2）按架设高度的不同　物料提升机可分为低架物料提升机和高架物料提升机。

凡架设高度在 30m（含 30m）以下的物料提升机称为低架物料提升机；而架设高度在 30（不含 30m）~150m 的物料提升机称为高架物料提升机。

6.3.2　物料提升机的结构

物料提升机由架体、提升与传动机构、吊笼（吊篮）、稳定机构、安全保护装置和电气控制系统等组成。本节介绍物料提升机的架体、提升与传动机构和吊笼（吊篮）。

物料提升机结构的设计和计算应符合《钢结构设计标准》（GB 50017—2017）、《塔式起重机设计规范》（GB/T 13752—2017）、《龙门架及井架物料提升机安全技术规范》（JGJ 88—2010）等标准的有关要求。物料提升机结构的设计和计算应提供正式、完整的计算书，结构计算应包含整体抗倾覆稳定性、基础、立柱、天梁、钢丝绳、制动器、电机、安装抱杆、附墙架等的计算。

1. 架体

架体的主要构件有底架、立柱、导轨和天梁。

1）架体的底部设有底架，用于立柱与基础的连接。

2）立柱由型钢或钢管焊接组成，是用于支承天梁的结构件，可为单立柱、双立柱或多立柱。立柱可由标准节组成，也可以由杆件组成，其断面可组成三角形或方形。当吊笼在立柱之间，立柱与天梁组成龙门形状时，称为龙门架式；当吊笼在立柱的一侧或两侧时，立柱与天梁组成井字形状时，称为井架式。

3）导轨是为吊笼提供导向的部件，可用工字钢或钢管。导轨可固定在立柱上，也可直接用立柱主肢作为吊笼垂直运行的导轨。

4）天梁是安装在架体顶部的横梁，是主要的受力构件，承受吊笼（吊篮）自重及所吊物料重量，天梁应使用型钢，其截面高度应经计算确定，但不得小于两根 14 号槽钢。

2. 提升与传动机构

提升与传动机构主要有卷扬机、滑轮与钢丝绳、导靴、吊笼（吊篮）等。

1）卷扬机是物料提升机的主要提升机构。按构造形式分为可逆式卷扬机和摩擦式卷扬机。提升机卷扬机应符合《建筑卷扬机》（GB/T 1955—2019）的规定，并且应能够满足额定起重量、提升高度、提升速度等参数的要求。在选用卷扬机时，宜选用可逆式卷扬机，高架提升机不得选用摩擦式卷扬机。

卷扬机卷筒应符合下列要求：卷扬机卷筒边缘外周至最外层钢丝绳的距离不应小于钢丝绳直径的 2 倍，且应有防止钢丝绳滑脱的保险装置；卷筒与钢丝绳直径的比值不应小于 30。

2）装在天梁上的滑轮称为天轮，装在架体底部的滑轮称为地轮，钢丝绳通过天轮、地轮及吊篮上的滑轮穿绕后，一端固定在天梁的销轴上，另一端与卷扬机卷筒锚固。滑轮类型根据钢丝绳的直径选用。

3）导靴是安装在吊笼上沿导轨运行的装置，可防止吊笼运行中偏移或摆动，保证吊笼垂直上下运行。

4）吊笼（吊篮）是装载物料沿提升机导轨做上下运行的部件。吊笼（吊篮）的两侧应设置高度不小于 100cm 的安全挡板或挡网。

6.3.3　物料提升机的稳定性

物料提升机的稳定性能主要取决于物料提升机的基础、附墙架、缆风绳及地锚。

1. 基础

应依据物料提升机的类型及土质情况确定其基础的做法。基础应符合以下规定：

1）高架提升机的基础应进行设计，基础应能可靠地承受作用在其上的全部荷载，基础的埋深与做法应符合设计和提升机出厂使用规定。

2）当低架提升机的基础无设计要求时，应符合下列要求：

① 土层压实后的承载力应不小于 80kPa。

② 浇筑 C20 混凝土，厚度不少于 300mm。

③ 基础表面应平整水平度偏差不大于 10mm。

3）基础应有排水措施。距基础边缘 5m 范围内开挖沟槽或有较大震动的施工时，必须有保证架体稳定的措施。

2. 附墙架

附墙架为增强提升机架体的稳定性而连接在物料提升机架体立柱与建筑物结构之间的钢结构。附墙架的设置应符合以下要求：

1）附墙架与建筑结构的连接应进行设计计算，附墙架与立柱及建筑物连接时，应采用刚性连接，并形成稳定结构。不得连接在脚手架上，严禁使用铅丝绑扎。

2）附墙架的材质应达到现行国家标准《碳素结构钢》（GB/T 700—2006）的要求，不得使用木杆、竹竿等作为附墙架与金属架体连接。

3）附墙架的设置应符合设计要求，其间隔不宜大于 9m，且宜在建筑物的顶层设置 1 组，附墙后立柱顶部的自由高度不宜大于 6m。

3. 缆风绳

缆风绳是为保证架体稳定而在其 4 个方向设置的拉结绳索，所用材料为钢丝绳。缆风绳的设置应当满足以下条件：

1）高架物料提升机在任何情况下均不得采用缆风绳。

2）缆风绳应经计算确定，直径不得小于 9.3mm；按规范要求，当钢丝绳用做缆风绳时，其安全系数为 3.5（计算主要考虑风载）。提升机高度在 20m（含 20m）以下时，缆风绳不少于 1 组（4 ~ 8 根）；提升机高度在 20 ~ 30m 时，不少于 2 组。

3）缆风绳应在架体四角有横向缀件的同一水平面上对称设置。缆风绳的一端应连接在架体上，必须对连接处的架体焊缝及附件进行设计计算。缆风绳的另一端应固定在地锚上，不得随意拉结在树、墙、门窗框或脚手架等上面。

4）缆风绳与地面的夹角不应大于 60°，应以 45° ~ 60°为宜。

5）当缆风绳需改变位置时，必须先做好预定位置的地锚并加临时缆风绳，确保提升机架体的稳定后方可移动原缆风绳的位置；待与地锚拴牢后，再拆除临时缆风绳。

4. 地锚

地锚的受力情况及埋设位置都直接影响着缆风绳的作用，常常因地锚角度不够或受力达不到要求发生变形，从而造成架体歪斜甚至倒塌。在选择缆风绳的锚固点时，要视其土质情况来决定地锚的形式和做法。

6.3.4　安全保护装置

1. 物料提升机的安全保护装置

物料提升机的安全保护装置主要包括安全停靠装置、断绳保护装置、载重量限制装置、上极限限位器、下极限限位器、吊笼安全门、缓冲器和通信信号装置等。

（1）安全停靠装置　当吊笼停靠在某一层时，能使吊笼稳妥地支靠在架体上的装置。防止因钢丝绳突然断裂或卷扬机抱闸失灵时吊篮坠落。其装置有制动和手动两种，当吊笼运行到位后，由弹簧控制或人工搬动使支承杆伸到架体的承托架上，其荷载全部由承托架负担，钢丝绳不受力。当吊笼装载125%额定载重量运行至各楼层位置装卸载荷时，停靠装置应能将吊笼可靠定位。

（2）断绳保护装置　吊笼装载额定载重量，悬挂或运行中发生断绳时，断绳保护装置必须可靠地把吊笼刹制在导轨上，最大制动滑落距离应不大于1m，并且不应对结构件造成永久性损坏。

（3）载重量限制装置　当提升机吊笼内荷载达到额定载重量的90%时，应发出报警信号；当吊笼内荷载达到额定载重量的100%～110%时，应切断提升机工作电源。

（4）上极限限位器　应安装在吊笼允许提升的最高工作位置，吊笼的越程（指从吊笼的最高位置与天梁最低处的距离）应不小于3m。当吊笼上升达到限定高度时，限位器即行动作切断电源（指可逆式卷扬机）或自动报警（指摩擦式卷扬机）。

（5）下极限限位器　应能在吊笼碰到缓冲装置之前动作，当吊笼下降至下限位时，限位器应自动切断电源，使吊笼停止下降。

（6）吊笼安全门　吊笼的上料口处应装设安全门。安全门宜采用连锁开启装置。安全门联锁开启装置，可为电气联锁；如果安全门未关，可造成断电，提升机不能工作；也可为机械联锁，吊笼上行时安全门自动关闭。

（7）缓冲器　应装设在架体的底坑里，当吊笼以额定荷载和规定的速度作用到缓冲器上时，应能承受相应的冲击力。缓冲器的形式可采用弹簧或弹性实体。

（8）通信信号装置　信号装置是由司机控制的一种音响装置，其音量应能使各楼层使用提升机装卸物料的人员清晰听到。当司机不能清楚地看到操作者和信号指挥人员时，必须加装通信装置。通信装置必须是一个闭路的双向电气通信系统，司机和作业人员能够相互联系。

2. 安全保护装置的设置

1）低架物料提升机应当设置安全停靠装置、断绳保护装置、上极限限位器、下极限限位器、吊笼安全门和信号装置。

2）高架物料提升机除了应当设置低架物料提升机应当设置的安全保护装置，还应当设置载重量限制装置、上极限限位器、下极限限位器、缓冲器和通信装置等。

6.3.5 安装与拆卸

安装与拆卸物料提升机作业前，应根据施工现场的工作条件及设备情况编制作业方案。对作业人员进行分工交底，确定指挥人员，划定安全警戒区域，并设监护人员，排除作业障碍。提升架体实际安装的高度不得超出设计所允许的最大高度。

1. 安装前的准备

1）根据施工要求和场地条件，并综合考虑发挥物料提升机的工作能力，合理确定安装位置。

2）做好安装的组织工作，包括安装作业人员的配备，高处作业人员必须具备高处作业的业务素质和身体条件。

3）按照说明书基础图制作基础。

4）基础养护期应不少于7d，基础周边5m内不得挖排水沟。

2. 安装前的检查

1）检查基础的尺寸是否正确，地脚螺栓的长度、结构、规格是否正确，混凝土的养护是否达到规定期，平面度是否达到要求（用水平仪进行验证）。

2）检查提升卷扬机是否完好，地锚拉力是否达到要求，制动开闭是否可靠，电压是否在380(1+5%)V之内，电动机转向是否合乎要求。

3）检查钢丝绳是否完好，与卷扬机的固定是否可靠；特别要检查计算安装好全部架体达到规定高度时，在全部钢丝绳输出后，钢丝绳长度是否能在卷筒上保持至少3圈。

4）检查各标准节是否完好，导轨、导轨螺栓是否齐全、完好，各种螺栓是否齐全、有效，特别是用于紧固标准节的高强度螺栓数量是否充足；各种滑轮是否齐备，有无破损。

5）检查吊笼是否完整，焊缝是否有裂纹，底盘是否牢固，顶棚是否安全。

6）应事先检查断绳保护装置、重量限制器等安全防护装置，确保安全、灵敏、可靠无误。

3. 安装与拆卸

井架式物料提升机的一般安装顺序如下：将底架按要求就位→将第一节标准节安装于标准节底架上→提升抱杆→安装卷扬机→利用卷扬机和抱杆安装标准节→安装导轨架→安装吊笼→穿绕起升钢丝绳→安装安全装置。

安装架体时，应先将地梁与基础连接牢固。每安装两个标准节（一般不大于8m），应采取临时支撑或临时缆风绳固定，并进行初步校正，在确认稳定时，方可继续作业。安装龙门架时，两边立柱应交替进行，每安装两节，除将单肢柱进行临时固定外，尚应将两立柱横向连接为一体。利用建筑物内井道做架体时，各楼层进料口处的停靠门必须与司机操作处装设的层站标志灯进行联锁。阴暗处应设置照明装置。架体各节点的螺栓必须紧固，螺栓应符合孔径要求，严禁扩孔和开孔，更不得漏装或以铅丝代替。物料提升机的拆卸按照安装架设的反程序进行。

4. 拆除作业前的检查

应查看提升机与建筑物及脚手架的连接情况；提升机架体有无其他牵拉物；临时附墙架、缆风绳及地锚的设置情况；地梁与基础的连接情况。

在拆除缆风绳或附墙架前，应先设置临时缆风绳或支撑，确保架体的自由高度不得大于两个标准节（一般不大于8m）。拆除龙门架的天梁前，应先分别对两立柱采取稳固措施，保证单位柱的稳定。拆除作业中，严禁从高处向下抛掷物件。拆除作业宜在白天进行。夜间

作业应有良好的照明。因故中断作业时，应采取临时固定措施。

6.3.6　安全使用与维护保养

1. 钢丝绳的报废

钢丝绳的报废应严格按照《起重机 钢丝绳 保养、维护、检验和报废》（GB/T 5972—2016）的规定，钢丝绳在使用过程中会不断磨损、弯曲、变形、锈蚀和断丝等，当不能满足安全使用时应予报废。

1）钢丝绳的断丝达到表6-3所列断丝数时应报废。

表6-3　钢丝绳的报废标准　（单位：根）

钢丝绳结构形式	断丝长度范围	钢丝绳规格		
		6×19+1	6×37+1	6×61+1
交捻	6*d* 30*d*	10 19	19 38	29 58
顺捻	6*d* 30*d*	5 10	10 19	15 30

注：*d*—钢丝绳直径。

2）钢丝绳直径的磨损和腐蚀大于钢丝绳的直径7%，或外层钢丝绳磨损达钢丝的40%时，应报废。

3）使用中，断丝数逐渐增加，其时间间隔越来越短时，应当报废。

4）钢丝绳的弹性减少，失去正常状态，产生下述变形时应报废：波浪形变形；绳股挤出；绳径局部增大严重；绳径局部减小严重；已被压偏；严重扭结；明显的不易弯曲。

2. 使用

提升机安装后，应由主管部门组织按照本规范和设计规定进行检查验收，确认合格并发给合格证后，方可交付使用。使用前和使用中的检查宜包括下列内容：

（1）使用前的检查　金属结构有无开焊和明显变形；架体各节点连接螺栓是否紧固；附墙架、缆风绳、地锚位置和安装情况；架体的安装精度是否符合要求；安全防护装置是否灵敏可靠；卷扬机的位置是否合理；电气设备及操作系统的可靠性；信号及通信装置的使用效果是否良好、清晰；钢丝绳、滑轮组的固接情况。

（2）定期检查　每周进行一次定期检查，由有关部门和人员参加，检查内容包括金属结构有无开焊、锈蚀、永久变形；扣件、螺栓连接的紧固情况；提升机构磨损情况及钢丝绳的完好性；安全防护装置有无缺少、失灵和损坏；缆风绳、地锚、附墙架等有无松动；电气设备的接地（或接零）情况；断绳保护装置的灵敏度试验。

（3）日常检查　日常检查由作业司机在班前进行，在确认提升机正常时，方可投入作业。检查内容包括地锚与缆风绳的连接有无松动；空载提升吊篮作一次上下运行，验证是否正常，并同时碰撞限位器和观察安全门是否灵敏完好；在额定荷载下，将吊篮提升至离地面1~2m高度停机，检查制动器的可靠性和架体的稳定性；安全停靠装置和断绳保护装置的可靠性；吊篮运行通道内有无障碍物；作业司机的视线或通信装置的使用效果是否清晰良好。

3. 使用提升机时的规定

1）物料在吊篮内应均匀分布，不得超出吊篮。当长料在吊篮中立放时，应采取防滚落措施；散料应装箱或装笼。严禁超载使用。

2）严禁人员攀登、穿越提升机架体和乘吊篮上下。

3）高架提升机作业时，应使用通信装置联系。低架提升机在多工种、多楼层同时使用时，应专设指挥人员，信号不清不得开机。作业中不论任何人发出紧急停车信号，应立即执行。

4）闭合主电源前或作业中突然断电时，应将所有开关扳回零位。在重新恢复作业前，应在确认提升机动作正常后方可继续使用。

5）发现安全装置、通信装置失灵时，应立即停机修复，作业中不得随意使用极限限位装置。

6）使用中，要经常检查钢丝绳、滑轮的工作情况。如发现磨损严重，必须按照有关规定及时更换。

7）采用摩擦式卷扬机为动力的提升机，吊篮下降时，应在吊篮行至离地面1～2m时控制缓缓落地，不允许吊篮自由落下直接降至地面。

8）作业后，将吊篮降至地面，各控制开关扳至零位，切断主电源，锁好闸箱。

4. 管理

1）提升机作用中，应进行经常性的维修保养，并符合下列规定：司机应按使用说明书的有关规定，对提升机各润滑部位进行注油润滑；维修保养时，应将所有控制开关扳至零位，切断主电源，并在闸箱处悬挂“禁止合闸”标志，必要时应设专人监护；提升机处于工作状态时，不得进行保养、维修，排除故障应在停机后进行；更换零部件时，零部件必须与原部件的材质、性能相同，并应符合高处作业要求；维修主要结构所用焊条及焊缝质量，均应符合原设计要求；维修和保养提升机架体顶部时，应搭设上人平台，并应符合高处作业要求。

2）提升机应由设备部门统一管理，不得对卷扬机和架体分开管理。

3）码放金属结构时，应放在垫木上，在室外存放，要有防雨及排水措施。电气、仪表及易损件的存放，应注意防震、防潮。

4）运输、提升各类构件时，应摆放稳妥，避免磕碰，同时应注意各提升机的配套性。

6.3.7 物料提升机的检查、评定

根据《建筑施工安全检查标准》（JGJ 59—2011）规定，物料提升机的检查、评定应符合现行行业标准《龙门架及井架物料提升机安全技术规范》（JGJ 88—2010）的规定。物料提升机检查评定保证项目应包括安全装置、防护设施、附墙架与缆风绳、钢丝绳、安拆、验收与使用。一般项目应包括基础与导轨架、动力与传动、通信装置、卷扬机操作棚及避雷装置。

1. 物料提升机保证项目的检查

物料提升机保证项目的检查、评定应符合下列规定：

（1）安全装置

1）应安装起重量限制器、防坠安全器，并应灵敏可靠。

2）安全停层装置应符合规范要求，并应定型化。

3）应安装上行程限位并灵敏可靠，安全越程不应小于3m。

4）对于安装高度超过30m的物料提升机，应安装渐进式防坠安全器及自动停层、语音影像信号监控装置。

（2）防护设施

1）应在地面进料口安装防护围栏和防护棚，防护围栏、防护棚的安装高度和强度应符合规范要求。

2）停层平台两侧应设置防护栏杆、挡脚板，平台脚手板应铺满、铺平。

3）平台门、吊笼门安装高度、强度应符合规范要求，并应定型化。

（3）附墙架与缆风绳

1）附墙架结构、材质、间距应符合产品说明书要求。

2）附墙架应与建筑结构可靠连接。

3）缆风绳设置的数量、位置、角度应符合规范要求，并应与地锚可靠连接。

4）安装高度超过30m的物料提升机必须使用附墙架。

5）地锚设置应符合规范要求。

（4）钢丝绳

1）钢丝绳的磨损、断丝、变形、锈蚀量应在规范允许范围内。

2）钢丝绳夹的设置应符合规范要求。

3）当吊笼处于最低位置时，卷筒上钢丝绳严禁少于3圈。

4）钢丝绳应设置过路保护措施。

（5）安拆、验收与使用

1）安装、拆卸单位应具有起重设备安装工程专业承包资质和安全生产许可证。

2）安装、拆卸作业应制订专项施工方案，并应按规定进行审核、审批。

3）安装完毕应履行验收程序，验收表格应由责任人签字确认。

4）安装、拆卸作业人员及司机应持证上岗。

5）物料提升机作业前，应按规定进行例行检查，并应填写检查记录。

6）实行多班作业，应按规定填写交接班记录。

2. 物料提升机一般项目的检查

物料提升机一般项目的检查评定应符合下列规定：

（1）基础与导轨架

1）基础的承载力和平整度应符合规范要求。

2）基础周边应设置排水设施。

3）导轨架垂直度偏差不应大于导轨架高度的0.15%。

4）井架停层平台通道处的结构应采取加强措施。

（2）动力与传动

1）卷扬机曳引机应安装牢固，当卷扬机卷筒与导轨底部导向轮的距离小于20倍卷筒宽度时，应设置排绳器。

2）钢丝绳应在卷筒上排列整齐。

3）滑轮应与导轨架、吊笼采用刚性连接，并应与钢丝绳相匹配。

4）卷筒、滑轮应设置防止钢丝绳脱出装置。

5）当曳引钢丝绳为2根及以上时，应设置曳引力平衡装置。

（3）通信装置

1）应按规范要求设置通信装置。

2）通信装置应具有语音和影像显示功能。

（4）卷扬机操作棚

1）应按规范要求设置卷扬机操作棚。

2）卷扬机操作棚强度、操作空间应符合规范要求。

（5）避雷装置

1）当物料提升机未在其他防雷保护范围内时，应设置避雷装置。

2）避雷装置的设置应符合现行行业标准《施工现场临时用电安全技术规范》（JGJ 46—2005）的规定。

相关案例

【背景资料】某工程，建筑面积3200m^2，建筑高度109m，框架剪力墙结构。该工程由某建筑公司总承包，监理单位为某工程建设监理公司，土建部分由南通市某建筑公司分包，施工机械由南通市某建筑公司负责提供，垂直运输采用了人货两用的外用施工电梯。2002年6月工程主体结构施工至24层，6月28日上午电梯司机运输人员至下午上班后，见电梯无人使用便擅自离岗回宿舍睡觉，且电梯没有拉闸上锁。此时有几名工人需乘电梯，因找不到司机，其中一名机械工便私自操作，当电梯运行至24层后发生冒顶事故，从66m高处出轨坠落，造成5人死亡，1人受伤的特大伤亡事故。

【事故分析】该事故在技术方面存在如下问题：

（1）未及时接高电梯导轨架。事故发生时最高层作业面为72.5m，而施工升降机导轨架安装高度为75m，此高度已不能满足吊笼运行安全距离的要求，如不及时接高导轨架，当施工至最高层时，吊笼易发生冒顶事故。

（2）未按规定正式安装安全装置。按《施工升降机安全规则》规定，升降机“应安装上、下极限开关”，当吊笼向上运行超过安全距离时，极限开关动作切断提升电源，使吊笼停止运行。另外，吊笼应安装“安全钩”，防止在发生事故时吊笼脱离导轨架。

【想一想】以上仅仅是从技术管理方面进行了事故的分析，请你结合前面的单元知识，分析一下安全管理方面存在哪些问题？如何确定事故的性质和主要责任？

思考与拓展题

6-1　垂直运输机械对操作人员可能伤害有哪些？

6-2　防范垂直运输机械安全事故的根本方法和措施有哪些？

6-3　机械化程度的提高，对施工现场提出哪些新的要求？

建筑机械

单元7

建筑机械

能力目标

熟悉建筑机械的类型、性能、构造特点以及安全使用要求，能合理选择施工机械和施工方法，发挥机械的效率，提高经济效益。

学习重点与难点

建筑机械的性能和安全使用要求。

课程思政 “京华号”盾构机——中国版的“钢铁巨龙”

2020年9月27日，“京华号”超大直径盾构机在长沙下线，这台“钢铁巨龙”盾构机整机长150m，总重量4300t，最大开挖直径达16.07m，是直径最大的国产盾构机。其集机械、电气、液压、信息、传感、光学等尖端技术于一体，创新搭载了管环收敛测量、管环平整度检测、同步双液注浆等系统装置，使高强度、高风险、高污染的隧道掘进作业转变成相对安全、高效的绿色施工模式。

同时，我国盾构机在国际市场备受青睐，已创新生产了世界首台马蹄形盾构机、世界最大矩形盾构机、全球首台斜井双模式TBM、全球首台永磁电机驱动盾构机等，并出口俄罗斯、印度、法国、斯里兰卡等国。现代化施工机械的普遍采用，加快了工程项目的施工进度，如北京三元桥整体换梁工程，历时43h，三元桥、京顺路同时恢复交通。江阴芙蓉大道京沪高速跨线桥2.5h便被成功拆除，这些近乎神奇的建设速度，引发外国人惊呼。

作为新时期的年轻一代，我们要以自己祖国取得的成绩而自豪，但我们更应该冷静思考，并以此为契机，学习国内外先进的专业知识，将我国建筑行业继续发扬光大。

子单元1 土方机械

土方机械在房屋建筑、交通运输、农田水利和国防建设等工程建设中起着十分重要的作用，是国民经济建设不可缺少的技术装备。

7.1.1 推土机

推土机是以履带式或轮胎式拖拉机牵引车为主机，再配置悬臂式铲刀的自行式铲土运输机械，主要进行短距离推运土方、砂石等作业。推土机作业时，依靠机械的牵引力，完成土壤的切割和推运。配置其他工作装置可完成铲土、运土、填土、平地、压实以及松土、除根、清除石块杂物等作业，是土方工程中广泛使用的施工机械。

推土机分类如下：

1）按行走装置不同分为履带式和轮胎式推土机。履带式推土机附着性能好，接地比压小，通过性好，爬坡能力强，但行驶速度低，适用于条件较差地带作业；轮胎式推土机行驶速度快，灵活性好，不破坏路面，但牵引力小，通过性差。

2）按传动形式分为机械传动、液力机械传动和全液压传动三种。液力机械传动应用最广。

3）按发动机功率分为轻型、中型和大型推土机，轻型推土机发动机功率小于75kW，中型发动机功率为75~225kW，大型发动机功率大于225kW。

4）按用途分为通用型和专用型两种。

5）按工作装置形式分为直铲式和角铲式。

1. 推土机的选择

在施工中，选择推土机时主要考虑以下四个方面：

（1）土方工程量　土方量大而且集中，应选用大型推土机；土方量小而且分散，应选用中、小型推土机；土质条件允许时，应选用轮胎式推土机。

（2）土的性质　一般推土机均适合于Ⅰ、Ⅱ类土施工或Ⅲ、Ⅳ类土预松后施工。如土质较密实、坚硬，或冬期冻土，应选择重型推土机，或带松土器的推土机。如土质属潮湿软泥，最好选用宽履带的湿地推土机。

（3）施工条件　修筑半挖半填的傍山坡道，可选用角铲式推土机；在水下作业，可选用水下推土机；在市区施工，应选用能够满足当地环保部门要求的低噪声推土机。

（4）作业条件　根据施工作业的多种要求，为减少投入机械台数和扩大机械作业范围，最好选择多功能推土机。

对推土机选型时，还必须考虑其经济性，即单位成本最低。单位土方成本决定于机械使用费和机械生产率。

2. 推土机的安全使用

1）推土机在Ⅲ、Ⅳ类土或多石土壤地带作业时，应先进行爆破或用松土器翻松散。在沼泽地带作业时，应使用有湿地专用履带板的推土机。

2）不得用推土机推石灰、烟灰等粉尘物料和用做碾碎石块的工作。

3）牵引其他机械设备时，应有专人负责指挥。钢丝绳的连接应牢固可靠。在坡道上或长距离牵引时，应采用牵引杆连接。

4）填沟作业驶近边坡时，铲刀不得越出边缘。

5）在深沟、基坑或陡坡地区作业时，应有专人指挥，其垂直边坡深度一般不超过2m，否则应放出安全边坡。

7.1.2　铲运机

铲运机是一种挖土兼运土的机械设备，它可以在一个工作循环中独立完成挖土、装土、运输和卸土等工作，还兼有一定的压实和平地作用。铲运机运土距离较远，铲斗容量较大，是土方工程中应用最广泛的重要机种之一，主要用于大土方量的填挖和运输作业。

铲运机按行走方式分为拖式和自行式两种；按卸土方式分为强制式、半强制式和自由式；按铲斗容量分为小型（$6m^3$ 以下）、中型（$6\sim15m^3$）、大型（$15\sim30m^2$）、特大型（$30m^3$ 以上）。

铲运机的安全使用要点如下：

1）作业前，应检查钢丝绳、轮胎气压、铲斗及卸土回位弹簧、拖杆方向接头、撑架和固定钢丝绳部分以及各部滑轮等；液压式铲运机铲斗与拖拉机连接的叉座和牵引连接块应锁定，液压管路连接应可靠，确认正常后，方可启动。

2）开动前，应使铲斗离开地面，机械周围应无障碍物，确认安全后，方可开动。

3）作业中，严禁任何人上、下机械，传递物件，以及在铲斗内、拖把或机架上坐、立。

4）多台铲运机联合作业时，各机之间前后距离不得小于10m（铲土时不得小于5m），左右距离不得小于2m。行驶中，应遵守下坡让上坡、空载让重载、支线让干线的原则。

5）铲运机在上、下坡道时，应低速行驶，不得中途换档，下坡时不得空档滑行。行驶的横向坡度不得超过6°，坡道宽度应大于机身2m以上。

6）在新填筑的土堤上作业时，离堤坡边缘不得小于1m。需要在斜坡横向作业时，应先将斜坡挖填，使机身保持平衡。

7）不得在坡道上进行检修作业，严禁在陡坡上转弯、倒车或停车。在坡上熄火时，应将铲斗落地、制动牢靠后再行启动；下陡坡时，应将铲斗触地行驶，帮助制动。

7.1.3 装载机

装载机是一种作业效率较高的铲装机械，可用来装载松散物料，还能用于清理和平整场地、短距离装运物料、牵引和配合运输车辆作装土使用。如更换相应的工作装置后，还可以完成推土、挖土、松土、起重等多种工作，且有较好的机动性，被广泛用于建筑、筑路、矿山、港口、水利及国防等各种建设中。

装载机安全使用要点如下：

1）机械启动必须先鸣笛，并将铲斗提升离地面50cm左右。行驶中可用高速档，但不得进行升降和翻转铲斗动作。作业时应使用低速档，严禁铲斗下方有人，严禁用铲斗载人。

2）装载机不得在倾斜的场地上作业，作业区内不得有障碍物及无关人员。装卸作业应在平整地面进行。

3）向汽车内卸料时，严禁将铲斗从驾驶室顶上越过，铲斗不得碰撞车厢，严禁车厢内有人，不得用铲斗运物料。

4）在沟槽边卸料时，必须设专人指挥，装载机前轮应与沟槽边缘保持不少于2m的安全距离，并设置挡木。

5）作业后，应将装载机开至安全地区，不得停在坑洼积水处，必须将铲斗平放在地面上，将手柄放在空档位置，拉好驻车制动器。关闭门窗加锁后，司机方可离开。

7.1.4 挖掘机

挖掘机是以开挖土、石方为主的工程机械，广泛用于各类建设工程的土、石方施工中，如开挖基坑、沟槽和取土等。更换不同工作装置，可进行破碎、打桩、夯土、起重等多种作业。

1. 单斗挖掘机

单斗挖掘机是土石方工程中普遍使用的机械，有专用型和通用型之分，专用型一般用于矿山采掘，通用型主要用于各种建设工程施工中。其特点是挖掘力大，可以挖Ⅵ级以下的土壤和爆破后的岩石。

单斗挖掘机可以将挖出的土石就近卸掉，或配备一定数量的自卸车进行远距离的运输。此外，其工作装置可根据建设工程的需要换成起重、碎石、钻孔和抓斗等多种工作装置，扩大了挖掘机的使用范围。

单斗挖掘机的种类按传动的类型不同可分为机械式和液压式两类；按行走装置不同可分为履带式、轮胎式和步履式三种。

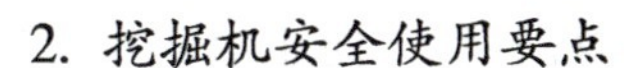

2. 挖掘机安全使用要点

1）挖掘机驾驶室内的外露传动部分，必须安装防护罩。

2）电动的单斗挖掘机必须接地良好，油压传动的臂杆的油路和液压缸确认完好。

3）取土、装卸土不得有障碍物，在挖掘时任何人不得在铲斗作业回转半径范围内停留。装车作业时，应等待运输车辆停稳后进行。铲斗应尽量放低，并不得碰撞车辆，严禁装卸车内有人，严禁铲斗从汽车驾驶室顶上越过。卸土时铲斗应尽量放低，但不得撞击汽车任何部位。

4）在崖边进行挖掘作业时，作业面不得留有散岩及松动的大块石，发现有坍塌危险时，应立即处理，或将挖掘机撤离至安全地带。

拉铲作业时，铲斗不得超载。拉铲在沟渠、河道等处作业时，应根据沟渠、河道的深度、坡度及土质确定距离坡边沿的安全距离，一般不得小于2m，反铲作业时，必须待大臂停稳后再挖土、收斗，伸头不得过猛、过大。

5）如驾驶司机离开操作位置，不论时间长短，必须将铲斗落地并关闭发动机。不得用铲斗吊运物料。

6）使用挖掘机拆除构筑物时，操作人员应了解构筑物倒塌的方向，应在挖掘机驾驶室与被拆除构筑物之间留有构筑物倒塌的空间。

7）作业结束后，应将挖掘机开到安全地带，落下铲斗，制动好回转机构，操纵杆放在空档位置。

子单元2 桩工机械

桩基施工历来是建筑施工中突出的安全管理薄弱环节，施工中的人身伤亡事故及设备事故时有发生，其主要特点是人身伤亡事故的诱因往往是设备事故。

7.2.1 桩工机械的分类、适用范围及其特点

1. 预制桩施工机械

（1）蒸汽锤打桩机　利用高压蒸汽将锤头上提，然后靠锤头自重向下冲击桩头，使桩沉入地下。

（2）柴油锤打桩机　利用燃油爆炸，推动活塞，依靠爆炸力冲击桩头，使桩沉入地下，适宜各类预制桩。

（3）振动锤打桩机　利用桩锤的机械振动力使桩沉入土中，适用于承载较小的预制混凝土桩板、钢板桩等。

（4）静力压桩机　利用机械卷扬机或液压系统产生的压力，使桩在持续静压力的作用下压入土中，适用于一般承载力的各类预制桩。

2. 灌注桩施工机械

（1）转盘式钻孔机　采用机械传动方式，使平行于地面的磨盘转动，通过钻杆，带动钻头转动切削土层和岩层，以水作为介质，将岩土取出地面，适用各类中等口径的灌注桩。

（2）长螺旋钻孔机　电动机转动通过减速箱，使长螺旋钻杆转动，使土沿着螺旋叶片上升至地表，排出孔外，适用于地下水位低的黏土层地区，桩孔径较小的建筑物基础。

（3）旋挖钻机　通过电动机转动，带动短螺旋钻杆及取土箱转动，待取土箱内土盈满时，将取土箱提出地表、取土，如此往复进行。

（4）潜水钻孔机　电动机和钻头在结构上连接在一起，工作时电动机能随钻头下潜至水底进行钻孔作业。

7.2.2　桩工机械主要设备

1. 柴油打桩锤

柴油打桩锤是打预制桩的专用冲击设备，与桩架配套组成柴油打桩机。柴油打桩锤以柴油为燃料，具有结构简单、施工效率高、适应性广的特点。但随着人们环保意识的加强以及城市建筑物密度的增加，柴油打桩锤噪声大、废气污染严重、振动大、对周边建筑物有破坏作用的缺点显现出来。因此，该设备在市区的桩基础施工中受到一定限制。

2. 振动桩锤

振动桩锤是振动法沉桩的主要设备之一。振动桩锤的工作原理是利用电动机的高速旋转，通过皮带带动振动箱体内的偏心块高速旋转，产生正弦波规律变化的激振力，桩锤在激振力的作用下，以一定的频率和振幅发生振动，使桩周围的土壤处于“液化”状态，从而大大降低了土壤对桩的摩擦阻力，使桩下沉或拔出。该桩锤具有效率高、速度快、便于施工等优点，在桩基工程的施工中得到广泛的应用。

3. 桩架

桩架是打桩专用工作装置配套使用的基本设备，俗称主机，其作用主要是承载工作装置、桩锤及其他机具的重量，承担吊运桩身、送桩器、料斗等工作，并能行走和回转。桩架和柴油锤配套后即为柴油打桩机；桩架与振动桩锤配套后即为振动沉拔桩机。

桩架主要用钢材制成，按照行走方式的不同分为履带式、滚筒式、轨道式等，桩架的高度可按实际工作需要分节拼装，一般每节4～6m。

7.2.3　桩工机械安全要点

1）打桩施工场地应按坡度不大于3%，地耐力不小于8.5N/cm^{2}的要求进行平实，地下不得有障碍物。在基坑和围堰内打桩，应配备足够的排水设备。

2）桩机周围应有明显标志或围栏，严禁闲人进入。作业时，操作人员应在距桩锤中心5m以外监视。

3）安装时，应将桩锤运到桩架正前方2m以内，严禁远距离倾斜吊运。

4）严禁同时进行吊运桩体、吊运桩锤、回转及行走。桩机在吊有重物的情况下，严禁操作人员离开。

5）作业中停机时间较长时，应将桩锤落下并支垫好。除蒸汽打桩机在短时间内可将桩锤担在机架上外，其他的桩机均不得悬吊桩锤进行检修。

6）遇有大雨、雪、雾和六级以上强风等恶劣气候，应停止作业。当风速超过七级时，应将桩机顺风向停置，并增加缆风绳。

7）在雷电天气，无避雷装置的桩机应停止作业。

8）作业后，应将桩机停放在坚实、平整的地面上，将桩锤落下，切断电源和电路开关，停机制动后方可离开。

9）高压线下两侧10m以内不得安装打桩机。特殊情况必须采取安全技术措施，并经企业技术负责人批准同意，方可安装。

10）起、落机架时，应设专人指挥，拆装人员应互相配合，指挥旗语和哨声应准确、清晰。严禁任何人在机架底下穿行或停留。

11）打桩作业时，严禁在桩机垂直半径范围以内和桩锤或重物底下穿行、停留。

子单元3 混凝土机械

混凝土机械是建筑施工中常用的建筑机械，一般包括混凝土搅拌机、混凝土搅拌运输车、混凝土泵及泵车和混凝土振动器等。

7.3.1 常用的混凝土搅拌机

1. 分类

混凝土搅拌机按搅拌原理不同可分为自落式和强制式两类。其主要区别如下：搅拌叶片和拌筒之间没有相对运动的为自落式；有相对运动的为强制式。

自落式搅拌机按其形状和卸料方式可分为鼓筒式、锥形反转出料式、锥形倾翻出料式三种。其中，鼓筒式自落式搅拌机性能指标落后，已列为淘汰机型。

强制式搅拌机分为立轴强制式和卧轴强制式两种，其中卧轴式又有单卧轴和双卧轴之分。

施工现场常用的搅拌机是锥形反转出料的搅拌机，搅拌站常用的搅拌机是双卧轴强制式搅拌机。

2. 混凝土搅拌机的安全使用要点

1）新机使用前，应按使用说明书的要求，对系统和部件进行检验及必要的试运转。

2）移动式搅拌机的停放位置必须选择平整、坚实的场地，周围应有良好的排水措施。

3）搅拌机就位后，应放下支腿将机架顶起，使轮胎离地。在作业时期较长的地区使用时，应用垫木将机器架起，卸下轮胎和牵引杆，并将机器调平。

4）料斗放到最低位置时，应在料斗与地面之间加一层缓冲垫木。

5）接线前，应检查电源电压，电压升降幅度不得超过搅拌机电气设备规定的5%。

6）作业前，应先进行空载试验，观察搅拌筒内叶片旋转方向是否与箭头所示方向一致。如方向相反，则应改变电机接线。反转出料的搅拌机，应按搅拌筒正反转运转数分钟，察看有无冲击抖动现象。如有异常噪声，应停机检查。

7）搅拌筒或叶片运转正常后，进行料斗提升试验，观察离合器、制动器是否灵活可靠。

8）检查和校正供水系统的指示水量是否与实际水量一致，如误差超过2%，应检查管路是否漏水。

9）每次加入的混合料不得超过搅拌机额定值的10%。为减少粘罐，加料的次序应为粗集料→水泥→细集料，或细集料→水泥→粗集料。

10）提升料斗时，严禁任何人在料斗下停留或通过。如必须在料斗下检修时，应将料斗提升后，挂好保险挂钩或采取有效措施固定。

11）作业中，不得进行检修、调整和加油，并防止砂、石等物料落入机器的传动系统内。

12）搅拌过程中不宜停机，如因故必须停机，再次启动前应卸除荷载，不得带载启动。

13）以内燃机为动力的搅拌机，在停机前应先脱开离合器，停机后应合上离合器。

14）如遇冰冻天气，停机后应将供水系统积水放尽。内燃机的冷却水也应放尽。

15）搅拌机在场内移动或远距离运输时，应将进料斗提升到上止点，挂好保险挂钩或采取有效措施固定。

16）安装固定式搅拌机时，主机与辅机都应用水准尺校正水平。有气动装置的，风源气压应稳定在0.6MPa左右。作业时，不得打开检修孔、入孔；检修时，必须先把断路器关闭，并派专人监护。

7.3.2 混凝土泵及泵车

混凝土泵是将混凝土沿管道连续输送到浇筑工作面的一种混凝土输送机械。混凝土泵车是将混凝土泵装置安装在汽车底盘上，并用液压折叠式臂架（又称为布料杆）管道来输送混凝土。臂架具有变幅、曲折和回转三个动作，在其活动范围内可任意改变混凝土的浇筑位置，在有效幅度内进行水平和垂直方向的混凝土输送，从而降低劳动强度，提高生产率，并能保证混凝土质量。

1. 混凝土泵及泵车的分类

混凝土泵按其移动方式可分为拖拉式、固定式、臂架式和车载式等，常用的为拖拉式。按其驱动方法分为活塞式、挤压式和风动式。其中，活塞式又可分为机械式和液压式。挤压式混凝土泵适用于泵送轻质混凝土，由于其压力小，故泵送距离短。机械式混凝土泵结构笨重，寿命短，能耗大。目前使用较多的是液压活塞式混凝土泵。

混凝土泵车按其底盘结构可分为整体式、半挂式和全挂式，使用较多的是整体式。

2. 混凝土泵及泵车的安全使用要点

1）混凝土泵必须放置在坚固、平整的地面上，如必须在倾斜地面停放时，可用轮胎制动器卡住车轮，倾斜度不得超过3°。

2）料斗网格上不得堆满混凝土，要控制供料流量，及时清除超粒径的骨料及异物。

3）搅拌轴卡住不转时，应暂停泵送，及时排除故障。

4）供料中断时间，一般不宜超过1h。停泵后应每隔10min做2~3个冲程反泵和正泵运动，再次投入泵送前应先搅拌。

5）作业后，如管路装有止流管，应插好止流插杆，防止垂直或向上倾斜管路中的混凝土倒流。

6）在管路末端装上安全盖，其孔口应朝下。若管路末端已是垂直向下或装有向下90°弯管，可不装安全盖。

7）洗泵时，应打开分配阀阀窗，开动料斗搅拌装置，做空载推送动作。同时，在料斗

和阀箱中冲水，直至料斗、阀箱、混凝土缸全部洗净，然后清洗泵的外部。

7.3.3 混凝土振动器

混凝土振动器是一种借助动力通过一定装置作为振源产生频繁的振动，并使这种振动传给混凝土，以振动捣实混凝土的设备。

混凝土振动器的种类繁多。按传递振动的方式可分为内部式（插入式）、外部式（附着式）、平板式等；按振源的振动子形式可分为行星式、偏心式、往复式等；按使用振源的动力可分为电动式、内燃式、风动式、液压式等；按振动频率可分为低频（2000～5000次/min）、中频（5000～8000次/min）、高频（8000～20 000次/min）等。

1. 混凝土振动器的结构简述

（1）软轴插入式振动器　由电动机、传动装置、振动棒三部分组成。

（2）直联插入式振动器　由振动棒和配套的变频机组两部分组成。

（3）附着式振动器　由特制铸铝合金外壳的三相二极电动机组成，其转子轴两个伸出端上各装一个圆盘形偏心块。当电动机带动偏心块旋转时，偏心力矩作用，使振动器产生激振力。

平板式振动器是由附着式振动器底部一块平板改装而成。

（4）振动台　由上部框架、下部框架、支承弹簧、电动机、齿轮箱、振动子等组成。

2. 插入式振动器安全使用要点

1）使用前，应检查各部件是否完好，各连接处是否紧固，电动机绝缘是否良好，电源电压和频率是否符合铭牌规定。检查合格后，方可接通电源进行试运转。

2）作业时，要使振动棒自然沉入混凝土，不可用力猛往下推。一般应垂直插入，并插到下层尚未初凝层中50～100mm处，以促使上、下层相互结合。

3）振动棒各插点间距应均匀，一般间距不应超过振动棒抽出有效作用半径的1.5倍。

4）振动器操作人员应掌握安全用电知识，作业时应穿绝缘鞋、戴绝缘手套。

5）工作停止移动振动器时，应立即停止电动机转动；搬动振动器时，应切断电源。

6）电缆不得有裸露导电之处和破损老化现象。电缆线必须敷设在干燥、明亮处；不得在电缆线上堆放其他物品，以及车辆碾压，更不能用电缆线吊挂振动器等。

3. 附着式振动器安全使用要点

1）在一个模板上同时使用多台附着式振动器时，各振动器的频率应保持一致，相对面的振动器应错开安装。

2）使用时，引出电缆线不得拉得过紧，以防断裂。作业时，必须随时注意电气设备的安全，熔断器和保护接零装置必须合格。

4. 振动台安全使用要点

1）振动台是一种强力振动成形设备，应安装在牢固的基础上，地脚螺栓应有足够强支并拧紧。同时，基础中间必须留有地下坑道，以便调整和维修。

2）使用前，要进行检查和试运转，检查机件是否完好。

3）齿轮因承受高速重负荷，故需要有良好的润滑和冷却。齿轮箱内油面应保持在规定的水平面上，工作时温升不得超过70℃。

子单元4 钢筋机械

钢筋机械是用于加工钢筋和钢筋骨架等作业的机械，按作业方式可分为钢筋强化机械、钢筋加工机械、钢筋焊接机械和钢筋预应力机械。

7.4.1 钢筋强化机械

钢筋强化机械包括钢筋冷拉机、钢筋冷拔机、钢筋轧扭机等。

钢筋冷拉机是对热轧钢筋在正常温度下进行强力拉伸的机械。冷拉是把钢筋拉伸到超过钢材的屈服点，然后放松，以提高钢筋强度（20%～25%）。通过冷拉不但可拉直、延伸钢筋，还可以起到除锈和检验钢材等作用。

钢筋冷拔机是在强拉力的作用下将钢筋在常温下通过一个比其直径小0.5～1.0mm的孔模，使钢筋在拉力和压力作用下被强行从拔丝模中拔过去，使钢筋直径缩小，而强度提高40%～90%，塑性则相应降低，成为冷拔钢丝。

钢筋轧扭机是由多台钢筋机械组成的冷轧扭生产线，能连续地将直径为6.5～10mm的普通盘圆钢筋调直、压扁、扭转、定长、切断、落料等，完成钢筋轧扭全过程。

1. 钢筋冷拉机安全使用要点

1）开机前，应对设备各连接部位、安全装置以及冷拉夹具、钢丝绳等进行全面检查，确认符合要求时，方可操作。

2）冷拉钢筋运行方向的端头应设防护装置，防止在钢筋拉断或夹具失灵时钢筋弹出伤人。

3）冷拉钢筋时，操作人员应站在冷拉线的侧向，并设联络信号，使操作人员在统一指挥下进行作业。在作业过程中，严禁横向跨越钢丝绳或冷拉线。

4）电气设备、液压元件必须完好，导线绝缘必须良好，接头处要连接牢固，电动机和启动器的外壳必须接地。

5）冷拉作业区应设置警示标志和围栏。

2. 钢筋冷拔机安全使用要点

1）各卷筒底座下方与地基的间隙应小于75mm，用作两次灌浆的填充层。底座下的垫铁每组不多于3块。在各底座初步校准就位后，将各组垫铁点焊连接，垫铁的平面面积不应小于100mm×100mm。电动机底座下方与地基的间隙不应小于50mm，用作两次灌浆填充层。

2）在拔丝机运转过程中，严禁任何人在沿线材拉拔方向站立或停留。拔丝卷筒用链条挂料时，操作人员必须离开链条甩动的区域，出现断丝应立即停车，待车停稳后方可接料。不允许在机械运转中用手取拔丝筒周围的物品。

3. 钢丝轧扭机安全使用要点

1）控制台上的操作人员必须注意力集中，发现钢筋乱盘或打结时，要立即停机，待处理完毕后，方可开机。

2）在运转过程中，任何人不得靠近旋转部件。机械周围不准乱堆异物，以防意外。

7.4.2 钢筋加工机械

1. 常用的钢筋加工机械

常用的钢筋加工机械有钢筋切断机、钢筋调直机、钢筋弯曲机、钢筋镦头机等。

钢筋切断机是把钢筋原材和已矫直的钢筋切断成所需长度的专用机械。

钢筋调直机用于将成盘的钢筋和经冷拔的低碳钢丝调直。它具有一机多用功能，能在一次操作中完成钢筋调直、输送、切断，并兼有清除表面氧化皮和污迹的作用。

钢筋弯曲机又称为冷弯机，是对经过调直、切断后的钢筋，加工成构件中所需要配置的形状，如端部弯钩、梁内弓筋、起弯钢筋等。

钢筋镦头机可将预应力混凝土的钢筋两端镦粗，以便于其拉伸。

2. 钢筋加工机械安全使用要点

（1）钢筋切断机安全使用要点

1）接送料的工作平台应与切刀下部保持水平，工作台的长度应根据待加工材料长度设置。

2）机械未达到正常运转时，不可切料；切料时，必须使用切刀的中、小部位，紧握钢筋对准刃口迅速投入。送料时，应在固定刀片一侧握紧，并压住钢筋，以防钢筋末端弹出伤人。严禁用两手分在刀片两边握住钢筋俯身送料。

3）不得剪切直径及强度超过机械铭牌额定的钢筋和烧红的钢筋。一次切断多根钢筋时，其截面积应在规定范围内。

4）切断短料时，手和切刀之间的距离应保持在150mm以上，如手握端钢筋小于400mm时，应采用套管或夹具将钢筋短头压住或夹牢。

5）运转中，严禁用手直接清除切刀附近的断头和杂物。钢筋摆动周围和切刀周围不得停留非操作人员。

（2）钢筋调直机安全使用要点

1）在调直块未固定、防护罩未盖好前，不得送料。作业中，严禁打开各部防护罩及调整间隙。

2）当钢筋送入后，手与曳轮必须保持一定的距离，不得接近。

3）送料前，应将不直的料头切除，导向筒前应装一根1m长的钢管，钢筋必须先穿过钢管再送入调直筒前端的导孔内。

（3）钢筋弯曲机的安全使用要点

1）芯轴、挡铁轴、转盘等应无裂纹和损伤，防护罩坚固可靠，经空运转确认正常后，方可作业。

2）作业时，将钢筋需弯曲一端插入在转盘固定销的间隙内，另一端紧靠机身固定销，并用手压紧，检查机身固定销确实安放在挡住钢筋的一侧，方可开动。

3）作业中，严禁做更换轴芯和销子、变换角度以及调速等作业，也不得进行清扫和加油。

4）严禁在弯曲钢筋的作业半径内和机身不设固定销的一侧站人。弯曲好的半成品应堆放整齐，弯钩不得朝上。

7.4.3 钢筋焊接机械

焊接机械类型繁多，用于钢筋焊接的主要有对焊机、点焊机和弧焊机。

对焊机有UN、UN1、UN5、UN8等系列。钢筋对焊常用的是UN1系列。这种对焊机专用于电阻焊接、闪光焊接低碳钢、有色金属等，按其额定功率不同，有UN1-25、UN1-75、UN1-100型杠杆加压式对焊机和UN1-150型气压自动加压式对焊机等。

点焊机按照时间调节器的形式和加压机构的不同，可分为杠杆弹簧式、电动凸轮式和气、液压传动式三种类型。按照上、下电极臂的长度，可分为长臂式和短臂式两种形式。

弧焊机可分为交流弧焊机（又称为焊接变压器）和直流弧焊机两大类，直流弧焊机又有旋转式直流焊机（又称为焊接发电机）和弧焊整流器两种类型。

1. 对焊机安全使用要点

1）使用前，应先检查手柄、压力机构、夹具等是否灵活可靠，根据被焊钢筋的规格，调好工作电压，通入冷却水并检查有无漏水现象。

2）调整断路限位开关，使其在焊接到达预定挤压量时能自动切断电源。

2. 点焊机安全使用要点

1）焊机通电后，应检查电气设备、操作机构、冷却系统、气路系统及机体外壳有无漏电等现象。

2）焊机工作时，应保证气路系统、水冷却系统畅通。气体必须保持干燥，排水温度不应超过40℃，排水量可根据季节调整。

3. 交流弧焊机安全使用要点

1）多台弧焊机集中使用时，应分接在三相电源网络上，使三相负载平衡。多台焊机的接地装置，应分别由接地极处引接，不得串联。

2）移动弧焊机时，应切断电源，不得用拖拉电缆的方法移动焊机。如焊接中突然停电，应立即切断电源。

4. 直流弧焊机安全使用要点

1）数台焊机在同一场地作业时，应逐台启动，避免启动电流过大，引起电源开关掉闸。

2）运行中，如需调节焊接电流和极性开关时，不得在负荷时进行。调节时，不得过快、过猛。

7.4.4 钢筋预应力机械

钢筋预应力机械是在预应力混凝土结构中，用于对钢筋施加张拉力的专用设备，分为机械式、液压式和电热式三种。常用的是液压式拉伸机。

液压式拉伸机由液压千斤顶、高压液压泵及连接两者之间的高压油管组成。

1. 液压千斤顶安全使用要点

1）千斤顶在任何情况下都不能超载和超过行程范围使用。

2）在使用千斤顶张拉过程中，应使顶压液压缸全部回油。在顶压过程中，张拉液压缸应予持荷，以保证恒定的张拉力，待顶压锚固完成时，张拉缸再回油。

2. 高压液压泵安全使用要点

1）液压泵不宜在超负荷下工作，安全阀应按额定油压调整，严禁任意调整。

2）高压液压泵运转前，应将各油路调节阀松开，然后开动液压泵，等待空载运转正常后，再紧闭回油阀，逐渐旋拧进油阀杆，增大荷载，并注意压力表指针是否正常。

子单元5 木工机械

木工机械按机械的加工性质和使用的刀具种类，大致可分为制材机械、细木工机械和附属机具三类。

制材机械包括带锯机、圆锯机、框锯机等。

细木工机械包括刨床、铣床、开榫机、钻孔机、榫槽机、车床、磨光机等。

附属机具包括锯条开齿机、锯条焊接机、锯条滚压机、压料机、锉锯机、刃磨机等。

建筑施工现场中常用的木工机械有锯机和刨床。

7.5.1 锯机分类与特点

1. 带锯机

带锯机是把带锯条环绕在轮盘上，使其转动、切削木材的机械，它的锯条的切削运动是单方向连续的，切削速度较快；它能锯割较大直径的圆木或特大方材，且锯割质量好；还可以采用单锯锯割，合理看材下锯，因此制材等级率高，出材率高。同时，锯条较薄，锯路损失较少。故大多数制材车间均采用带锯机制材。

2. 圆锯机

圆锯机构造简单，安装容易，使用方便，效率较高，应用比较广泛。但是它的锯路高度小，宽度大，出材率低，锯切质量较差。圆锯机主要由机架、工作台、锯轴、切削刀片、导尺、传动机构和安全装置等组成。

7.5.2 木工刨床分类与特点

木工刨床用于方材或板材的平面加工，有时也用于成型表面的加工。工件经过刨床加工后，不仅可以得到精确的尺寸和所需要的截面形状，而且可得到较光滑的表面。

根据不同的工艺用途，木工刨床可分为平刨、压刨、双面刨、三面刨、四面刨和刮光机等多种形式。

7.5.3 木工机械的使用

建筑施工现场常用的木工机械为圆盘锯和平面刨。

1. 圆盘锯的作业条件和使用要点

1）设备本身应设按钮开关控制，闸箱距离设备不得大于2m，以便在发生故障时，迅速切断电源。

2）锯片必须平整坚固，锯齿尖锐，有适当锯路，锯片不能有连续断齿，不得使用有裂纹的锯片。

3）安全防护装置应齐全有效；分料器的厚薄应适度，位置合适，锯割木料时不产生夹锯；锯盘护罩的位置应固定在锯盘上方，不得在使用中随意转动；台面应设防护挡板，防止锯料时遇节疤和铁钉弹回伤人；传动部位必须设置防护罩。

4）锯盘转动后，应待转速正常时，再进行锯木料。所锯木料的厚度，以不碰到固定锯盘的压板边缘为限。

5）木料接近到尾端时，要由下手拉料，不要用上手直接推送。推送时，应使用短木板顶料，防止推空而伤手。

6）木料较长时，应由两人配合操作。操作中，下手必须待木料超过锯片200mm以外时，方可接料。接料后不要猛拉，应与送料配合。需要回料时，木料要完全离开锯片后再送回，操作时不能过早过快，防止木料触碰锯片。

7）锯割短料时，应用推棍，严禁用手直接进料，且进料速度不能过快。下手接料必须用刨钩。木料长度不足500mm的短料，禁止上锯。

8）需要换锯盘和检查维修时，必须拉闸断电，待完全停止转动后，方可进行工作。

9）下料应堆放整齐，应及时清除台面上以及工作范围内的木屑，不要用手直接擦抹台面。

2. 电平刨（手压刨）的作业条件和使用要点

1）应明确规定，除专业木工外，其他工种人员不得操作。

2）应检查刨刀的安装是否符合要求，包括刀片紧固程度、刨刀的角度、刀口出台面高度等。刀片的厚度、重量应均匀一致，刀架、夹板必须平整贴紧，紧固刀片的螺钉应嵌入槽内不少于10mm。

3）设备应使用按钮开关，不得使用倒把开关，防止误开机。电闸箱距设备不得大于2m，便于发生故障时，迅速切断电源。

4）使用前，应先空转运行，转速正常无故障时，方可进行操作。刨料时，应双手持料；按压木料时应使用工具，不应用手直接按压木料，防止手按空而发生事故。

5）刨木料小面时，手应按在木料的上半部；经过刀口时，用力要轻，防止木料歪倒时刀口伤人。

6）短于20cm的木料不得使用机械。长度超过2m的木料，应由两人配合操作。

7）刨木料前，应仔细检查木料，若有铁钉、灰浆等物，要先清除；遇木节、逆茬时，要适当减慢推进速度。

8）需调整刀口和检查维修时，必须拉闸切断电源，待完全停止转动后进行。

9）台面上的刨花，不要用手直接擦抹，应及时清除周围刨花。

10）使用电平刨时，必须装设灵敏可靠的安全防护装置。目前，各地使用的防护装置不一，但不管何种形式，必须灵敏可靠，经试验认定确实可以起到防护作用。

安装防护装置后，必须专人负责管理，不能以各种理由拆掉；发生故障时，如机械不能继续使用，必须待装置维修试验合格后，方可再用。

子单元6　其他机械

其他机械主要有机动翻斗车、蛙式打夯机、水泵等。

7.6.1　机动翻斗车

机动翻斗车是一种方便灵活的水平运输机械，在建筑施工中常用于运输砂浆、混凝土集

料以及散状物料等。

机动翻斗车安全使用要点如下：

1）机动翻斗车属于场内运输车辆，司机应按有关培训考核，持证上岗。

2）车上除司机外不得带人行驶。因此种车辆一般只有驾驶员座位，而无其他人的固定座位，且现场作业路面不好，带其他人行驶则不安全。驾驶时应以一档起步为宜，严禁三档起步。下坡时不得脱档滑行。

3）向坑槽或混凝土料斗内卸料时，应保持安全距离，并设置轮胎的防护挡板，防止其到坑槽边自动下溜或卸料时翻车。

4）翻斗车卸料时，应先将车停稳，再抬起锁机构（手柄）进行卸料，禁止在制动的同时进行翻斗卸料，避免造成惯性移位事故。

5）严禁料斗内载人。

6）内燃机运转或料斗内有荷载时，严禁在车底下进行任何作业。

7）用完后要及时冲洗，司机离车必须将内燃机熄灭，并挂空档拉紧驻车制动器。

7.6.2　蛙式打夯机

蛙式打夯机是建筑施工中常见的小型压实机械，虽有不同形式，但构造基本相同，主要由机械结构和电气控制两部分组成。

蛙式打夯机安全使用要点如下：

1）蛙式打夯机仅适用于灰土和素土夯实以及场地平整工作，不能用于夯实坚硬或软硬不均相差较大的地面，更不得夯实混有碎石、碎砖的杂土。

2）作业前，应对工作面进行清理排除障碍，搬运夯机到沟槽中作业时，应使用起重设备，上、下槽时应选用跳板。

3）无论在工作之前还是在工作中，凡需搬运夯机，必须切断电源，严禁带电搬运。

4）夯机属于手持移动式电动工具，必须按照电气规定，在电源首端装设漏电动作电流不大于30mA、动作时间不大于0.1s的漏电保护器，并对夯机外壳做好保护接零。

5）操作人员必须穿戴好绝缘用品。

6）夯机操作必须有两个人，一人扶夯，一人提电缆线，提线人也必须穿戴好绝缘用品，两人要密切配合，防止拉线过紧或夯打在电缆线上造成事故。

7）夯机的电器开关与入线处的连接，应随时进行检查，避免入线处因振动、磨损等原因导致松动或绝缘失效。

8）在夯实室内填土时，夯头应避开墙体基础，防止因夯头处软硬相差过大，砸断电线。

9）两台以上夯机同时作业时，左右间距不应小于5m，前、后不小于10m；相互间的电缆线不得缠绕交叉，并远离夯头。

7.6.3　水泵

水泵的种类很多，主要有离心水泵、潜水泵、深井泵、泥浆泵等。建筑施工中主要使用的是离心式水泵。离心式水泵中又以单级单吸式离心水泵为最多。“单级”是指有一个叶轮；“单吸”指进水口为一面。泵主要由泵座、泵壳、叶轮、轴承盒、进水口、出水口、泵轴、叶轮组成。

1. 离心水泵安全操作要点

1）水泵的安装应牢固、平稳，有防雨、防冻措施。多台水泵并列安装时，间距不小于80cm。对于管径较大的进出水管，须用支架支撑，转动部分要有防护装置。

2）电动机轴应与水泵轴同心，螺栓要紧固，管路密封，接口严密，吸水管阀无堵塞，无漏水。

3）启动时，应将出水阀关闭，启动后逐渐打开。

4）运行中，若出现漏水、漏气、填料部位发热、机温升高、电流突然增大等不正常现象，须停机检修。

5）水泵运行中，不得从机上跨越。

6）升降吸水管时，要站到有防护栏杆的平台上操作。

7）应先关闭出水阀，后停机。

2. 潜水泵安全操作要点

1）潜水泵宜先装在坚固的篮筐里再放入水中，亦可在水中将泵的四周设立坚固的防护围网。泵机应直立于水中，水深不得小于0.5m，不得在含泥沙的水中使用。

2）潜水泵放入水中或提出水面时，应切断电源，严禁拉拽电缆或出水管。

3）潜水泵应装设保护接零和漏电保护装置，工作时泵机周围30m以内水面，不得有人、畜进入。

4）启动前，应认真检查，水管结扎要牢固，将放气、放水、注油等螺塞旋紧，叶轮和进水节无杂物，电缆绝缘良好。

5）接通电源后，应先试运转，应检查并确认旋转方向正确，在水外运转时间不得超过5min。

6）应经常观察水位变化，叶轮中心至水面距离应保持在0.5～3.0m之间，泵体不得陷入污泥或露出水面。电缆不得与井壁、池壁摩擦。

7）新泵或新换密封圈后，在使用50h后，应打开放水封口塞，检查水、油的泄漏量。当泄漏量超过5mL时，应进行0.2MPa的气压试验，查出原因，予以排除，以后应每月检查一次；当泄漏量不超过25mL时，可继续使用。检查后，应换上规定的润滑油。

8）经过修理的油浸式潜水泵，应先经0.2MPa气压试验，检查各部无泄漏现象，然后将润滑油加入上、下壳体内。

9）当气温降到0℃以下时，在停止运转后，应从水中提出潜水泵，擦干后存放在室内。

10）每周应测定一次电动机定子绕组的绝缘电阻，其值应无下降。

3. 深井泵安全使用要点

1）深井泵应使用在砂的质量分数低于0.01%的清水源，泵房内应设置预润水箱，其容量应满足一次启动所需的水量。

2）新装或经过大修的深井泵，应调整泵壳与叶轮的间隙，叶轮在运转中不得与壳体摩擦。

3）深井泵在运转前应将清水通入轴与轴承的壳体内进行预润。

4）启动前，必须认真检查，要求底座基础螺栓已紧固，轴向间隙符合要求，调节螺栓的保险螺母已装好。填料压盖已旋紧并经过润滑，电动机轴承已经润滑，用手旋转电动机转

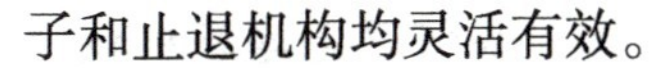

子和止退机构均灵活有效。

5）深井泵不得在无水情况下空转。水泵的一、二级叶轮应浸入水位1m以下。运转中应经常观察井中水位的变化情况。

6）运转中，当发现基础周围有较大振动时，应检查水泵的轴承或电动机填料处的磨损情况；当磨损过多而漏水时，应更换新件。

7）已经吸、排过含有泥沙的深井泵，在停止泵机前，应用清水冲洗干净。

8）停泵前，应先关闭出水阀，切断电源，锁好开关箱。冬期停用时，应放净泵内积水。

4. 泥浆泵安全使用要点

1）泥浆泵应安装在稳固的基础架上或地面上，不得松动。

2）启动前，所检查项目应符合下列要求：各连接部位牢固；电动机旋转方向正确；离合器灵活可靠；管路连接牢固，密封可靠，底阀灵活有效。

3）启动前，吸水管、底阀及泵体内应注满引水，压力表缓冲器上端应注满油。

4）启动前，应使活塞重复两次，无阻碍时方可空载启动。启动后，应待运转正常，再逐步增加荷载。

5）运转中，应经常测试泥浆含砂量。泥浆含砂量不得超过10%。

6）对于有多档速度的泥浆泵，在每班运转中应将几档速度分别运转，运转时间均不得少于30min。

7）运转中不得变速；当需要变速时，应停泵进行换档。

8）运转中，当出现异响或水量、压力不正常，或有明显高温时，应停泵检查。

9）在正常情况下，应在空载时停泵。停泵时间较长时，应全部打开放水孔，并松开缸盖，提起底阀水杆，清除泵体及管道中的全部泥沙。

10）长期停用时，应清洗各部泥沙、油垢，将曲轴箱内润滑油放尽，并应采取防锈、防腐措施。

相关案例

【背景资料】2002年以来，×××市建设工程因建筑施工机械设备所引发的各类伤亡事故数量逐步上升，特别是2003年以来，因建筑施工机械设备使用、管理不善而造成人身伤害事故继续呈高发态势，并产生了不良社会影响。2002年全市建设工程因机械伤害共发生事故10起，死亡13人；2003年截至4月9日，因各类建筑施工机械设备而引发的伤亡事故共11起，死亡12人，重伤1人，事故的次数和人数已分别占今年事故总数的50%和52.2%。其中，因桩工机械施工而造成的伤害事故为4起，死亡5人，占建筑施工机械设备事故总数的36.4%和41.7%。建筑施工机械设备事故已成为影响当前安全生产的重要因素。

【事故分析】施工工地管理单位（或总承包单位）安全管理职责不落实；专业施工单位对施工机械设备使用缺乏严密的安全管理，随意租赁、使用不符合安全生产要求的施工机械设备，对施工机械设备缺乏检查、安全使用的验收和日常的维修保养，导致施工机械设备使用先天不足、带病运转；施工作业人员违章作业，缺乏应有的自我保护意识。

【**想一想**】在目前的建筑工程施工中，随着施工机械用量的增加，如何避免建筑机械造成的安全事故？有效地解决这一问题，对实现安全文明施工有什么意义？

思考与拓展题

7-1 有哪些避免建筑机械伤害的措施？

7-2 利用本单元所学的知识，结合目前建筑施工现场的具体情况，试分析某些新型的建筑设备和机械的安全技术和管理要求。

拆除工程

单元8

拆除工程

能力目标

1. 掌握拆除前的准备工作、应急情况处理和拆除工程的安全注意事项。
2. 会进行拆除工程的安全管理以及安全检查和安全防护设施的落实。

学习重点与难点

重点掌握拆除工程安全施工管理、应急处理、人工拆除、机械拆除、爆破拆除、安全防护措施、拆除工程文明施工管理等方面的内容。

课程思政 重视安全管理，完善安全措施

我们应该深入贯彻习近平总书记关于安全生产的重要指示精神，按照李克强总理批示要求严格贯彻安全生产责任制，围绕从根本上消除事故隐患，强化组织领导，把解决问题、推动企业主体责任落实作为整治的关键，进一步完善安全生产执法体系，提升基础保障能力，加强应急处置，扎实推进安全生产治理体系和治理能力现代化，为全面建成小康社会营造稳定的安全生产环境。

拆除工程事故发生的主要原因有以下四种：

1）拆除工程是一项综合性的作业项目，除土建项目外还包括水、电、气、暖、通信等项目，或又面临使用年限到期，建筑倾斜、梁柱断裂等隐患。这些隐患，某些可能是外部的，某些可能隐藏于建筑物内部而不易被发现，在施工过程中由于撬动、冲撞、挤压等外力的作用，很可能一触即发，发生突然坍塌事故。

2）目前，对于普通土建施工已有比较成熟的防护标准和安全技术措施，而对于拆除工程却没有形成系统的防护标准和安全技术措施。对拆除施工方案和防护措施缺乏研究，施工中安全技术措施的提出只能参照其他标准，或完全依靠施工者的经验，不少拆除工程甚至根本不制定施工方案和安全措施。

3）建筑拆除是高危行业，机械化、自动化水平偏低，作业人员总体素质较低，管理比较粗放。

4）部分拆除企业项目制定的事故防范预案流于形式。

基于以上四点情况分析，拆除工程应重视安全管理，完善安全技术措施，提升拆除作业队伍素质，有序地组织事故抢救演练工作；事故发生后，应切实保障事故应急救援和处理工作的高效、有序实施，保障人民生命财产安全，守住安全生产的底线。

子单元1 概 述

拆除工程就其施工难度、危险程度、作业条件等方面来看远甚于新建工程，更难以管理，更容易发生安全事故。因此，安全管理工作在拆除工程中有着至关重要的地位。拆除工程过去主要以拆除砖木、砖混等简易结构为主，现在的拆除工程中，不仅有砖木、砖混结构，更多的是多层框架结构，从房屋拆除发展到烟囱、水塔、桥梁、码头等建筑物或构筑物的拆除。因而，近年来建（构）筑物的拆除施工已形成一种行业。现在的拆除工程还有一个特点，许多拆除工地都位于人口密度大、房屋密集的市区，周围保留房屋多，周边及地下管线多，情况复杂。这些因素都大大增加了拆除工程的难度及危险性。

8.1.1 拆除工程的一般规定

1）项目经理必须对拆除工程的安全生产负全面领导责任。项目经理部应按有关规定设专职安全员，检查落实各项安全技术措施。

2）施工单位应全面了解拆除工程的图样和资料，进行现场勘察，编制施工组织设计或安全专项施工方案。

3）拆除工程施工区域应设置硬质封闭围挡以及醒目警示标志，且围挡高度不应低于1.8m，非施工人员不得进入施工区。当临街的拆除建筑与交通道路的安全跨度不能满足要求时，必须采取相应的安全隔离措施。

4）拆除工程必须制订生产安全事故应急救援预案。

5）施工单位应为从事拆除作业的人员办理意外伤害保险。

6）严禁拆除施工立体交叉作业。

7）作业人员使用手持机具时，严禁超负荷或带故障运转。

8）应采用封闭的垃圾道或垃圾袋运下楼层内的施工垃圾，严禁直接向下抛掷。

9）应根据拆除工程施工现场作业环境制订相应的消防安全措施。施工现场应设置消防车通道，保证充足的消防水源，配备足够的灭火器材。

8.1.2 拆除工程的准备工作

建设单位应负责做好影响拆除工程安全施工的各种管线的切断、迁移工作。当外侧有架空线路或电缆线路时，应与有关部门取得联系，采取措施，确认安全后方可施工。拆除工程的建设单位与施工单位在签订施工合同时，应签订安全生产管理协议，明确建设单位与施工单位在拆除工程施工中所承担的安全生产管理责任。

根据《建设工程安全生产管理条例》的规定，建设单位、监理单位应对拆除工程施工安全负检查督促责任；施工单位应对拆除工程的安全技术管理负直接责任；明确建设单位、监理单位、施工单位在拆除工程中的安全生产管理责任。

建设单位应将拆除工程发包给具有相应资质等级的施工单位。严禁施工单位将建筑拆除工程转包。建设单位应在拆除工程开工前15日，将下列资料报送建设工程所在地的县级以上地方人民政府建设行政主管部门备案：

1）施工单位资质登记证明。

2）拟拆除的建（构）筑物及可能危及毗邻建筑的说明。

3）拆除施工组织方案或安全专项施工方案。

4）堆放、清除废弃物的措施。

建设单位应向施工单位提供下列资料：

1）拆除工程的有关图样和资料。

2）拆除工程涉及区域的地上、地下建筑及设施分布情况资料。

施工单位必须全面了解拆除工程的图样和资料，根据建筑拆除工程特点，进行实地勘察，并应编制有针对性、安全性及可行性的施工组织设计或方案以及各项安全技术措施。依据《中华人民共和国建筑法》为从事拆除作业的人员办理意外伤害保险。依据《安全生产法》的有关规定，制订拆除工程生产安全事故应急救援预案，成立组织机构，配备抢险救援器材。

当拆除工程可能对周围相邻建筑安全产生危险时，必须采取相应保护措施，对建筑内的人员进行撤离安置。

在拆除作业前，施工单位应检查建筑内各类管线的情况，确认全部切断后方可施工。

在拆除工程作业中，发现不明物体时，应停止施工，采取相应的应急措施，保护现场，及时向有关部门报告。

8.1.3　拆除工程安全施工管理

建筑拆除工程一般可分为人工拆除、机械拆除和爆破拆除三大类。应根据被拆除建筑的高度、面积、结构形式，采用不同的拆除方法。因为人工拆除、机械拆除、爆破拆除的方法不同，其特点也各有不同，所以在安全施工管理上各有侧重点。

8.1.4　应急处理

在拆除工程作业中，当施工单位发现不明物体时，必须停止施工，采取相应的应急措施，保护现场，并应及时向有关部门报告。经过有关部门鉴定后，按照国家和政府有关法规妥善处理。拆除工程必须制订生产安全事故应急救援预案，成立组织机构，并应配备抢险救援器材，适当时候组织演练。当发生重大事故时，应立即启动应急预案排除险情，组织抢救。

子单元2　人工拆除

人工拆除是指人工采用非动力性工具进行的作业。采用手动工具进行人工拆除的建筑一般为砖木结构，高度不超过6m（二层），面积不大于1000m²。

拆除施工程序应从上至下，按照先拆除楼板、非承重墙，再拆除梁、承重墙、柱的顺序依次进行，或依照先非承重结构后承重结构的原则进行拆除。分层拆除时，作业人员应在脚手架或稳固的结构上操作，被拆除的构件应有安全的放置场所。

人工拆除建筑墙体时，不得采用掏掘或推倒的方法。严禁楼板上多人聚集或集中堆放材料。拆除建筑的栏杆、楼梯、楼板等构件，应与建筑结构整体拆除进度相配合，不得先行拆除。建筑的承重梁、柱，应在其所承载的全部构件拆除后，再进行拆除。拆除施工应分段进行，不得垂直交叉作业。作业面的孔洞应封闭。

拆除梁或悬挑构件时，应采取有效的下落控制措施，方可切断两端的支撑。

拆除柱子时，应先在柱子底部剔凿出钢筋，使用手动倒链定向牵引，再采用气焊切割柱子三面钢筋，保留牵引方向正面的钢筋。

拆除原用于有毒有害、可燃气体的管道及容器时，必须查清其残留物的种类、化学性质及残留量，采取相应措施后，方可进行拆除施工，以达到确保拆除施工人员安全的目的。

严禁向下抛掷拆除的垃圾。

子单元3　机械拆除

机械拆除是指以机械为主、人工为辅相配合的拆除施工方法。机械拆除的建筑一般为砖混结构，高度不超过20m（六层），面积不大于5000m²。

当采用机械拆除建筑时，应从上至下，逐层分段进行；应先拆除非承重结构，再拆除承重结构。拆除框架结构建筑时，必须按楼板、次梁、主梁、柱子的顺序进行施工。对只进行部分拆除的建筑，必须先将保留部分加固，再进行分离拆除。在施工过程中，必须由专门人员负责随时监测被拆除建筑的结构状态，并应做好记录。当发现有不稳定状态的趋势时，必须停止作业，采取有效措施，消除隐患。

拆除施工时，应按照施工组织设计选定的机械设备及吊装方案进行施工，严禁超载作业或任意扩大使用范围。供机械设备使用的场地必须保证足够的承载力。作业中机械不得同时回转、行走。

当进行高处拆除作业时，对于较大尺寸的构件或沉重的材料（楼板、屋架、梁、柱、混凝土构件等），必须使用起重机具及时吊下。应及时清理拆卸下来的各种材料，分类堆放在指定场所，严禁向下抛掷。

采用双机抬吊作业时，每台起重机荷载不得超过允许荷载的80%，且应对第一吊进行试吊作业，施工中必须保持两台起重机同步作业。

拆除吊装作业的起重机司机，必须严格执行操作规程。信号指挥人员必须按照现行国家标准《起重机　手势信号》（GB/T 5082—2019）的规定作业。

拆除钢屋架时，必须采用绳索将其拴牢，等待起重机起吊稳定后，方可进行气焊切割作业。在吊运过程中，应采用辅助措施使被吊物处于稳定状态。

拆除桥梁时，应先拆除桥面的附属设施及挂件、护栏等。

子单元4 爆破拆除

爆破拆除是利用炸药爆炸瞬间产生的巨大能量进行建筑拆除的施工方法。采用爆破拆除的建筑一般为混凝土结构，高度超过20m（6层），面积大于5000m^2。

爆破拆除工程应根据周围环境条件、拆除对象类别、爆破规模，按照现行国家标准《爆破安全规程》（GB 6722—2014），分为A、B、C三级。不同级别的爆破拆除工程有相应的设计施工难度，爆破拆除工程设计必须按级别经当地有关部门审核，做出安全评估和审查批准后方可实施。

从事爆破拆除工程的施工单位，必须持有所在地有关部门核发的爆炸物品使用许可证，承担相应等级及以下级别的爆破拆除工程。爆破拆除设计人员应具有承担爆破拆除作业范围和相应级别的爆破工程技术人员作业证。从事爆破拆除施工的作业人员应持证上岗。

运输爆破器材时，必须向所在地有关部门申请领取爆破物品运输证。应按照规定路线运输，并应派专人押送。爆破器材临时保管地点，必须经当地有关部门批准。严禁同室保管与爆破器材无关的物品。

爆破拆除的预拆除是指爆破实施前有必要进行部分拆除的施工。爆破拆除的预拆除施工应确保建筑安全和稳定。预拆除施工可以减少钻孔和爆破装药量，清除下层障碍物（如非承重的墙体）有利于建筑塌落破碎解体。预拆除施工可采用机械和人工方法拆除非承重的墙体或不影响结构稳定的构件。

爆破拆除建筑施工时，应对爆破部位进行覆盖和遮挡防护，覆盖材料和遮挡设施应选用不易松散和折断，并能防止碎块穿透的材料，固定方便、牢固可靠。

爆破作业是一项特种施工方法。爆破拆除工程的设计和施工，必须按照《爆破安全规程》有关爆破实施操作的规定执行。

对烟囱、水塔等构筑物采用定向爆破拆除工程时，爆破拆除设计应控制建筑倒塌时的触地震动。必要时，应在倒塌范围铺设缓冲材料或开挖防震沟。

为保护临近建筑和设施的安全，爆破震动强度应符合现行国家标准《爆破安全规程》的有关规定。建筑基础爆破拆除时，应限制一次同时使用的药量。

爆破拆除应采用电力起爆网路和非电导爆管起爆网路。电力起爆网路的电阻和起爆电源功率应满足设计要求；非电导爆管起爆应采用复式交叉封闭网路。爆破拆除不得采用导爆索网路或导火索起爆方法。

装药前，应对爆破器材进行性能检测。试验爆破和起爆网路模拟试验应在安全场所进行。

爆破拆除工程的实施应在工程所在地有关部门领导下成立爆破指挥部，按照施工组织设计确定的安全距离设置警戒。

子单元 5　安全防护措施

拆除施工中采用的脚手架和安全网，必须由专业人员搭设。由项目经理（或工地负责人）组织技术、安全部门的有关人员验收合格后，方可投入使用。验收安全防护设施时，应按类别逐项查验，并应有验收记录。

严禁拆除施工立体交叉作业。水平作业时，各工位间应有一定的安全距离。作业人员必须配备相应的劳动保护用品，如安全帽、安全带、防护眼镜、防护手套、防护工作服等，并应正确使用。在爆破拆除作业施工现场周边，应按照现行国家标准《安全标志及其使用导则》（GB 2894—2008）的规定，设置相关的安全标志，并设专人巡查。

拆除工程安全技术管理措施主要有以下几点：

1）拆除工程开工前，应根据工程特点、构造情况、工程量及有关资料编制安全施工组织设计或方案。对于爆破拆除和被拆除建筑面积大于 1000m^2 的拆除工程，应编制安全施工组织设计；对于拆除建筑面积小于等于 1000m^2 的拆除工程，应编制安全技术方案。

2）拆除工程的安全施工组织设计或方案，应由专业工程技术人员编制，经施工单位技术负责人、总监理工程师审核批准后实施。在施工过程中，如需变更安全施工组织设计或方案，应经原审批人批准后，方可实施。

3）拆除工程项目负责人是拆除工程施工现场的安全生产第一责任人。项目经理部应设专职安全员，检查落实各项安全技术措施。

4）进入施工现场的人员，必须佩戴安全帽。凡在 2m 及以上高处作业无可靠防护设施时，必须正确使用安全带。在恶劣的气候条件［如大雨、大雪、浓雾、六级（含）以上大风］影响施工安全时，严禁进行拆除作业。

5）拆除工程施工现场的安全管理由施工单位负责。从业人员应办理相关手续，签订劳动合同，进行安全培训，考试合格后，方可上岗作业。拆除工程施工前，必须由工程技术人

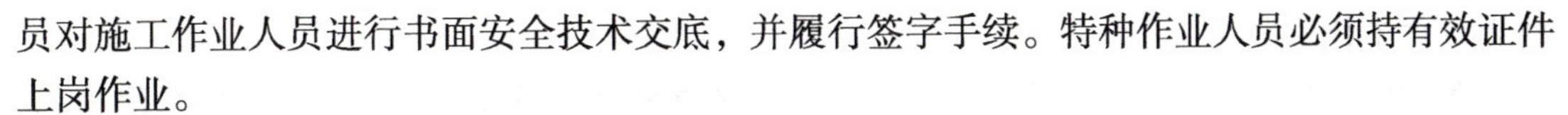

员对施工作业人员进行书面安全技术交底，并履行签字手续。特种作业人员必须持有效证件上岗作业。

6）施工现场临时用电必须按照《施工现场临时用电安全技术规范》（JGJ 46—2005）的有关规定执行。夜间施工必须有足够照明。电动机械和电动工具必须装设漏电保护器，其保护零线的电气连接应符合要求。对于产生震动的设备，其保护零线的连接点不应少于两处。

7）在拆除工程施工过程中，当发生险情或异常情况时，应立即停止施工，查明原因，及时排除险情；发生生产安全事故时，要立即组织抢救、保护事故现场，并向有关部门报告。

施工单位必须依据拆除工程安全施工组织设计或方案，划定危险区域。施工前，应通报施工注意事项，当拆除工程有可能影响公共安全和周围居民的正常生活时，应在施工前发出告示，做好宣传工作，并采取可靠的安全防护措施。

子单元6　拆除工程文明施工管理

拆除工程施工现场清运渣土的车辆应在指定地点停放。车辆应封闭或采用苫布覆盖，出入现场时应有专人指挥。清运渣土的作业时间应遵守有关规定。拆除工程施工时，应设专人向被拆除的部位洒水降尘，减少对周围环境的扬尘污染。

对地下的各类管线，施工单位应在地面上设置明显的警示标志。应对水、电、气的检查井和污水井采取相应的保护措施。

拆除工程施工时，应有防止扬尘和降低噪声的措施。

拆除工程完工后，应及时将渣土清运出场。

施工单位必须落实防火安全责任制，建立义务消防组织，明确责任人负责施工现场的日常防火安全管理工作。根据拆除工程施工现场作业环境，应制订相应的消防安全措施；并应保证充足的消防水源，现场消防栓控制范围不宜大于50m。配备足够的灭火器材，每个设置点的灭火器数量以2～5具为宜。

施工现场应建立健全用火管理制度。施工作业用火时，必须履行动火审批手续，经现场防火负责人审查批准，领取用火证后，方可在指定时间、地点作业。作业时，应配备专人监护；作业后，必须确认无火源危险后方可离开作业地点。

拆除建筑物时，当遇有易燃物、可燃物（易燃物，代号B3级，为易燃性建筑材料；可燃物，代号B2级，为可燃性建筑材料）及保温材料时，严禁明火作业。施工现场应设置不小于3.5m宽的消防车道，并保持畅通。

相关案例

【背景资料】某市市政道路因拓宽改造的需要，须将某单位的临街房屋拆除。经协商，该拆迁单位将其部分房屋及附属物的拆除任务委托给了某建筑施工单位。同年9月18日，

双方签订了拆迁协议。

签订协议后，拆迁单位程某、邱某等人为了单位创收，与建筑施工单位的副经理杨某、经营科长蒋某口头协议，要将拆除房屋中的文化中心和实验室拆除任务另行安排。据此书面协议，某建筑施工单位将协议范围内的拆除物于年底前拆除完毕，而对拆迁单位口头协议留下的文化中心和实验室未安排队伍拆除。

当年10月，拆迁单位程某将文化中心和实验室拆除业务安排给了个体户陈某。陈某在完成了实验室和文化中心的屋顶拆除后，将剩余的工程又转包给韩某拆除。

过了半年后，即在第二年8月13日上午，文化中心只剩下东面墙体未拆除（高约4m，长约7m），其余的墙体已全部拆除。工人韩某等3人在东山墙西侧约3m的地方清理红砖。约9时40分，东山墙突然向西倒塌，正在清理红砖的3人被砸倒，当场死亡。

【事故分析】

1. 技术方面

拆除人韩某在未对拆除工程制订拆除方案的情况下对房屋进行拆除时，采取了错误的分段拆除方法，并没有采取任何安全防护措施，导致墙体失稳，突然倒塌。因此，缺少施工方案和安全技术措施是此次事故的技术原因。

2. 管理方面

（1）拆迁单位对内部人员缺乏管理，且工程发包后，未对工程采取监督措施。

（2）某建筑施工单位作为合同中的承包人，执行合同不严，现场管理交接不清。

（3）拆迁单位职工程某利用职务和工作便利，弄虚作假、徇私舞弊，违法将拆迁业务安排给无资质的个体户陈某。

（4）承包人个体户陈某无拆除资质，利用非法手段承揽拆迁业务，又非法转包给另一个个体户韩某，是此次事故的管理原因。

事故责任及处理：拆除人韩某系无房屋拆除资质的个体，不懂建筑施工技术，承揽任务后私招滥雇，既未制订拆除方案，也没有采取任何安全防护措施，严重违反了拆除作业程序，属于典型的违章拆除，其行为已触犯中华人民共和国《刑法》第一百三十四条，应追究刑事责任。

该市拆迁单位职工程某，利用其职务和工作便利，弄虚作假，徇私舞弊，私自将拆迁业务安排给无资质的个体业主，对本次事故负有主要责任。

该市拆迁单位部分分管此次拆迁工作的领导，为单位创收随意争来拆除业务后又不闻不问，管理、监督不到位，对此次事故负有不可推卸的领导责任。

应对以上相关人员进行相应的处分。

【想一想】 拆除工程在实施前应当做好哪些方面的技术和管理工作？在拆除工程实施过程中又应当做好哪些技术和管理工作？

思考与拓展题

8-1 结合环境保护、施工安全和城镇发展，谈谈你对拆除工程新要求的认识。

8-2 为保证拆除工程的安全进行，核心工作是什么？具体如何处理？

建筑施工现场防火

单元9 建筑施工现场防火

能力目标

1. 掌握我国消防工作的基本方针和建筑施工现场的防火要求。
2. 掌握常用消防器材的选择和使用。
3. 了解建筑施工现场消防器材的配置要求和管理内容。

学习重点与难点

学习重点是建筑施工现场防火。学习难点是能够根据不同的火灾原因正确合理地选择和使用灭火器材。

课程思政 英雄归厚土

2019年3月30日18时许，四川省凉山州木里县雅砻江镇立尔村发生森林火灾。3月31日下午，扑火人员在转场途中，受瞬间风力风向突变影响，突遇山火爆燃，30名扑火队员不幸殉职，其中27人是凉山州森林消防支队的消防员，1个80后、24个90后、2个00后。

他们在危急关头挺身而出，将“平凡”与“伟大”画上了等号，他们用实际行动诠释了伟大的意义。他们担当起了我们这一代年轻人的责任，将个人理想融入到了伟大事业中，热爱他们终身神圣的职业。

痛定思痛，我们将更加珍惜来之不易的和平安宁，不做错事，不添麻烦，化悲痛为力量，把主要心思精力置于党和国家的伟大事业之中，放在普通却不可替代的本职岗位之上，团结奋斗，开拓进取，遵纪守法，维护稳定，以实际行动和优异成绩回报祖国、回报社会。

子单元1 消防安全一般知识

为了有效地防止建筑施工现场发生火灾事故，必须要求现场所有人员掌握消防安全的一般知识和技能，以便能够做好建筑施工现场的消防工作。

9.1.1 术语

1. 消防工作的基本方针

我国消防工作的方针是“预防为主，防消结合”。“预防为主”，就是要把预防火灾的工作放在首要的位置，要开展防火安全教育，提高人民群众对火灾的警惕性，建立健全防火组织，严密防火制度，进行防火检查，消除火灾隐患，贯彻建筑防火措施等。只有抓好预防为主，才能把可能引起火灾的因素消灭在火灾之前，减少火灾事故的发生。“防消结合”，就是在积极做好防火工作的同时，在思想上、组织上、物质上和技术上做好灭火战斗的准备，一旦发生火灾，就能迅速地赶赴现场，及时有效地将火灾扑灭。“防”和“消”是相辅相成的两个方面，缺一不可。

2. 火灾等级

火灾等级划分为以下四类：

(1) 特别重大火灾　指造成30人以上死亡，或者100人以上重伤；或者直接经济损失1亿元以上的火灾。

(2) 重大火灾　指造成10人以上30人以下死亡，或者50人以上100人以下重伤，或者直接经济损失达5000万元以上1亿元的火灾。

(3) 较大火灾　指造成3人以上10人以下死亡，或者10人以上50人以下重伤，或者直接经济损失1000万以上5000万以下的火灾。

(4) 一般火灾　指造成3人以下死亡，或10人以下重伤，或1000万元以下的直接经济

损失的火灾。

上述所称的“以上”包括本数，所称的“以下”不包括本数。

3. 起火条件

起火必须同时具备下列三个条件：

（1）可燃烧的物质 无论固体、液体、气体，凡能与空气中的氧或其他氧化剂起剧烈反应的物质，一般都称为可燃物质，如木材、沥青、汽油、酒精等。

（2）助燃物 凡能帮助和支持燃烧的物质都称为助燃物，如空气、氧气等。

（3）着火源 凡能够将可燃烧物质引燃的火源即为着火源，如明火焰、火星和电火花等。

4. 火灾类别

根据火灾时燃烧的物质和灭火器的类型不同，火灾分为以下五类：

（1）A类火灾 由含碳固体可燃物引起的火灾，如纸张、木材、棉制品等。

（2）B类火灾 由液体和可熔化固体物质引起的火灾，如汽油、柴油、乙醇、沥青等。

（3）C类火灾 由可燃气体引起的火灾，如煤气、液化石油气、乙炔等气体。

（4）D类火灾 由可燃金属引起的火灾，如钠、镁、钾、钛等。

（5）E类火灾 由带电物体燃烧引起的火灾。

5. 自燃

燃烧指在一定温度下与空气（氧）或其他氧化剂进行剧烈化合而发生的热效发光的现象过程。自燃是指可燃物质在没有外来热源作用的情况下，由其本身所进行的生物、物理或化学作用而产生热。在达到一定的温度和氧量时，发生自动燃烧。

在一般情况下，能自燃的物质有植物产品、油脂、煤及硫化铁等。

6. 燃点、自燃点和闪点

1）燃点是指可燃物质加温受热，并点燃后，所放出的燃烧热能使该物质挥发出足够的可燃蒸气来维持其燃烧。这种加温该物质形成连续燃烧所需的最低温度，即为该物质的燃点。物质的燃点越低，则物质越容易燃烧。

2）自燃点是指可燃物质受热发生自燃的最低温度。在这一温度时，可燃物质与空气（氧）接触不需要明火的作用就能自行发生燃烧。物质的自燃点越低，发生起火的危险性就越大。

3）闪点是指易燃或可燃液体挥发的蒸气与空气形成的混合物，遇火源能发生蓝色火焰时的最低温度。

7. 爆炸、爆炸极限

物质自一种状态迅速地转变为另一种状态，并在极短的时间内放出巨大能量的现象称为爆炸。在爆炸中，温度与压力急剧升高，产生爆破或者冲击作用。爆炸可分为核爆炸、物理爆炸和化学爆炸三种形式。

9.1.2 火灾危险性分类

火灾危险性的分类有很多，一般有以下几种：

1）按生产过程中的使用或生产物质的火灾危险性，可划分为甲、乙、丙、丁、戊五个类别，见表9-1。

表9-1 生产类别的火灾危险性分类

生产类别	火灾危险性分类
甲	使用或产生下列物质的生产： 1）闪点小于28℃的液体 2）爆炸下限小于10%的气体 3）常温下能自行分解或在空气中氧化即能导致迅速自燃或爆炸的物质 4）常温下受到水或空气中水蒸气的作用，能产生可燃气体并引起燃烧或爆炸的物质 5）遇有酸、受热、撞击、摩擦、催化以及遇有机物或硫酸等易燃的无机物，极易引起燃烧或爆炸的氧化剂 6）受撞击、摩擦或与氧化剂、有机物接触时能引起燃烧或爆炸的物质 7）在密闭设备内操作温度等于或超过物质本身自燃点的生产
乙	使用或生产下列物质的生产： 1）闪点大于等于28℃且小于60℃的液体 2）爆炸下限大于等于10%的气体 3）不属于甲类的氧化剂 4）不属于甲类的化学易燃危险固体 5）助燃气体 6）能与空气形成爆炸性混合物的浮游状态的粉尘、纤维、闪点大于等于60℃的液体雾滴
丙	使用或产生下列情况物质的生产： 1）闪点大于等于60℃的液体 2）可燃固体
丁	具有下列情况的生产： 1）对为燃烧物进行加工，并在高温或熔化状态下经常产生强辐射热、火花或火焰的生产 2）利用气体、液体、固体作为燃料，或将气体、液体进行燃烧作其他用的生产 3）常温下使用或加工难燃烧物质的生产
戊	常温下使用或加工不燃烧物质的生产

注：在生产过程中，如使用或产生易燃、可燃物质较少，不足以构成爆炸或火灾危险时，可以按实际情况确定其火灾危险性的类别。

2）按物品在储存过程中的火灾危险性分为甲、乙、丙、丁、戊五个类别，见表9-2。

表9-2 储存物品类别的火灾危险性分类

储存物品类别	火灾危险性特征
甲	1. 闪点小于28℃的液体 2. 爆炸下限小于10%的气体，以及受水或空气中水蒸气的作用，能产生爆炸下限小于10%气体的固体物 3. 常温下能自行分解或在空气中氧化即能导致迅速自燃或爆炸的物质 4. 常温下受到水或空气中水蒸气的作用，能产生可燃气体并引起燃烧或爆炸的物质 5. 遇有酸、受热、撞击、摩擦、催化剂以及遇有易燃的无机物，极易引起燃烧或爆炸的强氧化剂 6. 受撞击、摩擦或与氧化剂、有机物接触时能引起燃烧或爆炸的物质

（续）

储存物品类别	火灾危险性特征
乙	1. 闪点大于等于28℃且小于60℃的液体 2. 爆炸下限大于等于10%的气体 3. 不属于甲类的氧化剂 4. 不属于甲类的化学易燃危险固体 5. 助燃气体 6. 常温下与空气接触能缓慢氧化，积热不散引起自燃的物品
丙	1. 闪点大于等于60℃的液体 2. 可燃固体
丁	难燃烧物品
戊	不燃烧物品

9.1.3　动火区域划分

根据建筑工程选址位置、施工周围环境、施工现场平面布置、施工工艺及施工部位的不同，其动火区域分为一、二、三级。

1. 一级动火区域

一级动火区域也称为禁火区域，凡属下列情况之一的均属此类：

1）在生产或者储存易燃易爆物品场区，进行新建、扩建、改建工程的施工现场。

2）建筑工程周围存在生产或储存易燃易爆品的场所，在防火安全距离范围内的施工部位。

3）施工现场内储存易燃易爆危险物品的仓库、库区。

4）施工现场木工作业处和半成品加工区。

5）在比较密封的室内、容器内、地下室等场所，进行配制或者调和易燃易爆液体和涂刷油漆作业。

2. 二级动火区域

1）禁火区域周围的动火作业区。

2）登高焊接或者气割作业区。

3）砖木结构临时食堂炉灶处。

3. 三级动火区域

1）无易燃易爆危险物品处的动火作业。

2）施工现场燃煤茶炉处。

3）冬季燃煤取暖的办公室、宿舍等生活设施。

在一、二级动火区域施工，施工单位必须认真遵守消防法律法规，严格按照有关规定，建立防火安全规章制度。在生产或者储存易燃易爆品的场区施工，施工单位应当与相关单位建立动火信息通报制度，自觉遵守相关单位的消防管理制度，共同防范火灾。做到动火作业先申请、后作业，不批准、不动火。

在施工现场禁火区域内施工，应当教育施工人员严格遵守消防安全管理规定，动火作业前必须申请办理动火证，动火证必须注明动火地点、动火时间、动火人、现场监护人、批准人和防火措施。动火证是消防安全的一项重要制度，动火证的管理由安全生产管理部门负责，施工现场动火证的审批由工程项目部负责人审批。如动火作业未经过审批，一律不得实施动火作业。

子单元2 现场防火

火灾不仅会带来人员的伤亡和财产的损失，还可能给人们赖以生存的环境造成极大的污染和损害，所以，消防安全工作始终都是安全工作的重点。而建筑施工现场从施工准备工作开始，至竣工验收，经常使用一些易燃易爆物品，加之一些特殊的施工工艺和施工特点，稍有不慎，就会引发火灾事故。建筑施工现场的消防工作应当是整个建筑施工过程中的防火重点。

9.2.1 施工现场平面布置

1）施工现场要明确划分出禁火作业区、仓库区和生活区，各区域之间应保证有一定的安全防火间距：禁火作业区距离生活区不应小于15m，距离其他区域不应小于25m；易燃、可燃材料堆料场及仓库距离修建的建筑物距离其他区不应小于20m；易燃的废品集中场地距离在建的建筑物和其他区域不应小于30m；防火间距内，不应堆放易燃和可燃材料。

2）施工现场的道路应有足够的夜间照明设备。高压架空线路下，不得搭设临时性建筑物或堆放可燃材料。

3）施工现场必须设立消防通道，其宽度不小于3.5m，并且在工程施工的任何阶段都必须保持畅通。施工现场的消防水源，应有保证消防车能驶入的道路。如果不可能修建出通道，应在水源（池）一边铺砌停车和回车空地。

4）建筑工地要设有足够的消防水源，对有消防给水管道设计的工程，应在建筑施工时，先敷设好室外消防给水管道和消火栓。

5）临时性的建筑物、仓库以及正在修建的建（构）筑物道旁，均应配置适当种类和一定数量的灭火器，并布置在明显和便于取用的地点。冬期施工还应对消防水池、消火栓和灭火器等做好防冻工作。

6）作业棚和临时生活设施的规划和搭建，必须符合下列要求：

① 临时生活设施应尽可能搭建在距离修建的建筑物20m以外的地区，并且不要搭设在高压架空线路的下面，与高压架空线路的水平距离不应小于6m。

② 临时宿舍与厨房、锅炉房、变电所和汽车库之间的防火距离不应小于15m。

③ 临时宿舍等生活设施，与铁路的中心线以及少量易燃品贮藏室的间距不应小于30m。

④ 临时宿舍与火灾危险性大的生产场所的距离不得小于30m。

⑤ 为储存大量的易燃物品、油料、炸药等所修建的临时仓库，与永久工程或临时宿舍之间的防火间距应根据所储存的数量，按照有关规定确定。

⑥ 在独立的场地上修建成批的临时宿舍，应当分组布置，每组最多不超过两幢，组与组之间的防火距离，在城市市区不小于20m，在村镇不小于10m。临时宿舍简易楼房的层高

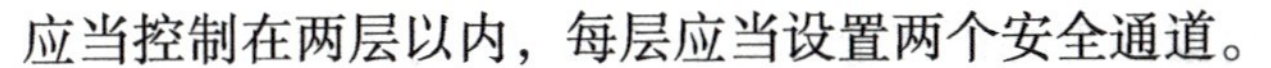

应当控制在两层以内，每层应当设置两个安全通道。

⑦ 生产工棚包括仓库，无论有无用火作业或取暖设备，室内最低高度一般不应低于2.8m，其门的宽度要大于1.2m，并且要双扇向外。

9.2.2 施工现场防火

1. 防火管理

1）每个建筑工地都应成立防火领导小组，建立健全安全防火责任制度，各项安全防火规章和制度应悬挂于明显之处，并由专人指导作业人员贯彻落实。

2）应加强施工现场的安全保卫工作。建筑工地周边应当按要求设立围挡，较大的工程要设专职保卫人员，禁止非工地人员进入施工现场。

3）施工现场应按照文明施工的要求进行布置，各类材料都要码放成垛，整齐堆放。

4）新工人进入施工现场，都应进行防火安全教育和防火知识的学习，并经考核合格后方能上岗工作。

5）工程项目部必须制订防火安全措施，防火重地和易燃危险场所的施工作业必须向有关人员、作业班组进行书面安全交底，并按照交底要求认真落实。

6）做好生产、生活用火的管理。

2. 相关工种作业的防火安全要求

建筑工程是一个多工种配合和立体交叉混合作业的施工现场。每个作业人员对火灾事故的防范都有不可推卸的责任，特别是接触火源的人员。

（1）电焊工

电、气焊作业时必须注意以下几个方面的问题：

1）气焊设备的防火、防爆要求：氧气瓶与乙炔瓶是气焊工艺的主要设备，属于易燃、易爆的受压容器。乙炔气瓶应安装回火防止器，防止氧气倒回发生事故。乙炔瓶应放置在距离明火至少10m以外的地方，严禁倒放。焊、割作业中使用乙炔瓶和氧气瓶时，两者距离不得小于5m，不得放置在高压线下面或在太阳下曝晒。

2）每天操作前都必须进行认真的检查。尤其是冬期施工完毕后，要及时将乙炔瓶和氧气瓶送回存放处，采取一定的防冻措施，以免结冻。如果冻结，严禁用明火烘烤。作业时要根据金属材料的材质、形状，确定焊炬与金属的距离，不要距离太近，以防喷嘴太热，引起焊炬内自燃回火。点火前要检查焊炬是否正常，其方法是检查焊炬的吸力，若开了氧气而乙炔管毫无吸力，则焊炬不能使用，必须及时修复。

3）电焊设备防火、防爆要求：电焊机是电弧焊工艺的主要设备，各种电焊机都应该在规定的电压下使用，旋转式直流电焊机应配备足够容量的磁力启动开关，不得使用闸刀开关直接启动。电焊机应有良好的隔离防护装置，电焊机的绝缘电阻不得小于1MΩ。电焊机的接线柱、接线孔等应装在绝缘板上，并有防护罩保护。电焊机应放置在避雨干燥的地方，不准与易燃、易爆物品或容器混放在一起。室内焊接时，电焊机的位置、线路敷设和操作地点的选择应符合防火安全要求，作业前必须进行检查，焊接导线要有足够的截面。严禁将焊接导线搭在氧气瓶、乙炔瓶、发生器、煤气、液化器等易燃易爆设备上，电焊导线中间不应有接头，如果必须设有接头，其接头处要远离易燃、易爆物10m以外。

4）电、气焊作业前，要明确作业任务，认真了解作业环境，确定出动火的危险区域，并放置明显标志，危险区内的一切易燃易爆品都必须移走。对不能移走的可燃物，要采取可靠的防护措施。尤其大风季节，要注意风力的大小和风向变化，防止风力把火星吹到附近的易燃物上，必要时应派人监护。

5）施工现场的焊、割作业，必须符合防火要求，严格执行“十不烧”的规定。

在旧建筑维修中使用电、气焊时，要特别注意作业前必须仔细检查焊割部位的墙体、楼板构造和隐蔽部位，不清楚情况绝不能施工。对于可燃的墙体和楼板以及存在的孔洞裂缝，导热的金属等要采取可靠的措施，防止落入火星埋下火种，或金属导热造成火灾。室内高级装饰工程，都必须在装饰施工前完成电、气焊施工。

（2）建筑木工

建筑木工作业时必须注意以下几个方面的问题：

1）建筑工地的木工作业场所要严禁动用明火，工人吸烟要到休息室。工作场地和个人工具箱内要严禁存放油料和易燃易爆物品。

2）要经常对工作间内的电气设备及线路进行检查，发现短路、电气打火和线路绝缘老化破损等情况，要及时找电工维修。电锯、电刨等木工设备在作业时，注意勿使刨花、锯末等物将电机盖上。

3）熬制木胶使用的炉子应在单独房间里进行，用后要立即熄火。

4）木工作业要严格执行建筑安全操作规程。完工后必须清理干净剩下的木料，并堆放整齐。锯末、刨花应堆放在指定的地点，且不得在现场存放时间过长，防止自燃起火。

5）严禁在现场支模作业时吸烟，严禁在支模作业面的上方进行焊接动火，支模作业区域应按照有关规定配备消防灭火器材，明确消防责任人。

（3）建筑电工

1）预防短路造成火灾的措施如下：建筑工地临时线路都必须使用符合要求的导线；导线与导线、导线与墙壁和顶棚之间应有符合规定的间距；线路上要安装合适的熔体和漏电断路器。

2）预防过负荷造成火灾的措施如下：应根据负荷合理选用导线截面；不得随意在线路上接入过多负载；要定期检查线路负荷增减情况，按实际情况去掉过多的电气设备或另增线路，或者根据生产程序和需要，采取先控制后使用的方法，把用电时间错开。

3）预防产生电火花和电弧的措施如下：裸导线间或导体与接地体间应保持有足够的安全距离。防止布线过松；导线连接要牢固；经常检查导线的绝缘电阻，保持绝缘的强度和完整性；熔断器或开关应装在不燃的基座上，并用不燃箱盒保护；不应带电安装和修理电气设备。

4）在进行室内装饰时，安装电气线路一定要注意如下问题：

顶棚内的电气线路穿线必须为镀锌钢管，施工安装时必须焊接固定在顶棚内。造型顶棚用金属软管穿线时，要做保护接地，或者穿4根导线其中1根做接地处理，防止金属外皮产生感应电而引起火灾。

凡电器接头都必须用焊锡或接线端子连接，而且应合乎规范要求。

电源一般是三相的线制，由于装饰电气闭路特别多，这些回路均为单相，都要连接在三相四线制的电源中，所以三相电路都必须平衡，各个回路容量皆应相等，否则火灾危险性较大。在电源回路安装完毕后，应根据施工规程要求对各回路的负荷电流表进行测试和调正，

使线路三相保持平衡。

对既有建筑物室内进行装饰时，要重新设计线路的走向和电气设备的容量。

（4）油漆工

油漆作业所使用的材料都是易燃易爆的化学材料。因此，无论油漆的作业场地或临时存放的库房，都要严禁动用明火。室内作业时，一定要有良好的通风条件，照明电气设备必须使用防爆灯头，禁止穿钉子鞋出入现场，严禁吸烟，周围的动火作业要远离10m以外。

（5）冷底子油配制与施工的防火要求

冷底子油是防水工程中使用防水的材料。这种材料由汽油或柴油配制而成，其性能与汽油、柴油基本相似，即挥发性强、闪点低，所以在配制、运输或施工时，遇到明火即有起火或爆炸的危险。尤其室内作业，如果通风不好，使其挥发到空气中的含量达到极限，那就更加危险。在配制、运输、施工冷底子油时一定要注意以下几点：

1）配制冷底子油时，禁止用铁棒搅拌，以防碰出火星。要严格掌握沥青温度，当发现冒出大量蓝烟时，应立即停止加入。

2）凡是配制、储存、涂刷冷底子油的地点，都要严禁烟火。绝对不允许在这些地点附近进行电、气焊或其他动火作业。

9.2.3 地下建筑消防

地下建筑施工防火的安全技术要求包括以下几点：

1）在地下建筑场所内施工，应当标明安全通道，通道处不得堆放障碍物，保证通道畅通。

2）地下建筑室内不得储存易燃易爆材料和物品，不得作为木工或钢筋加工点，不得在空气不畅通的室内熬制或配制用于防腐、防水、装饰所用的危险化学品溶液。

3）在进行防火、防腐作业时，地下室内应采取一定的通风措施，保证空气流通。照明电线路不得有接头或裸露部分，照明灯具应当使用防爆灯具，严禁施工人员吸烟和动火。

4）在地下建筑进行装饰装修时，不得同时进行水暖、电气安装的焊割作业。

5）在地下建筑室内施工时，施工人员应当严格遵守安全操作规程，易引发火灾的特殊作业应设专人监护，并配备气体检测仪和消防器具，必要时应当采取强制通风措施。

9.2.4 高层建筑消防

1. 高层建筑的消防特点

高层建筑是指建筑高度大于27m的住宅建筑和建筑高度大于24m的非单层厂房、仓库和其他民用建筑。这类建筑具有火灾因素多、火势蔓延快、扑救难度大、疏散困难、火灾损失严重等特点。其消防管理的主要措施包括防火分隔、做好完全疏散的准备工作、设置自动报警设施以及设置火灾事故照明和疏散标志。

2. 高层建筑施工防火注意事项

1）已建成的建筑物楼梯不得封堵。施工脚手架内的作业层应畅通，并搭设不少于两处与主体建筑内相衔接的通道口。

2）建筑施工脚手架外挂的密目式安全网必须符合阻燃标准要求，严禁使用不阻燃的安全网。

3）对于30m以上的高层建筑施工，应当设置加压水泵和消防水源管道，管道的立管直径不应小于50mm，每层应设出水口，建筑物纵向长度应超过60m，每层应设两处出水管口，每处配备长度不小于30m的消防水管，能够使两处的消防水管水流覆盖到建筑物的周边任意部位。

4）高层焊接作业应根据作业高度、风力、风力传递的次数，确定出火灾危险区域；并将区域内的易燃易爆物品移到安全地方，如有无法移动的物品，要采取切实的防护措施。高层焊接作业应当办理动火证，动火区应当配备灭火器材，并设专人监护，发现火情应立即停止作业，并采取措施，及时扑灭火源。

5）出现大雾天气和六级风时，应当停止焊接作业。

6）建筑物施工高度达17～25层（高度75m）以上时，脚手架内置的脚手板应采用钢制脚手板，作业层内立面应采用钢网进行围挡，严禁用竹笆进行围挡。

7）高层建筑施工临时用电线路应使用绝缘良好的橡胶电缆，严禁将线路绑在脚手架上。施工用电机具和照明灯具的电气连接处应当绝缘良好，保证用电安全。

8）高层建筑应设立防火警示标志。楼层内不得堆放易燃易爆物品。在易燃处施工的人员不得吸烟和随便焚烧废弃物。

9）高层建筑施工现场以及建筑物毗邻处应按照消防相关规定预留或设置消防水源和消防通道。

3. 高层建筑火灾的特点和自救、互救逃生

（1）高层建筑的火灾特点　一是火焰蔓延途径多，容易形成立体火灾；二是内部情况复杂，疏散困难；三是外围脚手架和防护物易垮塌；四是扑救难度大。热流是火灾蔓延的主要形式，火风压和烟囱效应是使火灾蔓延的动力，500℃以上的高温热烟是蔓延的条件。

扑救高层建筑火灾往往遇到的较大困难是因为在建高层建筑施工现场通道狭窄，由于受到场地的制约，房屋、棚屋之间以及建筑材料之间缺乏必要的防火间距，甚至有些材料的堆放堵塞了消防通道，消防车难以接近起火点；内部情况复杂，救火工作困难。当形成大面积火灾时，其消防用水量显然不足，需要利用消防车向高处供水，建筑物内如果没有安装消防电梯，消防人员因攀登高楼体力不够，不能及时到达火灾层进行扑救，消防器材也不能随时补充，均会影响扑救效果。

（2）自救、互救逃生　高层建筑发生火灾时，火灾现场的温度十分惊人，而烟雾会挡住人的视线。被救人员应当有良好的心理素质，不要惊慌，不盲目行动，从而选择正确的逃生方法。发生火灾时的逃生方法如下：一是利用各楼层的消防器材，如干粉、泡沫灭火器或水枪扑灭初期火灾；二是互相帮助，对老、弱以及受惊吓的人和不熟悉环境的人要引导疏散，帮助他们共同逃生；三是发生火灾时，要积极行动，不能坐以待毙，要充分利用身边的各种有利于逃生的东西。在火灾中，切忌采用跳楼等错误自救逃生方法。

子单元3　现场仓库防火

建筑施工现场由于其自身的特点和需要，往往设置一些仓库和料场，而这些仓库和料场中经常存放一些施工需要的易燃易爆物品和材料，如果储存不当，极易造成火灾事故。

9.3.1　易燃易爆物品仓库的设置

易燃易爆物品仓库的设置应当充分考虑到对现场及其周围环境的影响，尽量远离居民区、商场等居住建筑和公共建筑；确实无法满足要求时，应当采取可靠的安全措施。库房内、外应按 $500m^2$ 的区域分段设立防火墙，把建筑平面划分为若干个防火单元，以便考虑失火后能阻止火势的扩散。仓库应设在水源充足、消防车能驶到的地方；同时，应根据季节风向的变化，把仓库设在下风方向。

储量大的易燃仓库，应将生活区、生活辅助区和堆场分开布置，仓库应设两个以上的大门，大门应向外开启。固体易燃物品应与易燃易爆的液体分间存放，不得在一个仓库内混合储存不同性质的物品。

9.3.2　几种常用易燃材料的存储

1. 石灰

生石灰能与水发生化学反应，并产生大量热和体积膨胀，足以引燃燃点较低的材料。因此，储存石灰的房间不宜用可燃材料搭设。石灰表面不得存放易燃材料，并且要有良好的通风条件。

2. 亚硝酸钠

亚硝酸钠作为混凝土阻锈剂而广泛使用在建筑工程的混凝土工程中。这种化学材料与硫、磷及有机物混合时，经摩擦、撞击后有引起燃烧或爆炸的危险，因此在储存、使用时，严禁与硫、磷、木炭等易燃物质混放、混运，应与有机物及还原剂分库存放，库房要干燥通风。搬运时要轻拿轻放，远离高温与明火。要按要求设置灭火剂，灭火剂应使用雾状水和沙子。

3. 常用的防腐蚀材料

环氧树脂、呋喃、酚醛树脂、乙二胺等都是建筑工程常用的树脂类防腐材料，都是易燃液体材料。它们都具有燃点和闪点低、易挥发的共同特性，遇火种、高温、氧化剂都有引起燃烧爆炸的危险，且与氨水、盐酸、氟化氢、硝酸、硫酸等反应强烈，有爆炸的危险。因此，在储存、使用、运输防腐蚀材料时，都要注意远离火种，严禁吸烟，温度不能过高，防止阳光直射；应与氧化剂、酸类分库存放，库内要保持阴凉通风；搬运时要轻拿轻放，防止包装破坏而外流。

4. 油漆、稀释剂

建筑工程施工中使用的稀释剂都是挥发性强、闪点低的一级易燃易爆化学体材料，诸如汽油、松香水等易燃材料。油漆工在休息室内不得存放油漆和稀释剂，油漆和稀释剂必须设库存放，容器必须加盖。刷油漆时，刷子上残留的稀释剂不能放在休息室内，也不能明放在库内，应当及时妥善处理掉。

5. 碳化钙（俗称电石）

电石本身不会燃烧，但遇水或受潮会迅速分解出乙炔气体。在装箱搬运、开箱使用时，要严格遵守以下要求：严禁雨天运输电石，途中遇雨或必须在雨中运输应采取可靠的防雨措施；搬运电石时，发现桶盖密封不严，要在室外开盖放气后，再将盖盖严搬运；要轻搬轻放，严禁用滑板或在地上滚动、碰撞或敲打电石桶；电石桶不得放在潮湿的地方，库房必须是耐火建筑，有良好的通风条件，库房周围10m内严禁明火；库内不准设气、水管道，以防室内潮湿；库内照明设备应用防爆灯，开关采用封闭式并安装在库房外；严禁用铁工具开启电石桶，应用铜制工具开启，开启时人站在侧面。空电石桶未经处理，不许接触明火；要随时处理小颗粒精粉末电石，集中倒在指定坑内，而且要远离明火，坑上不准加盖，上面不许有架空线路；电石不应与易燃易爆物质混合存放在一个库内；禁止穿带钉子的鞋进入库内，以防摩擦产生火花。

除满足上述相关要求外，储存易燃易爆材料时还必须满足以下要求：

1）易燃仓库堆料场与其他建筑物、铁路、道路、高压线的防火间距应按《建筑设计防火规范》（GB 50016—2014）的有关规定执行。

2）易燃仓库堆料场物品应当分类、分堆、分组和分垛存放，每个堆垛面积如下：木材（板材）不得大于300m^2；稻草不得大于150m^2；锯末不得大于200m^2。堆垛与堆垛之间应留有3m宽的消防通道。

3）易燃露天仓库的四周内应有不小于6m的平坦空地作为消防通道，通道上禁止堆放障碍物。

4）有明火的生产辅助区和生活用房与易燃堆垛之间，至少应保持30m的防火间距。有飞火的烟囱应布置在仓库的下风地带。

5）储存的稻草、锯末、煤炭等物品的堆垛应保持良好通风，并及时注意堆垛内的温度和湿度变化。发现温度超过38℃，或水分过低时，应及时采取措施，防止其自燃起火。

6）在建建筑物内不得存放易燃易爆物品，尤其是不得将木工加工区设在其内。

7）仓库保管员应当熟悉储存物品的分类、性质、保管业务知识和防火安全制度，掌握消防器材的操作使用和维护保养方法，做好本岗位的防火工作。

9.3.3 易燃仓库的用电管理

1）仓库或堆料内一般应使用地下电缆，如果有困难需设置架空电力线路，架空电力线与露天易燃物堆垛的最小水平距离不应小于电线杆高度的1.5倍。库房内设的配电线路需穿金属管或用非燃硬塑料管保护。

2）仓库或堆料场所严禁使用碘钨灯和超过60W以上的白炽灯等高温照明灯具。当使用日光灯等低温照明灯具时，应当对镇流器采取隔热、散热等防火保护措施。照明灯具与易燃堆垛间至少保持1m的距离。安装的开关箱、接线盒应距离堆垛外边缘不小于1.5m，不准乱拉临时电气线路。储存大量易燃物品的仓库场地应设置独立的避雷装置。

3）库房内不准设置移动式照明灯具。照明灯具下方不准堆放物品，其垂点下方与储存物品的水平距离不得小于0.5m。

4）库房内不准使用电炉、电烙铁、电熨斗等电热器具和电视机、电冰箱等家用电器。

5）库区的每个库房应当在库房外单独安装开关箱，保管人员离库时，必须拉闸断电。禁止使用不合格的电气保险装置。

子单元4 现场灭火

通过对以往火灾事故的分析和研究，虽然建筑施工现场的火灾防范工作尤为重要，但

是，由于建筑施工中经常需要明火作业，加之经常使用易燃易爆材料和物品，火灾事故时有发生。一旦发生火灾事故后，现场灭火的方式和方法就显得尤为重要。

9.4.1 灭火原理和方法

火灾的发生一般必须具备三个条件：可燃物、火源和空气。当这三个条件有一个不具备时，就不会发生火灾。灭火的原理就是从这三个因素着手，通常是将灭火剂直接喷射到燃烧的物体上，或者将灭火剂喷洒在火源附近的物质上，使其不因火焰热辐射作用而燃烧，从而达到灭火的目的。

灭火方法一般包括冷却灭火法、隔离灭火法和窒息灭火法。

1. 冷却灭火法

这种灭火法的原理是将灭火剂直接喷射到燃烧的物体上，以降低燃烧的温度于燃点之下，使燃烧停止；或者将灭火剂喷洒在火源附近的物质上，使其不因火焰热辐射作用而形成新的火点。冷却灭火法是灭火的一种主要方法，常用水和二氧化碳作为灭火剂冷却降温灭火。灭火剂在灭火过程中不参与燃烧过程中的化学反应。这种方法称为物理灭火方法。

2. 隔离灭火法

隔离灭火法是将正在燃烧的物质和周围未燃烧的可燃物质隔离或移开，中断可燃物质的供给，使燃烧因缺少可燃物而停止。具体方法如下：

1）把火源附近的可燃、易燃、易爆和助燃物品搬走。

2）关闭可燃气体、液体管道的阀门，以减少和阻止可燃物质进入燃烧区。

3）设法阻拦流散的易燃、可燃液体。

4）拆除与火源相毗连的易燃建筑物，形成防止火势蔓延的空间地带。

3. 窒息灭火法

窒息灭火法是阻止空气流入燃烧区或用不燃物质冲淡空气，使燃烧物得不到足够的氧气而熄灭的灭火方法。具体方法如下：

1）用砂土、水泥、湿麻袋、湿棉被等不燃或难燃物质覆盖燃烧物。

2）喷洒雾状水、干粉、泡沫等灭火剂覆盖燃烧物。

3）用水蒸气或氮气、二氧化碳等惰性气体灌注发生火灾的容器和设备。

4）密闭起火建筑、设备和孔洞。

5）把不燃的气体或不燃液体（如二氧化碳、氮气、四氯化碳等）喷洒到燃烧物区域内或燃烧物上。

9.4.2 灭火器的选择和使用

1. 灭火器的分类和特性

灭火器一般由筒体、筒盖、药剂胆、把柄、喷嘴和试剂等组成。灭火器型号应以汉语拼音大写字母和阿拉伯数字标于筒体。例如“MF2”，第一个字母 M 代表灭火器，第二个字母代表灭火剂类型。F 是干粉灭火剂；FL 是磷铵干粉；T 是二氧化碳灭火剂；Y 是卤代烷灭火剂；P 是泡沫灭火剂；QP 是轻水泡沫灭火剂、SQ 是清水灭火剂，后面的阿拉伯数字代表灭火剂重量或容积，一般单位为 kg 或 L。

（1）灭火器的种类

1）按其移动方式可分为手提式和推车式。

2）按驱动灭火剂的动力来源可分为储气瓶式、储压式、化学反应式。

3）按所充装的灭火剂则又可分为干粉类的灭火器（包括碳酸氢钠和磷酸铵盐灭火器）、二氧化碳灭火器、泡沫型灭火器、水型灭火器。

（2）灭火器的特性

灭火器是通过各种灭火设备和器材来施放和喷射的。为了有效地扑救火灾，应根据燃烧物质的性质和火势发展情况，采用适合的、足够的灭火器。一般选择灭火器的基本要求是根据火灾的类型，选择使用方便、来源丰富、成本低廉，对人体和环境基本无害的灭火器。

1）固体火灾应先用水型、泡沫、磷酸胺盐干粉、灭火器进行扑救。

2）液体火灾应先用干粉、泡沫、二氧化碳灭火器进行扑救。

3）气体火灾应先用干粉、二氧化碳灭火器进行扑救。

4）带电物体火灾应先用二氧化碳、干粉型灭火器进行扑救。

目前我国已经有一些厂商生产出了扑救铝、钠、钾、镁等金属引发的火灾灭火器，供生产单位选择。

2. 常用灭火器的选择使用

（1）泡沫灭火器　泡沫是一种体积较小，表面被液体围成的气泡群，是扑救易燃、可燃液体火灾的有效灭火剂。

泡沫灭火器现有两种类型，即化学泡沫和空气泡沫。化学泡沫是由两种化学泡沫粉的水溶液混合在一起，经化学反应生成的。空气泡沫是泡沫生成剂和水按一定比例混合，经机械作用，吸入了大量的空气而生成的，故称为机械空气泡沫或空气泡沫。

空气泡沫中有普通蛋白泡沫、氟蛋白泡沫、抗溶性泡沫、轻水泡沫以及中倍数、高倍数泡沫。普通蛋白泡沫、中倍数泡沫、轻水泡沫和化学泡沫等主要用来扑救各种油类火灾；抗溶性泡沫主要用来扑救醇、醛、醚等有机溶剂火灾；高倍数泡沫主要用来扑救那些火源集中、泡沫易于堆积场合的火灾，如地下建筑、室内仓库、矿井巷道、机场设施等处的火灾。

随着我国消防科技的发展，由于泡沫灭火剂存在自身的缺点，目前已逐渐被性能优越的灭火剂替代，所以，在此不再详述其使用。

（2）二氧化碳灭火器　二氧化碳是以液态二氧化碳灌装在钢瓶内，当从钢瓶内放出时，迅速蒸发，体积扩大400～500倍，同时温度急剧降低到－78℃，由于蒸发吸热作用，因此在二氧化碳灭火时还具有一定的冷却作用。二氧化碳灭火剂在消防工作中有较广泛的应用。

二氧化碳气体不燃烧、也不助燃，所以在燃烧区内稀释空气，减少空气的含氧量，从而降低燃烧强度。当二氧化碳在空气中的浓度达到30%～35%时，就能使燃烧熄灭。

由于二氧化碳不导电、无水分、不污损仪器设备等，故适用于扑救电气设备、精密仪器、图书档案火灾。但是由于二氧化碳与一些金属化合时，金属能夺取二氧化碳中的氧而继续燃烧，故二氧化碳不能扑救金属钾、钠、镁和铝等物质的火灾。此外，二氧化碳也不易扑灭某些能够在惰性介质中燃烧的物质（如硝酸纤维）和物质内部的阴燃。

灭火时，只要将二氧化碳灭火器提到或扛到火场，在距燃烧物5m左右，放下灭火器，拔出保险销，一手握住喇叭筒根部的手柄，另一只手紧握启闭压把。对没有喷射软管的二氧

化碳灭火器，应把喇叭筒往上扳至70°~90°。使用时，不能直接用手抓住喇叭筒外壁或金属连线管，防止手被冻伤。灭火时，当可燃液体呈流淌状燃烧时，使用者应将二氧化碳灭火剂的喷流由近而远向火焰喷射。如果可燃液体在容器内燃烧时，使用者应将喇叭筒提起。从容器的一侧上部向燃烧的容器中喷射。但不能将二氧化碳射流直接冲击可燃液面，以防止将可燃液体冲出容器而扩大火势，造成灭火困难。

推车式二氧化碳灭火器一般由两人操作，使用时两人一起将灭火器推或拉到燃烧处，在离燃烧物10m左右停下，一人快速取下喇叭筒并展开喷射软管后，握住喇叭筒根部的手柄，另一人快速按逆时针方向旋动手轮，并开到最大位置。灭火方法与手提式的方法一样。

在室外使用二氧化碳灭火器时，应选择在上风方向喷射。在室内窄小空间使用时，灭火后操作者应迅速离开，以防窒息。

（3）酸碱灭火器　酸碱灭火器的作用原理是利用两种药剂混合后发生化学反应，产生压力使药剂喷出，从而扑灭火灾。酸碱灭火器由筒体、筒盖、硫酸瓶胆、喷嘴等组成。筒体内装有碳酸氢钠水溶液，硫酸瓶胆内装有浓硫酸。瓶胆口有铅塞，用来封住瓶口，以防瓶胆内的浓硫酸吸水稀释或同瓶胆外的药液混合。

酸碱灭火器适用于扑救A类物质燃烧的初起火灾，如木、织物、棉、麻、毛、纸张等燃烧的火灾。它不能用于扑救B类物质燃烧的火灾，也不能用于扑救C类可燃性气体或D类轻金属火灾，同时不能用于带电物体火灾的扑救，不宜用于油类和忌水、忌酸物质及电气设备的火灾。

使用时，应手提筒体上部提环，迅速奔到着火地点。绝不能将灭火器扛在背上，也不能过分倾斜，以防两种药液混合而提前喷射。在距离燃烧物6m左右，即可把灭火器颠倒过来，并摇晃几次，使两种溶液加快混合；一只手握住提环，另一只手抓住筒体下的底圈将喷出的射流对准燃烧最猛烈处喷射。同时，随着喷射距离的缩减，使用人应向燃烧处推进。

（4）化学干粉　干粉灭火器内充装的是干粉灭火剂。干粉灭火剂是用于灭火的干燥且易于流动的微细粉末，由具有灭火效能的无机盐和少量的添加剂经干燥、粉碎、混合而成的微细固体粉末组成。它是一种在消防中得到广泛应用的灭火剂，且主要用于灭火器中。除扑救金属火灾的专用干粉化学灭火剂外，干粉灭火剂一般分为BC干粉和ABC干粉两大类，如碳酸氢钠干粉、改性钠盐干粉、钾盐干粉、磷酸二氢铵干粉、磷酸氢二铵干粉、磷酸干粉和氨基干粉灭火剂等。干粉灭火剂主要通过在加压气体作用下喷出的粉雾与火焰接触、混合时发生的物理、化学作用灭火：一是靠干粉中的无机盐的挥发性分解物，与燃烧过程中燃料所产生的自由基或活性基团发生化学抑制和副催化作用，使燃烧链中断而灭火；二是靠干粉的粉末落在可燃物表面，发生化学反应，并在高温作用下形成一层玻璃状覆盖层，从而隔绝氧气，而窒息灭火。另外，干粉灭火剂有部分稀释氧和冷却的作用。

ABCD类干粉是以硫酸铵、硫酸氢钾、磷酸二氧铵为主要成分的化学干粉，它适用于扑救多种火灾，可覆盖燃烧面，中断燃烧的连锁反应，达到灭火的目的。

化学干粉灭火剂应存放在通风、干燥处，温度应保持在50℃以下。如干粉受潮结块，可放在干燥处自然晾干，也可以在60℃以下受热干燥，然后研磨过筛，恢复原状后，即可继续使用。

碳酸氢钠干粉灭火器适用于易燃、可燃液体、气体及带电设备的初起火灾；磷酸铵盐干粉灭火器除可用于上述几类火灾外，还可扑救固体类物质的初起火灾，但不能扑救金属燃烧火灾。

灭火时，可手提或肩扛灭火器快速奔赴火场，在距燃烧处5m左右，放下灭火器。如在室外，应选择在上风方向喷射。若使用的干粉灭火器是外挂式储压式的，操作者应一手紧握喷枪，另一手提起储气瓶上的开启提环。如果储气瓶的开启是手轮式的，则应向逆时针方向旋开，并旋到最高位置，随即提起灭火器。当干粉喷出后，迅速对准火焰的根部扫射。若使用的干粉灭火器是内置式储气瓶的或是储压式的，操作者应先将开启把上的保险销拔下，然后握住喷射软管前端喷嘴部，另一只手将开启压把压下，打开灭火器进行灭火。在使用有喷射软管的灭火器或储压式灭火器时，一手应始终压下压把，不能放开，否则会中断喷射。

使用干粉灭火器扑救可燃、易燃液体火灾时，应对准火焰根部扫射，如果被扑救的液体火灾呈流淌燃烧时，应对准火焰根部由近而远，并左右扫射，直至把火焰全部扑灭。如果可燃液体在容器内燃烧，使用者应对准火焰根部左右晃动扫射，使喷射出的干粉流覆盖整个容器开口表面；当火焰被赶出容器时，使用者仍应继续喷射，直至将火焰全部扑灭。

在扑救容器内可燃液体的火灾时，应注意不能将喷嘴直接对准液面喷射，防止喷流的冲击力使可燃液体溅出而扩大火势，造成灭火困难。

如果当可燃液体在金属容器中燃烧时间过长，容器的壁温已高于扑救可燃液体的自燃点，此时极易造成灭火后再复燃的现象，若与泡沫类灭火器联用，则灭火效果更佳。

使用磷酸铵盐干粉灭火器扑救固体可燃物火灾时，应对准燃烧最猛烈处喷射，并上下、左右扫射。如条件许可，使用者可提着灭火器沿着燃烧物的四周边走边喷，使干粉灭火剂均匀地喷在燃烧物的表面，直至将火焰全部扑灭。

推车式干粉灭火器的使用方法与手提式干粉灭火器的使用方法相同。

（5）水　水是不燃液体，它是最常用、来源最丰富、使用最方便的灭火剂。

水在扑灭火灾中应用得最广泛，水的灭火作用是由它的性质决定。但是，水不得用于电器、油脂或档案资料引起的火灾。

（6）消防水池　建筑施工现场按要求应当设置消防水池，且消防水池与建筑物之间的距离一般不得小于15m，水池附近应留有消防通道。在冬季或者寒冷地区，消防水池还应有可靠的防冻措施。

9.4.3 施工现场灭火器的配备

1）大型临时设施总平面积超过1200m^2 的，应当按照消防要求配备灭火器，并根据防火的对象、部位，设立一定数量容积不小于4m^3 的消防水池，并配备不少于4套的取水桶、消防锹和消防钩。同时，要具有一定数量的消防沙池等设施，并留有消防车道。

2）一般临时设施区域，每100m^2 面积的配电室、动力处、食堂、宿舍等重点防火部位，应当配备两个10L灭火器。临时性简易住宅楼每层至少应配备两个以上灭火器，人员密集的临时住宅楼还应配备推车式干粉或泡沫灭火器。

3）临时木工间、油漆间和机具间等，每25m^2 应配备一个种类合适的灭火器；油库、危险品仓库、易燃堆料场应配备足够数量、种类的火火器。

9.4.4 消防管理制度

1. 消防安全责任制

建筑施工企业是防火安全管理的重点部位，要认真贯彻落实“预防为主，防消结合”的消防方针，从思想上、组织上、装备上做好火灾的预防工作。建立防火责任制，将防火安全的责任落实到每个建筑施工现场及每一个现场人员，明确分工，划分区域，不留防火死角，真正落实防火责任。

建筑施工企业或者施工现场应当履行下列消防安全职责：

1）制订消防安全制度和消防安全操作规程。

2）建立防火档案，确定消防安全重点部位，并配置消防设施和器材，设置防火标志。

3）实行定期或者不定期的防火安全检查，必要时实行每月防火巡查，及时消除火灾隐患，并建立检查（巡查）记录。

4）定期对职工进行消防安全培训。

5）制订灭火和应急疏散预案，定期组织消防演练。

2. 消防安全措施

（1）领导措施　各级领导应当高度重视消防工作，将防火工作纳入安全生产中的一项重要工作，企业的主要负责人作为消防安全的第一责任人，应当组织制订消防应急预案，建立健全消防安全责任制，并督促贯彻落实，保证消防工作所需费用的支出，定期或不定期参加消防安全检查，发现问题应及时解决，严防火灾事故的发生。

（2）组织措施　应当建立消防安全领导机构，定期研究、布置、检查消防工作，并设立管理部门或者配备专职人员负责消防工作，有条件的单位应建立义务消防队伍。

（3）技术措施　根据国家及行业消防安全法规和技术标准，制定本单位的消防安全技术规程，严格安全技术交底和培训制度，不断提高全体员工的消防安全意识和技能。根据本单位的实际情况，尽可能地采用先进的消防安全技术和工艺，避免火灾事故的发生。

（4）物资保障　建筑施工企业应当按照国家及行业有关规定，保证在消防工作中的投入，包括资金投入、人员投入、教育和培训投入、物资投入以及保险投入等。特别是必需的消防器材的购买和更换应当满足现场防火的需求，并杜绝淘汰器具和材料的使用。

（5）火灾的处置　当建筑施工现场发生火灾事故时，一定要沉着冷静，首先是尽一切可能先行救人，同时利用可能的设备或器具及时报警，然后迅速组织人员进行积极扑救，并注意个人的安全防护。我国的火警求救电话是119。在报警时，除应当告诉救援人员起火单位的详细地址，还应讲清起火部位、燃烧的物质和火灾的燃烧程度等情况，以便消防人员能够根据实际情况采取针对性的扑救措施，尽可能地减少火灾带来的损失。及时报警后，起火单位应当根据自身的一切条件，尽力采取自救措施，并组织人员疏通消防通道，同时派人在起火地点附近或单位大门口迎候专业消防人员的到来。

（6）应急预案　根据国家及行业的相关要求，建筑施工单位应当制订火灾扑救的应急救援预案，并每半年至少组织一次全体人员进行消防演练，如有条件最好与相关部门进行联合演练。演练一般包括以下内容：

1）组织机构的设置，包括灭火行动组、通信联络组、疏散引导组、救护组等。

2）报警和接警处置演练。

3）应急疏散的程序和措施。

4）扑救初起火灾的程序和措施。

5）通信联络、现场急救的措施和方法。

相关案例

【背景资料】为封闭两个小方孔，河南省洛阳市××商厦负责人王某某指使该店员工王某某、宋某、丁某某将一小型电焊机从东都商厦四层抬到地下一层大厅，并安排王某某（无焊工资质证）进行电焊作业，未做任何安全防护方面的交代。王某某施焊中也没有采取任何防护措施，电焊火花从方孔溅入地下二层可燃物上，引燃地下二层的绒布、海绵床垫、沙发和木制家具等可燃物品。王某某等人发现后，用室内消火栓的水枪从方孔向地下二层射水灭火，在不能扑灭的情况下，既未报警也没有通知楼上人员便逃离现场，并订立攻守同盟。正在商厦办公的东都商厦总经理李某某以及为开业准备商品的东都分店员工见势迅速撤离，也未及时报警和通知四层娱乐城人员逃生。随后，火势迅速蔓延，产生的大量一氧化碳、二氧化碳、含氰化合物等有毒烟雾，顺着东北、西北角楼梯间向上蔓延（地下二层大厅东南角楼梯间的门关闭，西南、东北、西北角楼梯间为铁栅栏门，着火后，西南角的铁栅栏门进风，东北、西北角的铁栅栏门过烟不过人）。由于地下一层至三层东北、西北角楼梯与商场采用防火门、防火墙分隔，楼梯间形成烟囱效应，大量有毒高温烟雾以4m/s左右的速度通过楼梯间迅速扩散到四层娱乐城。着火后，东北角的楼梯被烟雾封堵，其余的三部楼梯被上锁的铁栅栏堵住，人员无法通行，仅有少数人员逃到靠外墙的窗户处获救，聚集的大量高温有毒气体导致309人中毒窒息死亡，其中男135人，女174人。

经过相关部门的调查，最终洛阳市检察院分别以涉嫌放火罪、包庇罪、消防责任事故罪、玩忽职守罪、滥用职权罪对27名责任人批准逮捕。洛阳市中级人民法院一审判决23人被判处有期徒刑3～13年。

【事故分析】

（1）违章作业。××商厦非法施工、施焊人员违章作业是事故发生的直接原因。

（2）管理混乱。××商厦消防安全管理混乱，对长期存在的重大火灾隐患拒不整改是事故发生的主要原因。商厦地下两层和地上第四层没有防火分隔，地下两层没有自动喷水灭火系统，火灾自动报警系统损坏，四层娱乐城4个疏散通道3个被铁栅栏封堵，大楼周围防火间距被占用等。洛阳市公安消防支队对××商厦进行了多次检查，5次下发整改火灾隐患法律文书，要求限期整改，但该商厦除对部分隐患进行整改外，对主要隐患均以经济困难或影响经营为由拒不整改，违法占用消防车通道。

（3）超载与无照经营。娱乐城无照经营、超员纳客是事故发生的重要原因。××商厦娱乐城纳客定额为200人，事故当晚却无限制出售门票及赠送招待票，致使参加娱乐的人员高达350多人，造成大量人员死亡。

（4）监督不到位。政府有关职能部门监督管理不力是事故发生的重要原因。

【想一想】309个鲜活的生命在一瞬间离我们而去，说明了什么？从自己、商厦、娱乐城、消费者、政府监管部门等角度，谈谈对这起特别重大的火灾事故的感触。另外，怎样正

确理解防火要“人人有责负，人人要负责”这句话的含义。

思考与拓展题

9-1　施工现场起火的条件是什么？看一看、查一查你实习的工地是否存在火灾隐患，想想应当采取什么措施加以防范？

9-2　想一想施工现场应当怎样切实做好消防安全工作？

9-3　谈一谈你对消防演练的认识和体会。

建筑业职业卫生

单元10 建筑业职业卫生

能力目标

1. 能正确认识和理解建筑业存在的职业病及其危害程度。

2. 了解建筑行业的职业危害存在的工种和工序。

3. 掌握对常见职业病进行有效的预防和控制的方法，合理布控职业卫生工程技术措施的方法。

学习重点与难点

学习重点是职业卫生工程技术中的防范技术措施。学习难点是职业危害程度，以及有效预防与控制常见职业病的方法。

课程思政　职业健康有保障

我国职业病以尘肺病、职业性化学中毒、职业性噪声聋、职业性放射性疾病等为主。其中，尘肺病是我国职业病中数量最多、危害最严重的主要病种。根据国家卫健委发布的《我国卫生健康事业发展统计公报》统计，2019 年全国共报告各类职业病新病例 19428 例，其中职业性尘肺病 15898 例，占比达到 81.83%。

企业因防尘除尘成本高而不愿投入，职工尤其是农民工自我防护意识淡薄，职业卫生监管不到位，这些都造成了尘肺病的防治成效甚微。尘肺病农民也因缺乏相关社会保障，往往因病致贫、因病返贫，生活极其困苦。随着《关于加强农民工尘肺病防治工作的意见》、《尘肺病防治攻坚行动》等政策的出台，各地尘肺病农民逐步享受到了政策的惠泽，生活状况趋好。《中国尘肺病农民工生存状况调查报告（2019）》列举的辽宁、重庆、陕西等多个省内有专项政策的地区，其中有 39.64% 的尘肺病农民享受建档立卡贫困户政策。

2020 年 11 月 4 日，国家医疗保障局关于政协十三届全国委员会第三次会议第 3280 号（社会管理 281 号）提案提出的“将尘肺病纳入门诊特病慢病报销”的答复中讲到，目前尘肺病患者可按规定享受门诊待遇。无法享受工伤保险待遇的尘肺病患者，可按规定享受医保待遇。职工医保、居民医保政策范围内住院费用报销比例分别达到 80% 和 70% 左右，普遍开展门诊共济保障。符合规定的贫困人口还可享受大病保险的倾斜支付和医疗救助的托底保障。

国家医保局将积极配合人力资源社会保障、卫生健康等部门研究完善尘肺病患者保障措施，进一步做好相关保障；同时在医疗保障领域，一方面通过加强医保扶贫工作力度，统筹发挥基本医保、大病保险和医疗救助三重制度梯次减负作用，筑牢托底保障防线；另一方面，加快推进健全重特大疾病医疗保险和救助制度，统筹解决此类患者的就医负担。

子单元 1　建筑业职业危害类别

10.1.1　职业病类型

建筑行业能够引起职业病的工种及工序较多，一般职业病的类型包括职业中毒、尘肺、物理性职业病、职业性皮肤病、职业性眼病、职业性耳鼻喉病、职业性肺癌和其他职业病。

1. 职业中毒

建筑施工中一般包括下列中毒：

1）由蓄电池、油漆、喷漆等引起的铅及其化合物中毒。

2）由仪表制作和使用引起的汞及其化合物中毒。

3）由电焊、钢铁冶炼及熔融引起的锰及其化合物中毒。

4）由磷及其化合物引起的磷中毒。

5）由砷及其化合物引起的砷中毒。

6）由钢材酸洗、硫酸除锈、电镀引起的二氧化硫中毒。

7）由晒图引起的氨中毒。

8）由接触硝酸、炸药引起的硝酸盐中毒。

9）由煤气管道修理、冬季取暖引起的一氧化碳中毒。

10）由接触煤烟引起的二氧化碳中毒。

11）由下水道引起的硫化氢中毒。

12）由含铅油库、驾驶、汽修引起的四乙基铅中毒。

13）由油漆、喷漆、烤漆、浸漆引起的苯中毒。

14）由油漆、喷漆、烤漆、浸漆引起的甲苯中毒。

15）由油漆、喷漆、烤漆、浸漆引起的二甲苯中毒。

16）由驾驶、汽修、机修、油库等引起的汽油中毒。

17）由黏接塑料、制管、焊接、玻纤瓦、热补胎引起的聚氯乙烯中毒。

18）由接触含苯的氨基及化合物引起的苯中毒。

19）由放炮、装炸药引起的三硝基甲苯中毒。

2. 尘肺

尘肺是指操作人员在含粉尘浓度较高的作业场所作业时，吸入肺部的粉尘达到一定数量后，就会使肺部组织发生纤维化病变，致使肺部组织丧失正常呼吸功能而导致的疾病。在建筑施工中，一般有以下尘肺类型：

1）由石料工、风钻工、炮工、出渣工等操作引起的矽肺（又称为二氧化硅肺）。

2）由铸造引起的石墨尘肺。

3）由石棉材料施工引起的石棉肺。

4）由水泥的装卸和使用引起的水泥尘肺。

5）由加工铝制品引起的铝尘肺。

6）由电焊工电焊、气焊引起的锰尘肺。

7）由浇铸工操作引起的尘肺。

3. 物理性职业病

物理性职业病是指由于物理性因素引起的职业病，包括下列类型：

1）由于露天作业、锅炉等高温引起的中暑。

2）由于潜水作业、沉箱作业引起的减压病。

3）由于振动棒、风铆、电钻等引起的局部振动病等。

4. 职业性皮肤病

职业性皮肤病是指由于操作人员接触对人体皮肤有害的物质，而引起的皮肤性疾病。一般包括以下类型：

1）由于接触油漆、酸碱介质等引起的接触性皮炎。

2）由于接触沥青、煤焦油引起的光敏性皮炎。

3）由于长期接触紫外线引起的电光性皮炎。

4）由于熬制沥青引起的皮肤黑变病。

5）由于接触有毒物质引起的痤疮。

6）由于接触酸、碱、盐引起的皮肤溃疡等。

5. 职业性眼病

职业性眼病是指在施工操作时由于外界的原因引起的眼部疾病，一般包括以下类型：

1）由于酸、碱、油漆等化学物质引起的眼部烧伤。

2）由于电焊的紫外线引起的电光性眼炎。

3）由于接触放射性物质或激光引起的职业性白内障等。

6. 职业性癌症

1）由于接触石棉及石棉制品所引起的肺癌、皮肤癌。

2）由于接触苯及含苯的油漆所引起的白血病（血癌）。

3）由于电镀作业或铬酸所引起的肺癌等。

7. 职业性耳鼻疾病

1）由于长期接触噪声引起的职业性耳聋。

2）由于电镀作业引起的鼻喉疾病等。

8. 其他职业病

1）由于熬制沥青或接触强酸、强碱等引起的化学灼伤。

2）由于接触易过敏的油漆、苯及其化合物等引起的职业性哮喘。

3）由于接触油漆、树脂等引起的职业性病态反应性肺泡炎等。

10.1.2　职业危害的主要工种

建筑业受职业危害的工种相当广泛，现将危害类型、主要危害、次要危害及危害的主要工种列于表 10-1。

表 10-1　建筑业存在职业危害的主要工种或工作

危害类型	主要危害	次要危害	危害的主要工种或工作
粉尘	矽尘	岩石尘、泥沙尘、噪声、振动、三硝基甲苯、高温	砂石工、碎石工、碎砖工、掘进工、风钻工、炮工、出渣工、筑炉工、砌筑工
		高温、锰、磷、铅、三氧化硫等	铸造工、喷砂工、清砂工、浇铸工、玻璃打磨工等
	石棉尘	矿渣棉、玻纤尘	安装保温工、石棉瓦拆除工
	水泥尘	震动、噪声	混凝土砂浆搅拌机工、水泥上料工、搬运工、料库工
		苯、甲苯、二甲苯、环氧树脂	油漆工、粉刷工、试验工
	金属尘	噪声、金钢砂尘	砂轮碾磨工、钳工、金属除锈工、钢窗制作工、钢模板工
	木屑尘	噪声及其他粉尘	制材工、刨工、木工
	其他粉尘	噪声	生石灰过筛工、河砂运料上料工
铅	铅尘、铅烟、铅蒸气	硫酸、环氧树脂、乙二胺甲苯	充电工、焊工、退火工、灌铅工、油漆工、喷漆工、电缆头制作工

（续）

危害类型	主要危害	次要危害	危害的主要工种或工作
四乙铅	四乙铅	汽油	驾驶员、汽车修理工、油库工
苯、甲苯、二甲苯	—	环氧树脂、乙二胺、铅	油漆工、喷漆工、环氧树脂涂刷工、油库工、烤漆工、焊接工、冷沥青涂刷工
高分子化合物	聚氯乙烯	铅及化合物、环氧树脂、乙二胺	黏接塑料、制管、焊接、玻璃瓦、热补胎
锰	锰尘、锰烟	红外线、紫外线	电焊工、气焊工、对焊工、点焊工、自动保护焊、惰性气体保护焊、冶炼
铬氰化合物	六价铬、锌、酸、碱	六价铬、锌、酸、碱、铅	电镀工、镀锌工
胺	—	—	制冷安装工、冻结法施工人员、晒图工
汞	汞及其化合物	—	仪表安装工、仪表监测工
二氧化硫	—	—	硫酸酸洗工、电镀工、冲电工、钢筋除锈工、冶炼工
氮氧化合物	二氧化碳	硝酸及硝酸盐	管道工、电焊工、爆破工、试验工
一氧化碳	一氧化碳	二氧化碳	煤气管道修理工、冬季施工暖棚、冶炼、铸造
辐射	非电离辐射	紫外线、红外线、可见光、激光、射频辐射	电焊工、气焊工、不锈钢焊接工、电焊配合工、木材烘烤工、医院同位素工作人员
	电离辐射	X射线、γ射线、α射线、超声波	金属和非金属探伤试验工、氩弧焊工、放射科工作人员
噪声	—	振动、粉尘	离心制管机、混凝土振动棒、混凝土平板振动器、气锤、铆枪、打桩机、打夯机、风钻、发电机、空压机、碎石机、砂轮机、推土机、剪板机、电锤、带锯、圆锯、平刨、压刨、模板工、钢窗校平工
振动	全身振动	噪声	锻工、打桩工、打桩机司机、推土机司机、汽车司机、小翻斗车司机、吊车司机、打夯机司机、挖掘机司机、铲运机司机、离心制管工
	局部振动	噪声	风钻工、风铲工、电钻工、混凝土振动棒、混凝土平板振动器、手提式砂轮机、钢膜校平、钢窗校平工、铆枪

子单元2　职业危害与防护

10.2.1　粉尘的危害与防护

1. 粉尘危害

（1）矽肺　吸入含有游离二氧化硅（原称“矽”）粉尘而引起的尘肺称为矽肺。建筑

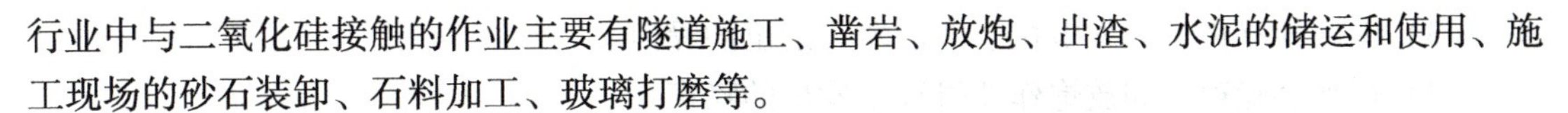

行业中与二氧化硅接触的作业主要有隧道施工、凿岩、放炮、出渣、水泥的储运和使用、施工现场的砂石装卸、石料加工、玻璃打磨等。

（2）硅酸盐肺　吸入含有硅酸盐粉尘而引起的尘肺称为硅酸盐肺，如石棉肺、滑石肺、水泥肺、云母肺等均属于硅酸盐肺。建筑行业中接触较多的是水泥尘和石棉尘。接触石棉尘不仅容易引发硅酸盐肺，而且可能致癌。

（3）混合性尘肺　吸入含有游离二氧化硅粉尘和其他粉尘而引起的尘肺称为混合性尘肺。

（4）焊工尘肺　电焊烟尘的成分比较复杂，但其主要成分是铁、硅、锰。其中，主要毒物是锰、硅等。毒性虽然不大，但其尘粒极细（5μm以下），在空中停留时间较长，容易吸入肺内。特别是在密闭容器及通风除尘差的地方作业，将对焊工的健康造成危害。

（5）其他尘肺　吸入其他粉尘而引起的尘肺称为其他尘肺，如金属尘肺、木屑尘肺均属于其他尘肺。吸入铬、砷等金属粉尘，还可能引起呼吸系统肿瘤。

尘肺的发病率主要取决于作业场所的粉尘浓度和粉尘颗粒大小。凡是浓度越高、尘粒越小，危害越大，发病率越高。对人体危害最大的是直径5μm以下的细微尘粒，因其可长时间悬浮在空气中，所以最容易被作业人员吸入肺部而患职业性尘肺病。

2. 粉尘防护措施

（1）搅拌机除尘　搅拌机是建筑施工现场经常使用的机械，因此，除尘设备必须考虑其特点，既要达到除尘目的，又要做到拆装方便。搅拌机上有两个粉尘源：一是向料斗上加料时飞起的粉尘；二是搅拌筒向料斗中倾倒材料时，从进料口、出料口飞起的粉尘。搅拌机采用通风除尘系统，即在搅拌筒出料口安装活动胶皮护罩，挡住粉尘外扬；在搅拌筒上方安装吸尘罩，将搅拌筒进料口飞起的粉尘吸走；在地面料斗侧向安装吸尘罩，将加料时扬起的粉尘吸走，通过风机将空气中的粉尘送入旋风滤尘器，再通过滤尘器内的水浴将粉尘降落，流入沉淀池。

（2）水泥制品厂搅拌站除尘　水泥制品厂搅拌站除尘多用混凝土搅拌自动化。由计算机控制混凝土搅拌、输送全系统，这不仅提高了生产效率，减轻了工人的劳动强度，同时在进料仓上方安装水泥、砂料粉尘除尘器，就可使料斗作业点粉尘降为零，从而达到彻底改善职工劳动条件的目的。

（3）高压静电除尘　高压静电除尘是静电分离技术之一，已应用于水泥除尘回收。在水泥料斗上方安装吸尘罩，吸取悬浮在空中的尘粒，通过管道输送到金属筒仓内，仓内装有高压电晕电极，形成高压静电场，使尘粒带电后贴附在尘源上，尘粒在电场力（包括风力）和自重力作用下，迅速返回尘源，从而达到抑制、回收的目的。

10.2.2　噪声的危害与防护

1. 噪声危害

（1）机械性噪声　即由机械的撞击、摩擦、敲打、切削、转动等发出的噪声，如风钻、风镐、混凝土搅拌机、混凝土振动器、离心制管机，木材加工的带锯、圆锯、平刨，金属加工的车床、钢模板及钢窗加工等发出的噪声。

（2）空气动力性噪声　如通风机、鼓风机、空气压缩机、铆枪、空气锤打桩机、电锤打桩机等发出的噪声。

（3）电磁性噪声　如发电机、变压器等发出的噪声。

（4）爆炸性噪声　如放炮作业过程中发出的噪声。

以上噪声不仅伤害人的听觉系统，造成职业性耳聋、爆炸性耳聋，严重者可耳膜出血，甚至造成神经系统及植物神经功能紊乱、肠胃功能紊乱等。

2. 噪声危害的防护措施

1）控制和减弱噪声源，从改革工艺入手，用无声工具代替有声工具。

2）控制噪声传播的方法如下：

① 合理布局。

② 应从消声方面采取措施，如消声、吸声、隔声、隔振、阻尼等。

3）做好个人防护，如及时戴耳塞、耳罩、头盔等防噪声用具等。

4）定期进行预防性体检。

10.2.3　高温的危害与防护

1. 高温危害

（1）高温作业对人体功能的影响

1）体温和皮肤温度升高，它是体温调节障碍的主要表现。

2）水盐代谢的改变。

3）循环系统的改变。

4）消化系统的改变。

5）神经系统的改变。

6）泌尿系统的改变。

（2）高温中暑

1）中暑可分为热射病、热痉挛和日射病。在临床往往难以严格区别，而且常以混合式出现，故统称为中暑。

2）中暑的原因非常复杂，并不单纯由太阳照射头部而引起，而与劳动量大小、水盐丧失情况、营养状况、性别（女多于男）等条件有密切关系，症状虽然有日射病的表现，但常有体温升高，有时还有肌肉痉挛现象。

2. 防暑降温措施

1）为了补偿高温作业人员因大量出汗而损失的水分和盐分，最好的办法是供给含盐饮料。

2）对高温作业人员应进行体格检查，凡是有心血管器质性疾病者不宜从事高温作业。

3）炎热季节医务人员要到现场巡回医疗，一旦发现有人中暑，要及时施救。

10.2.4　振动的危害与防护

建筑行业产生振动危害的作业主要有风钻、风铲、铆枪、混凝土振动器、锻锤打桩机、汽车、推土机、铲运机、挖掘机、打夯机、拖拉机、小翻斗车、离心制管机等。

1. 振动危害

振动危害分为局部症状和全身症状。局部症状主要是手指麻木、胀痛、无力、双手震

颤，手腕关节骨质变形，指端坏死等；全身症状主要表现在脚部周围神经和血管的改变，肌肉触痛，以及头痛、头晕、腹痛、呕吐、平衡失调及内分泌障碍等。

2. 振动危害的防护措施

1）隔振，就是在振源与须防振的设备之间安装具有弹性性能的隔振装置，使振源产生的大部分振动被隔振装置所吸收。

2）改革生产工艺，是防止振动危害的根本措施。

3）有些手持振动工具的手柄，包扎泡沫塑料等隔振垫，工人操作时戴好专用的防振手套，也可减少振动的危害。

10.2.5　射线的危害与防护

1. 射线危害

在建筑施工中常用 X 射线和 γ 射线进行工业探伤、焊缝质量检查拍照等。放射性伤害主要是指射线可使接受者出现造血障碍、白血球减少、代谢机能失调、内分泌障碍、再生能力消失、内脏器官变性、女职工生产畸形婴儿等。

2. 射线的防护措施

1）夏季强烈的太阳光线中，含有红外线和紫外线，生产中的红外线和紫外线主要来源于火焰和加热的物体，如锻造的加热炉、气割和气焊等。

2）为了保护眼睛不受电弧的伤害，焊接时必须使用镶有特制防护眼镜片的面罩。可根据焊接电流强度和个人眼睛情况，选择吸水式滤光镜片或是反射式防护镜片。

3）为防止弧光灼伤皮肤，焊工必须穿好工作服、穿戴好手套和鞋帽等。

10.2.6　毒物的危害与防护

1. 毒物类型及危害

（1）有毒物进入人体的途径　在生产条件下，毒物进入人体主要是经过呼吸道或皮肤，经过消化道者极少。

1）经呼吸道进入：这是生产中产生的毒物进入人体的主要途径，因为整个呼吸道都能吸收毒物，尤其肺泡的吸收能力最大。而肺泡壁表面为含碳酸的液体所湿润，并有丰富的微血管，所以肺泡对毒物的吸收极其迅速。

2）皮肤：经皮肤吸收的毒物有三种，即通过表皮屏障，通过毛囊，极少通过汗腺导管进入人体。

3）经消化道进入：这种途径极少见，大多是不遵守卫生制度引起，如工人在有毒的车间进食或用污染的手取食物，或者由于误食所致。

（2）窒息性气体危害及常见症状　窒息性气体是指进入人体后，使血液的运氧能力或组织利用氧的能力发生障碍，结果造成身体组织缺氧的有害气体。常见的窒息性气体有一氧化碳、硫化氢和氰化物。

一氧化碳为无色、无味、无刺激性气体，相对密度为 0.967，几乎不溶于水，空气中含量达到 12.5% 时可发生爆炸，也是含碳物质不完全燃烧的产物。在建筑业常见的是工地取暖、加热煤炉和宿舍取暖煤炉，由于门窗密闭，而发生一氧化碳中毒。由于一氧化碳引起的

急性中毒类型有三种：

1）轻度中毒：主要表现为头痛、头晕、恶心、有时呕吐、全身无力。只要脱离现场，吸入新鲜空气，症状可消失。

2）中度中毒：除上述症状外，初期可有多汗、烦躁、脉搏快等症状，并很快进入昏迷状态，如抢救及时，可较快苏醒。

3）重度中毒：吸入高浓度一氧化碳，患者突然昏倒，并迅速进入昏迷状态，经及时抢救可逐渐恢复，如果中毒时间长，可窒息死亡。

其具体预防措施主要是搞好通风设施，严加煤炉看管。

（3）铅中毒　铅中毒是通过呼吸道而吸入人体的。其特点是吸收快、毒性大。从其他途径侵入占的比例很小。

中毒的大多表现为慢性中毒，一般常有疲乏无力，口中有金属味，食欲不振，四肢关节肌肉酸痛等症状。随着病情加重，可涉及各个人体系统。

1）神经系统：神经衰弱症状是出现较早的症状，如头痛、头昏、疲乏无力、记忆力减退，睡眠障碍（失眠）、烦躁、关节酸痛等。

2）消化系统：常见的有食欲不振，口内有金属味，腹部不适、酸痛、腹泻或便秘，甚至可出现腹部绞痛。

3）血液系统：铅中毒时，少数患者可出现轻度贫血，经排铅治疗后也可迅速恢复。

（4）锰中毒　锰是一种灰白色硬脆的金属，用途广泛，在建筑施工中主要是各类焊工及其配合工较多接触并产生中毒。焊条中含锰为10%～50%。焊接时发生大量的锰烟尘。车间焊接作业场地空气中锰烟尘浓度为$3.36mg/m^3$（超标17倍），而工地简易焊接工棚，房屋低矮，空间狭小，通风不良，锰烟尘浓度高达$4.43mg/m^3$（超标22倍），特别是密闭性球罐、气缸、水箱及工业管道内焊接，锰烟尘浓度更高达$49.27mg/m^3$（超标246倍），锰烟尘在空气中能很快地氧化成灰色的一氧化锰及棕红色的四氧化三锰烟。长期吸入超过允许浓度的锰及其化合物的微粒和蒸气，则可能造成锰中毒。

焊工的锰中毒发病较慢，大多在接触3～5年以后，甚至可长达20年才逐渐发病。初期表现为疲劳乏力，时常头痛、头晕、失眠，记忆力减退，以及植物神经功能紊乱。

锰中毒主要由锰的化合物引起，急性锰中毒较为少见，如连续焊接吸入大量氧化锰时，也可发生“金属烟雾热”。电焊工人如在作业环境通风不良的管道、坑道、球罐、水箱内焊接，可能出现头痛、恶心、高热以及咽痛、咳嗽、气喘等症状。

（5）苯中毒　在建筑施工中，油漆、环氧树脂、冷沥青、黏接塑料以及机件的浸洗等，均用苯作为有机溶剂、稀释剂和清洗剂。有些胶黏剂含苯、甲苯或丙酮的浓度较高，容易发生急性苯中毒。苯中毒易诱发膀胱癌。

苯中毒的类型有两种：

1）急性中毒。当通风不良，而又无有效的个人防护措施时，最易发生急性苯中毒，主要是中枢神经系统的麻醉作用。严重者突然丧失神志，迅速昏迷、抽风、脉搏减弱、血压降低，呼吸急促，如抢救及时，多数可以恢复；若不及时救助，可因中枢麻痹而死亡。

2）慢性中毒。长期吸入低浓度的苯蒸气，可能造成慢性苯中毒。女性可出现月经过多。部分病人可出现红细胞减少和贫血，有的甚至出现再生不良或再生障碍性贫血，个别患者也有发生白血病的。

此外，接触苯的工人，可能出现皮肤干燥发红、疱疹、皮炎、湿疹和毛囊炎等。另外。苯中毒还对肝脏有损害作用。

2. 防毒害的措施

（1）相关部门应长期采取的措施

1）加强管理，认真做好防毒工作。

2）严格执行劳动保护法规和卫生标准。

3）对新建、改建、扩建工程，必须做到防毒设施与主体工程同时设计、同时施工及同时投入生产应用。

4）依靠科学技术，提高预防中毒的技术水平。具体包括改进施工工艺，禁止使用危害严重的化工产品，加强有毒设备的密闭化，加强通风等。

（2）对生产工人应采取的预防职业中毒的措施

1）认真执行操作规程，熟练掌握操作方法，严防错误操作。

2）穿戴好个人防护用品。

（3）防止铅中毒的技术措施

铅中毒是可以预防的。只要积极采取相应措施，改善劳动作业条件，降低生产环境空气中铅烟浓度，达到国家规定标准 0.03mg/m^3，铅尘浓度在 0.05mg/m^3 以下，就可以有效防止铅中毒。具体应做好以下工作：

1）消除或减少铅毒发生源。

2）改进工艺，使生产过程机械化、密闭化，减少与铅烟或铅尘接触的机会。

3）加强个人防护及个人卫生。

（4）防止锰中毒的技术措施

预防锰中毒最主要的是应在那些通风不良的电焊作业场所采取措施，使空气中锰烟浓度降低到 0.2mg/m^3 以下。这就需要首先加强机械通风，或安装锰烟抽风装置，以降低现场浓度；其次，应尽量采用无尘无毒焊条或无锰焊条，用自动焊代替手工焊等；最后，应在工作时戴手套、口罩，饭前洗手漱口，下班后全身淋浴，不在车间内吸烟、喝水、进食。

（5）预防苯中毒的措施

建筑企业使用油漆、喷漆较多，施工前应采取综合性预防措施，使得苯、甲苯和二甲苯在空气中的浓度降低到国家卫生标准以下（苯含量不大于 40mg/m^3，甲苯、二甲苯不大于 100mg/m^3）。具体应做到以下要求：

1）用无毒或低毒物品代替含苯物品。

2）在喷刷油漆时采用新的施工工艺。

3）采用密闭的操作和局部抽风排毒设备。

4）在进入密闭的场所，如地下室、油罐等环境工作时，应戴防毒面具。

5）在通风不良的车间、地下室、防水池内涂刷各种防腐涂料、环氧树脂或玻璃钢等作业时，必须根据场地大小，采用多台抽风设备把有害气体抽出室外，防止中毒。

6）施工现场的油漆配料房，应改善自然通风条件，减少连续配料时间，防止发生苯中毒和铅中毒。

7）在较小的喷漆室内进行小件喷漆时，可以采取水幕隔离的防护措施，即工人在水幕

外面操纵喷枪，喷嘴在水幕内喷漆。

子单元3　现代职业卫生技术

1999年4月，英国标准协会和其他一些国家的标准化组织联合推出了《职业安全卫生管理体系评估规范》（OHSAS 18001），我国经贸部及国家出入境检验检疫局于2000年1月发文，要求全国出入境检验检疫系统的认证机构采用国际上较通用的标准开展职业安全卫生管理体系的认证工作。

2001年6月，国际劳工组织第281次理事会会议审议通过并颁布了《职业健康安全体系导则》（ILO-OSH2001），为世界各国开展此项工作提供了坚实、灵活和合理的基础。原国家安全生产监督总局在原有工作的基础上，参考该导则有关内容，制定并以国家经贸委公告［2001年第30号］形式于2001年12月颁布了《职业健康安全管理体系指导意见》和《职业健康安全管理体系审核规范》。国家标准化委员会和国家认证委员会联合发布了《职业健康安全管理体系 规范》（GB/T 28001—2001，2011年进行了修订）。2002年3月，原国家安全生产监督管理局发布了《职业健康安全管理体系 指南》（GB/T 28002—2002，2011年进行了修订）。

2020年3月6日，国家市场监管总局和国家标准化管理委员会发布并开始实施《职业健康安全管理体系 要求及使用指南》（GB/T 45001—2020），该指南全面代替了《职业健康安全管理体系 规范》（GB/T 28001—2011）和《职业健康安全管理体系 实施指南》（GB/T 28002—2011），规定了职业健康安全管理体系的要求，并给出了其使用指南，以使组织能够通过防止与工作相关的伤害和健康损害以及主动改进其职业健康安全绩效来提供安全和健康的工作场所。

职业健康安全管理体系的核心是要求企业采用现代化的管理模式，使包括安全生产管理在内的所有生产经营活动科学、规范并有效，通过建立安全健康风险的预测、评价、定期审核和持续改进完善机制，从而预防事故发生和控制职业危害。推行职业健康安全管理体系是国家安全生产监督与管理工作的一个重大举措，是落实包括经营管理者在内的全体员工岗位工作制的一个具体措施，它必将为进一步推动我国安全生产监督与管理工作科学化、规范化和法制化建设发挥重要作用。

值得说明的是，对OHSMS（Occupational Health and Safety Management System）的中文名称很不统一，有的称“职业健康安全管理体系”，也有的称“职业安全健康管理体系”，还有的称“职业安全卫生管理体系”。无论如何，职业健康（卫生）应当是安全管理的重要内容。除了一些法规性文件，本书一律称OHSMS为“职业健康安全管理体系”。

10.3.1 《职业健康安全管理体系 要求及使用指南》简介

《职业健康安全管理体系 要求及使用指南》（GB/T 45001—2020）具有系统性、预防性、全员性、动态性和全过程控制的特征。它以“系统安全”思想为核心，将企业的各个生产要素组合起来作为一个系统，通过危险辨识、风险评价和控制等手段来达到控制安全事故发生的目的。《职业健康安全管理体系 要求及使用指南》将管理重点放在对事故的预防

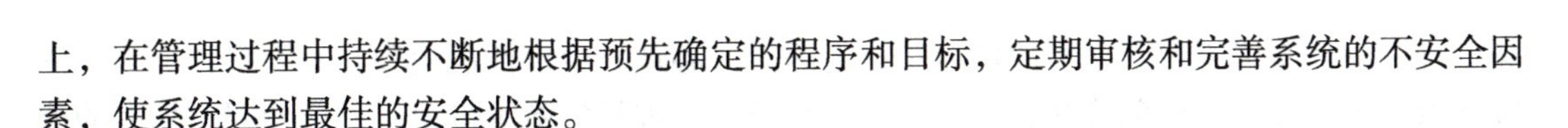

上，在管理过程中持续不断地根据预先确定的程序和目标，定期审核和完善系统的不安全因素，使系统达到最佳的安全状态。

《职业健康安全管理体系 要求及使用指南》的模式分为五个过程，即职业健康安全方针、策划、实施和运行、检查与纠正以及管理评审。体系标准的文件结构分为四章，即第一章范围、第二章规范性引用文件、第三章术语以及第四章职业健康安全管理体系要素。其中，第四章是标准的主要内容，阐述了有关的要素及其要求，具体包括总要求、职业健康安全方针、策划、实施和运行、检查和纠正以及管理评审，共包括 18 个要素。

1. 制订职业健康安全方针

企业首先应有一个经最高管理者批准的职业健康安全方针，该方针应清楚阐明职业健康安全总目标和改进职业健康安全绩效的承诺。

制订的职业健康安全方针应包括以下内容：

1）适合于组织的职业健康安全风险的性质和规模。

2）持续改进的承诺。

3）组织至少遵守现行职业健康安全法规和组织其他要求的承诺。

4）形成文件，实施并保持。

5）传达给全体员工，使其认识各自的职业健康安全义务。

6）可为相关方所获取。

7）定期评审，以确保其与组织保持相关度和适宜度。

2. 策划

策划过程包括危险源辨识、风险评价和风险控制的策划；法规和其他要求的识别和获得；管理目标的建立和管理方案的制定等工作。其中，主要工作是危险源识别、风险评价和风险控制。这是整个管理体系的基础。

（1）危险源辨识　企业应当进行危险源辨识、风险评价和实施必要的控制措施，建立并保持程序，这些程序应包括企业的常规和非常规活动，所有进入工作场所的人员（包括合同方人员和访问者）的活动，以及工作场所的设施（无论是由本组织还是外界所提供）。

进行危险源的辨识，可以从对下列三个问题的解答着手：

1）有伤害的来源吗?

2）谁（或什么）会受到伤害?

3）伤害如何发生?

危险源的辨识和风险评价的方法如下：

1）依据风险的范围、性质和时限性进行辨识，以确保该方法是主动而不是被动的。

2）规定风险分级，识别可通过《职业健康安全管理体系 要求及使用指南》中规定的措施消除或控制风险。

3）与运行经验和所采取的风险控制措施的能力相适应。

4）为确定设施要求、识别培训需要和（或）开展运行控制提供输入信息。

5）规定对所要求的活动进行监视，以确保其及时有效地实施。

进行辨识时，宜按照国家标准《生产过程危险和有害因素分类与代码》（GB/T 13861—2009）进行。该标准适用于各个行业在规划、设计和组织生产时，对危险源的预测和预防、伤亡事故的统计分析和应用计算机管理。按照该标准，危险源分为物理性危险和有害因素，化学性危险和有害因素，生物性危险和有害因素，心理、生理性危险和有害因素，行为性危险和有害因素以及其他危险和有害因素等六大类。在进行危险源辨识时，可参照该标准的分类和编码，以便管理。

在进行危险源辨识时，对于危险源可能发生的伤害可以明确忽略时，则不宜列入文件或进一步考虑。

辨识的方法有询问交谈、现场观察、查阅有关记录、获取外部信息、工作任务分析、安全检查表、危险和可操作性研究、事故树分析、故障树分析等。这些方法都有其各自的特点和局限性，因此一般都使用两种或两种以上的方法识别危险源。

（2）风险评价和风险控制　应对辨识后的危险源进行风险评价，估算其潜在的伤害程度和发生的可能性，然后对风险进行分级。当然，也可用数据值取代风险的描述，但数值的方法并不意味着评价更为准确。

风险评价的输出宜为一个按优先顺序排列的控制措施清单，控制措施应包括新设计的措施，需要拟保持的措施或加以改进的措施。

选择控制措施时，应考虑以下因素：

1）如果可能，则完全消除危险源。

2）如果不可能消除，则努力降低风险。

3）采取技术进步、程序控制、安全防护等措施。

4）当所有其他可选择的措施均已考虑后，作为最终手段而使用个体防护装备。

5）考虑对应急方案的需求，建立应急计划，提供有关的应急设备。

6）对监视措施的控制程度进行主动性的监视。

当控制措施计划确定后，应当在实施前进行必要的评审。评审内容如下：

1）更改的措施是否使风险降低至可接受的水平。

2）是否产生新的危险源。

3）是否已选定成本效益最佳的解决方案。

4）受影响的人员如何评价更改的预防措施的必要性和实用性。

5）更改的预防措施是否会用于实际工作中，以及在其他压力情况下是否会被忽视。

风险评价是一个持续不断的过程，要持续评审控制措施的充分性。当条件变化时，要对风险进行重新评审。

（3）法规和其他要求的识别和获得　在策划过程中，应考虑的其他工作有识别和获得适用法规和其他职业健康安全要求；制订目标和管理方案。

识别和获得适用法规和其他职业健康安全要求是职业健康安全管理的一项重要内容。要求做到能识别需要应用哪些法规和要求；如何获取；如何应用和及时更新。要采取最适宜的获取信息的手段，但并不要求企业建立一个包含很少涉及和使用的法规和要求的资料库。

3. 实施和运行

在实施和运行过程中，首先需要考虑的是企业的结构和职责。企业应对职业健康安全风险有影响的各类人员，确定其作用、职责和权限，并进行沟通。

该体系标准确定职业健康安全的最终责任由最高管理者承担。这里的最高管理者是指企业的最高领导层。企业应在最高管理者中指定一名成员作为管理者代表。管理者代表应有明确的作用、职责和权限，以确保职业健康安全管理体系的正确实施，并能在企业内执行各项

要求。

确定职责时，要特别注意不同职能之间的接口位置人员的职责，还要注意职业健康安全是企业内全体人员的责任，而不是只具有明确的职业健康安全职责的人员的责任。

实施和运行过程的其他要求是培训、协商和沟通；文件和资料控制；运行控制和应急准备。

4. 检查和纠正

企业应对其职业健康安全管理体系运行的绩效进行测量和监视。监视可分为主动性和被动性两种。主动性的监视是企业主动监视自身的活动是否符合管理方案、运行要求和法律法规的要求；被动性的监视是从已发生的事件、事故和因事故损害造成的损失等方面监视企业体系的有效性。监视应有记录，并作为纠正和预防措施分析的依据。

通过监视发现的问题，应采取与问题严重性相适应的纠正和预防措施。所拟定的措施在实施前还应进行评价。评价的目的是检查这些措施是否真的有效。如果这些措施的实施将对文件产生影响，则应对原文件进行必要的修正。

企业要定期地对体系进行内部审核。内部审核的重点是职业健康安全管理体系的绩效，而不是一般的安全检查。审核的要求是确定企业的体系能否满足有关标准和企业的方针及目标的要求。审核还要检查以前的审核所发现的问题是否已得到解决。参加审核的人员要求与审核的活动无关，但并不一定要求由外来的人员进行。

5. 管理评审

企业要按规定定期进行管理评审。管理评审要求由最高管理者主持。管理评审的要求是对职业健康安全管理体系进行评审，以确保体系的持续适宜性、充分性和有效性；管理评审应根据体系审核的结果、环境的变化和对持续改进的承诺，指出需要修改的体系方针、目标和其他要素。内部审核的结果是管理评审会议的输入，管理评审的结果应形成文件。

10.3.2　建筑业建立职业健康安全管理体系的作用和意义

1. 有助于提高企业的职业健康安全管理水平

职业健康安全管理体系概括了发达国家多年的安全管理经验，同时，体系本身具有相当的弹性，容许企业根据自身特点加以发挥和运用，并结合企业自身的管理实践加以创新。职业健康安全管理体系通过开展周而复始的策划、实施、检查、评审和持续改进等活动，使体系不断地完善，这种螺旋上升的运行模式，将不断地提高企业的职业安全健康管理水平。

2. 有助于提高企业的社会形象

为建立职业健康安全管理体系，企业必须对全体员工和相关方的健康安全提供有力的保证，这个过程体现了企业对员工生命和劳动的尊重，有利于改善企业的社会关系，提升企业的社会形象，增强企业的凝聚力，也提高了企业在金融、保险业中的信誉度和美誉度，从而增加获得贷款、降低保险成本的机遇，增强其市场的竞争力。

3. 有助于降低企业经营成本，提高经济效益

职业健康安全管理体系要求企业对其各个部门的员工进行相应的培训，使他们了解职业健康安全方针及各自岗位的安全操作规程，提高全体职工的安全意识，预防及减少安全事故的发生，降低安全事故的经济损失和经营成本。同时，职业健康安全管理体系还要求企业不

断改善劳动者的作业条件，保障劳动者的身心健康，这也有助于提高企业职工的劳动效率，进而提高企业的经济效益。

4. 有助于推动职业健康安全法规的贯彻和落实

职业健康安全管理体系将政府的宏观管理和企业自身的微观管理紧密地结合在一起，使职业健康安全管理成为组织全面管理的一个重要组成部分，突破了政府以强制性指令为主要手段的单一管理模式，使企业由消极被动地接受监督管理，转变为主动地、规范地参与市场的行为，从而有助于国家有关法律法规的贯彻和落实。

5. 有助于促进我国建筑企业国际化进程

我国的建筑业属于劳动密集型产业，从业人员达四千万左右，而且我国建筑业由于具有较低的劳动力成本，在国际建筑市场竞争中具有较大的优势。但当前不少发达国家为保护其传统产业采用了一些非关税壁垒（如安全健康、环境保护等准入标准）来阻止发展中国家的产品与劳务进入本国市场。因此，我国企业要进入国际市场，就必须按照国际化的要求，规范自身的管理，冲破发达国家设置的种种准入限制。职业健康安全管理体系作为第三张标准化管理的国际通行证，一旦在建筑业实施，必将有助于我国的建筑企业进入国际市场，并提高其在国际市场上的竞争力，从而获得更大的经济效益。

10.3.3　整合型认证

改革开放以来，为了与国际化管理接轨，不少建筑施工企业都相继进行了 ISO9001—2000 的质量管理体系、ISO14001—1996 环境管理体系和 OHSAS 18001 职业健康安全管理体系等认证。由于标准的出台有先后，因此建筑企业都在按各自不同的需要进行和采取了分别认证的管理方式，这样一个企业就必须同时对质量（QMS）、环境（EMS）、安全（OHSMS）分别编制多套手册、多套程序、多次内审、多次监察，给企业带来了极大的负担和不便。近年来国际相关机构就针对这一问题进行了整合型（或称一体化）国际认证管理体系的探索和尝试，即将两个或两个以上的管理体系有机地统一在一起进行认证。

尽管三个体系的目标不同，ISO9000 质量体系是要满足质量管理和让顾客满意的要求，ISO14000 环境管理体系是要服从众多相关方的需求，特别是法规的要求，OHSAS 18000 职业安全健康管理体系则主要是关注组织内部员工的人身权益。但三个体系都遵循相同的管理原理，依据标准在企业内部建立文件化的体系，依靠事前建立文件体系指导和控制实际管理的行为，都强调通过 PDCA 管理模式实现可持续改进。因此，整合认证不会影响体系在建立过程中充分发挥其相同点或不同点所提供的条件，反而会进一步加强组织的整个管理体系有效、协同运转，以便更好地发挥管理系统的功能，切实实现各自的管理目标。21 世纪管理的发展趋势就是将这三类管理体系同时运用在企业生产经营活动的管理中，使社会满意、客户满意、员工满意。

相关案例

【背景资料】 某大型建筑集团公司，由于工程需要，开办了一个石英粉碎车间。该车间从粉碎、过筛到装袋均为人工操作，敞开式干法生产。经测定，车间空气粉尘浓度超过国家

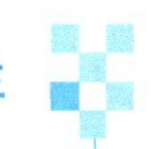

卫生标准219倍，对工龄3个月以上的88人检查后发现矽肺病人50人，疑似矽肺病人23人，共73人，占受检人数内的82.95%。鉴于粉尘危害严重，该场已被迫关停。试分析关停事故的原因。

【事故分析】目前，在建筑施工现场，由于职业危害所造成的人身伤害事件屡见不鲜，分析这些事故的发生，主要基于以下原因：

（1）国家或行业关于职业卫生的标准不完善。

（2）企业只是重视经济效益，而忽视人的健康和环境保护，“以人为本”仅仅挂在嘴上。

（3）企业的健康卫生投入不够，致使职业危害加重。

（4）施工人员劳动防护意识淡薄，危险源识别能力欠缺，法律意识淡薄。

（5）施工中没采取必要的防止职业危害的技术和组织措施，或措施得不到落实。

（6）生产工艺设备和设施落后。

（7）操作人员不按规定正确佩戴劳动保护用具。

（8）员工的身体定期检查和医疗保险制度不健全。

【想一想】在你的生活和学习环境中，存在哪些职业危害？这些职业危害应当采取哪些措施去避免？

思考与拓展题

10-1　建筑业常见的职业病有哪几类？举例说明目前你了解的现状如何。

10-2　噪声危害是最常见且最难预防的一种职业危害，高考期间施工单位都是如何采取相应的技术措施加以解决的？

10-3　炎热的夏季，在室内、室外作业的人员极易脱水、中暑，谈一谈施工管理人员应该从哪几个方面做好防暑降温的工作？

单元11

焊接工程

能力目标

1. 能够了解金属焊接与切割的基本原理。
2. 懂得常用金属焊接与切割的方法、适用范围及安全特点。
3. 会进行金属焊与切割场地的安全检查及安全要求的贯彻和落实。

学习重点与难点

本单元学习重点是金属焊接与切割的安全特点、安全要求和安全操作。本单元学习难点是金属焊接与切割的基本原理及适用范围。同时，应掌握焊接与切割的安全用电、防火防爆及职业卫生与防护。

课程思政 工业裁缝，大国工匠

航天科技集团一院的焊工高凤林，被誉为“中国火箭发动机焊接第一人”。30多年来，他奋战在航天制造一线。130多枚长征系列运载火箭，在他焊接的发动机助推下，成功飞向太空，占到长征系列火箭的一半以上。

发动机相当于火箭的“心脏”，新一代长征5号运载火箭是中国目前运载能力最大的火箭，其发动机的喷管上有数百根空心管线，管壁厚度只有0.33mm，比一张纸还薄，焊枪多停留0.1s就可能把管子烧穿或者焊漏。高凤林通过三万多次精密的焊接操作，才把它们编织在一起，其焊接细如发丝，长达1600多m，每个焊点只有0.16mm宽。为保证每一条焊缝在技术指标上做到首尾一致，高凤林必须发力精准、心平手稳，并且要做到10min不眨眼，因为一点小瑕疵，就可能导致一场大灾难。诺贝尔奖得主丁肇中教授也曾邀请他帮忙，在高凤林之前他们已经请了几拨“顶尖高手”，但一直没能得到国际联盟总部的认可，高凤林一来便拟定了一个创新的方案，通过了总部的评审，最后被委以美国宇航局特派专家的身份，监督项目的实施。

航天事业在所有的行业体系里是要求最高、边界条件最窄、条件最复杂、风险最大的行业。焊接技术在航天领域中至关重要，说高凤林是火箭心脏的“金手天焊”一点也不夸张，向这位大国工匠致敬。

子单元1 概 述

焊接是指通过加热或加压，或两者并用，使用或不使用填充材料，使两个分离的固态物体之间产生原子或分子间的结合而连成一体的方法。焊接不仅可以使金属材料形成永久连接，也可以使某些非金属材料达到如同金属永久连接目的，如玻璃、塑料等的连接，本单元主要讲述金属的焊接。金属焊接主要分为焊条电弧焊、埋弧焊、等离子弧焊、电阻焊等。此外，金属热切割、表面堆焊、喷焊和喷涂等，虽然不属于金属的连接，但均是与焊接方法相近或密切相关的金属加工方法，通常也属于焊接研究的范畴。

焊工要与各种易燃易爆气体、压力容器和电机电器接触，同时，在焊接与切割过程中，又会产生有毒气体、有害粉尘、弧光辐射、高频电磁场、噪声和射线等。这些不安全因素都有可能引发爆炸、火灾、触电、烫伤、高处坠落等安全事故，以及尘肺、中毒等职业病的发生，不仅危害作业人员的安全与健康，而且还会使企业财产遭受严重损失，影响生产的顺利进行。所以，必须强调焊接作业中的安全技术，防止不安全因素造成危害。

11.1.1 焊接方法的分类

按照焊接过程中金属所处的状态及工艺特点，可以将焊接方法分为熔化焊、压力焊和钎焊三大类。

1. 熔化焊

熔化焊是利用局部加热的方法，将连接处的金属加热至熔化状态而完成焊接的方法。在加热的状态下可增强金属原子的功能，促进原子间的相互扩散，当被焊接金属加热至熔化状态形成液态熔池时，原子之间可以充分扩散和紧密接触，因此冷却凝固后即可形成牢固的焊接接头。常见的熔化焊有气焊、电渣焊、电弧焊、气体保护焊、电子束焊和等离子焊等。

2. 压力焊

压力焊是利用焊接时施加一定压力而完成焊接的方法。这类焊接有两种形式，一种是将被焊金属接触部分加热至塑性状态或局部熔化状态，然后施加一定压力，以使金属原子间相互结合形成牢固的焊接头，如锻焊、接触焊、摩擦焊和气压焊等均属于这类焊接方法；另一种是不进行加热，仅在被焊金属的接触面上施加足够大的压力，借助压力所引起的塑性变形，使金属原子间相互接近而获得牢固的压挤接头，这种压力焊的方法有冷压焊和爆炸焊等。

3. 钎焊

钎焊是把比被焊金属熔点低的钎料金属加热熔化至液态，然后使其渗透到被焊金属接缝的间隙中而达到结合的方法。焊接时，被焊金属处于固态，工件只是适当地进行加热，没有受到压力的作用，仅依靠液态金属与固态金属之间的原子扩散而形成牢固的焊接接头。钎焊虽然是一种原始的金属永久连接工艺，但由于钎焊具有一些特殊的性能，所以在现代焊接技术中仍占有一定的地位，常见的钎焊有烙铁钎焊、火焰钎焊和感应钎焊等多种方法。本教材考虑到房屋建筑的工程实际，未详细介绍钎焊。

11.1.2 切割的方法和分类

按照金属切割过程中加热方法的不同，金属切割可分为火焰切割、电弧切割和冷切割三类。

1. 火焰切割

按加热源的不同，火焰切割分为气割、液化石油气切割、氢氧源切割和氧熔剂切割。

1）气割（即氧-乙炔气割）是利用氧-乙炔预热火焰使金属能够在纯氧气流中剧烈燃烧，生成熔渣且放出大量热的原理而进行的切割。

2）液化石油气切割的原理与气割基本相同，所不同的是液化石油气的燃烧与乙炔气体不同，所使用的割炬也有所不同，它扩大了低压氧喷嘴的孔径及燃料混合气喷口的截面，还扩大了对吸管圆柱部分的孔径。

3）氢氧源切割是利用水电解氢氧发生器，用直流电将水电解成氢气和氧气，其气体比例恰好完全燃烧，温度可达2800～3000℃。

4）氧熔剂切割是在切割氧流中加入纯铁粉或其他熔剂，利用它们的燃烧热和废渣作用实现切割的方法。

2. 电弧切割

电弧切割按生成的电弧不同可分为等离子弧切割和碳弧切割。

1）等离子弧切割是利用高温高速的强劲等离子射流，将被切割金属部分熔化并随即吹除，形成狭窄的切口而完成切割的方法。

2）碳弧切割是使用碳棒与工件之间产生的电弧将金属熔化，并用压缩空气将其吹掉，以实现切割的方法。

3. 冷切割

经切割后工件变形小的冷切割有激光切割和水射流切割。

1）激光切割是利用激光束把材料穿透，并使激光束移动而实现切割的方法。

2）水射流切割是利用高压换能泵产生的200～400MPa高压水的水束能，来实现切割材料的方法。

11.1.3　焊接场地检查的内容

在进行焊接施工前，首先必须对作业场地及周边的情况进行严格的安全检查，否则禁止进行焊接作业。对焊接场地安全检查的内容如下：

1）检查作业场地的设备、工具、材料等的排列是否符合要求。

2）检查焊接场地是否有畅通的通道。

3）检查所有电缆线或其他管线是否按要求排列。

4）检查是否有足够的焊接作业面和良好的通风条件。

5）检查是否有良好的自然采光或局部照明。

6）检查焊割场地周围10m范围内，各类易燃、易爆物品是否已清除干净。

7）检查焊接场地是否按要求采取了有效的安全防护措施。

8）检查需焊接的焊件是否安全或按要求采取了安全措施。

针对焊接切割场地的检查要做到仔细观察环境，区别不同情况，严格加强防护。

11.1.4　焊接安全的基本要求

1）电焊、气焊工均为特种作业人员，应身体检查合格，并经专业安全技术学习、训练和考试合格，领取特殊工种操作证后，方能实施操作。

2）工作时（包括打渣），所有工作人员必须穿好工作服，佩戴防护眼镜或面罩。不准赤身操作，仰面焊接时应扣紧衣领、扎紧袖口、戴好防火帽，电焊作业时不得戴潮湿手套。

3）在对受压容器、密闭容器、各种油桶、管道、沾有可燃气体和溶液用的工件等进行操作时，必须事先进行检查，并经过冲除掉有毒、有害、易燃、易爆物质，解除容器及管道压力，消除容器密闭状态（敞开口或旋开盖）后，再进行工作。

4）在焊接、切割密闭空心工件时，必须留有出气孔。在容器内焊接，外面必须设专人监护，并有良好通风措施，照明电压应采用12V以下的安全电压。禁止在已做油漆或喷涂过塑料制品的容器内焊接。

5）电焊机接地、接零及电焊工作回线均不准搭在易燃、易爆的物品上，也不准接在管道和机床设备上。工作回线应绝缘良好，机壳接地必须符合安全规定。

6）在有易燃、易爆物品的车间、场所或管道附近动火焊接时，必须办理“危险作业申请单”。消防和安全等部门应到现场监督，采取严密安全措施后，方可进行操作。

7）高处作业应系好安全带，并采取防护设施（详见单元3），地面应有人员监护。严禁将工作回线缠在身上。

8）焊件必须放置平稳、牢固才能施焊，不准在吊车吊起或叉车铲起的工件上施焊。各种机械设备的焊接，必须停车进行，作业地点应有足够的活动空间。

9）操作者必须注意助手的安全，助手应懂得电（气）焊的安全常识。

10）禁止使用未经批准的乙炔发生器进行气焊作业。

11）严格遵守电气焊的“十不烧”。

子单元2　气焊与气割

11.2.1　气焊与气割的基本原理、适用范围与安全特点

1. 气焊与气割的基本原理和适用范围

（1）气焊　气焊是利用可燃性气体与助燃气体混合燃烧的火焰去熔化工件接缝处的金属和焊丝而达到金属间牢固连接的方法。这是利用化学能转变成热能的一种熔化焊接方法。它具有设备简单、操作方便、实用性强等特点，因此在各行各业的制造和维修中得到了广泛的应用。

气焊所用的可燃性气体主要有乙炔（C_2H_2）、液化石油气［丙烷（C_3H_8）、丁烷（C_4H_{10}）、丙烯（C_3H_6）等］和氢气（H_2）等。氧气为助燃气体。

气焊所用的设备及工具包括氧气瓶、乙炔瓶（或乙炔发生器）、回火防止器、焊炬、减压器、氧气输送管、乙炔输送管等。气焊用的焊丝起填充金属的作用，焊接时与熔化的母材一起组成焊缝金属。因此，应根据工件的化学成分、机械性能选用相应成分或性能的焊丝，有时也可用从焊板材上切下的条料作焊丝。

焊接有色金属、铸铁和不锈钢时，还应采用焊粉（熔剂），用以消除覆盖在焊材及熔池表面上难熔的氧化膜和其他杂质，并在熔池表面形成一种熔渣，保护熔池金属不被氧化，排除熔池中的气体、氧化物及其他杂质，提高熔化金属的流动性，便于焊接并容易保证焊接质量。

气焊主要用于薄钢板、低熔点材料（有色金属及其合金）、铸铁件、硬质合金刀具等材料的焊接，以及磨损、报废零件的补焊、构件变形的火焰矫正等。

（2）气割　气割是利用可燃气体与氧气混合燃烧的火焰能将工件切割处加热到一定温度后，喷出高速切割氧流，使金属剧烈氧化并放出热量，利用切割氧流把熔化状态的金属氧化物吹掉，而实现切割的方法。金属的气割过程实质是铁在纯氧中的燃烧过程，而不是熔化过程。可燃气体与氧气的混合及切割氧的喷射是利用割炬来完成的。

切割时所用的设备器具除割炬外均与气焊相同。气割过程是预热—燃烧—吹渣，但并不是所有金属都能满足这个过程的要求，只有符合下列条件的金属才能进行切割：

1）金属在氧气中的燃烧点应低于其熔点。

2）切割时，金属氧化物的熔点应低于金属的熔点。

3）金属在切割氧流中的燃烧应是放热反应。

4）金属的导热性不应太高。

5）金属中阻碍切割过程和提高钢的可脆性的杂质要少。

符合上述条件的金属有纯铁、低碳钢、中碳钢、低合金钢以及钛等。其他常用的金属材

料如铸铁、不锈钢、铝和铜等，则必须采取特殊的切割方法（如等离子切割等）。目前切割工艺在工程建设中有广泛的应用。

（3）气焊与气割的特点 气焊的特点包括以下几点：

1）设备简单、使用灵活。

2）对铸铁及某些有色金属的焊接有较好的适应性。

3）在电力供应不足的地方需要焊接时，气焊可能具有更大的适用性。

4）生产效率较低。

5）焊接后的工件变形和热影响区较大。

6）较难实现自动化。

气割的特点是设备简单、使用灵活。其缺点是会对切口两侧金属的成分和组织产生一定的影响，并能引起被割工件的变形等。

2. 气焊与气割的安全特点

气焊与气割的主要危险是火灾与爆炸，因此，防火、防爆是气焊与切割的主要工作。

气焊与气割所用的乙炔、液化石油气、氢气等都是易燃易爆气体；氧气瓶、乙炔瓶、液化石油气瓶和和乙炔发生器均属于压力容器。而在焊补燃料容器和管道时，还会遇到其他易燃易爆气体、液体、固体及各种压力容器，同时使用明火。如果焊接设备和安全装置有故障，或者操作人员违反安全操作规程进行作业等，都有可能引起爆炸和火灾事故的发生。

在气焊火焰作用下，尤其是气割时氧气射流的喷射，使熔珠和铁渣四处飞溅，容易造成灼烫事故。而且较大的熔珠和铁渣能飞溅到操作点5m以外的地方，引燃易燃易爆物品，从而发生火灾与爆炸事故。

气焊与气割的火焰温度高达3200℃以上，被焊金属在高温作用下蒸发成金属蒸气。在焊接镁、铅等有色金属及其合金时，除了这些金属蒸气，焊剂还散发出氯盐的燃烧产物；黄铜的焊接过程中会蒸发大量的锌蒸气，铅的焊接过程中会蒸发铅或氧化铅蒸气等有害物质。在焊补操作中，还会产生其他有毒和有害气体，尤其是在密闭容器、管道内的气焊、气割操作均会对操作人员造成危害，也有可能造成焊工中毒。

11.2.2 常用气瓶的结构和使用安全要求

用于气焊、气割常用的气瓶包括氧气瓶、氢气瓶、乙炔气瓶和液化石油气瓶等，其中，氧气瓶和氢气瓶属于压缩气瓶，乙炔瓶属于溶解气瓶，石油气瓶属于液化气瓶。

1. 气瓶的构造

（1）氧气瓶 氧气瓶是储存和运输氧气的专用高压容器，它是由瓶体、胶圈、瓶箍、瓶阀和瓶帽五个部分组成。瓶体外部装有两个防震胶圈，瓶体表面为天蓝色，并用黑漆标明“氧气”字样，用以区别其他气瓶。为了使氧气瓶平稳直立地放置，制造时把瓶底挤压成凹弧面形状；为了保护瓶阀在运输中避免撞击，瓶阀的外面套有瓶帽。氧气瓶在出厂前均要进行严格的检验，并需对瓶体进行水压试验，试验压力应达到工作压力的1.5倍，即达到 $15MPa \times 1.5 = 22.5MPa$。

氧气瓶一般使用3年后应进行复检，复检内容有水压试验和检查瓶壁腐蚀情况等。有关气瓶的容积、重量、出厂日期、制造厂名、工作压力，以及复检情况等项说明，均应在钢瓶收口处的钢印中反映出来。

目前，我国生产的氧气瓶规格见表11-1，最常见的容积为40L，当瓶内压力为15MPa时，该氧气瓶的氧气储存量为6000L，即6m³。

表11-1　氧气瓶规格

颜色	工作压力/MPa	容积/L	外径尺寸/mm	瓶体高度/mm	质量/kg	水压试验/MPa	采用瓶阀规格
天蓝	15	33	ϕ219	1150±20	45±2	22.5	QF-2型铜阀
		40		1370±20	55±2		
		44		1490±20	57±2		

（2）乙炔气瓶　乙炔气瓶是储存和运输乙炔气的压力容器，它是由瓶帽、瓶阀、分解网、瓶体、微孔填料（一般是硅酸钙）、底座和易熔塞等组成。其外形与氧气瓶相似，但比氧气瓶略短（1.12m）、直径略粗（250mm），瓶表面涂白漆，并印有“乙炔气瓶”“不可近火”等红色字样。因乙炔气不能用高压压入瓶内储存，所以乙炔瓶的内部构造较氧气瓶复杂得多。乙炔瓶内有微孔填料布满其中，而微孔填料中浸满丙酮，利用乙炔易溶解丙酮的特点，使乙炔气体稳定、安全地储存在乙炔气瓶中。

乙炔气瓶阀下面中心连接一锥形不锈钢网，内装石棉或毛毡，其作用是帮助乙炔从丙酮溶液中分解出来。瓶内的填料要求多孔且轻质，目前广为应用的是硅酸钙。

为了使气瓶能平稳直立地放置，在瓶底部装有底座，瓶阀装有瓶帽。为了保证安全使用，在靠近吸收口处装有易熔塞，一旦气瓶温度达到100℃左右时，易熔塞即熔化，使瓶内气体外逸，起到泄压作用。另外，瓶体装有两道防震胶圈。

乙炔瓶出厂前，需经严格检验，并做水压试验，乙炔气瓶的设计压力为3MPa，试验压力应高出1倍。在靠近瓶口的部位，还应标注出容量、重量、制造年月、最高工作压力、试验压力等内容。使用期间，要求每三年进行一次技术检验，发现有渗漏或填料空洞的现象，应更换或报废。

乙炔瓶的容量为40L，一般乙炔瓶中能溶解6～7kg乙炔。使用乙炔时，应控制排放量，不能任意排放，否则会连同丙酮一起喷出，造成危险。

（3）氢气瓶　氢气瓶是储存和运输氢气的高压容器，气瓶的承装压力为15MPa，其构造与氧气瓶相同。不同的是瓶体涂深绿色漆，并用红漆注明“氢气”字样，瓶阀出气孔处螺纹为反方向。

由于氢气瓶是高压容器，氢气又是可燃气体，因此氢气瓶使用规则应参照氧气瓶和乙炔气瓶的安全要求。

（4）液化石油气瓶　液化石油气瓶是储存液化石油气的专用容器，按用量和使用方式不同，气瓶存储量分别有10kg、15kg、30kg等多种规格，如企业用量较大，还可以制造容量为1t、2t或更大的储气罐。气瓶材质选用低合金钢或优质碳素钢，气瓶的最大工作压力为1.6MPa，水压试验为3MPa。气瓶通过试验鉴定后，应将制造厂名、编号、重量、容量、制造日期、试验日期、工作压力、试验压力等内容，固定在气瓶的金属铭牌上，应标有制造厂检验部门的钢印。该种气瓶属于焊接气瓶，气瓶外表涂银灰色，并有“液化石油气”红色字样。具体规格见表11-2。

表11-2 液化石油气瓶规格

参数	规格		
	Ysp-10	Ysp-15	Ysp-50
钢瓶内直径/mm	314	314	400
水容积/L	≥23.5	≥35.5	≥118.0
底座外直径/mm	300	300	400
护罩外直径/mm	190	190	190
钢瓶高度/mm	535	680	1215
充装重量/kg	≤10	≤15	≤50

2. 气瓶发生爆炸事故的原因

气瓶发生爆炸主要有以下几种原因：

1）气瓶的材质、结构或制造工艺不符合安全要求，如材质冲击韧性差、瓶体严重腐蚀、瓶壁厚薄不匀、有夹层等。

2）由于保管和使用不善，受阳光暴晒、明火、热辐射等作用，使瓶温过高，压力剧增，直至超过瓶体材质强度极限，发生爆炸。

根据试验，氧气瓶在盛夏的阳光直射暴晒下，瓶壁受热升温可达100℃以上；将氢气瓶在阳光下暴晒，瓶温每升高2℃，瓶内压力就增加100kPa，石油气瓶在－40℃时压力为100kPa，在20℃时为700kPa，在40℃时压力即可高达2MPa，乙炔气瓶受热超过30℃，乙炔在丙酮里的溶解度就会降低，压力即升高甚多。

3）在搬运装卸时，气瓶从高处坠落、倾倒或滚动等，发生剧烈碰撞冲击。

4）放气速度太快，气体迅速流经阀门时产生静电火花。

5）氧气瓶上沾有油脂，在运输氧气时迅速氧化。

6）可燃气瓶（乙炔、氢气、石油气瓶）发生泄漏。

7）乙炔气瓶内多孔物质下沉，产生净空间，使乙炔瓶处于高压状态。

8）乙炔瓶处于卧放状态，或大量使用乙炔时出现丙酮随同流出。

9）液化石油气瓶充灌过满，受热时瓶内压力过高。

3. 气瓶运输、储存、充灌、使用中的安全要求

（1）气瓶运输（含装卸）时的安全要求

1）装运气瓶的车辆应有“危险品”的安全标志。

2）气瓶必须佩戴好瓶帽（有防护罩的除外），并要拧紧，防止摔断瓶阀造成事故。

3）要轻装轻卸，避免剧烈震动，严禁滑、滚、冲击，以防气体膨胀爆炸，最好备有波浪形的瓶架，垫上橡皮或软物，以减小震动。

4）禁止用起重机直接吊运钢瓶，禁止对充实的钢瓶进行喷漆作业。

5）瓶内气体相互接触能引起燃烧、爆炸，或产生毒气的气瓶，不得同车（厢）运输；易燃、易爆、腐蚀性物品或与瓶内气体起化学反应的物品，不得与气瓶一起运输，如氧气瓶不得与油脂物质和可燃气体钢瓶同车运输。

6）气瓶装在车上，应妥善固定，避免碰撞、摩擦和滚动，一般应横放在车厢里，头部朝向一方，垛高不得超过车厢高度，且不超过5层；如立放时，车厢高度应在瓶高的三分之

二以上。

7）夏季运输应有遮阳设施，适当覆盖，避免暴晒；应避免白天在城市的繁华市区运输。

8）严禁烟火。运输可燃气体气瓶时，运输工具上应备有灭火器材。

9）运输气瓶的车、船不得在繁华市区、重要机关和单位附近停靠；车、船停靠时，司机与押运人员不得同时离开。

10）装有液化石油气的气瓶不应长途运输。

（2）气瓶储运时的安全要求

1）应置于专用仓库储存，气瓶仓库应符合《建筑设计防火规范》（GB 50016—2014）的相关规定。

2）仓库内不得有地沟、暗道，严禁有明火和其他热源；仓库应通风、干燥，避免阳光直射。

3）盛装易发生聚合反应或分解反应气体的气瓶，必须规定储存期限，并应避开放射性射线。

4）空瓶与实瓶应分开放置，并有明显标志，毒性气体气瓶和瓶内气体相互接触能引起燃烧、爆炸，或产生毒物的气瓶，应分室存放，并在附近设置防毒用具或灭火器材。

5）放置气瓶时要佩戴好瓶帽，以免碰坏气门，防止油质尘埃侵入气门口内。

6）气瓶应放置整齐。立放时，应有栏杆或支架加以固定或扎牢，以防倾倒；横放时，头部朝向同一方向，垛高不宜超过5层。

（3）气瓶充灌时的安全要求

1）充灌气瓶前，应由专人对气瓶进行检查，如发现有下列情况之一，应先进行妥善处理，否则严禁充装：

① 钢印标记、颜色标记不符合规定及无法判定瓶内气体的。

② 改装不符合规定，或用户自行改装的。

③ 附件不全、损坏或不符合规定的。

④ 瓶内无剩余压力的。

⑤ 超过检验期限的。

⑥ 经外观检查，存在明显损伤，需进行进一步检查的。

⑦ 氧化的或强氧化性气体气瓶沾有油脂的。

⑧ 易燃气体气瓶的首次充装，事先未经置换和抽真空的。

2）气瓶充灌时应控制流速，不能过快，否则会引起气瓶过热，压力剧增，造成危险。

3）充灌场地应有安全防护设施或装备。

4）液化石油气的充装不得过量，必须按规定留出气化空间，严禁从液化石油气槽车直接向气瓶灌装；充装后，应逐只检查，发现有泄漏或其他异常现象，应及时妥善处理。

（4）气瓶使用时的安全要求

1）不得擅自更改气瓶的钢印和颜色标记。

2）使用气瓶前，应进行安全状况检查，对盛装气体进行确认。

3）气瓶的放置地点不得靠近热源，应距明火10m以外。盛装易起聚合反应或分解反应气体的气瓶应避开放射性射线源。

4）气瓶立放时，应采取防止倾倒措施。

5）夏季应防止阳光暴晒。

6）严禁敲击、碰撞，特别是乙炔瓶不得遭受剧烈振动或撞击，以免填料下沉而形成的净空间影响乙炔气体的储存。

7）严禁在任何气瓶上进行电焊引弧。

8）不得用温度超过40℃的热源对气瓶加热，乙炔气瓶瓶温过高会降低丙酮对乙炔的溶解度，而使瓶内乙炔压力急剧增高，造成危险。

9）瓶内气体不得用尽，必须留有剩余压力（永久气体气瓶的压力不应小于0.05MPa；液化气体气瓶应留有不少于规定充装量0.5%～1.0%的剩余气体）并关紧阀门，防止漏气，使气压保持正压，以便充气时检查，还可以防止其他气体倒流入瓶内，发生事故。

10）在可能造成回流的使用场合，使用设备必须配置防止气体倒灌的装置，如单向阀、止回阀、缓冲罐等。

11）气瓶和电焊在同一地点使用时，瓶底应垫绝缘物，以防气瓶带电。与气瓶接触的管道和设备要有接地装置，防止产生静电造成燃烧或爆炸。

12）氧气瓶阀不得沾有油脂，焊工不得用沾有油脂的工具、手套或油污的工作服去接触氧气瓶阀、减压阀等。冬季使用时，如瓶阀或减压阀有冻结现象时，可用热水或水蒸气解冻，严禁用火焰烤或铁器撞击。氧气瓶着火时，应迅速关闭气阀，停止供氧。

13）使用和存放乙炔瓶时，应保持直立，不能横躺卧放，以防丙酮流出，引起燃烧或爆炸。一旦要使用已卧放的乙炔气瓶，必须先直立20min后，再连接减压阀后使用。

14）石油气对普通橡胶管有腐蚀作用，必须采用耐油性强的橡胶管，以防腐蚀漏气。

15）石油气瓶点火时，应先点燃引火物，然后打开瓶阀，不可颠倒次序。

16）液化石油气瓶用户，不得将气瓶内的液化石油气向其他气瓶倒装，也不得自行处理气瓶内的残液。

17）气瓶投入使用后，不得对瓶体进行挖补和焊接修理。

（5）气瓶的定期检查

气瓶在使用过程中必须根据国家《气瓶安全技术监察规程》（TSG R0006—2014）要求进行定期技术检验。各类气瓶检验周期，不得超过下列规定：

1）盛装腐蚀性气体的气瓶，每两年检验一次。

2）盛装一般气体的气瓶，每三年检验一次。

3）液化石油气瓶，使用未超过20年的每五年检验一次；超过20年的，每两年检验一次。

气瓶在使用过程中，发现有严重腐蚀、损伤或对其安全可靠性有怀疑时，应提前进行检验。库存和停用时间超过一个检验周期的气瓶，启用前应进行检验，合格后方可使用。

气瓶定期检验，必须逐只进行。各类气瓶的定期检验项目和要求应符合相应的国家标准。

11.2.3 气焊、气割的安全操作

1. 一般安全要求

1）使用乙炔时，最高压力禁止超过147kPa表压。

2）禁止使用钝铜、银或含铜量超过70%的铜合金制造与乙炔接触的仪表、管子等零件。

3）乙炔发生器、回火防止器、氧气和液化石油气瓶、减压器等均应采取防止冻结措施，一旦冻结，应用热水或水蒸气解冻，禁止采用明火烘烤，或用铁器敲打解冻。

4）气瓶、容器、管道、仪表等连接部位应采用涂抹肥皂液的方法检漏，严禁使用明火检漏。

5）气瓶、溶解乙炔瓶等均应稳固竖立，或装在专用胶轮车上使用。

6）禁止使用电子吸盘、钢丝绳、链条等吊运各类焊接与切割用气瓶。

7）气瓶、溶解乙炔瓶等，均应避免放在阳光下暴晒，或受热源直接辐射及易受冲击的地方。

8）氧气、溶解乙炔气等气瓶内必须留有余气，并且气压不低于0.1MPa，乙炔气瓶必须留有0.05~0.10MPa表压的余气。

9）气瓶漆色的标志应符合国家《气瓶安全技术监察规程》（TSG R0006—2014）的规定，禁止改动，严禁充装与气瓶漆色标志不相符的气体。

10）气瓶应配置手轮或专用扳手启闭瓶阀。

11）在工作完毕、工作间隙以及工作点转移之前，均应关闭瓶阀，戴上瓶帽。

12）禁止使用气瓶作为登高支架和支撑重物的衬垫。

13）留有余气需要重新灌装的气瓶，应关闭瓶阀，旋紧瓶帽，标明空瓶字样和记号。

14）氧气、乙炔的管道，均应涂上相应气瓶规定的漆色和标明名称，便于识别。

2. 乙炔发生器

1）乙炔发生器、回火防止器等必须经主管部门会同行业归口等单位鉴定合格，报国家劳动安全监督部门批准后，方可生产。禁止自制、仿制或改装乙炔发生器和回火防止器。维修后的乙炔发生器均应经主管部门或指定的有关单位鉴定合格后，方可使用。

2）中、低压乙炔发生器均必须设有相应的回火防止器、安全阀、爆破片以及水位计、逆止阀和压力表等安全装置和防止超压爆炸的卸压装置。

3）固定式乙炔发生器应按规定安装和使用。

4）根据乙炔发生器的技术性能要求选用爆破片，且应定期检查爆破片。

5）乙炔发生器电石分解区的最高水温不应超过95℃，经过冷却的乙炔出口温度不应超过40℃。当环境气温较高时，允许出口温度高于环境温度10℃。

6）乙炔发生器的活动部件，不得与容器内其他结构摩擦、碰撞而产生火花。

7）定期检查乙炔压力表和安全阀的准确性。

8）禁止乙炔发生器在超过乙炔最高工作压力、超负荷以及供水不足的情况下使用。

9）电石粒度应符合乙炔发生器技术性能的要求，禁止使用不符合乙炔发生器技术性能规定的电石。

10）在使用乙炔发生器前，必须装够规定的水量，及时排出气室存积的灰渣。每班应补充或换新水，保证发气室内冷却良好。

11）乙炔发生器新装入电石产气后，应先排放室内机管路中留存的乙炔-空气混合气。

12）乙炔导管必须从回火防止器出口接出，禁止直接与乙炔发生器出口连接。

13）工作结束后，必须排除乙炔发生器中的灰渣和积污。

14）使用中的乙炔发生器与明火、火花点、高压电线等的水平距离不得小于10m。

15）禁止将移动式乙炔发生器放在风机、空气压缩机站、制氧站等处的吸气口和避雷

针接地引线导体的附近，以及放置在电器回路的轨道或金属构件接地体上。

16）使用中的乙炔发生器，应防止暴晒以及来自高处的飞散火花或坠落物体等引起的危害。

17）禁止使用浮筒式乙炔发生器。

18）回火防止器应满足以下要求：

① 根据乙炔发生器及操作条件，选择符合相关安全要求的回火防止器。

② 水封式回火防止器必须设有泄压孔、爆破片，并且便于检查，易于排除和清洗器内积物。

③ 水封式回火防止器要竖直安装，与乙炔导管的连接必须严密。

④ 每一把焊炬或割炬，都必须与独立、合格的回火防止器配用，严禁混用。

⑤ 每班作业前均应首先检查回火防止器，保证其密封性良好，且逆止阀动作灵活可靠。

⑥ 永封式回火防止器，每班工作中必须保证容器内规定的水位。

⑦ 每月应检查一次干式回火防止器，并清洗残留在容器内的烟灰和污物，以保证气流畅通、工作可靠。

3. 电石

1）桶装电石应存放在地面干燥、空气流通、不漏水的室内，地面应高于路面。

2）禁止采用滑滚方式装卸、搬运电石桶，以免电石与桶壁撞击发生火花。

3）每次装、取电石后，应随即盖好桶盖。

4）禁止在乙炔发生器室、电石室内用铁锤敲打电石。

5）对于粉状、粒度较小的电石，应有专人负责分批投入渣坑，用水彻底分解后妥善处理。

6）电石渣坑上口应是敞开的，渣坑内的灰浆和灰水不得排入暗沟。出渣时，应防止铁制工具与器件碰撞而产生局部火花。

7）电石和乙炔混合气体着火时，应采用干砂、二氧化碳或干粉灭火器扑灭，禁止使用水、泡沫灭火器及四氯化碳灭火器等灭火。

4. 溶解乙炔

1）溶解乙炔气瓶的充装、检验、运输和储存应符合《气瓶安全技术监察规程》（TSG R0006—2014）的相关规定。

2）搬运、装卸、使用乙炔气瓶时，必须竖立放稳，严禁在地面上卧放而直接使用。一旦要使用已卧放的乙炔气瓶时，必须先直立，并静置20min后再连接乙炔减压器进行使用。

3）开启乙炔气瓶瓶阀时，动作应当缓慢，一次不要超过一圈半，一般仅开启四分之三圈。

4）禁止在乙炔瓶上放置物件、工具，或缠绕悬挂橡胶管和焊、割炬等。

5. 液化石油气

1）用于气割、气焊的液化石油气钢瓶的制造和充装量必须符合《液化石油气钢瓶定期检验与评定》（GB 8334—2011）的规定。瓶阀必须密封严密，瓶座、护罩（护手）应齐全。

2）采用液化石油气瓶集中供气的存储气瓶室和汇流排室的设计、管道设置等，均应符合相应标准的规定，要点如下：

① 室内必须设有通风换气孔，使室内下部不滞留液化石油气。

② 室内地面应平整，不得与外界地沟（坑）或地漏孔连接。

③ 室内照明必须采用防爆型灯具和开关，严禁明火采暖。

④ 液化石油气管道连接宜采用焊接。焊接、切割所使用导管的连接口应严密。连接软管应采用耐油胶管，胶管的爆破压力不应小于最大工作压力的4倍，胶管的长度应尽量短。

3）在液化石油气用量较集中的场所或气瓶站，可将3瓶以上的液化石油气瓶连接，由汇流后供气，但应在汇流排气的总导出管上安装总减压阀和回火防止器，单个气瓶应在出口处加装减压器。

4）液化石油气瓶应严格按照有关规定充装，禁止超装。

5）在室外使用液化石油气瓶进行焊接作业时，气瓶应平稳放置在空气流通的地面上，与明火和热源等的距离应在10m以上。

6）液化石油气瓶应加装减压器，禁止胶管与液化石油气瓶直接连接。

7）液化石油气瓶常见事故的处理方法如下：

① 当瓶阀着火时，应当立即关闭瓶阀。如果无法靠近，可用大量冷水喷射，使瓶体降温，然后关闭瓶阀，切断气源灭火，同时防止着火的瓶体倾倒。

② 当不能制止气瓶阀门泄漏时，应立即将瓶体移至室外安全地带，让其逸出，直到瓶内气体排尽为止。

③ 对于有缺陷的气瓶和瓶阀，应标明记号，并送专业部门修理，经检验合格后，方可使用。

④ 液化石油气瓶内剩余的液体应送至充气站处理，严禁随意倾倒。

6. 氧气瓶

1）氧气瓶应符合国家和行业颁布的相关规定的要求，并定期进行检验；气瓶使用期满和送检不合格的气瓶，均不得继续使用。

2）使用前，应检查瓶阀、接管螺栓、减压器及胶管是否完好，发现瓶体、瓶阀有问题时，要及时报告。减压器与瓶阀连接的栓扣要拧紧，并不少于4～5扣。检查气密性时，应使用肥皂水。瓶阀开启时，不得朝向人体，且动作要缓慢。

3）禁止在带压力的氧气瓶上以拧紧瓶阀和垫圈螺母的方法消除泄漏。

4）操作时，严禁用沾有油脂的工具、手套接触瓶阀和减压器；一旦被油脂类污染，应及时用二氯化烷或四氯化碳清洗擦净。

5）使用氧气瓶时，环境温度不得超过60℃，严禁受日光暴晒，与明火的距离不应小于10m，否则应采取必要的安全措施；不得靠近热源和电器设备。

6）禁止单人肩扛氧气瓶；禁止用手托瓶帽来移动氧气瓶。

7）氧气瓶不应停放在人行通道上，如电梯间、楼梯间附近，防止被物件撞击、碰倒。如有困难时，应采取妥善防护措施。

8）氧气瓶严禁用于通风换气，严禁用于气动工具的动力气源，严禁用于吹扫容器、设备、衣物和各种管道。

7. 气体减压器

1）氧气、氢气、溶解乙炔气、液化石油气等的减压器，必须选用符合气体特性的专用减压器。禁止在焊接、切割设备上使用未经检验合格的减压器。

2）严禁换用或替用不同气体的专用减压器。

3）减压器在专用气瓶上应安装牢固。采用螺扣连接时，应拧足5个螺扣以上。采用专用夹具压紧时，装卡应平整、牢固。

4）同时使用两种不同气体焊接时，每个气瓶减压器的出口端都应各自装有单向阀，防

止相互倒灌。

5）减压器接通气源后，如发现表盘指针迟滞不动或有误差，应当由当地劳动安全、计量部门批准的专业部门维修，禁止焊工自行调整。

6）禁止用棉、麻绳或一般橡胶等易燃物料作为氧气减压器的密封垫圈。

7）液化石油气和溶解乙炔气瓶、二氧化碳气瓶等用的减压器必须保证减压器位于瓶体最高部位，防止瓶内液体流出。

8）减压器泄压的顺序如下：先关闭气瓶的瓶阀，然后放出减压器内的全部余气，最后放松压力调节杆使表针降到零位。

9）不准在高压气瓶或集中供气的汇流导管的减压器上挂放任何物件，如焊炬、电焊钳、电缆等。

8. 气焊、气割用胶管

1）按现行标准要求，焊接与切割中使用的氧气胶管为蓝色，乙炔胶管为红色。

2）乙炔胶管与氧气胶管不能相互换用，也不得用其他胶管代替。

3）氧气、乙炔气胶管与回火防止器、汇流排等导管连接时，管径必须相互吻合，并用管卡严密固定。

4）乙炔胶管管段的连接，应使用含铜70%以下的铜管、低合金钢管或不锈钢管。

5）工作前，应吹净胶管内残存的气体，再开始工作。

6）焊接、切割工作前，应检查胶管有无磨损、扎伤、刺孔、老化、裂纹等情况，发现问题应及时修理或更换。

7）禁止使用回火烧损的胶管。

9. 焊炬和割炬

1）焊炬和割炬应符合相关标准的要求。

2）焊炬、割炬内腔要光滑、气路通畅、阀门严密、调节灵敏，连接部位紧密不泄漏。

3）焊工在使用焊炬、割炬前，应检查焊炬、割炬的射吸能力、气密性等技术性能及其气路通畅情况。此外，应定期检查、维护。

4）禁止用焊炬、割炬的嘴头与平面摩擦的方法来清除嘴头堵塞物。

5）焊炬、割炬零件烧损、磨损后，要用符合相关标准的零件更换。

6）对于大功率焊炬、割炬，应采用摩擦点火器或其他专用点火器点火，禁止用普通火柴、打火机点火，以防止烧伤。

子单元3　焊条电弧焊与电弧切割

11.3.1　焊条电弧焊与电弧切割的工作原理、适用范围及安全特点

1. 焊条电弧焊与电弧切割的工作原理

(1) 焊条电弧焊的基本原理

焊条电弧焊是工业生产和工程建设中应用最广泛的焊接方法，它的原理是利用电弧放电（俗称电弧燃烧）所产生的热量将焊条与工件互相熔化，并在冷凝后形成焊缝，从而获得牢

固接头的焊接过程。

在工件与焊条两电极之间的气体介质中持续强烈的放电现象称为电弧。焊条电弧焊焊接低碳钢或合金钢时，电弧中心部分的温度可达6000~8000℃，两电极的温度可达到2600℃。

（2）电弧切割的基本原理

电弧切割主要有碳弧气割、碳弧刨割条和等离子弧切割。等离子弧切割将在子单元4中介绍。

1）碳弧气割是利用碳极电弧的高温，把金属的局部加热到熔化状态，同时用压缩空气的气流把熔化金属吹掉，从而达到对金属进行切割的一种加工方法。目前，这种切割金属的方法在金属结构制造部门得到广泛的应用。

在碳弧切割过程中，压缩空气的主要作用是把碳极电弧高温加热而熔化的金属吹掉，还可以对碳棒电极起到冷却的作用，这样相应地减少碳棒的烧损。但是，压缩空气的气流量过大时，将会使被熔化的金属温度降低，而不利于对所要切割的金属进行加工。

2）碳弧刨割条。碳弧刨焊条的外形与普通焊条相同，是利用药皮在电弧高温下产生的喷射气流吹除熔化金属、达到刨割的目的。工作时只需要交、直流弧焊机，不用空气压缩机。操作时，其电弧必须达到一定的喷射能力，才能除去熔化金属。

2. 焊条电弧焊与电弧切割的适用范围

（1）焊条电弧焊的适用范围

焊条电弧焊是用手工操纵焊条进行焊接工作的，可以进行平焊、立焊、横焊和仰焊等多位置焊接。另外，由于焊条电弧焊设备轻便，搬运灵活，所以，焊条电弧焊可以在任何有电源的地方进行焊接作业，适用于各种厚度、各种结构形状的金属材料焊接。

（2）电弧切割的适用范围

1）用电弧切割对焊缝进行清根，可比过去生产中常使用的风铲生产效率提高数倍，尤其是在仰焊和立焊位置进行焊缝清根时，其优越性更为突出。

2）改善了工人的劳动条件。过去在使用风铲进行开坡口和清根时，振动和噪声较大，使得长期使用风铲工作的工人多患有耳聋等职业疾病，而且劳动强度也大。使用电弧切割对焊缝进行清根后，就可以大大改善工人的劳动条件。

3）可以使用电弧切割来加工焊缝坡口，特别适用于开U形坡口。

4）使用方便，操作灵活。对于处于窄小空间位置的焊缝，轻巧的刨枪能伸进去的地方，都可以进行切割作业。

5）可以用电弧切割、清除不合格焊缝中的缺陷，然后进行修复。也可以用电弧切割、清理铸件的毛边、飞刺、浇铸冒口及铸件中的缺陷。

6）可以用电弧切割的方法加工多种不能用气割加工的金属，如铸铁、不锈钢、铜和铝等。

7）设备、工具简单，操作使用安全。只要有一台直流电焊机、压缩空气、专用的电弧切割机及碳棒，就可以完成切割工作。不需要像氧-乙炔火焰切割那样使用易燃、易爆气体，因此操作使用更加安全。

3. 焊条电弧焊与电弧切割的安全特点

（1）焊条电弧焊的安全特点

1）焊条电弧焊焊接金属的空载电压一般为50~90V，而人体所能承受的安全电压为

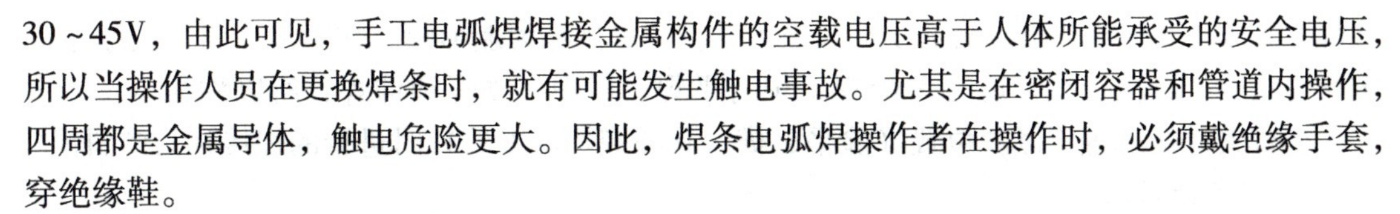

30～45V，由此可见，手工电弧焊焊接金属构件的空载电压高于人体所能承受的安全电压，所以当操作人员在更换焊条时，就有可能发生触电事故。尤其是在密闭容器和管道内操作，四周都是金属导体，触电危险更大。因此，焊条电弧焊操作者在操作时，必须戴绝缘手套，穿绝缘鞋。

2）焊条电弧焊电弧柱中心的温度高达6000～8000℃，并且在焊接时，焊条、焊件和药皮在高温作用下，可发生蒸发、凝结和气化，产生大量烟尘。同时，电弧周围的空气在弧光强烈辐射作用下，还会产生臭氧、氮氧化物等有毒气体，在通风不良的环境中，长期接触会引起危及作业人员身体健康的多种疾病。

3）焊条电弧焊接时，人体直接受到弧光的辐射（主要是紫外线和红外线的过度照射）时，会引起作业者的眼睛和皮肤发生疾病。

4）在焊条电弧焊操作过程中，由于电焊机线路故障或飞溅物落到易燃、易爆物品上，以及燃料容器管道补焊时防爆措施不当等，都会引起火灾和爆炸事故。

（2）电弧切割的安全特点

电弧切割时，除应知道焊条电弧焊的安全特点外，还应注意以下几点：

1）在电弧切割过程中，由于有压缩空气的存在，露天作业时，还应注意要在上风方向进行操作，以防吹散的熔渣烧坏工作服或灼伤皮肤，并要注意周围场地的防火问题。

2）在容器或密闭的环境中操作时，内部空间尺寸不宜过于狭小，并要加强通风及排除烟尘措施。

3）切割时，应尽量使用带铜皮的专用碳棒。

4）电弧切割时使用电流较大，连续工作时间较长，要注意防止焊机超载，以免烧坏焊机。

为克服电弧切割粉尘大、有气味的缺点，可以采用水碳弧气刨的方法。它的工作原理与一般的碳弧气刨相同，只是在压缩空气中含有大量水雾，利用喷雾来降低碳弧气刨的粉尘，该方法可降尘40%～60%。

11.3.2 焊条及焊接参数的选择方法

1. 焊接位置的种类

焊接位置是指熔焊时，焊件接缝所处的空间位置，可用焊缝倾角和焊缝转角来表示，有平焊、横焊、立焊和仰焊位置等。

焊缝倾角是指焊缝轴线与水平面之间的夹角；焊缝转角是指焊缝中心线（焊根和盖面层中心连线）与水平参照面Y轴的夹角。

1）平焊位置：焊缝倾角0°，焊缝转角90°的焊接位置。

2）横焊位置：焊缝倾角0°或180°；焊缝转角0°或180°的对接位置。

3）立焊位置：焊缝倾角90°（立向上）或270°（立向下）的焊接位置。

4）仰焊位置：对接焊缝倾角0°或180°；转角270°的焊接位置。

此外，对于角焊位置，还有另外两种焊接位置。

5）平角焊位置：角焊缝倾角0°或180°；转角45°或135°的角焊位置。

6）仰角焊位置：倾角0°或180°；转角225°或315°的角焊位置。

在平焊位置、横焊位置、立焊位置和仰焊位置进行的焊接分别称为平焊、横焊、立焊和仰焊。T形、十字形和角接头处于平焊位置进行的焊接称为船形焊。在工程中常用的水平固定管道的焊接，由于在管道的360°焊接中有平焊、横焊、立焊和仰焊，所以称为全位置焊接。当焊接件接缝置于倾斜位置（除平、横、立和仰焊位置外）时进行的焊接称为倾斜焊。

2. 焊条的选择

（1）焊条的组成

焊条就是涂有药皮、供焊条电弧焊使用的熔化电极。它由药皮和焊芯两部分组成。

在焊条前端药皮有45°左右的倒角，以便于引弧的需要。在尾部有一段裸焊芯，约占焊条总长的1/16，以便于焊钳夹持并有利于导电。焊条的直径（实际是指焊芯的直径）通常为2mm、2.5mm、3mm、3.2mm、4mm、5mm或6mm等几种规格，常用的是$\phi3.2$、$\phi4$、$\phi5$三种，其长度一般为250～450mm。

（2）焊条的分类

1）按焊条的用途分。

① 低碳钢和低合金钢焊条（简称为结构钢焊条）。这类焊条的熔敷金属在自然气候环境中具有一定的机械性能。

② 钼和铬耐热钢焊条。这类焊条的熔敷金属具有不同程度的高温工作能力。

③ 不锈钢焊条。这类焊条的熔敷金属在常温、高温或低温下具有不同程度的抗大气或介质腐蚀的能力和一定的机械能力。

④ 堆焊焊条。这类焊条是指专用于金属表面层堆焊的焊条，其熔敷金属在常温或高温中具有一定程度的耐不同类型腐蚀和磨损等性能。

⑤ 低温钢焊条。这类焊条的熔敷金属在不同的低温介质条件下具有一定的低温工作性能。

⑥ 铸铁焊条。这类焊条是指专用于对铸铁进行焊补或焊接的焊条。

⑦ 镍及镍合金焊条。这类焊条用于镍及镍合金的焊接、焊补或堆焊的焊条。某些这类焊条也可用于铸铁焊补、异种金属的焊接。

⑧ 铜及铜合金焊条。这类焊条用于铜及铜合金的焊接、焊补或堆焊。某些这类焊条还可用于铸铁焊补、异种金属的焊接。

⑨ 铝及铝合金焊条。这类焊条用于铝及铝合金的焊接、补焊或堆焊。

2）按焊条药皮熔化后的熔渣特性分。

① 酸性焊条。其熔渣的主要成分是酸性氧化物（SiO_2、TiO_2、Fe_2O_3等）及其他在焊接时易放出氧的物质，药皮里的造气剂为有机物，焊接时产生保护气体。一般用于焊接低碳钢和不太重要的钢结构。

② 碱性焊条。其熔渣主要成分是碱性氧化物（$CaCO_3$、CaF_2等），并含有较多的铁合金作为脱氧剂和合金剂，焊接时$CaCO_3$分解产生CO_2作为保护气体。由于碱性熔渣的脱氧较完全，又能有效地消除焊缝金属中的硫，合金元素烧损少，所以焊缝金属的机械性能和抗裂性均较好，可适用合金钢和重要碳素结构钢的焊接。

（3）焊条的型号及标注规则

焊条型号标注方法如下：字母“E”表示焊条；前两位数字表示熔敷金属抗拉强度的最小值；第三位数字表示焊条的焊接位置，“0”及“1”表示焊条适用于全位置焊接（平、立、仰、横），“2”表示焊条适用于平焊及平角焊，“4”表示焊条适用于向下立焊；第三位

和第四位数字组合时表示焊接电流种类及药皮类型；在第四位数字后附加“R”表示耐吸潮焊条，附加“M”表示耐吸潮和力学性能有特殊规定的焊条，附加“-1”表示冲击性能有特殊规定的焊条。

如E4313焊条即表示该焊条熔敷金属抗拉强度大于等于42MPa（430kgf/cm^2）；焊接位置为平、立、仰、横均可；药皮类型属于高钛钾型焊条，电流为交流或直流，正、反接均可。

（4）焊条的选用

焊条电弧焊时，焊条即作为电极，在焊条熔化后又作为填充金属过渡到熔池，与液态的母材熔合后形成焊缝。因此，焊条不但影响电弧的稳定性，而且直接影响到焊缝金属的化学成分和机械性能。所以，焊条的正确选用，对焊接产品的质量和劳动强度等都有较大的影响。通常应根据组成焊接结构钢材的化学成分、机械性能、焊接性能、工作环境（有无腐蚀介质、高温或低温等）等要求，以及焊接结构的形状（刚性大小）、受力特点和焊接设备等因素进行综合考虑。在选用焊条时，应注意以下原则：

1）考虑焊件的机械性能、化学成分。低碳钢、中碳钢和低合金钢可按其强度等级来选用相应强度的焊条。如在焊接结构刚性大、受力情况复杂时，应选用比钢材强度低一级的焊条。这样，焊后既能保证焊缝有一定的强度，又能得到满意的塑性，以免因结构刚性过大而使焊缝撕裂。但遇到焊后需要进行回火处理的焊件，则应防止焊缝强度过低和焊缝中应有的合金元素含量达不到要求。

在焊条的强度确定后，再决定选用酸性还是碱性焊条。这主要取决于焊接结构具体形状的复杂性、钢材的厚度（即刚性大小）、焊件荷载的情况（动荷载或静荷载）和钢材的抗裂性能以及得到直流电源的难易等因素。一般情况下，对于塑性、冲击韧性和抗裂性能要求较高，低温条件下工作的焊缝，都应选用碱性焊条。当受到某种条件限制而无法清理低碳钢焊件坡口处的铁锈、油污和氧化层等杂物时，应选用对铁锈、油污和氧化层敏感性小，抗气孔性能较强的酸性焊条。

异种钢的焊接，一般选用与较低强度等级钢材相匹配的焊条。

2）考虑焊件的工作条件及使用性能。对于工作环境有特定要求的焊件，应选用相应的焊条，如低温钢焊条、水下焊条等。

珠光体耐热钢一般选用与钢材化学成分相似的焊条，或根据焊件的工作温度来选取。

3）考虑简化工艺、提高生产率、降低成本。薄板焊接或点焊宜采用“E4313”焊条，焊件不易被烧穿，且易引弧。在满足焊件使用性能和焊条操作性能的前提下，应选用规格大、效率高的焊条。在使用性能基本相同时，应尽量选择价格较低的焊条，以降低焊接的成本。

焊条除根据上述原则选用外，有时为了保证焊件的质量，还需要通过试验来确定。另外，为了保证操作人员的身体健康，在允许的情况下，应尽量多采用酸性焊条。

3. 焊接参数的选择

焊条电弧焊的焊接参数主要有焊条直径、焊接电流、电弧电压、焊接层数、电源种类及极性等。

（1）焊条直径的选择　焊条直径的选择取决于焊件厚度、接头形式、焊缝位置及焊接层次等因素。在不影响焊接质量的前提下，为了提高劳动效率，一般倾向于选用较大直径的焊条。

对于厚度较大的焊件，应选择较大直径的焊条。平焊时，所用焊条的直径可大些；立焊时，所选用焊条的直径最大不宜超过5mm；横焊和仰焊时，所用焊条的直径一般不超过4mm。开坡口多层焊时，为了避免未焊透的缺陷，第一层焊缝宜选用直径为3.2mm的焊条。

一般情况下，可根据焊件的厚度参考表11-3选择焊条直径。

表11-3　焊条直径与焊件厚度的关系　（单位：mm）

焊件厚度	≤2	3~4	5~12	>12
焊条直径	2	3.2	4~5	≥5

（2）焊接电流的选择　焊接电流的大小对焊接质量和生产效率都有较大的影响。电流过小，电弧不稳定，易造成夹渣和未焊透等缺陷，而且生产效率低；电流过大，则容易产生咬边和烧穿等缺陷，同时增加飞溅。因此，焊条电弧焊接时，应选择合适的电流。焊接电流的大小主要根据焊条的类型、焊条直径、焊件厚度、接头形式、焊缝空间位置及焊接层次等因素来综合确定，其中，最主要因素是焊条直径和焊缝空间位置。一般情况下，焊接电流与焊条直径的关系可用下列经验公式进行判断：

$$I = kd$$

式中　I——焊接电流（A）；

k——与焊条直径有关的系数；

d——焊条直径（mm）。

k与d的关系见表11-4。

表11-4　不同焊条直径的k值

d/mm	1.6	2~2.5	3.2	4~6
k	15~25	20~30	30~40	40~50

另外，随着焊缝的空间位置不同，焊接电流的大小也不同。一般来说，立焊时电流应比平焊时小15%~20%；横焊、仰焊比平焊电流小10%~15%。焊接厚度大，往往取电流的上限值。含合金元素较多的合金钢焊条，一般电阻较大，热膨胀系数较大，焊接过程中电流大，焊条易发红，从而造成药皮过早脱落，影响焊接质量，而且合金元素烧损多，因此焊接电流应相应减小。

（3）电弧电压的选择　电弧电压是由电弧长来决定。电弧长，则电弧电压高；电弧短，则电弧电压低。在焊接过程中，电弧过长，会使电弧燃烧不稳定，增加飞溅，减小熔深，而且外部空气易侵入，易造成气孔等缺陷。因此，要求电弧长度小于或等于焊条直径，即短弧焊。在使用酸性焊条焊接时，为了预热待焊部位或降低熔池温度，有时将电弧稍微拉长进行焊接，即所谓的长弧焊。

（4）焊接层数的选择　在中、厚钢板焊条电弧焊焊接时，往往采用多层焊接。层数较多，对提高焊缝的塑性、韧性有利，尤其是有利于钢材的冷弯性能。但是，要防止接头过热和扩大热影响区的不利影响。另外，层数增加，往往使焊件的变形增加。因此，要综合考虑加以确定。

（5）电源种类和极性的选择　采用直流电源焊接电弧稳定，飞溅小，焊接质量好，一

般用于重要的焊接结构以及厚度大或刚度大结构的焊接。在其他情况下，应首先考虑用交流焊机，因为交流焊机构造简单，造价低，使用维护也较直流焊机方便。

极性的选择则是根据焊条的性质和焊接特点的不同，利用电弧中阳极温度比阴极温度高的特点，选用不同的极性来焊接各种不同的焊件。一般情况下，使用碱性焊条或薄板的焊接，采用直流反接；而酸性焊条，通常选用正接。

11.3.3 焊条电弧焊的操作和安全要求

1. 焊条电弧焊的操作

焊条电弧焊最基本的操作是引弧、运条和收尾。

（1）引弧　引弧即产生电弧。焊条电弧焊是采用低电压、大电流放电产生电弧，依靠电焊条瞬时接触工件实现焊接工作。引弧时，必须将焊条末端与焊件表面接触形成短路，然后迅速将焊条向上提起2~4mm的距离，此时电弧即引燃。引弧的方法有碰击法和擦划法。

碰击法也称为接触法或敲击法。它是将焊条与工件保持一定距离，然后垂直落下，使之轻轻敲击工件，发生短路，再迅速将焊条提起，产生电弧的引弧方法。此方法适用于各种位置的焊接。

擦划法也称为线接触法或摩擦法。它是将电焊条在坡口上滑动，成一条线，当端部接触时，发生短路，因接触面很小，温度急剧上升，在未熔化前，将焊条提起，产生电弧的引弧方法。此方法易于掌握，但容易沾污坡口，影响焊接质量。

上述两种引弧方法应根据具体情况灵活应用。擦划法引弧虽然比较容易，但这种方法使用不当，会擦伤焊件表面。为尽量减少焊件表面的损伤，应在焊接坡口处擦划，擦划长度以20~50mm为宜。在狭窄的地方焊接或焊接表面不允许有划伤时，应采用碰击法引弧。碰击法引弧较难掌握，焊条的提起动作太快或焊条提得过高，电弧易熄灭；动作太慢，会使焊条粘在工件上。当焊条一旦粘在工件上，应迅速将焊条左右摆动，使之与焊件分离，若仍不能分离时，应立即松开焊钳切断电源，以免短路时间过长而损坏电焊机。

引弧对焊接质量有一定的影响，在工程实际中常因为引弧不当而造成起始焊缝的缺陷。为了保证焊接质量，在引弧时应做到以下几点：

1）工件坡口处应无油污、锈斑，以免影响导电能力和防止熔池产生氧化物。

2）在接触时，焊条提起的时间要适当。

3）焊条的端部要有裸露部分，以便引弧。若焊条端部裸露不均，应在使用前用锉刀加工。

4）引弧位置应适当，开始引弧或因焊接中断而重新引弧，一般均应在离起始焊点后面10~20mm处引弧。

5）引弧后拉长电弧，并迅速将电弧移至焊缝起点进行预热，预热后将电弧压短，酸性焊条的弧长约等于焊条直径，碱性焊条弧长约为焊条直径的一半。

（2）运条　电弧引燃后，就开始正常的焊接过程。为获得良好的焊缝，焊条必须不停地运动，焊条的这种运动就称为运条。运条是电焊工操作技术水平的具体表现。焊缝质量的优劣及焊缝形成的好坏，主要取决于运条的技术。

运条由三个基本运动合成，分别是焊条的送进运动（上下运动）、焊条的横向摆动运动（左右运动）和焊条沿焊缝移动运动（水平运动）。

送进运动主要是用来维持所要求的焊弧长度。由于电弧的热量熔化了焊条端部，电弧逐渐变长，有熄弧的倾向，为了保持电弧的继续燃烧，必须将焊条送进熔池，直至整个焊条焊完为止。焊条的送进速度应与焊条的熔化速度相同。

焊条的摆动和沿焊缝移动是紧密相联，而且变化较多、较难掌握的两个动作。通过两者的联合动作，可获得一定宽度、高度和熔深的焊缝。焊接速度太慢，会焊成宽而局部隆起的焊缝；太快，会焊成断续细长的焊缝；焊接速度适中时，才能焊成表面平整，焊坡细致而均匀的焊缝。

运条的手法一般有直线型运条法、直线往返型运条法、锯齿型运条法、月牙型运条法、三角形运条法以及圆圈型运条法等。

（3）收尾　电弧中断和焊接结束时，应把收尾处的弧坑填满。若收尾时立即拉断电弧，则会形成比焊件表面低的弧坑，使得弧坑处常出现疏松、裂纹、气孔、夹渣等现象。因此，焊缝完成时的收尾动作不仅是熄灭电弧，而且要填满弧坑。收尾动作通常有划圈收尾法、反复断弧收尾法和回焊收尾法三种。

2. 焊条电弧焊的安全要求

（1）电焊机

1）电焊机必须符合现行有关电焊机标准规定的安全要求。

2）电焊机的工作环境应与电焊机技术说明书上的规定相符。特殊环境条件下，如在气温过低或过高、湿度较大、气压过低以及在有腐蚀性或爆炸性等特殊环境中作业，应使用适合特殊环境条件性能的电焊机，或采取必要的防护措施。

3）应防止电焊机受到撞击或剧烈振动（特别是整流焊机）。室外使用的电焊机必须有防雨雪的防护设施。

4）电焊机必须装有独立的专用电源开关，其容量应符合要求。当电焊机超负荷时，应能自动切断电源。禁止多台焊机共用一个电源开关。

① 电源控制装置应装在电焊机附近人手便于操作的地方，周围应留有安全通道。

② 采用启动器启动的焊机，必须先合上电源开关，再启动焊机。

③ 焊机的一次电源线长度一般不宜超过2～3m，当有临时任务需要较长的电源线时，应沿墙或立柱用瓷瓶隔离布设，其高度必须距地面2.5m以上，不允许将电源线拖在地面上。

5）电焊机外露的带电部分应设有完好的防护和隔离装置，电焊机裸露接线柱必须设有防护罩。

6）使用插头插座连接的焊机，插销孔的接线端应用绝缘板隔离，并装在绝缘板平面内。

7）禁止用连接建筑物金属构架和设备等作为焊接电源回路。

8）电焊机的安全使用和维护应满足下列要求：

① 接入电源网路的电焊机不允许超负荷使用。焊机运行时的温升不得超过标准规定的温升限值。

② 必须将电焊机平稳地安放在通风良好、干燥的地方，不准靠近高热及易燃易爆危险的环境。

③ 要特别注意对整流式电焊机硅整流器的保护和冷却。

④ 禁止在焊机上放置任何物件和工具。启动电焊机前，焊钳与焊件不能短路。

⑤ 采用连接片改变电流的焊机，调节焊接电流前，应先切断电源。

⑥ 电焊机必须经常保持清洁。清扫尘埃时，必须切断电源进行。焊接现场有腐蚀性、导电性气体或粉尘时，必须对电焊机进行隔离防护。

⑦ 如果电焊机受潮，应用人工方法进行干燥。受潮严重的，必须进行检修。

⑧ 电焊机每半年应进行一次维护保养。当发生故障时，应立即切断焊机电源，及时进行检修。

⑨ 经常检查和保持焊机电缆与电焊机的连接柱接触良好，保证螺帽紧固。

⑩ 工作完毕或临时离开工作场地时，必须及时切断焊机电源。

9）电焊机的接地应满足以下要求：

① 各种电焊机的设备和外壳、电气控制箱、焊机组等，都应按要求接地，防止发生触电事故。

② 焊机的接地装置必须经常保持连接良好，定期检查接地系统的电气性能。

③ 禁止氧气管道和乙炔管道等易燃易爆气体管道作为接地装置的自然接地极，防止由于产生电阻热或引弧时冲击电流的作用，产生火花而引爆。

④ 电焊机组或集装箱式电焊设备都应安装接地装置。

⑤ 专用的焊接工作台架应与接地装置连接。

10）为保护人身和设备的安全，应装设熔断器、断路器和触电保护器。当电焊机的空载电压较高，而又在有触电危险的场所作业时，则焊机必须采用空载自动断电装置。当焊接引弧时，电压开关自动闭合；停止焊接、更换焊条时，电压开关自动断开。这种装置不仅能避免空载时的触电，也能减少设备空载时的电能损耗。

11）不得倚靠带电焊件。身体出汗而致使衣服潮湿时，不得靠在带电的焊件上施焊。

（2）焊接电缆

1）焊机用的软电缆线应采用多股细铜线电缆，其截面要求应根据焊接的相关参数，按焊机配用电缆的标准规定选用。电缆应轻便、柔软。

2）电缆外皮必须完整、绝缘良好且柔软，绝缘电阻不得小于1MΩ，电缆外皮破损时应及时修补完好。

3）必须使用软电缆线连接焊机与焊钳，长度一般不宜超过20～30m。

4）焊机的电缆线应使用整根导线，中间不应有连接接头。当工作需要接长导线时，应使用接头连接器连接，连接处应保持绝缘良好，而且接头不得超过两个。

5）焊接电缆线要横过道路或通道时，必须采取保护套等保护措施，严禁将其搭在气瓶、乙炔发生器或其他易燃易爆物品的容器上。

6）禁止利用建筑物的金属结构、轨道、管道、暖气设施或其他金属物体搭接起来作为电焊导线电缆。

7）禁止焊接电缆与油脂等易燃材料接触。

（3）电焊钳

1）电焊钳必须有良好的绝缘性和隔热能力，手柄要有良好的绝缘层。

2）焊钳的导电部分应采用紫铜材料制成。焊钳与电焊电缆的连接应简便牢靠，接触良好。

3）焊条在位于水平45°、90°等方向时，焊钳均应能夹紧焊条，并保证更换焊条安全、方便。

11.3.4 电弧切割的操作和安全要求

1. 电弧切割的操作

（1）准备工作 开始切割前，要检查电缆及气管是否完好，电源极性是否正确（一般采用直流反接，即碳棒接正极），并根据碳棒直径选择并调节好电流，调节碳棒伸出长度为70～100mm。调节好出风口，使出风口对准刨槽。

（2）起弧 起弧之前，必须打开气阀，先送压缩空气，随后引燃电弧，以免产生夹碳缺陷。在垂直位置切割时，应由上向下切削。

（3）切割 切割时，碳棒与刨槽的夹角一般为45°左右，夹角大，则刨槽深；夹角小，则刨槽浅。起弧后，应将气刨枪手柄慢慢按下，等切削到一定深度时，再平稳前进。

在切割过程中，碳棒既不能横向摆动，也不能前后摆动，否则切出的槽就不整齐光滑。如果一次切槽不够宽，可增大碳棒直径或重复切削。对碳棒的移动要求是准、平、正。“准”是指深浅准和切槽的线路准；“平”是指碳棒移动要平稳；“正”是指碳棒要端正，要求碳棒中心线与切槽中心线重合。

（4）排渣方向 由于压缩空气是从电弧后面吹来的，所以在操作时，如果压缩空气的方向偏一点，渣就会偏向槽的一侧。如果压缩空气吹得正，渣就被吹到电弧的前面，而且一直往前，直到切完为止。这样切出来的槽两侧渣最少，可节省很多清理工作。但是这种方法由于前面的准线被渣覆盖而妨碍操作，所以难以掌握。

通常的做法是使压缩空气稍微吹偏一点，把一部分的渣翻到槽的外侧，但不能吹向操作者位置的一侧，否则，吹起来的铁水会伤及人身。

（5）切削尺寸的掌握 要获得所需要的切削尺寸，除了选择好合理的切削工艺参数，还必须靠操作去控制。对于同样直径的碳棒，当采用不同的操作方法或不同的电流和切削速度时，可以切出不同宽度和深度的槽。例如，对12～20mm厚的低碳钢板，用直径8mm的碳棒，最深可切到7.5mm，最宽可切到13mm。

（6）收弧 碳弧气割收弧时，不允许熔化的铁水留在切槽里。这是因为在熔化的铁水中，碳和氧都比较多，而且碳弧气割的熄弧处往往也是后来焊接的收弧坑。而在收弧坑处一般比较容易出现裂缝和气孔，如果让铁水留下来，就会导致焊接时在收弧坑出现缺陷。因此，在气割完毕后应先断弧，待碳棒冷却后再关闭压缩空气。

按照以上几个方面进行操作的同时，还应注意的安全方面有：碳弧气割的弧光较强，操作人员应佩戴深色的护目镜；操作时应尽可能顺风向操作，并注意防止铁水及熔渣烧损工作服或烫伤身体，还应注意场地防火；在容器或狭小部位操作时，必须加强通风及排烟的措施；气割时使用电流较大，应注意防止焊件过载和长时间使用而过热。

2. 电弧切割的安全要求

除应遵守焊条电弧焊的有关规定外，还应注意以下几点：

1）电弧切割的电流较大，要防止焊机的过载发热。

2）电弧切割时烟尘大，操作者应佩戴送风式面罩。作业场地必须采取排烟除尘措施，加强通风。为了控制烟尘的污染，可以采用水弧气刨。

3）电弧切割时，大量高温液态金属及氧化物从电弧下被吹出，所以应防止烫伤和火灾。

4）电弧切割时噪声较大，操作者应根据需要佩戴耳塞。

子单元4 等离子弧焊接与切割

11.4.1 概述

等离子焊接就是利用等离子焊枪将阴极和阳极之间的自由电弧压缩成高温、高电离度、高能量密度及高焰流速度的电弧，熔化母材形成冶金结合的焊接方法。

1. 等离子弧的形成

等离子弧是自由电弧压缩而成的。电弧通过水冷喷嘴限制其直径，称为机械压缩。水冷内壁温度较低，紧贴喷嘴内壁的气体温度也极低，形成了一定厚度的冷气膜，冷气膜进一步迫使弧柱截面减小，称为热压缩。弧柱截面的缩小，使电流密度大为提高，增强了磁收缩效应，称为磁压缩。在这三种压缩的作用下，等离子弧的能量集中（能量密度可达105～106W/cm^2），温度高（弧柱中心温度为18000～24000K），焰流速度大（可达300m/s）。这些特性使得等离子弧广泛应用于焊接、喷涂、堆焊及切割等金属加工中。

2. 等离子弧的特点

等离子弧具有以下特点：

1）等离子弧能量集中、温度高，对于大多数金属在一定厚度范围内都能获得小孔效应，可以得到充分熔透、反面成形均匀的焊缝。

2）电弧挺度好，等离子弧的扩散角仅5°左右，基本上是圆柱形，弧长变化对工件上的加热面积和电流密度的影响比较小。所以，等离子弧焊弧长变化对焊缝成形的影响不明显。

3）焊接速度比钨极氩弧焊快。

4）能够焊接更细、更薄的加工件。

5）其设备比较复杂，费用较高，工艺参数调节匹配也比较复杂。

3. 等离子弧的类型

按电源连接方式的不同，等离子弧有非转移型、转移型和联合型三种形式。

1）非转移型电子弧是指钨极接电源负极，喷嘴接电源正极，等离子弧体产生在钨极和喷嘴之间，在离子气流压送下，弧焰从喷嘴中喷出，形成等离子焰。

2）转移型电子弧是指钨极接电源负极，工件接电源正极，等离子弧体产生于钨极与工件之间。转移弧难以直接形成，必须先引燃非转移弧，然后才能过渡到转移弧。金属焊接、切割几乎均采用转移型弧。

3）联合型等离子弧是指电子弧工作时，非转移型弧和转移弧同时存在的等离子弧，主要用于微束等离子弧焊和粉末堆焊等工况。

4. 等离子弧焊的基本方法

按焊缝成形原理，等离子弧焊有三种基本方法：小孔型等离子弧焊、熔透型等离子弧焊和微束等离子弧焊。

（1）小孔型等离子弧焊　小孔型焊又称为穿孔焊、锁孔焊或穿透焊。利用等离子弧能量密度大和等离子流力强的特点，将工件完全熔透并产生一个贯穿工件的小孔。被熔化的金属在电弧吸力、液体金属重力与表面张力相互作用下保持平衡。焊枪前进时，小孔在电弧后方锁闭，形成完全熔透的焊缝。

穿孔效应只有在足够的能量密度条件下才能形成。板厚增加，所需能量密度也增加。由于等离子弧能量密度的提高有一定限制，因此小孔型等离子弧焊只能在有限板厚内进行。

（2）熔透型等离子弧焊　当离子气流量较小、弧抗压缩程度较弱时，这种等离子弧在焊接过程中只熔化工件而不产生小孔效应。焊缝成形原理和钨极氩弧焊类似，此种方法也称为熔入型或熔触法等离子弧焊，主要用于薄板单面焊、双面及厚板的多层焊。

（3）微束等离子弧焊　电流在15~30A以下的熔入型等离子弧焊接通常称为微束等离子弧焊接。由于喷嘴的拘束作用和维弧电流的同时存在，小电流的等离子弧可以十分稳定，目前已成为焊接金属薄板的有效方法。为保证焊接质量，应采用精密的装焊夹具，以保证装配质量和防止焊接变形，但工件表面的清洁程度对焊接质量的影响较大，应给予特别重视。

5. 等离子弧切割

等离子弧切割是一种常用的金属和非金属材料切割工艺的方法。它是利用高速、高温和高能的等离子气流来加热和熔化被切割材料，并借助内部或者外部的高速气流或水流将熔化材料排开，直至等离子气流束穿透背面而形成切口的一种加工方法。

等离子切割配合不同的工作气体可以切割各种氧气切割难以切割的金属，尤其是对于有色金属（不锈钢、铝、铜、钛、镍等）切割效果更佳；其主要优点在于切割厚度不大的金属时，切割速度快，特别是在切割普通碳素钢薄板时，速度可达氧切割法的5~6倍、并且切割面光洁、热变形小，几乎没有热影响区。

等离子切割发展到现在，可采用的工作气体（工作气体的作用是等离子弧的导电介质，又是携热体，还要排除切口中的熔融金属）对等离子弧的切割特性以及切割质量、速度都有明显的影响。常用的等离子弧工作气体有氩、氢、氮、氧、空气、水蒸气以及某些混合气体。

等离子弧坑的温度高，远远超过所有金属以及非金属的熔点。因此，等离子弧切割过程不是依靠氧化反应，而是靠熔化来切割材料，因而比氧化切割方法的适用范围更广泛，能够切割绝大部分金属和非金属材料。等离子切割机广泛运用于汽车、机车、压力容器、化工机械、核工业、通用机械、工程机械、房屋建筑等行业。

11.4.2　等离子弧焊接与切割的主要设备及工艺参数

1. 等离子弧焊的主要设备

按操作方式不同，等离子弧焊设备可分为手工焊和自动焊两类。手工焊设备由焊接电源、焊枪、控制电路、气路和水路等部分组成。自动焊设备则由焊接电源、焊枪、焊接小车（或转动夹具）、控制电路、气路及水路等部分组成。

（1）焊接电源　下降或垂直下降特性的整流电源或弧焊发电机均可作为等离子弧焊接的电源。用纯氩作为离子气时，电源空载电压只需65~80V；用氢、氩混合气时，空载电压需110~120V。

大电流等离子弧都采用高频引燃非转移弧，然后转变成转移弧；30A以下的小电流微束

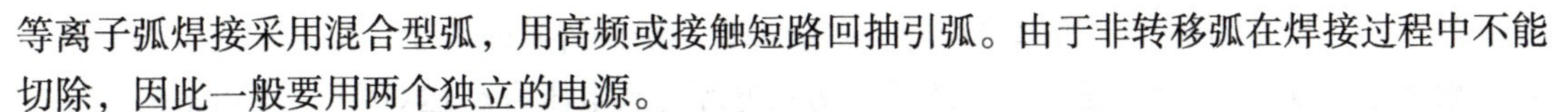

等离子弧焊接采用混合型弧，用高频或接触短路回抽引弧。由于非转移弧在焊接过程中不能切除，因此一般要用两个独立的电源。

（2）气路系统　等离子弧焊机供气系统应能分别供给可调节离子气、保护气和背面保护气。为保证引弧和熄弧处的焊接质量，离子气可分两路供给，其中一路可经气阀放空，以实现离子气流衰减控制。

（3）控制系统　手工等离子弧焊机的控制系统比较简单，只要能保证先通离子气和保护气，然后引弧即可。自动化等离子弧焊机控制系统通常由高频发生器，焊接小车、填充焊口逆进拖动电路及程控电路等组成。程控电路应能满足提前送气、高频引弧和转弧、离子气递增、延迟行走、电流和气流衰减熄弧及延迟停气等控制要求。

2. 等离子弧焊接的主要工艺参数

小孔型等离子弧焊接时，确保小孔的稳定是获得优质焊缝的前提。影响小孔稳定性的主要工艺参数有离子气流量、焊接电流及焊接速度，其次为喷嘴距离和保护气体流量。

（1）离子气流量　离子气流量增加，可使等离子流力和熔透能力增大。在其他条件不变时，为了形成小孔，必须要有足够的离子气流量。但是离子气流量过大，会使小孔直径过大而不能保证焊缝成形。喷嘴孔径确定后，离子气流量大小视焊接电流和焊接速度而定，即离子气流量、焊接电流和焊接速度三者之间要有适当匹配。

（2）焊接电流　焊接电流增加，等离子弧穿透能力相应增加。与其他电弧焊方法一样，焊接电流总是根据板厚或熔透要求来选定的。电流过小，不能形成小孔；电流过大，又将因小孔直径过大而使熔池金属坠落。此外，电流过大还可能引起双弧现象。为此，在喷嘴结构确定后，为了获得稳定的小孔焊接过程，焊接电流只能被限定在某一个合适的范围内，而且这个范围与离子气的流量有关。

（3）焊接速度　焊接速度也是影响小孔效应的一个重要参数。在其他条件一定时，焊速增加，焊缝热输入减小，小孔直径亦随之减小，最后消失。反之，如果焊速过低，因焊材过热，背面焊缝会出现下陷甚至熔池泄漏等缺陷。焊接速度的确定，主要取决于离子气流量和焊接电流。

（4）焊嘴距离　焊嘴距离过大，熔透能力降低，因为距离过大时，易造成喷嘴被飞溅物粘污，一般取3～8mm距离为宜。与钨极氩弧焊相比，喷嘴距离变化对焊接质量的影响不太敏感。

（5）保护气体流量　保护气流量应与离子气流量有一个适当的比例。如果离子气流量不大，而保护气体流量过大时，会导致气流的紊乱，将影响电弧稳定性和保护效果。小孔型焊接保护气体流量一般宜为15～30L/min。

熔透型等离子弧焊的工艺参数项目与小孔型等离子弧焊基本相同。工件熔化和焊缝成形过程则与钨极氩弧焊相似。中、小电流（0.2～100A）熔透型等离子弧焊通常采用联合型弧。非转移弧的存在，使得主弧在很小电流下（1A以下）也能稳定燃烧。非转移弧的阳极斑点位于喷嘴孔壁上，电流过大则容易损坏喷嘴，一般宜选用2～5A。

小孔型、熔透型等离子弧焊也可以采用脉冲电流焊接，借以控制全位置焊接时的焊缝成形，减小热影响区宽度和焊接变形，脉冲频率应在15Hz以下。

3. 等离子弧切割的主要设备

等离子切割的主要设备除切割电源和割枪外，其他基本与等离子焊接相同。

等离子弧切割与等离子弧焊接相同，一般都采用陡降外特性电源。但切割用电源空载电压一般大于150V，水再压缩空气等离子弧切割电源空载电压可高达600V，应当根据不同的电流等级和工件气体来选定空载电压。电流等级大，则选用切割电源空载的电压较高。双原子气体和空气作为工件气体以及高压喷射水作为工件介质时，切割电流的空载电压要高一些，才能使引弧可靠和切割电弧稳定。等离子弧切割采用转移型电弧时，电极与喷嘴之间以及电极与工件之间可以共用一套电源，也可以分别采用独立电源。在切割起始阶段，为了易于引燃电弧，宜先送入小流量的非转移弧用的气体，引燃电弧后，再送入大流量的切割气体。如果是水再压缩等离子弧切割或空气等离子弧切割，则引燃电弧后，送入的分别是大流量高压水或压缩空气。

等离子弧切割割枪基本上与等离子弧焊接的焊枪相同，一般由电极、电极夹头、喷嘴、冷却水套、中间绝缘体、气室、水路、气路、馈电体等组成。割枪中工作气体的通入可以是轴向通入、切线旋转吸入或者是轴向和切线旋转组合吸入。切线旋转吸入或送气对等离子弧的压缩效果更好，是最为常用的两种方式。

4. 等离子切割的主要工艺参数

（1）气体选择　等离子弧切割最常用的气体为氩气、氧气、氮加氩混合气体、氮加氢混合气体、氩加氢混合气体等，依被切割材料及各种工艺条件而选用。空气等离子弧切割采用压缩空气或者离子气为常用气体，而外喷射为压缩空气。水再压缩等离子弧切割采用常用气体为工作气体，外喷射为高压水。氮气是双原子主体，热压缩效应好，动能大，但引弧和稳弧性更差，且使用安全要求高，常用做切割大厚度板材的辅助主体。氩气为单原子气体，引弧性和稳弧性好，但切割气体流量大，不经济，一般与双原子气体混合使用。

（2）切割工艺参数

1）切割电流：切割电流过大，易烧损电极和喷嘴，且易产生双弧，因此相应于一定的电极和喷嘴有一合适的电流。

2）空载电压：空载电压高，易于引弧。切割大厚度板材和采用双原子气体时，空载电压相应要高。空载电压还与割枪结构、喷嘴至工件距离、气体流量等有关。

3）切割速度：切割速度主要取决于材质板厚、切割电流、切割电压、气流种类及流量、喷嘴结构和合适的后拖量等。

4）气体流量：气体流量要与喷嘴孔径相适应。气体流量大，利于压缩电弧，使等离子弧的能量更为集中，提高了工作电压，有利于提高切割速度和及时吹除熔化金属。但气体流过大，从电弧中带走过多的热量，降低了切割能力，不利于电弧稳定。

5）喷嘴距工件高度：在电极内缩量一定时（通常为2～4mm），喷嘴距离工件的高度一般为6～8mm，空气等离子弧切割和水再压缩等离子弧切割的喷嘴距离工件高度可略小。

11.4.3　等离子焊接与切割的安全防护技术

1. 防电击

等离子弧焊接和切割用电源的空载电压较高，尤其在手工操作时，有电击的危险。因此，电源在使用时必须可靠接地，焊枪枪体或割枪枪体与手触摸部分必须可靠绝缘。可以采用较低电压引燃非转移弧后，再接通较高电压的转移弧回路。如果启动开关装在手把上，必须对外露开关套上绝缘橡胶套管，避免手直接接触开关。应尽可能采用自动操作方法。

2. 防电弧光辐射

电弧光辐射强度大，它主要由紫外线辐射、可见光辐射和红外线辐射组成。等离子弧较其他电弧的光辐射强度更大，尤其是紫外线强度，故对皮肤损伤严重，操作者在焊接或切割时，必须戴上良好的面罩、手套，最好加上吸收紫外线的镜片。自动操作时，可在操作者与操作区设置防护屏。等离子弧切割时，可采用水中切割方法，利用水来吸收光辐射。

3. 防灰尘与烟气

等离子弧焊接与切割过程中常伴随有大量汽化的金属蒸气、臭氧、氮化物等。尤其在切割时，气体流量大，可致使工作场地上扬起灰尘大量，这些烟气与灰尘将对操作工人的呼吸道、肺等产生严重影响。切割时，栅格工作台下方还可以安置排风装置，也可以采取水中切割方法。

4. 防噪声

等离子弧会产生高强度、高频率的噪声，尤其采用大功率等离子弧切割时，其噪声更大，这对操作者的听觉系统和神经系统有较大危害。其噪声能量集中在2000～8000Hz范围内，要求操作者必须戴耳塞。在可能的条件下，应尽量采用自动化切割，使操作者在隔音良好的操作室内工作，也可以采取水中切割方法，利用水来吸收噪声。

5. 防高频

等离子弧焊接和切割采用高频振荡器引弧，高频对人体有一定的危害。引弧频率选择在20～60kHz较为合适。还要求工件接地可靠，转移弧引燃后，应立即可靠地切断高频振荡器电源。

子单元5 特殊焊接切割作业安全技术

11.5.1 化工及燃料容器、管道的焊补安全技术

化工及燃料容器（如塔、罐、柜、槽、箱、桶等）和管道在使用中因受内部介质压力、温度、腐蚀的作用，或因结构、材料、焊接工艺等缺陷，时常出现裂纹和穿孔，所以要定期检修。有时在生产过程中就需要进行抢修。由于化工生产具有高度连续性的特点，所以这类设备和管道的焊补工作往往是时间紧、任务急，而且要在易燃、易爆、易中毒、高温或高压等复杂的情况下进行，稍有疏忽就会发生爆炸、火灾和中毒事故。因此，在进行化工及燃料容器和管道的焊割作业时，必须采取可靠的防爆、防火、防毒等技术和组织措施。

1. 置换动火与带压不置换动火

化工及燃料容器和管道的焊补，目前主要有置换动火和带压不置换动火两种方法。凡利用电弧或火焰进行焊接或切割作业的，均称为动火，或称为动火作业。

（1）置换动火　置换动火就是在焊补前用水和不燃气体置换容器或管道中的可燃气体，或用空气置换容器或管道中的有毒有害气体，使容器或管道中的有害气体的含量达到规定的要求，从而保证焊补的安全。

置换动火是一种比较安全妥善的办法，广泛采用在容器、管道的生产检修工作中。但是

采用置换法时，容器、管道需要暂停使用，而且要用其他介质进行置换。在置换过程中，要不断取样分析，直至合格后才能动火，动火后还需再置换，显得费时麻烦。另外，如果管道中弯头或死角多，则往往不易置换干净而留下隐患。

（2）带压不置换动火　带压不置换动火就是严格控制含氧量，使可燃气体的浓度大大超过爆炸上限，然后让它以稳定的速度，从管道口向外喷出，并点燃燃烧，使其与周围空气形成一个燃烧系统，并保持稳定地连续燃烧。然后，即可进行焊补作业。

带压不置换法不需要置换原有的气体，有时可以在设备运转的情况下进行，手续少，作业时间短，有利于生产。这种方法主要适用于可燃气体的容器与管道的外部焊补。由于这种方法只能在连续保持一定正压的情况下才能进行，控制难度较大，而且没有一定的压力就不能使用，有较大的局限性，因此，目前应用不广泛。

2. 发生爆炸火灾的原因

易燃、易爆气体或液体管道的焊补极易发生爆炸事故，要想避免爆炸事故的发生，就必须明确引起爆炸的原因。经过研究，引起燃气或液体管道爆炸的原因主要有以下几点：

1）焊接动火前对容器或管道道内气体的取样分析不准确，或取样部位不适当，结果容器、管道内或动火点周围存在着爆炸性混合物。

2）在焊补过程中，周围条件发生了变化。

3）正在检修的容器未与正在生产的系统隔离，发生易爆气体互相串通，进入焊补区域，或是生产系统放料排气遇到火花。

4）在具有燃烧和爆炸危险的车间、仓库等室内进行焊补作业。

5）焊补未经安全处理或未开孔洞的密封容器。

3. 置换焊补安全技术措施

（1）固定动火区　为使焊补工作集中，便于加强管理，现场或车间内可划定固定动火区。凡可拆卸并有条件移动到固定动火区焊补的物件，必须移至固定动火区内焊补，从而减少在现场或厂房内的动火工作。

固定动火区必须符合下列要求：

1）无可燃气管道和设备，并且周围距易燃易爆物品10m以上。

2）室内的固定动火区应与防爆的生产现场隔开，不能有门、窗、地沟等串通。

3）生产中的设备在正常放空或发生事故时，可燃气体或蒸气不能扩散到动火区。

4）要常备足够数量的灭火工具和器材。

5）禁止在固定动火区内使用各种易燃物质。

6）作业区周围要划定界限，悬挂防火安全标志。

（2）实行可靠隔绝　现场检修，要先停止待检修设备或管道的工作，然后采取可靠的隔绝措施，使要检修、焊补的设备与其他设备（特别是生产部分的设备）完全隔绝，以保证可燃物料等不能扩散到焊补设备及其周围。可靠的隔绝方法是安装盲板或拆除一段连接管线。盲板的材料、规格和加工精度等技术条件一定要符合国家相关标准，不可滥用，并正确装配，必须保证盲板有足够的强度，能承受管道的工作压力，同时严密不漏。盲板与阀门之间应加设放空管或压力表，并派专人看守。拆除管路时，应在生产系统或存有物料的一侧上好堵板。堵板同样应符合国家相关标准的技术要求。同时，还应注意常压敞口设备的空间隔绝，保证火星不能与容器口逸散出来的可燃物接触。对于有些短时间的焊补检修，可用水封

切断气源，但必须有专人在现场看守水封溢流管的溢流情况，防止水封失效。总之，应认真做好隔绝工作，否则不得动火。

（3）实行彻底置换　做好隔绝工作之后，设备本身必须排尽物料，把容器及管道内的可燃性或有毒性介质彻底置换。在置换过程中，应不断地取样分析，直至容器管道内的可燃、有毒物质含量符合安全要求。

常用的置换介质有氮气、水蒸气或水等。置换的方法应视被置换介质与置换介质的密度而定，当置换介质比被置换介质密度大时，应由容器或管道的最低点送进置换介质，由最高点向外排放。以气体为置换介质时的需用量一般为被置换介质容积的3倍以上。某些被置换的可燃气体有滞留的性质，或者与置换气体的密度相差不大，此时应注意置换的不彻底或两者相互混合。因此，置换的彻底性不能仅看置换介质的用量，而要以气体成分的化验分析结果为准。以水为置换介质时，将设备管道灌满即可。

（4）正确清洗容器　容器及管道置换处理后，其内、外都必须仔细清洗。因为有些可燃易爆介质吸附在设备及管道内壁的积垢或外表面的保温材料中，液体可燃物会附着在容器及管道的内壁上。如不彻底清洗，由于温度和压力变化的影响，可燃物会逐渐释放出来，使本来合格的动火条件变成了不合格，从而导致火灾或爆炸事故。

可用热水蒸煮、酸洗、碱洗或用溶剂清洗，使设备及管道内壁上的结垢物等软化、溶解而除去。采用何种方法清洗应根据具体情况确定。碱洗是用氢氧化钠（烧碱）水溶液进行清洗，其清洗过程如下：先在容器中加入所需数量的清水，然后把定量的碱片分批逐渐加入，同时缓慢搅动，待全部碱片均加入溶解后，方可通入水蒸气煮沸。蒸汽管的末端必须伸至液体的底部，以防通入水蒸气后有碱液泡沫溅出。禁止先放碱片后加清水（尤其是热水），因为烧碱溶解时会产生大量的热，涌出容器管道会灼伤操作者。

对于用清洗法不能除尽的垢物，应由操作人员穿戴防护用品，进入设备内部用不怕火的工具铲除，如用木质、黄铜（含铜70%以下）或铝质的刀、刷等，也可用水力、风动和电动机械以吸喷砂等方法清除。置换和清洗时必须注意不能留死角。

（5）动火分析和监视　动火分析就是对设备和管道以及周围环境的气体进行取样分析。动火分析不但能保证开始动火时符合动火条件，而且可以掌握焊补过程中动火条件的变化情况。在置换作业过程中和动火作业前，应不断从容器及管道内外的不同部位取气体样品进行分析，检查易燃易爆气体及有毒有害气体的含量。检查合格后，应尽快实施焊补，动火前半小时内分析数据是有效的，否则应重新取样分析。取样要注意取样的代表性，以使数据准确可靠。焊补开始后，每隔一定时间仍需对作业现场环境进行分析，动火分析的时间间隔则根据现场情况来确定。若有关气体含量超过规定要求，应立即停止焊补，再次清洗并取样分析，直到合格为止。

气体分析的合格要求如下：

1）可燃气体或可燃蒸气的含量要求：爆炸下限大于4%的，浓度应小于0.5%；爆炸下限小于4%，浓度则应小于0.2%。

2）有毒有害气体的含量应符合《工业企业设计卫生标准》（GBZ 1—2010）的规定。

3）操作者需进入内部进行焊补的设备及管道，氧气含量应为18%～21%。

（6）严禁焊补未开孔洞的密封容器　焊补前，应打开容器的人孔、手孔、清洁孔及料孔等，并应保持良好的通风。严禁焊补未开孔洞的密封容器。在容器及管道内需采用气焊或

气割时，焊矩、割炬的点火与熄火应在容器外部进行，以防过多的乙炔气聚集在容器及管道内。

（7）安全组织措施

1）必须按照规定的要求和程序办理动火审批手续，目的是制订安全措施，明确相关人员的责任。承担焊补工作的焊工应经专门培训，并经考核合格取得相应的资格证书。

2）工作前，要制订详细且切实可行的方案，包括焊接作业程序和规范、安全措施及施工图等，并通知有关消防队、急救站、生产车间等各方面做好应急预案。

3）在作业点周围10m以内，应停止其他用火工作，应把易燃易爆物品移到安全场所。

4）工作场所应有足够的照明，手提行灯应采用12V安全电压，并有完好的保护罩。

5）在禁火区内动火作业以及在容器与管道内进行焊补作业时，必须设监护人。监护的目的是保证安全措施的认真执行。监护人应由有经验的人员担任。监护人应明确职责、坚守岗位。

6）进入容器或管道进行焊补作业时，触电的危险性最大，必须严格执行有关安全用电的规定，采取必要的防护措施。

4. 带压不置换焊补的安全技术措施

（1）严格控制含氧量　目前，有的部门规定氢气、一氧化碳、乙炔和发生炉煤气等的极限含氧量以不超过1%作为安全值，它具有一定的安全系数。在常温常压情况下，氢气的极限含氧量约为5.2%，但考虑到高压、高温条件的不同，以及仪表和检测的误差，所以规定为1%。带压不置换焊补之前和焊补过程中，必须进行容器或管道内含氧量的检测。当发现系统中含氧量增高，应尽快找出原因及时排除，否则应停止焊补。几种可燃液体和气体的爆炸极限见表11-5。

表11-5　可燃液体和气体的爆炸极限

气体、液体名称	爆炸浓度极限（%）		爆炸温度极限/℃	
	下限	上限	下限	上限
酒精	3.50	18.00	11	40
甲苯	1.20	7.00	1	31
松节油	0.80	62.00	32	53
车用汽油	0.79	5.16	-39	-8
灯用煤油	1.40	7.50	40	86
乙醚	1.85	36.50	-45	13
苯	1.50	9.50	-14	12
氢	4.00	75.00	—	—
乙炔	2.20	81.00	—	—

（2）正压操作　在焊补的全过程中，容器及管道必须连续保持稳定正压，这是带压不置换动火安全的关键。一旦出现负压，空气进入正在焊补的容器或管道中，就容易发生爆炸。压力一般控制在0.015~0.049MPa（150~500mm水柱）为宜。压力太大，气流速度增大，易造成猛烈喷火，给焊接操作造成困难，甚至使熔孔扩大，造成事故；压力太小，容易造成压力波动，焊补时会使空气渗入容器或管道，形成爆炸性混合气体。

(3) 严格控制工作点周围可燃气体的含量　无论是在室内还是在室外进行带压不置换焊补作业时，周围滞留空间可燃气体的含量均以小于0.5%为宜。分析气体的取样部位，应根据气体性质及房屋结构特点等正确选择，以保证检测结果的正确性和可靠性。

室内焊补时，应打开门窗进行自然通风，必要时还应采取机械通风，以防止形成爆炸性混合气体。

(4) 焊补操作的安全要求　有关安全组织措施同置换焊补安全组织措施的1)~4)条。

1) 焊工在操作过程中，应避开点燃的火焰，防止烧伤。

2) 焊接参数应按规定的工艺预先调节好，焊接电流过大或操作不当，在介质压力的作用下容易引起烧穿，以致造成事故。

3) 遇周围条件有变化，如系统内压力急剧下降或含氧量超过安全值等，都要立即停止焊补，待查明原因并采取相应对策后，才能继续进行焊补。

4) 在焊补过程中，如果发生猛烈喷火现象，应立即采取消防措施。在火未熄灭前，不得切断可燃气来源，也不得降低或消除容器或管道的压力，以防容器或管道吸入空气而形成爆炸性混合气体。

11.5.2　登高焊接与切割的安全技术

焊工在坠落高度基准面2m以上（包括2m）有可能坠落的高处进行的焊接与切割作业称为高处（或称登高）焊接与切割作业。我国将高处作业列为危险作业，并分为四级，详见单元3。

高处作业存在的主要危险是坠落，而高处焊接与切割作业将高处作业以及焊接与切割作业的危险因素叠加起来，增加了危险性。其安全问题主要是防坠落、防触电、防火防爆以及其个人防护等。因此，高处焊接与切割作业除应严格遵守一般焊接与切割的安全要求外，还必须遵守以下安全措施：

1) 登高焊割作业应避开高压线、裸导线及低压电源线。不可避开时，上述线路必须停电，并在电闸上挂上“有人工作，严禁合闸”的警告牌。

2) 电焊机及其他焊割设备应与高处焊割作业点的下部地面保持10m以上的距离，并应设监护人，以备在情况紧急时立即切断电源或采取其他抢救措施。

3) 登高进行焊割作业者，衣着要灵便，戴好安全帽，穿绝缘鞋，禁止穿硬底鞋和带钉易滑的鞋。要使用标准的防火安全带，不能用耐热性差的尼龙安全带，而且安全带应牢固可靠，长度适宜。

4) 登高的梯子应符合安全要求，梯脚需防滑，上下端放置应牢靠，与地面夹角不应大于60°。使用人字梯时夹角约40°±5°为宜，并用限跨铁钩挂住。不准两人在一个梯子上（或人字梯的同一侧）同时作业。禁止使用盛装过易燃易爆物质的容器（如油桶、电石桶等）作为登高的垫脚物。

5) 单人道脚手板宽度不得小于0.6m，双行人道不得小于1.2m，上下坡度不得大于1:3，板面要钉防滑条并装扶手。板材需经过检查，强度足够，不能有机械损伤和腐蚀。使用安全网时，应张挺、层层翻高，不得留缺口。

6) 所使用的焊条、工具、小零件等必须装在牢固且无孔洞的工具袋内，防止落下伤人。焊条头不得乱扔，以免烫伤、砸伤地面人员，或引起火灾。

7）在高处进行焊割作业时，为防止火花或飞溅引起燃烧和爆炸事故，应把动火点下部的易燃易爆物移至安全地点。对于确实无法移动的可燃物品，应采取可靠的防护措施，例如用石棉板覆盖遮严，在允许的情况下，还可将可燃物喷水淋湿，增强耐火性能。高处焊割作业，火星飞得远，散落面大，应注意风向风力，对下风方向的安全距离应根据实际情况增大，以确保安全。焊割作业结束后，应检查是否留有火种，确认安全后方可离开现场。

8）严禁将焊接电缆或气焊、气割的橡皮软管缠绕在身上操作，以防触电或燃爆。登高焊、割作业不得使用带有高频振荡器的焊接设备。

9）登高作业人员必须经过健康检查，患有高血压、心脏病、精神病以及不适合登高作业的人员不得进行登高焊割作业。

10）出现恶劣天气，如六级以上大风、下雨、下雪或雾天，不得进行登高焊割作业。

子单元6　焊接与切割的防火防爆

11.6.1　燃烧与爆炸的基础知识

1. 燃烧

（1）氧化与燃烧　根据化学定义，凡是使被氧化物质失去电子的反应都属于氧化反应。强烈的氧化反应，并伴随有热和光同时发出，则称为燃烧。不仅物质与氧的化合反应属于燃烧，并且在一定条件下，与氯气、硫的蒸气等的化合反应也属于燃烧。但是物质和空气中的氧所起的反应是最普遍的，也是焊接发生火灾爆炸事故的主要原因。下面将着重讨论这一形式的燃烧。

燃烧俗称着火。如果只有放热发光而没有氧化反应的不能叫作燃烧，如灼热的钢材虽然放热发光，但这是物理现象，不是燃烧；而放热或不发光的氧化反应，如金属生锈、生石灰遇水放热等现象，也不能叫作燃烧。

（2）燃烧的必要条件　发生燃烧必须同时具备三个条件，即可燃物质、助燃物质和着火源。亦即发生燃烧的条件必须是可燃物质和助燃物质共同存在，并有能导致着火的火源，如火焰、电火花、灼热的物体等。

1）可燃物质。凡能与氧和其他氧化剂发生剧烈氧化反应的物质，都称为可燃物质。就其存在的状态可分为固态可燃物、液态可燃物、气态可燃物三类；按其组成的不同又可分为无机可燃物质（如氢气、一氧化碳等）和有机可燃物质（如甲烷、乙炔等）两类。

物质的可燃性质随着条件的变化而变化，大块的铝、镁可看做不燃物，但在纯氧中就是可燃物。铝粉、镁粉不但能自燃，而且有爆炸性。

2）助燃物质。凡是能与可燃物质发生化学反应并起助燃作用的物质称为助燃物，如空气、氧气、氟和溴等。

可燃物质完全燃烧，必须要有充足的空气（氧在空气中约占21%），如燃烧1kg石油需要10～12m^3空气。如果缺乏空气，燃烧就不完全。

3）着火源。凡能引起可燃物质燃烧的热能，都叫着火源。要使可燃物质起化学变化而

发生燃烧，需要有足够的热量和温度，各种可燃物质燃烧时所需要的温度和热量各不相同。着火源主要有下列几种：

① 明火，如火柴和打火机的火焰、油灯火、炉火、喷灯火、烟头火以及焊接、气割时的动火等（包括灼热铁屑和高温金属）。

② 电气火，电火花（电路开启、切断、保险丝熔断等），电器线路超负荷、短路，接触不良；电炉丝、电热器、电灯泡、红外线灯、电熨斗等。

③ 摩擦、冲击产生的火花。

④ 静电荷产生的火花，是由电介质相互摩擦、剥离或金属摩擦生成的。如液体、气体，沿导管流动，气体高速喷出等产生静电。

⑤ 雷电产生的火花，分为直接雷击和感应雷电。

⑥ 化学反应热，包括本身自燃、遇火燃烧和其他抵触性物质接触起火。

可燃物、助燃物和着火源构成燃烧的三个要素，缺少其中任何一个要素便不能燃烧。燃烧反应在浓度、压力、组成和着火源等方面都存在着极限值，如果可燃物未达到一定浓度，助燃物数量不足，或着火源不具备足够的温度或热量，那么，即使具备了三个条件，也不会发生燃烧。对于已进行着的燃烧，若消除其中任何一个要素，燃烧便会终止，这就是灭火的基本理论。

（3）燃烧的过程及类型

1）燃烧的过程。可燃物质的燃烧一般是在蒸汽或气体状态下进行。由于可燃物质的状态不同，其燃烧的特点也不同。

气体容易燃烧，只要达到其本身氧化、分解所需的热量便能迅速燃烧，能在极短的时间内全部烧光。

液体在火源作用下，首先使其蒸发，然后蒸汽氧化、分解并进行燃烧。

固体燃烧，如果是简单物质，如硫、磷等受热时首先熔化，然后蒸发、燃烧，没有分解过程。若是复杂物质，在受热时首先分解成气态和液态产物，然后气态产物和液态产物的蒸汽着火燃烧。

各种物质的燃烧过程如图11-1所示，从中可知任何可燃物的燃烧必须经过氧化、分解和燃烧等阶段。

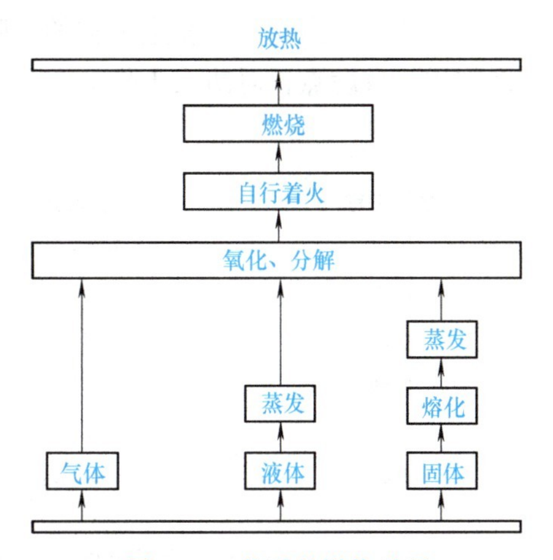

图11-1　物质的燃烧过程

2）燃烧的类型。

① 闪燃与闪点：各种液体的表面都有一定量的蒸汽存在，蒸汽的浓度取决于该液体的湿度。可燃液体表面或容器内的蒸汽与空气混合而形成混合可燃气体或可燃液体，遇明火会发生一闪即灭的瞬间火苗或闪光，这种现象叫闪燃。引起闪燃时的最低温度叫作闪点（闪点的概念主要适用于可燃性液体）。当可燃性液体温度高于其闪点时，则随时都有被火点燃的危险。

不同的可燃液体有不同的闪点，闪点越低，火险越大。它是评定液体火灾危险性的主要依据。几种常见液体的闪点见表11-6。

表11-6　几种常见液体的闪点　（单位：℃）

液体名称	闪点	液体名称	闪点
汽油	-58.0～10.0	丙酮	-17.0
苯	-15.0	二乙醚	-45.5
甲醇	9.5	乙酸乙酯	-5.0
乙醇	11.0	松节油	35.0
煤油	28.0～45.0	桐油	239.0
萘	86.0	樟脑	65.5

② 着火与燃点：所谓着火，则是可燃物质与火源接触能燃烧，并且在火源移去后仍能保持继续燃烧的现象。可燃性物质发生着火的最低温度，称为着火点或燃点，几种物质的燃点见表11-7。

表11-7　几种物质的燃点　（单位：℃）

物质名称	燃点	物质名称	燃点
蜡烛	190	松节油	53
硫	207	樟脑	70
豆油	220	煤油	86
赛璐珞	100	聚苯乙烯	420

③ 受热自燃与自燃点：可燃物质在外部条件作用下，温度升高，当达到其自燃点时，即着火燃烧，这种现象称为受热自燃。自燃点是指物质（不论是固态、液态或气态）在没有外部火花和火焰的条件下，能自动引燃和继续燃烧的最低温度。

物质的自燃点越低，发生火灾的危险越大。物质受热自燃是发生火灾的一种主要原因，掌握物质的自燃点，对防火工作有重要实际意义。几种物质的自燃点见表11-8。

表11-8　几种物质的自燃点　（单位：℃）

物质名称	自燃点	物质名称	自燃点
木材	300～350	煤油	240～290
煤炭	450	乙醚	180
豆油	460	二硫化碳	112
桐油	410	松香	240
轻柴油	350～380	汽油	510～530
黄磷	34～45	重油	380～420

④ 本身自燃：能自燃的植物有稻草、麦秆、木屑、籽棉、麻等。植物的自燃是由于生物作用、物理作用和化学作用引起的。

植物油有较大的自燃性，动物油次之，纯粹的矿物油不能自燃，引起油脂自燃的内因是油脂中含有不饱和脂肪酸、甘油酯，其不饱和程度越大，含量越多，则油脂的自燃能力越大，这种不饱和化合物在空气中容易发生氧化发热作用。引起油脂自燃的外因是其有较大的氧化表面（如浸油的纤维物质）、有空气和具备蓄热的条件。

烟煤、褐煤、泥煤和硫化铁等也能自燃。

燃烧的几种类型如图11-2所示。

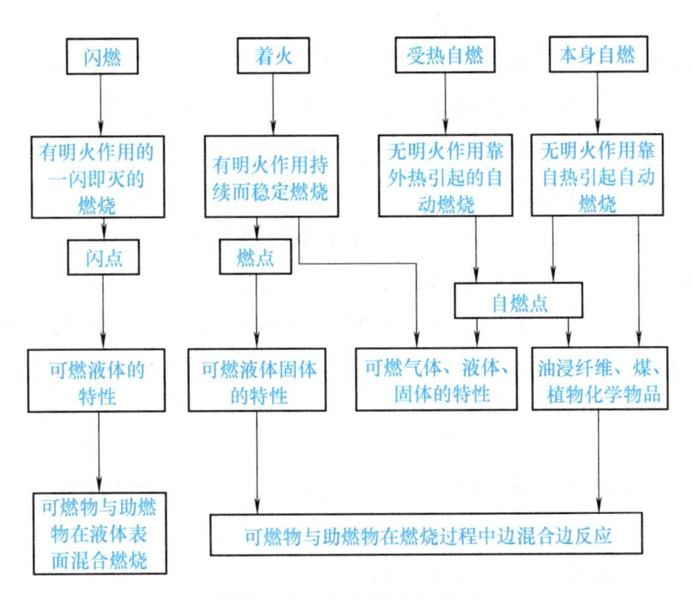

图11-2　燃烧类型概略图

（4）燃烧的产物　燃烧产物是燃烧时生成的气体、蒸汽、液体和固体物质。燃烧产物的成分取决于可燃物质的化学组成和燃烧条件。燃烧产物主要有二氧化碳、一氧化碳、水蒸气、二氧化硫、五氧化二磷以及灰粉等。在空气不足的条件下燃烧时，还能生成碳粒等。火灾时的烟雾实际上就是不完全燃烧时的产物。燃烧时消耗了空气中大部分的氧，剩下的氮和燃烧产物混合在一起。燃烧产物一般有窒息性和一定毒性，人在火场中有引起窒息中毒的危险；火场中烟雾会影响视线，妨碍消防人员行动；灼热的燃烧产物和不完全燃烧产物能使人烫伤或造成新的火源，甚至能与空气形成爆炸混合物。燃烧产物在一定条件下（密闭的场所）有阻碍继续燃烧的作用，还可从燃烧产物的颜色、气味以及烟雾气流的温度、浓度和流动方向，帮助判断火灾原因、火势蔓延及发展情况。

2. 爆炸

爆炸是物质在瞬间以机械功的形式释放出大量气体和能量的现象。通常可以将爆炸分为物理性爆炸和化学性爆炸两大类。

（1）物理性爆炸与化学性爆炸　物理性爆炸是由物理变化引起的。例如，蒸汽锅炉的爆炸，是由于过热的水迅速变化为蒸汽，且蒸汽压力超过锅炉强度的极限而引起的，其破坏程度取决于锅炉蒸汽压力。发生物理爆炸的前、后，爆炸物质的性质及化学成分均不改变。

化学性爆炸是由于物质在极短时间内完成的化学变化，形成其他物质，同时放出大量热量和气体的现象。例如，用来制作炸药的硝化棉在爆炸时放出大量的热量，同时产生大量的气体（CO、CO_2、H_2和水蒸气等）。爆炸时的体积会突然增大47万倍，在几万分之一秒内完成燃烧。爆炸一方面可生成大量气体和热量，另一方面燃烧的速度很大，在瞬间内生成的大量气体来不及膨胀和扩散开，仍然被约束在原有的较小的空间内。众所周知，气体的压力（P）与体积（V）成反比，即$PV=K$（常数），气体的体积越小，则压力就越大，而且这个压力产生极快，即使坚固的钢板、坚硬的岩石也承受不住。同时，爆炸还产生强大的冲击波，这种冲击波不仅能推倒建筑物，对在场人员还具有杀伤作用。化学反应的高速度，同时产生大量气体和热量，这是化学性爆炸的三个基本要素。

发生化学性爆炸的物质，按其特性可分为两类：一类是炸（火）药；另一类是可燃物质与空气形成爆炸性混合物。可燃气体、蒸气及粉尘的爆炸性混合物都属于后一类。

（2）爆炸极限　可燃性物质与空气的混合物，在一定的浓度范围内才能发生爆炸。可燃物质在混合物中发生爆炸的最低浓度称为爆炸下限；反之，则为爆炸上限。在低于下限和高于上限的浓度时，不会发生着火爆炸。爆炸下限和爆炸上限之间的范围，称为爆炸极限。

爆炸极限一般用可燃性气体或蒸汽在空气或氧气混合物中的体积百分数来表示，有时也用单位体积气体中可燃物的含量来表示（g/m^3）。爆炸性混合物的温度、压力、含氧量及火源能量等数量的增大，都会使爆炸极限范围扩大。从爆炸极限的大小和范围，可以评定可燃气体、蒸汽或粉尘的火灾及爆炸危险性。爆炸下限较低的可燃气体、蒸汽或粉尘，危险性较大；爆炸极限的幅度越宽，其危险性就越大。容器直径越小，则爆炸极限范围也越小。

为了有助于理解和记忆“爆炸极限”的概念和影响因素，可以把它总结成四句话：“上上下下保安全，中间范围最危险，温度压力有影响，氧气火源能拓宽。”

几种可燃液体和气体的爆炸极限见表11-9。

表11-9　几种可燃液体和气体的爆炸极限

气体、液体名称	爆炸浓度极限（%）		爆炸温度极限/℃	
	下限	上限	下限	上限
酒精	3.50	18.00	11	40
甲苯	1.20	7.00	1	31
松节油	0.80	62.00	32	53
车用汽油	0.79	5.16	−39	−8
灯用煤油	1.40	7.50	40	86
乙醚	1.85	36.50	−45	13
苯	1.50	9.50	−14	12
氢	4.00	75.00		
乙炔	2.20	81.00		

几种可燃物质粉尘的爆炸极限见表11-10。

表11-10　几种可燃物质粉尘的爆炸极限

粉尘名称	自燃点/℃	爆炸下限/（g/m^3）	爆炸压力/kPa
铝粉	470～645	40.0	607.6
镁粉	600～650	10.0	548.8
煤粉	610	35.0～45.0	303.8
硫磺粉	575	2.3	273.4
木粉	430	12.6～25.0	754.6
面粉	380	9.7	656.6

（3）化学性爆炸的必要条件　凡是化学性爆炸，总是在下列三个条件同时具备时才能发生：一是可燃易爆物；二是可燃易爆物与空气混合并达到爆炸极限，形成爆炸性混合物；三是有火源作用于爆炸性混合物。防止化学性爆炸的全部措施的实质，即是制止上述三个条件的同时存在。

（4）爆炸性混合物的特性

1）直接与空气形成爆炸性混合物的特性。

① 可燃气体的特性：可燃气体（如乙炔、氢等）由于容易扩散流窜，而又无形迹可察觉，所以不仅在容器设备内部，而且在室内通风不良的条件下，容易与空气混合，浓度能够达到爆炸极限。因此在生产、储存和使用可燃气体的过程中，要严防容器、管道的泄漏。厂房内应加强通风，严禁明火。

② 可燃蒸汽的特性：闪点低的易燃液体（如汽油、丙烷）在室温条件下能够蒸发较多的可燃蒸汽。闪点高的可燃液体在加热升温超过闪点时，也能蒸发较多的可燃蒸汽。因此，在液体燃料容器、管道以及厂房、室内通风不良的条件下，可燃蒸汽与空气混合的浓度往往可达到爆炸极限。所以，在生产、储存和使用可燃液体过程中，要严防跑、冒、滴、漏，室内应加强通风换气。在暑热夏天储存闪点低的易燃液体时，必须采取隔热降温措施，严禁明火。

③ 可燃粉尘的特性：如果可燃粉尘飞扬、悬浮于空气中，浓度达到爆炸极限时，即与空气形成爆炸性混合物，遇到火源就会发生爆炸。可燃粉尘飞扬、悬浮于大气中有形迹可察觉，这类爆炸大多发生于生产设备、输送罩壳、干燥加热炉、排风管道等内部空间。因此，在生产、储存和使用可燃粉尘过程中，必须采取防护措施，防止静电，严禁明火。

2）间接与空气形成爆炸性混合物的特性。块、片、纤维状态的可燃物质，如电石、电影胶片、硝化棉等，虽然不能直接与空气形成爆炸性混合物，但是当这些物质与水、热源、氧化剂等作用时，可迅速反应分解释放出可燃气体或可燃蒸汽，然后与空气形成爆炸性混合物，遇火源也会发生爆炸。因此在生产、储存和使用这类可燃物质时，应采取防潮、密闭、隔热等相应的安全措施。

11.6.2　焊接工程中的防火与防爆

1. 焊接切割作业中发生火灾爆炸事故的原因

1）焊接切割作业时，尤其是气体切割时，使用压缩空气或氧气流的喷射，火星、熔珠和铁渣四处飞溅，较大的熔珠和铁渣能飞溅到距操作点5m以外的地方。当作业环境中存在易燃、易爆物品或气体时，就可能会发生火灾和爆炸事故。

2）在高空焊接切割作业时，未清理干净火星所涉及的范围内的易燃易爆物品，作业人员在工作过程中乱扔焊条头，作业结束后未认真检查是否留有火种。

3）气焊、气割的工作过程中未按规定的要求放置气瓶，工作前未按要求检查焊（割）炬、橡胶管路和气瓶的安全装置。

4）气瓶存在制造方面的不足，气瓶的保管、充灌、运输、使用等方面存在不足，违反安全操作规程等。

5）乙炔、氧气等管道的制造、安装有缺陷，使用中未及时发现隐患并整改。

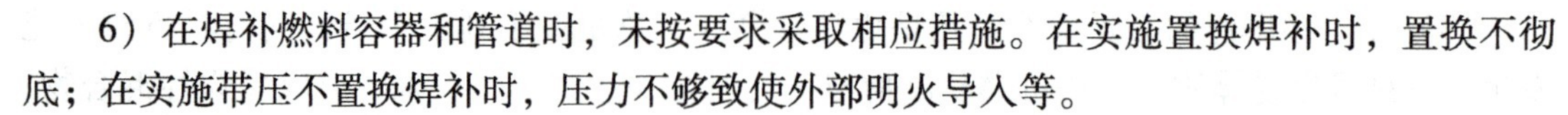

6）在焊补燃料容器和管道时，未按要求采取相应措施。在实施置换焊补时，置换不彻底；在实施带压不置换焊补时，压力不够致使外部明火导入等。

2. 防范措施

1）焊接切割作业时，应将作业环境10m范围内所有易燃易爆物品清理干净。同时，应注意作业环境的地沟、下水道内有无可燃液体和可燃气体，以及可燃易爆物质是否有可能泄漏到地沟和下水道内，以免由于焊渣、金属火星引起灾害或事故。

2）高空焊接切割时，禁止乱扔焊条头，应对焊接切割作业下方进行严格的隔离，作业完毕时应认真细致地检查，确认无火灾隐患后方可离开现场。

3）应使用符合国家有关标准、规程要求的气瓶，在气瓶的储存、运输、使用等环节上应严格遵守安全操作规程。

4）对于输送可燃气体和助燃气体的管道，应按规定安装、使用和管理，应对操作人员和检查人员进行专门的安全技术培训。

5）焊补燃料容器和管道时，应结合实际情况确定焊补方法。实施置换法时，置换应彻底，工作中应严格控制可燃物质的含量；实施带压不置换法时，应按要求保持一定的压力。工作中应严格控制其含氧量。要加强检测，注意监护，要有安全组织措施。

11.6.3　火灾、爆炸事故的紧急处理方法

在焊接切割作业中，如果发生火灾、爆炸事故，应采取以下方法进行紧急处理：

1）应判明火灾、爆炸的部位及引起火灾和爆炸的物质特性，迅速拨打火警电话报警。

2）在消防队员未到达前，现场人员应根据起火或爆炸物质的特点，采取有效的方法控制事故的蔓延，如切断电源、撤离事故现场氧气瓶、乙炔瓶等受热易爆设备，正确使用灭火器材。

3）在紧急处理事故时，必须由专人负责，统一指挥，防止造成混乱。

4）灭火时，应采取防中毒、倒塌、坠落伤人等措施。

5）为了便于查明起火原因，灭火过程中要尽可能地注意观察起火部位、蔓延方向等，灭火后应保护好现场。

6）当气体导管漏气着火时，首先应将焊割炬的火焰熄灭，并立即关闭阀门，切断可燃气体源，用灭火器、湿布、石棉布等扑灭燃烧气体。

7）乙炔气瓶口着火时，设法立即关闭瓶阀，停止气体流出，火即熄灭。

8）当电石桶或乙炔发生器内电石发生燃烧时，应停止供水或与水脱离，再用干粉灭火器等灭火，禁止用水灭火。

9）如乙炔气着火，可用二氧化碳、干粉灭火器扑灭；乙炔瓶内丙酮流出燃烧时，可用泡沫、干粉、二氧化碳灭火器扑灭。如果气瓶库发生火灾，或邻近发生火灾威胁气瓶库时，应采取安全措施，将气瓶移到安全场所。

10）一般可燃物着火可用酸碱灭火器或清水灭火。油类着火时，应用泡沫、二氧化碳或干粉灭火器扑灭。

11）电焊机着火时，首先应拉闸断电，再灭火。在未断电前，不能用水或泡沫灭火器灭火，只能用1211灭火器、二氧化碳灭火器和干粉灭火器。因为水和泡沫灭火液体能够导

电，容易触电伤人。

12）氧气瓶阀门着火时，只要操作者将阀门关闭，断绝氧气，火会自行熄灭。

13）发生火警或爆炸事故，必须立即向当地公安消防部门报警，根据“三不放过”的要求，认真查清事故原因，严肃处理事故责任者。

子单元 7　焊接与切割的劳动卫生与防护

11.7.1　有害因素的来源及危害

金属材料在焊接过程中的有害因素可分为金属烟尘、有毒气体、高频电磁场、射线、电弧辐射和噪声等几类。所出现因素，主要与焊接方法、被焊材料和保护气体有关，而其强烈程度受到焊接方法的影响。

1. 烟尘

（1）金属烟尘的形成　在电气焊接过程中产生的有害烟尘包括烟和粉尘。被焊材料和焊接材料熔融时产生的蒸汽在空气中迅速氧化和冷凝，从而形成金属及其化合物的微粒。直径小于 0.1μm 的微粒称为烟，直径为 0.1 ~ 10.0μm 的微粒称为粉尘。

这些微粒飘浮在空气中就形成了烟尘。焊接电弧的温度在 3000℃以上，而弧中心温度高于 6000℃。气焊时氧炔火焰的焰心温度也高于 3000℃。可见电气焊接过程中在如此高温下进行，就必然引起金属元素的蒸发和氧化，这些金属元素来源于被焊金属和焊材。

（2）金属烟尘的危害　焊接金属烟尘的主要成分很复杂。焊接黑色金属材料时，烟尘的主要成分是铁、硅、锰。焊接其他材料时，烟尘中尚有铝、氧化锌、钼等。上述成分中，主要的有毒物是锰。使用低氢型焊条的手工电弧焊接，粉尘中还含有极具毒性的可溶性氟。

焊工长期接触金属烟尘、如果防护不良，吸进过多的烟尘和将引起头痛、恶心、气管炎、肺炎，甚至有形成焊工尘肺、金属热和锰中毒等危险。

烟尘还能引起像肺粉尘沉着症、支气管哮喘、过敏性肺炎和非特异性慢性阻塞性肺病，有些放射性粉尘还有致癌作用，有毒粉尘的吸入还可引起全身性中毒症状。

1）焊工尘肺。尘肺是指由于长期吸入超过规定浓度的粉尘，引起肺组织弥漫性纤维化变化的病症。现代研究指出，焊接区周围空气中除了有大量氧化铁和铝等粉尘，尚有许多种具有刺激性和促使肺组织纤维化的有毒因素，如硅、硅酸盐、锰、铬、氟化物及其他金属氧化物。还有臭氧、氮氧化物等混合烟尘和有毒气体。目前一般认为，长期吸入超过允许浓度的上述混合烟尘和有毒气体，在肺组织中长期作用就形成混合性尘肺。因而焊工尘肺不同于铁木沉着症和矽肺。

人体对进入呼吸道的粉尘具有一定的自我防御能力，有以下几种防御形式：

① 鼻腔里的黏液分泌等可以使大于 10μm 的尘粒沉积下来，而后被导出体外。

② 直径为 2 ~ 10μm 的尘粒深入呼吸道进入各级支气管后，流速减缓而沉积，黏着在各支气管管壁上，其中大多数通过黏膜上皮的纤毛运动伴随黏液向外移动、传出，通过咳嗽反射到体外。

引入肺泡的粉尘一部分随呼气排出体外，一部分沉降于肺内，被巨噬细胞吞噬，但其中部分可能进入肺泡周围组织沉积于局部，或进入血管和支气管旁的淋巴管，进而引起病变。

由上所述，可看出人体对粉尘有良好防御能力。但防尘措施不好，长期吸入浓度较高的粉尘，仍可对人的机体产生不良的影响，形成焊工尘肺。

焊工尘肺的发病一般比较缓慢，有的病例是在不良条件下接触焊接烟尘长达15～20年以上才发病的，表现为呼吸系统的症状，如气短、咳嗽、胸闷和胸痛，有的患者呈无力、食欲不振、体重减轻及神经衰弱等。

2）锰中毒。焊工长期使用高锰焊条以及焊接高锰钢，如果防护不良，则锰蒸气氧化而成的氧化锰及四氧化三锰等氧化物烟尘，就会大量被吸入呼吸系统和消化系统，侵入机体。排不出体外的余量锰及其化合物则在血液循环中与蛋白质相结合，以难溶盐类形式积蓄在脑、肝、肾、骨、淋巴结和毛发等处，并影响末梢神经系统和中枢神经系统，引起器质性的改变，造成锰中毒。

锰中毒发病很慢，大多在接触了3～5年后甚至长达20年才逐渐发病。早期症状为乏力、头痛、头晕、失眠、记忆力减退以及植物神经功能紊乱。中毒进一步发展，神经精神症状均更加明显，会出现动作迟钝困难，甚至走路左右摇摆，书写时振颤不清等。

3）焊工金属热。焊接金属烟尘中的氧化铁、氧化锰微粒和氟化物等物质容易通过上呼吸道进入末梢细支气管和肺泡，再进入体内，引起焊工“金属热”反应。手工电弧焊时，碱性焊条比酸性焊条容易产生金属热反应。其主要症状是工作后寒颤，继之发烧、倦怠、口内金属味、恶心、喉痒、呼吸困难、胸痛、食欲不振等。据调查，在密闭罐内、船舱内使用碱性焊条焊接的焊工，当通风措施和个人防护不利时，容易得此症状。

2. 有毒气体

电气焊接区的周围空间可形成多种有毒气体。特别是电弧焊接中，在焊接电弧的高温和强烈紫外线作用下，形成有毒气体的程度尤为严重。所形成的有毒气体主要有臭氧、氮氧化物、一氧化碳和氟化氢等。

有毒气体成分及含量与焊接方法、焊接材料、保护气体和焊接方法有关。例如，采用熔化极氩弧焊焊接碳钢时，由于紫外线激发作用而产生的臭氧量达73μg/min；而采用二氧化碳气体保护焊接碳钢时，臭氧量仅产生7μg/min左右。气焊和气割过程中产生的有毒气体相对电弧焊来说少一些，主要是一氧化碳和氮氧化物。但当使用含有氟化物的溶剂时，还产生氟化氢等有毒气体。

各种有毒气体被吸入人体内，会影响操作者的健康。

（1）臭氧　空气中的氧，在短波紫外线的激发下，被大量地破坏而生成臭氧（O_3），臭氧是一种淡蓝色的有毒气体，具有刺激性气味。明弧焊可产生臭氧，氩弧焊和等离子弧焊更为突出。臭氧浓度与焊接材料、焊接方法、保护气体等有关。一般情况下，手工弧焊时的臭氧浓度较低。

（2）氮氧化物　焊接高温作用，可引起空气中氮、氧分子离解，重新结合而成为氮氧化物。其中，主要是二氧化氮（NO_2），因为其他氮氧化物如一氧化氮等均不稳定，易转变为二氧化氮，因此常以测定二氧化氮的浓度来表示氮氧化合物的存在情况。

氮氧化物是具有刺激性的有毒气体，主要表现为对肺的刺激作用。高浓度的二氧化氮被吸入肺泡后，由于肺泡内湿度大，反应加快，在肺泡内约可阻留80%，逐渐与水作用形成

硝酸和亚硝酸。

硝酸与亚硝酸会对肺组织产生强烈刺激及腐蚀作用，引起中毒。慢性中毒的主要症状是精神衰弱，如失眠、头痛、食欲不振、体重下降等。高浓度的氮氧化合物能引起急性中毒。其中，轻者仅发生急性支气管炎；重度中毒时，会引起咳嗽激烈、呼吸困难、虚脱、全身软弱无力等症状。

（3）一氧化碳　各种电气焊都能产生一氧化碳，二氧化碳保护焊产生的一氧化碳浓度最高。

电弧焊时，一氧化碳的来源一是由二氧化碳气体在高温作用下发生分解而形成，二是由电气焊时二氧化碳与熔化了的金属元素发生反应生成一氧化碳。气焊氧炔火焰也产生一氧化碳。

一氧化碳是一种窒息性气体。一氧化碳经呼吸道进入体内，由肺泡吸收进入血液，与血红蛋白结合成碳氧血红蛋白，阻碍了血液带氧能力，使人体组织缺氧而表现出症状，严重的能使人中毒窒息。

焊接中一般不会发生较严重的一氧化碳中毒现象，只有在通风不良的条件下，焊工血液中的碳氧血红蛋白才高于常人。

（4）氟化氢　氟化氢主要产生于手工电弧焊。使用碱性焊条时，焊条药皮里常含有萤石（CaF_2），在电弧的高温作用下形成氟化氢气体。

氟化氢为无色气体，极易溶于水形成氢氟酸，其腐蚀性很强，毒性剧烈。吸入较高浓度的氟化氢气体，可立即引起眼、鼻和呼吸道黏膜的刺激症状，严重时可发生支气管炎、肺炎等。

还需指出，烟尘与有毒气体存在一定的内在联系。电弧辐射越弱，则烟尘越多，有毒气体浓度越低。反之，电弧辐射越强，有毒气体浓度就越高。

3. 弧光辐射

电弧放电时，可产生高热，还会产生弧光辐射。据测定，二氧化碳保护焊的弧光辐射强度是手工电弧焊的2~3倍，氩弧焊的弧光辐射强度是手工电弧焊的5~10倍，而等离子弧焊割比氩弧焊更强烈。

焊接弧光辐射主要包括紫外线、红外线和可见光线。

1）焊接电弧产生的强烈紫外线对人体健康有一定的危害，可引起皮炎，皮肤上出现红斑，甚至出现小水泡、渗出液和浮肿，有烧灼、发痒的感觉。紫外线对眼睛的短时照射就会引起急性角膜结膜炎，称为电光性眼炎，这是明弧焊工和辅助工人一种常见的职业性眼病。同时，焊接电弧的紫外线辐射对纤维的破坏能力也很强，其中以棉织品损伤最严重。由于白色织物反射性强，耐紫外线辐射能力较强。

2）红外线对人体的危害主要是引起组织的热作用。在焊接过程中，眼部受到强烈的红外线辐射，立即会感到强烈的灼伤和灼痛，发生闪光幻觉，长期接触还可能造成红外线白内障，视力减退，严重时能导致失明，此外还可造成视网膜灼伤。

3）焊接电弧的可见光线的光度，比肉眼正常承受的光度要大到一万倍以上。受到照射时，眼睛有疼痛感，一时看不清东西，通常叫电焊“晃眼”，在短时间内失去劳动能力，但不久即可恢复。

4. 噪声

在等离子弧喷枪内，由于气流间压力的起伏、振动和摩擦，并从喷枪口高速喷射出来，就产生了噪声。噪声的强度与成流气体的种类、流动速度、喷枪的设计以及工艺性能有密切关系。等离子弧喷涂和等离子弧切割因工艺要求有一定的冲击力，因而噪声强度高。等离子弧喷涂时声压级可达123dB，常用功率（30kW）等离子弧切割时噪声为111.3dB，大功率（150kW）等离子弧切割时噪声则达118.3dB。切割厚度增加，所需功率应提高，因此噪声强度亦有提高。成流气体种类对噪声的影响以应用双原子气体者较高。而且双原子气体噪声的特点是高频噪声为主，高低频噪声强度的悬殊较大。而单原子气体则低频噪声较强，高低频噪声强度较接近。

人体对噪声最敏感的是听觉器官。在无防护的情况下，强烈的噪声可以引起听觉障碍、噪声性外伤、耳聋等症状。长期接触噪声，还会引起中枢神经系统和血管系统失调，出现厌倦、烦躁、血压升高、心跳过速等症状。此外，噪声还可影响内分泌系统，有些敏感的女工可发生月经失调、流产和其他内分泌功能紊乱现象。

5. 放射性物质

氩弧焊和等离子弧使用的钍钨棒电极中的钍是天然放射性物质，能放出α、β、γ三种射线。焊接操作时，其基本危害形式是含有钍及其衰变产物的烟尘被吸入体内，它们很难被排出体外，因而形成内照射。外照射危害较小，用纸、布及其他材料的屏蔽或离射源10～20cm的空气间隔即可将α粒子完全吸收。β粒子可用铝板或一层塑料布进行隔离。γ射线贯穿力较强，但仅占三种射线总量的1%，其内照射危害较大。

射线不超过允许值，就不会对人体产生危害。但人体长期受到超容许剂量的照射，或者放射性物质经常少量进入并积蓄在体内，则可能引起病变，造成中枢神经系统、造血器官和消化系统的疾病，严重的可能发生放射病。

根据对氩弧焊和等离子焊的放射性测定，一般都低于最高允许浓度，但在钍钨棒磨尖、修理，特别是储存地点，放射线浓度大大高于焊接地点，可达到或接近最高允许浓度。

6. 高频电磁场

在等离子弧焊割时，常用高频振荡器来激发引弧，有的交流焊机还用高频振荡器来稳定电弧。人体在高频电磁场作用下，能吸收一定的辐射能量，产生生物学效应，主要是热作用。

据测定，手工钨极氩弧焊时，焊工各部位受到的高频电磁强度均超过标准，其中以手部强度最大，超过卫生标准5倍多。高频电磁场的参考卫生标准规定为20V/m。

人体在高频电磁场作用下会产生生物学效应，焊工长期接触高频电磁场能引起植物神经功能紊乱和神经衰弱，表现为全身不适、头昏头痛、疲乏、食欲不振、失眠及血压偏低等症状。如果仅是引弧时使用高频振荡器，因时间较短，影响较小，但长期接触是有害的，所以，必须对高频电磁场采取有效的防护措施。高频电会使焊工产生一定的麻电现象，这在高处作业时是很危险的，所以高处作业不准使用高频振荡器进行焊接。

电气焊接切割过程中都会发生金属飞溅现象，这是由焊接熔池冶金反应和熔滴过渡所产生的，是所有明弧焊所共有的危害因素。它很容易引起灼伤、烧坏衣服及存在引起失火的可能性。

按我国卫生标准，几种有毒气体的最高允许浓度见表11-11。

表11-11 我国卫生标准中几种有毒气体的最高允许浓度 （单位：mg/m^3）

有毒气体	最高允许浓度	有毒气体	最高允许浓度
臭氧（O_3）	0.30	氧化锌（ZnO）	5.00
氮氧化物（换算成NO_2）	5.00	铅烟	0.03
一氧化碳（CO_2）	30.00	锰及其化合物（换算成MnO_2）	0.20
氢氟酸（HF）及氟化物（换算成F）	1.00		

11.7.2 焊接作业的劳动防护

生产劳动过程中需要进行保护，就是要把人体与生产中的危险因素和有毒因素隔离开来，创造安全、卫生和舒适的劳动环境，以保证安全生产。安全生产包括三个方面的内容：一是要预防工伤事故的发生，即预防触电、火灾、爆炸、金属飞溅和机械伤害等事故；二是要预防职业病的危害，防尘、防毒、防射线和噪声等，三是避免财产损失。前面已阐述了第一方面的内容，本节讲述对有害因素的防护内容。

1. 通风防护措施

在电气焊接过程中，只要采取完善的防护措施，就能保证电气焊工只会吸入微量的烟尘和有毒气体。通过人体的解毒作用和排泄作用，就能把毒害减到最小程度，从而避免发生焊接烟尘和有毒气体中毒现象。通风技术措施是消除焊接粉尘和有毒气体、改善劳动条件的有力措施。

（1）通风措施的种类和适应范围　通风措施可分为全面通风和局部通风。由于全面通风费用高，不能立即降低局部区域的烟雾浓度，且排烟效果不理想，因此除大型焊接车间外，一般情况下多采用局部通风措施。

（2）机械通风措施　机械通风指利用通风机械送风和排风进行换气和排毒的方法。焊接所采用的机械排气通风措施，以局部机械排气应用最广泛，使用效果好、方便、设备费用较少。局部机械排气装置有固定、移动和随机式三种。

1）固定式通风装置是采用固定的通风装置进行通风。在专门的焊接车间或焊接量大、焊机集中的工作地点，应考虑全面机械通风，可集中安装数台轴流式风机向外排风，使车间内经常更换新鲜空气。全面机械通风排烟的方法主要有三种：上抽排烟、下抽排烟和横向排烟。

局部通风分为送风和排气两种。局部送风只是暂时将焊接区域附近作业地带的有害物质吹走，虽对作业地带的空气起到一定的稀释作用，但可能污染整个车间，起不到排除粉尘和有毒气体的目的。局部排气是目前采用的通风措施中，使用效果良好、方便灵活、设备费用较少的有效措施。

固定式排烟罩适用于焊接地点固定、工件较小的情况。设置这种通风装置时，应符合以下要求：使排气途径合理，即有毒气体、粉尘等不经过操作者的呼吸地带，排出口的风速以1m/s为宜；风量应该自行调节；排出管的出口高度必须高出作业厂房顶部1～2m。

2）移动式排烟罩具有可以根据焊接地点的操作、位置的需要随意移动的特点。因而在密闭船舱、化工容器和管道内施焊，或在大作业厂房非定点焊时，采用移动式排烟罩具有良好效果。

使用这种装置时，将吸头置于电弧附近，开动风机即能有效地把烟尘和毒气吸走。

移动式排烟罩的排烟系统由小型离心风机、通风软管、过滤器和排烟罩组成。目前，应用较多、效果良好的形式有净化器固定吸头移动型、风机及吸头移动型和轴流风机烟罩。

3）随机式排烟罩的特点是固定在自动焊机头上或其附近，排风效果显著。一般使用微型风机或气力引射子为风源，它又分近弧和隐弧排烟罩两种形式，隐弧罩的排风效果最佳。

焊接锅炉、容器时，使用压缩空气引射器也可获得良好的效果，其排烟原理是利用压缩空气从压缩空气管中高速喷射，在引射室造成负压，从而将有毒烟尘吸出。

2. 个人防护措施

当作业环境良好时，如果忽视个人防护，人体仍有受害危险。在密闭容器内作业时，危害更大。因此，加强个人的防护措施至关重要。一般个人防护措施除穿戴好工作服、鞋、帽、手套、眼镜、口罩、面罩等防护用品外，必要时可采用送风盔式面罩。

（1）预防烟尘和有毒气体　当在容器内焊接，特别是采用氩弧焊、二氧化碳气体保护焊，或焊接有色金属时，除加强通风外，还应戴好通风帽。使用时，应用经过处理的压缩空气供气，切不可用氧气，以免发生燃烧事故。

（2）预防电弧辐射　电弧辐射中含有的红外线、紫外线及强可见光对人体健康有不同程度的影响，因而在操作过程中，必须采取以下防护措施：工作时必须穿好工作服（以白色工作服最佳），戴好工作帽、手套、脚盖和面罩。在辐射强烈的作业场合如氩弧焊时，应穿耐酸呢或丝绸工作服，并戴好通风焊帽。在高温条件下焊接时，应穿石棉工作服及石棉作业鞋等。工作地点周围应尽可能放置屏蔽板，以免弧光伤害他人。

（3）对高频电磁场及射线的防护　用高频引弧时会产生高频电磁场，可在焊枪的焊接电缆外面套一根铜丝软管进行屏蔽。可将外层绝缘的铜丝编制软管一端接在焊枪上，另一端接地，同时应在操作台附近地面垫上绝缘橡皮等。

钨极氩弧焊，若采用钍钨棒作电极时，钍具有微量放射性，在一般的方法和短时间操作的情况下，对人体无多大危害。但在密闭容器内焊接或选用较强的焊接电流的情况下，以及在磨尖钍钨棒的操作过程中，对人体的危害就比较大。除加强通风和穿戴防护用品外，应戴通风焊帽；焊工应有保健待遇；最好采用无放射性危害的铈钨棒来代替钍钨棒。

（4）对噪声的防护　长时间处于噪声环境中的工作人员应戴上护耳器，以减小噪声对人的危害程度。护耳器有隔音耳罩或隔音耳塞等。耳罩虽然隔音效能优于耳塞，但体积较大，戴用稍有不便。耳塞种类很多，常用的有耳研5型橡胶耳塞，具有携带方便、经济耐用、隔音较好等优点。该耳塞的隔音效能低频为10～15dB，中频为20～30dB，高频为30～40dB。

3. 电焊弧光的防护

1）电焊工在施焊时，电焊机两极之间的电弧放电将产生强烈的弧光，这种弧光能够伤害电焊工的眼睛，造成电光性眼炎。为了预防电光性眼炎，电焊工应使用符合劳动保护要求的面罩。面罩上的电焊护目镜片应根据焊接电流的强度来选择，用合乎作业条件的遮光镜

片，具体要求见表11-12。

表11-12　电焊护目遮光镜片遮光号选用表

焊接切割种类	焊接电流/A			
	≤30	>30~75	>75~200	200~400
电弧焊	5~6	7~8	8~10	11~12
碳弧气刨	—	—	10~11	12~14
焊接辅助工	3~4	—	—	—

2）为了保护焊接工地其他人员的眼睛，一般应在小件焊接的固定场所和有条件的焊接工地设立不透光的防护屏，屏底应距地面留有不大于300mm的间隙。

3）合理组织劳动和作业布局，以免作业区过于拥挤。

4）注意眼睛的适当休息。焊接时间较长，使用规模较大时，应注意中间休息。如果已经出现电光性眼炎，应到医务部门治疗。

4. 电弧灼伤的防护

1）焊工在施焊时，必须穿好工作服，戴好电焊用手套和脚盖。绝对不允许卷起袖口，穿短袖衣以及敞开衣服等进行电焊工作，防止电焊飞溅物灼伤皮肤。

2）电焊工在施焊过程中更换焊条时，严禁乱扔焊条头，以免灼伤别人和引发火灾。

3）为防止操作开关和闸刀时发生电弧灼伤，合闸时应将焊钳挂起来或放在绝缘板上；拉闸时必须先停止焊接工作。

4）在焊接预热焊件时，预热好的部分应用石棉板盖住，只露出焊接部分进行操作。

5）仰焊时飞溅严重，应加强防护，以免发生被飞溅物灼伤的事故。

5. 高温热辐射的防护

1）电弧是高温强辐射热源，焊接电弧可产生3000℃以上的高温。手工焊接时电弧总热量的20%左右散发在周围空间。电弧产生的强光和红外线还可造成对焊工的强烈热辐射。红外线虽不能直接加热空气，但在被物体吸收后，辐射能转变为热能，使物体成为二次辐射热源。因此，焊接电弧是高温强辐射的热源。

2）可采用通风降温措施。加强焊接工作场所的通风设施（机械通风或自然通风）是防暑降温的重要技术措施，尤其是在锅炉等容器或狭小的舱间进行焊割时，应向容器或舱间送风和排气，加强通风。

在夏天炎热季节，为补充人体内的水分，应给焊工供给一定量的含盐清凉饮料，也是防暑的保健措施。

6. 有害气体的防护

1）在焊接过程中，为了保护熔池中熔化金属不被氧化，在焊条药皮中有大量产生保护气体的物质，其中有些保护气体对人体是有害的，为了减少有害气体的产生，应选用高质量的焊条，焊接前清除焊件上的油污，有条件的要尽量采用自动焊接工艺，使焊工远离电弧，避免有害气体对焊工的伤害。

2）利用有效的通风设施，排除有害气体。焊接场所内应有通风设施进行通风换气。在容器内部进行焊接时，必须对焊工工作部位送新鲜空气，以降低有害气体的浓度。

3）加强焊工个人防护，工作时戴防护口罩。定期进行身体检查，以预防职业病。

7. 机械性外伤的防护

1）焊件必须放置平稳，特殊形状焊件应用支架或电焊胎夹具保持稳固。

2）焊接圆形工件的环形焊缝，不准用起重机吊转工件施焊。也不能站在转动的工件上操作，防止跌落摔伤。

3）焊接转动的机械传动部分，应设防护罩。

4）清铲焊接时，应戴护目镜。

8. 采用和开发先进的焊接技术

在焊接结构生产中，应优先采用和努力开发安全卫生性能好的焊接技术。提倡在焊接结构设计、焊接材料、焊接设备和焊接工艺等各个环节中，都把保证操作人员的职业卫生和健康放在首要的位置，逐步改善员工的作业条件。

相关案例

【背景资料】2010年11月15日14时，上海××路一栋高层公寓正在实施建筑节能综合整治项目改造工程的施工时突发火灾，起火点位于9～12层之间，整栋楼都被大火包围。最后，大火导致58人死亡，71人受伤，直接经济损失达1.58亿元。该高层公寓是上海××区建委2010年9月通过招投标，确定工程总包方为上海市××建设总公司，分包方为上海××建筑装饰工程公司。2010年11月，区建委选择上海市××建设工程监理有限公司承担项目监理工作，上海××置业设计有限公司承担项目设计工作。

此工程部分作业分包情况如下：脚手架搭设作业分包给上海××物业管理有限公司施工，搭设方案经总承包方总部和监理单位审核，并得到批准；节能工程、保温工程和铝窗作业，通过政府采购程序分别选择××节能工程有限公司和××铝门窗有限公司进行施工。

经国务院事故调查组查明，该起特别重大火灾事故是一起因企业违规造成的责任事故。事故的直接原因如下：在该公寓大楼节能综合改造项目施工过程中，电焊工在无特种作业人员资格证的条件下，违规在十层电梯前室北窗外进行电焊作业，电焊溅落的金属熔融物引燃下方九层位置脚手架防护平台上堆积的聚氨酯保温材料碎块、碎屑引发火灾，引发大火后，操作人员又未采取任何措施就逃离现场。事故的间接原因：一是建设单位、投标企业、招标代理机构相互串通、虚假招标和转包、违法分包；二是工程项目施工组织管理混乱；三是设计企业、监理机构工作失职；四是市、区两级建设主管部门对工程项目监督管理缺失；五是区公安消防机构对工程项目监督检查不到位；六是区政府对工程项目组织实施工作领导不力。

根据国务院批复的意见，依照有关规定，对54名事故责任人作出严肃处理，其中26名责任人被移送司法机关依法追究刑事责任，28名责任人受到党纪、政纪处分。

【想一想】从上述由于一个小小的焊接工程引发的火灾所造成的特别重大事故中，应当从中吸取什么经验和教训？

思考与拓展题

11-1 焊接与切割操作有哪些不安全因素？想一想应该做好哪几方面的工作？

11-2 焊接作业现场有哪些安全管理的基本要求？谈一谈你对焊接现场安全管理的看法。

11-3 登高焊接作业应采取哪些安全措施？结合施工现场实际情况，你能否提出一些更好的建议，协助安全管理人员进一步做好焊接工程的安全技术与管理工作？

建筑工程安全生产管理

单元12 建筑工程安全生产管理

能力目标

1. 能懂得“依法治安，依法管安”的重要性和必要性。

2. 能深刻体会“安全第一，预防为主，综合治理”的安全生产方针；懂得建筑工程各相关部门的安全生产责任和建筑工程安全管理的基本制度，以及建筑施工现场安全生产的基本要求。

3. 能应用建筑施工现场安全管理的具体内容和要求，对施工现场进行相关的安全生产管理，包括建筑企业内部各类人员的安全职责、安全技术措施及审查制度、应急救援、安全检查、事故管理、安全教育和安全资料管理等。

4. 会运用本单元的知识，正确解决和处理建筑工程施工中的安全管理方面的问题。

学习重点与难点

本单元的重点是建筑施工现场安全管理，难点是施工现场安全检查制度的落实、安全技术措施的交底与审核以及应急救援的管理等内容。

课程思政 树牢安全发展理念，营造安全生产环境

从1952年第二次全国劳动保护工作会议上明确要坚持“安全第一”方针和“管生产必须管安全”的原则至今，党中央、国务院一直都对安全生产高度重视。党的十八大以来，习近平总书记做出了一系列重要指示，深刻阐述了安全生产的重要意义、思想理念、方针政策和工作要求，强调必须坚守“发展决不能以牺牲安全为代价”这条不可逾越的红线。

2020年4月习近平总书记再次对安全生产做出了重要指示，强调树牢安全发展理念，加强安全生产监管，切实维护人民群众生命财产安全。习总书记指出，从2019年的情况看，全国安全生产事故总量、较大事故和重特大事故实现“三个继续下降”，安全生产形势进一步好转，但风险隐患仍然很多，这方面还有大量工作要做。

作为未来的建筑施工安全管理人员，应时刻牢记安全，认真学习安全技术和管理知识，不断学习积累，努力在自己的工作岗位上为全面建设社会主义现代化国家营造稳定的安全生产环境做出贡献。

子单元1 概　　述

12.1.1 安全与安全生产的概念

1. 安全

“安全”原意为没有危险、不受威胁、不出事故。从这个意义上讲，“安全”所表征的是一种环境、状态或一定的物质形态。目前建设工程中所讲的“安全”还包含有一种能力的含义，即包括对健康、生命、卫生、财产、资源和环境等维护和控制的能力。总之，安全是指不发生财产损失、人身伤害和对健康及环境造成危害的一种形态，安全的实质是防止事故发生，消除导致人身伤害、各种财产损失、职业和环境危害发生的条件。

2. 安全生产

“安全生产”则有狭义和广义之分。狭义的“安全生产”是指消除或控制生产过程中的危险和有害因素，保障人身安全健康，设备完好无损，避免财产损失，并使生产顺利进行的生产活动。而广义的“安全生产”是指除对直接生产过程中的危险因素进行控制外，还包括对职业健康、劳动保护和环境保护等方面的控制。

一般意义上讲，“安全生产”是指在社会生产活动中，通过人、物、机、环境的和谐运作，使生产过程中各种潜在的伤害因素和事故风险始终处于有效的控制状态，切实保护劳动者的生命安全和身体健康以及避免财产损失和环境危害的一项活动。《中国大百科全书》对安全生产的定义如下：“旨在保障劳动者在生产过程中的安全的一项方针，企业管理必须遵循的一项原则”。由此，安全生产工作就是为了达到安全生产目标而进行的系统性管理活动，它由源头管理、过程控制、应急救援、安全教育和事故查处五个组成部分构成，既包括生产主体（建筑施工企业）对事故风险和伤害因素所进行的识别、评价和控制，也包括政府相关部门的监督管理、事故处理以及安全生产法制建设、科学研究、宣教培训、工伤保险等方面的活动。

安全生产管理是指建设行政主管部门、建设工程安全监督机构、建筑施工企业、监理单位及相关单位对建设工程生产经营过程中的安全，进行计划、组织、指挥、控制、协调等一系列的管理活动。

12.1.2　安全生产的基本方针

历年来，党中央及各级政府部门都非常重视安全生产工作。“安全第一、预防为主”是早在1985年就列为我国安全生产的基本方针。2002年，《中华人民共和国安全生产法》（以下简称《安全生产法》）在总结我国安全生产管理实践经验的基础上，再次明确了我国安全生产的基本方针是“安全第一、预防为主”。经过多年的贯彻实施，进一步又提出了“安全第一、预防为主、综合治理”是我国安全生产管理的基本方针。

安全第一，保护广大员工的生命安全与健康，不仅是企业的责任和任务，也是保障生产顺利进行，实现企业可持续发展和经济效益的基本条件，是企业各项工作的根基所在。企业只有实现安全生产，才能减少发生事故带来的信誉损失、经济损失和由此产生的负面效应；只有实现安全生产，广大员工才有安全感，才能增强企业凝聚力，提高企业的信誉，也才可以最终获取经济效益和社会效益。安全已经成为涉及国家形象、民族形象以及企业形象的重要因素。

危险是绝对的，安全是相对的，生产活动中客观上存在各种不安全因素，既有人的不安全行为，也有物的不安全状态和管理上的缺陷。只有设法预先加以消除，才能最大限度地实现安全生产，而预防事故发生应该是安全工作的根基所在。

随着我国经济的高速发展，安全生产越来越受到社会各界的广泛关注。国家“十一五”发展规划首次提出了“安全发展”的理念，第一次把加强公共安全建设，提高安全生产水平设立为单独的章节，进一步明确了安全生产必须贯彻“安全第一、预防为主、综合治理”的方针，和“治理隐患、防范事故、标本兼治、重在治本”的安全生产工作原则。这是一个重大的突破，说明安全生产越来越受到党和国家的重视。

把“综合治理”充实到安全生产方针当中，始于党的十六届五中全会上《中共中央关于制定国民经济和社会发展第十一个五年规划的建议》这一发展和完善，更好地反映了安全生产工作的规律和特点。综合运用经济手段、法律手段和必要的行政手段，从发展规划、行业管理、安全投入、科技进步、经济政策、教育培训、安全立法、激励约束、企业管理、监管体制、社会监督以及追究事故责任、查处违法违纪等方面着手，解决影响制约安全生产的历史性、深层次问题，建立安全生产的长效机制。

结合一些学者的观点，“综合治理”应当包括以下含义：

（1）政府监管与指导　国家安全生产综合监管和专项监察相结合，各级安全监督职能部门合理分工、相互协调，实施“监管、协调、服务”三位一体的行政执法系统。

（2）企业负责与保障　企业全面落实生产过程安全保障的事故防范机制，严格遵守《安全生产法》等安全生产法律法规要求，切实落实安全生产保障制度。

（3）员工权益与自律　即从业人员依法获得安全与健康的权益保障，同时实现生产过程安全作业的自我约束机制。即所谓“劳动者遵规守纪”，要求劳动者在劳动过程中，必须

严格遵守安全操作规程，珍惜生命，爱护自己，勿忘安全，广泛深入地开展不伤害自己、不伤害他人、不被他人伤害的“三不伤害”活动，自觉做到遵规守纪，确保安全。

（4）社会监督与参与　形成工会、媒体、社区和公民广泛参与安全生产监督的社会监督机制。把安全生产放入社会的各个部门和全体人员的监管之下，形成安全生产、人人有责的社会局面。

（5）中介支持与服务　与市场经济体制相适应，建立国家认证、社会咨询、第三方审核、技术服务、安全评价等功能的中介支持与服务机制，使安全生产获得强有力的技术和信息支撑。

子单元2　建筑施工安全管理的基本制度

实现建筑施工的安全生产离不开完善的管理体系，安全管理是建筑工程项目管理的首要内容。现代建筑施工是通过有组织的施工生产活动，在特定的空间，由人、财、物的动态组织，构成一个唯一的产品。在这一活动中，建筑产品和建筑施工的特性，决定了建筑施工的管理任务难度较大。所以，建立健全完善的安全管理体系，明确各相关部门和人员的职责，确定和落实各项安全管理制度，是保证建筑施工安全生产的先决条件。

12.2.1　建筑施工安全生产的特点、影响因素及对策

1. 建筑施工安全生产的特点

1）建筑产品的多样性决定了建筑安全生产的多变性。建筑产品的结构形式、建筑规模以及施工工艺等都具有多样性。不同的建筑产品，对人员、材料、机械设备、防护用品和设施、施工技术等均有不同的要求，而且施工现场环境也千差万别，这些差别决定了建筑施工过程中总会面临各种新的安全问题，安全生产永远是一项新的课题。

2）建筑工程的固定性及组织施工的特点决定了建筑安全环境的特殊性。建筑工程的固定性及组织施工的特点，使得施工人员须经常更换工作环境。建筑施工的工作场所和工作内容是不断变化的，随着工程建设的推进，施工现场则会从最初地下的基坑逐步变成耸立的高楼大厦。因此，建筑工程中的周边环境、作业条件、施工技术、人员类别和数量等都在不断发生变化，而相应的安全防护设施往往滞后于施工过程，施工现场存在的不安全因素复杂多变。建筑施工现场的噪声、热量、有害气体和尘土等，都使得工人经常面对多种不利的工作环境和负荷，容易导致安全事故的发生。

3）建筑产品的庞体性决定了建筑施工的高处作业的普遍性。随着社会的发展，建筑产品的空间高度和深度都在不断地增加，而众多的人员和设备在复杂多变的高处作业，使得施工的难度和危险性也就随之增大，所以建筑施工行业也是最危险的行业之一，危险源时刻伴随在施工的周围，极易发生安全事故。

4）企业管理机构的特性决定了建筑安全生产管理的特殊性。许多施工单位往往同时承接多个工程项目的建设，而且通常上级公司又与项目部经常处于分离的状态，致使公司的安全措施并不能及时在项目部得到充分的落实。这使得现场安全管理的责任多由项目部来承担。但是，由于工程项目的临时性和建筑市场竞争的日趋激烈，各方面的压力也相应增大，

公司的安全措施往往被忽视，并不能在工程项目中得到充分的贯彻和落实，因而存在较多的安全隐患。

5）多个建设主体的并存及其关系的复杂性决定了建筑安全管理的难度较大。工程建设涉及多个建设主体，一般包括建设、勘察、设计、监理及施工等诸多单位。建筑安全虽然是由施工单位负主要责任，但其他责任单位也都是影响安全生产的重要因素。加之分包单位的介入、各类人员的流动性以及不同的管理措施和安全理念，导致安全管理的难度较大。市场经济中，目标导向使得建设单位承受较大的压力和风险，而这些压力和风险又往往最终施加在建筑施工单位身上，使得一些施工单位往往只要结果（产量）不求过程（安全），而安全管理恰恰是体现在过程中的管理，加之资源供应的限制和施工的复杂性，建筑施工现场的安全管理难度较大。

6）施工作业的非标准化使得施工现场危险因素增多。建筑产品是一个现场制造的产品，存在较多的非标准构件，不可能按照固定的模式进行安全生产，并且建筑业生产过程的低技术含量决定了从业人员的素质相对普遍较低，加之劳动和资本密集、人员的流动性大，造成施工单位对施工人员的培训严重不足，使得施工人员违章操作现象时有发生。而当前的安全管理手段又比较单一，技术和管理水平相对落后，很多还是依赖经验、监管、安全检查等方式，所以建筑安全施工面临的问题较多。

除上述特点外，诸如自然环境的影响、露天作业、资源投入的限制、人员素质等也是影响建筑工程安全生产的因素。

2. 影响建筑施工的不安全因素

施工现场的不安全因素较多，主要表现在以下四个方面：

（1）人的因素　人的不安全因素包括人的行为因素和非行为因素两类。

人的不安全行为一般有以下类型：

1）操作失误、忽视安全、忽视警告。

2）造成安全装置失效。

3）使用不安全设备。

4）肢体代替工具操作。

5）物体存放不当。

6）冒险进入危险场所。

7）攀、坐不安全位置。

8）在起吊物下作业、停留。

9）在机器运转时进行检查、维修、保养等工作。

10）有分散注意力的行为。

11）没有正确使用个人防护用品、用具。

12）采取不安全装束。

13）对易燃易爆等危险物品处理错误等。

人的非行为不安全因素是指作业人员在生理、心理、能力上存在的，不能适应工作岗位要求的影响安全的因素，主要包括以下内容：

1）生理上的不安全因素：包括肢体、听觉、视觉、反应等感觉器官以及体能、年龄、疾病等不适合工作岗位要求的影响因素。

2）心理上的不安全因素：包括性格、气质和情绪等。

3）能力上的不安全因素：包括知识技能、操作技能、应变能力、资格等不适应工作岗位能力要求的影响因素。

（2）物的因素　物的不安全因素是指能导致事故发生的物质所存在的不安全因素。其主要类型如下：

1）设备或机具防护装置欠缺或有缺陷。

2）个人防护用品、用具欠缺或有缺陷。

3）安全设施、工具、附件欠缺或有缺陷。

4）安全措施的不当。

5）安全技术的滞后或缺陷。

6）安全资金投入的不足等。

（3）环境的因素　环境的不安全因素是指能导致事故发生的环境中存在的不利于建筑施工的因素，主要包括以下方面：

1）各种自然因素的不利影响。

2）经常变化的作业场所。

3）立体交叉和高处作业的施工环境。

4）复杂多变的周围环境。

5）不利于施工的社会环境等。

（4）管理的因素　管理的不安全因素也称为管理缺陷，作为间接原因，也是事故潜在的不安全因素，主要包括以下方面：

1）管理制度缺乏或不健全。

2）管理机构存在缺陷或失职。

3）管理水平低下。

4）管理方法存在缺陷。

5）安全教育缺乏或不全面。

6）应急预案缺乏或不完善。

7）安全检查制度缺乏或不完善等。

3. 保障建筑施工安全生产的对策

通过对许多安全事故的分析，一般认为安全事故的发生大多是以上几种因素共同作用的结果，这也遵循了量变与质变的规律。因此预防事故应同时采取以下措施：

（1）约束人的不安全因素

1）贯彻落实安全生产责任制度，包括建筑施工单位各级、各部门和各类人员的安全生产责任制及各横向相关单位的安全生产责任。

2）建立健全安全生产教育制度，包括企业、项目部、作业班组中全体人员的安全生产教育制度和技术交底制度。

3）执行特种作业管理制度，包括特种作业人员的分类、培训、考试、取证及再教育等制度。

（2）消除物的不安全因素

1）落实安全防护管理制度，包括落实土方开挖、基坑支护、脚手架工程、高处作业及料具存放等的安全防护要求等。

2）选择安全、科学、经济、可行的施工方案和施工方法，包括施工的起点、流向、组织方式、施工方法、施工机具和各种措施等的确定，科学组织施工，针对不同的施工操作落实拟定的安全措施等。

3）严格执行机械、设备安全管理制度，包括塔机及各种施工机械的管理制度和操作规程等。

4）严格执行施工用电安全管理制度，包括施工用电的安全管理、配电线路、配电箱、各类用电设备和照明等的安全技术要求。

（3）建立健全安全管理体系　通过危害源识别、安全风险评价和风险控制的动态管理，以及相关各方的信息交流，提高建筑施工企业的安全管理水平，把各类影响建筑施工的不安全因素控制在事前，使得建设工程按既定的目标得以实现。

（4）采取隔离防护措施　采取必要的措施（如各种劳动安全防护管理制度），使人的不安全因素与物的不安全因素不在同一时间和空间相遇，这也是杜绝事故发生的有效措施。

（5）避免或减轻环境因素对建筑施工的影响　采取有效的防范措施，避免或减轻环境因素对建筑施工的影响。通过深化施工组织设计，充分考虑可能给施工带来的不利环境因素的影响，有针对性地采取相应的技术和组织措施，并在施工中加以落实和及时改进。

12.2.2　建设工程相关各方责任主体的安全责任

1. 建设单位的安全责任

1）建设单位应当向施工单位提供施工现场及毗邻区域内供水、排水、供电、供气、供热、通信、广播电视等地下管线资料，气象和水文观测资料，相邻建筑物和构筑物、地下工程的有关资料，并保证资料的真实性、准确性和完整性。

建设单位因建设工程需要，向有关部门或者单位查询前款规定的资料时，有关部门或者单位应当及时提供相应资料。

2）建设单位不得对勘察、设计、施工、工程监理等单位提出不符合建设工程安全生产法律、法规和强制性标准规定的要求，不得压缩合同约定的工期。

3）建设单位在编制工程概算时，应当确定建设工程安全作业环境及安全施工措施所需费用。

4）建设单位不得明示或者暗示施工单位购买、租赁、使用不符合安全施工要求的安全防护用具、机械设备、施工机具及配件、消防设施和器材。

5）建设单位在申请领取施工许可证时，应当提供建设工程有关安全施工措施的资料；依法批准开工报告的建设工程，建设单位应当自开工报告批准之日起15日内，将保证安全施工的措施报送建设工程所在地的县级以上地方人民政府建设行政主管部门或者其他有关部门备案。

6）建设单位应当将拆除工程发包给具有相应资质等级的施工单位；建设单位应当在拆除工程施工15日前，将下列资料报送建设工程所在地的县级以上地方人民政府建设行政主管部门或者其他有关部门备案：

① 施工单位资质等级证明。

② 拟拆除建（构）筑物及可能危及毗邻建筑的说明。

③ 拆除施工组织方案。

④ 堆放、清除废弃物的措施。

7）实施爆破作业的，应当遵守国家有关民用爆炸物品管理的规定。

2. 勘察、设计单位的安全责任

1）勘察单位应当按照法律、法规和工程建设强制性标准进行勘察，提供的勘察文件应当真实、准确，满足建设工程安全生产的需要。

2）勘察单位在勘察作业时，应当严格执行操作规程，采取措施保证各类管线、设施和周边建（构）筑物的安全。

3）设计单位应当按照法律、法规和工程建设强制性标准进行设计，防止因设计不合理导致生产安全事故的发生。

4）设计单位应当考虑施工安全操作和防护的需要，对涉及施工安全的重点部位和环节在设计文件中注明，并对防范生产安全事故提出指导意见。

5）采用新结构、新材料、新工艺的建设工程和采用特殊结构的建设工程，设计单位应当在设计中提出保障施工作业人员安全和预防生产安全事故的措施和建议。

6）设计单位和注册建筑师等注册执业人员应当对其设计负责。

3. 工程监理单位的安全责任

1）工程监理单位应当审查施工组织设计中的安全技术措施或者专项施工方案是否符合工程建设强制性标准。

2）工程监理单位在实施监理过程中，发现存在安全事故隐患的，应当要求施工单位整改；情况严重的，应当要求施工单位暂时停止施工，并及时报告建设单位。施工单位拒不整改或者不停止施工的，工程监理单位应当及时向有关主管部门报告。

3）工程监理单位和监理工程师应当按照法律、法规和工程建设强制性标准实施监理，并对建设工程安全生产承担监理责任。

4. 施工单位的安全责任

1）施工单位从事建设工程的新建、扩建、改建和拆除等活动，应当具备国家规定的注册资本、专业技术人员、技术装备和安全生产等条件，依法取得相应等级的资质证书，并在其资质等级许可的范围内承揽工程。

2）施工单位主要负责人依法对本单位的安全生产工作全面负责。施工单位应当建立健全安全生产责任制度和安全生产教育培训制度，制订安全生产规章制度和操作规程，保证本单位安全生产条件所需资金的投入，对所承担的建设工程进行定期和专项安全检查，并做好安全检查记录。

3）施工单位的项目负责人应当由取得相应执业资格的人员担任，对建设工程项目的安全施工负责，落实安全生产责任制度、安全生产规章制度和操作规程，确保安全生产费用的有效使用，并根据工程的特点组织制订安全施工措施，消除安全事故隐患，及时、如实报告生产安全事故。

4）施工单位对列入建设工程概算的安全作业环境及安全施工措施所需费用，应当用于施工安全防护用具及设施的采购和更新、安全施工措施的落实、安全生产条件的改善，不得挪作他用。

5）施工单位应当设立安全生产管理机构，配备专职安全生产管理人员；专职安全生产管理人员负责对安全生产进行现场监督检查，发现安全事故隐患，应当及时向项目负责人和安全生产管理机构报告；对违章指挥和操作的，应当立即制止。

6）建设工程实行施工总承包的，由总承包单位对施工现场的安全生产负总责。

7）总承包单位依法将建设工程分包给其他单位的，分包合同中应当明确各自的安全生产方面的权利、义务。总承包单位和分包单位对分包工程的安全生产承担连带责任。

8）分包单位应当服从总承包单位的安全生产管理，分包单位不服从管理导致生产安全事故的，由分包单位承担主要责任。

9）垂直运输机械作业人员、安装拆卸工、爆破作业人员、起重信号工、登高架设作业人员等特种作业人员，必须按照国家有关规定经过专门的安全作业培训，并取得特种作业操作资格证书后，方可上岗作业。

10）施工单位应当在施工组织设计中编制安全技术措施和施工现场临时用电方案，对下列达到一定规模的危险性较大的分部分项工程编制专项施工方案，并附具安全验算结果，经施工单位技术负责人、总监理工程师签字后实施，由专职安全生产管理人员进行现场监督：

① 基坑支护与降水工程。

② 土方开挖工程。

③ 模板工程。

④ 起重吊装工程。

⑤ 脚手架工程。

⑥ 拆除、爆破工程。

⑦ 国务院建设行政主管部门或者其他有关部门规定的其他危险性较大的工程。

对前款所列工程中涉及深基坑、地下暗挖工程、高大模板工程的专项施工方案，施工单位还应当组织专家进行论证、审查。

11）建设工程施工前，施工单位负责项目管理的技术人员应当对有关安全施工的技术要求向施工作业班组、作业人员进行详细说明，并由双方签字确认。

12）施工单位应当在施工现场入口处、施工起重机械、临时用电设施、脚手架、出入通道口、楼梯口、电梯井口、孔洞口、桥梁口、隧道口、基坑边沿、爆破物及有害危险气体和液体存放处等危险部位，设置明显的安全警示标志。安全警示标志必须符合国家标准。

13）施工单位应当根据不同施工阶段和周围环境及季节、气候的变化，在施工现场采取相应的安全施工措施。施工现场暂时停止施工的，施工单位应当做好现场防护，所需费用由责任方承担，或者按照合同约定执行。

14）施工单位应当将施工现场的办公、生活区与作业区分开设置，并保持安全距离；办公、生活区的选址应当符合安全性要求。职工的膳食、饮水、休息场所等应当符合卫生标准。施工单位不得在尚未竣工的建筑物内设置员工集体宿舍。

15）施工现场临时搭建的建筑物应当符合安全使用要求。施工现场使用的装配式活动房屋应当具有产品合格证。

16）施工单位对因建设工程施工可能造成损害的毗邻建（构）筑物和地下管线等，应当采取专项防护措施。

17）施工单位应当遵守有关环境保护法律、法规的规定，在施工现场采取措施，防止或者减少粉尘、废气、废水、固体废弃物、噪声、振动和施工照明对人和环境的危害和污染；在城市市区内的建设工程，施工单位应当对施工现场实行封闭围挡。

18）施工单位应当在施工现场建立消防安全责任制度，确定消防安全责任人，制订用火、用电、使用易燃易爆材料等各项消防安全管理制度和操作规程，设置消防通道、消防水源，配备消防设施和灭火器材，并在施工现场入口处设置明显标志。

19）施工单位应当向作业人员提供安全防护用具和安全防护服装，并书面告知危险岗位的操作规程和违章操作的危害。

20）作业人员有权对施工现场的作业条件、作业程序和作业方式中存在的安全问题提出批评、检举和控告，有权拒绝违章指挥和强令冒险作业。在施工中发生危及人身安全的紧急情况时，作业人员有权立即停止作业或者在采取必要的应急措施后撤离危险区域。

21）作业人员应当遵守安全施工的强制性标准、规章制度和操作规程，正确使用安全防护用具、机械设备等。

22）施工单位采购、租赁的安全防护用具、机械设备、施工机具及配件，应当具有生产（制造）许可证、产品合格证，并在进入施工现场前进行查验。

23）施工现场的安全防护用具、机械设备、施工机具及配件必须由专人管理，定期进行检查、维修和保养，建立相应的资料档案，并按照国家有关规定及时报废。

24）施工单位在使用施工起重机械和整体提升脚手架、模板等自升式架设设施前，应当组织有关单位进行验收，也可以委托具有相应资质的检验检测机构进行验收；使用承租的机械设备和施工机具及配件的，由施工总承包单位、分包单位、出租单位和安装单位共同进行验收。验收合格的方可使用。《特种设备安全监察条例》规定的施工起重机械，在验收前应当经有相应资质的检验检测机构监督检验合格。

25）施工单位的主要负责人、项目负责人、专职安全生产管理人员应当经建设行政主管部门或者其他有关部门考核合格后方可任职。

26）施工单位应当对管理人员和作业人员每年至少进行一次安全生产教育培训，其教育培训情况记入个人工作档案。安全生产教育培训考核不合格的人员，不得上岗。

27）作业人员进入新的岗位或者新的施工现场前，应当接受安全生产教育培训。未经教育培训或者教育培训考核不合格的人员，不得上岗作业。

28）施工单位在采用新技术、新工艺、新设备、新材料时，应当对作业人员进行相应的安全生产教育培训。

29）施工单位应当为施工现场从事危险作业的人员办理意外伤害保险。意外伤害保险费由施工单位支付。实行施工总承包的，由总承包单位支付意外伤害保险费。意外伤害保险期限自建设工程开工之日起至竣工验收合格止。

5. 其他相关单位的安全责任

1）为建设工程提供机械设备和配件的单位，应当按照安全施工的要求配备齐全有效的保险、限位等安全设施和装置。

2）出租的机械设备和施工机具及配件，应当具有生产（制造）许可证和产品合格证。出租单位应当对出租的机械设备和施工机具及配件的安全性能进行检测，在签订租赁协议时，应当出具检测合格证明。

3）禁止出租检测不合格的机械设备和施工机具及配件。

4）在施工现场安装、拆卸施工起重机械和整体提升脚手架、模板等自升式架设设施时，必须由具有相应资质的单位承担。

5）安装、拆卸施工起重机械和整体提升脚手架、模板等自升式架设设施，应当编制拆装方案，制订安全施工措施，并由专业技术人员现场监督。

6）施工起重机械和整体提升脚手架、模板等自升式架设设施安装完毕后，安装单位应当自检，出具自检合格证明，并向施工单位进行安全使用说明，办理验收手续并签字。

7）施工起重机械和整体提升脚手架、模板等自升式架设设施的使用达到国家规定的检验检测期限的，必须经具有专业资质的检验检测机构进行检测。经检测不合格的，不得继续使用。

8）检验检测机构对检测合格的施工起重机械和整体提升脚手架、模板等自升式架设设施，应当出具安全合格证明文件，并对检测结果负责。

12.2.3　建筑工程安全管理的基本制度

要贯彻“安全第一，预防为主，综合治理”的方针，实现建筑施工的安全生产，其基本点在于建立健全并落实安全生产的管理制度。安全生产管理制度可分为政府部门的监督管理制度和建筑施工企业的责任制度两个方面。

1. 政府部门监督管理制度

（1）安全生产许可证制度　国家对高危险的重点行业实行安全生产许可制度，建立安全生产市场准入机制。《安全生产许可证条例》明确规定：国家对矿山企业、建筑施工企业和危险化学品、烟花爆竹、民用爆破器材生产企业实行安全生产许可制度，上述企业未取得安全生产许可证的，不得从事生产经营活动。

安全生产许可证的有效期为3年。安全生产许可证有效期满需要延期的，企业应当于期满前3个月向原安全生产许可证颁发管理机关办理延期手续。

企业在安全生产许可证有效期内，应严格遵守有关安全生产的法律法规，未发生死亡事故的，安全生产许可证有效期届满时，经原安全生产许可证颁发管理机关同意，不再审查，安全生产许可证有效期延期3年。

（2）安全生产费用保障制度　安全生产费用是指企业按照规定标准提取，在成本中列支，专门用于完善和改进企业安全生产条件的资金，按照“企业提取、安委监管、确保需要、规范使用”的原则进行财务管理。

2012年2月14日，财政部、国家安全生产监督管理总局联合发布了《企业安全生产费用提取和使用管理办法》（财企［2012］16号）（以下简称《管理办法》），进一步确立在中华人民共和国境内直接从事煤炭生产、非煤矿山开采、建设工程施工、危险品生产与储存、交通运输、烟花爆竹生产、冶金、机械制造、武器装备研制生产与试验（含民用航空及核燃料）的企业以及其他经济组织适用该《管理办法》，明确指出建筑施工是指土木工程、建筑工程、井巷工程、线路管道和设备安装及装修工程的新建、扩建、改建以及矿山建设。

该《管理办法》自2012年2月14日开始实施后，建筑施工企业以建筑安装工程造价为计算和提取依据，提取的安全费用列入工程造价，在竞标时不得删减，国家对基本建设投资

概算另有规定的，从其规定。各工程类别安全费用提取标准如下：矿山工程为2.5%；房屋建筑工程、水利水电工程、电力工程、铁路工程、城市轨道交通工程为2.0%；市政公用工程、冶炼工程、机电安装工程、化工石油工程、港口与航道工程、公路工程、通信工程为1.5%。

建筑总包单位应当将安全费用按比例直接支付分包单位并监督使用，分包单位不再重复提取。

《管理办法》明确规定建设工程施工企业安全费用应当按照以下范围使用：

1）完善、改造和维护安全防护设施设备支出（不含“三同时”要求初期投入的安全设施），包括施工现场临时用电系统、洞口、临边、机械设备、高处作业防护、交叉作业防护、防火、防爆、防尘、防毒、防雷、防台风、防地质灾害、地下工程有害气体监测、通风、临时安全防护等设施设备支出。

2）配备、维护、保养应急救援器材、设备支出和应急演练支出。

3）开展重大危险源和事故隐患评估、监控和整改支出。

4）安全生产检查、评价（不包括新建、改建、扩建项目安全评价）、咨询和标准化建设支出。

5）配备和更新现场作业人员安全防护用品支出。

6）安全生产宣传、教育、培训支出。

7）安全生产适用的新技术、新标准、新工艺、新装备的推广应用支出。

8）安全设施及特种设备检测检验支出。

9）其他与安全生产直接相关的支出。

为了确保安全费用的正常使用，《管理办法》要求企业提取的安全费用应当专户核算，按规定范围安排使用，不得挤占、挪用。年度结余资金结转下年度使用，当年计提安全费用不足的，超出部分按正常成本费用渠道列支。

企业应当建立健全内部安全费用管理制度，明确安全费用提取和使用的程序、职责及权限，按规定提取和使用安全费用，并编制年度安全费用提取和使用计划，纳入企业财务预算。企业年度安全费用使用计划和上一年安全费用的提取、使用情况按照管理权限报同级财政部门、安全生产监督管理部门、煤矿安全监察机构和行业主管部门备案。

企业安全费用的会计处理，应当符合国家统一的会计制度的规定。

企业提取的安全费用属于企业自提自用资金，其他单位和部门不得采取收取、代管等形式对其进行集中管理和使用，国家法律、法规另有规定的除外。

各级财政部门、安全生产监督管理部门、煤矿安全监察机构和有关行业主管部门依法对企业安全费用提取、使用和管理进行监督检查。

企业未按本办法提取和使用安全费用的，安全生产监督管理部门、煤矿安全监察机构和行业主管部门会同财政部门责令其限期改正，并依照相关法律法规进行处理、处罚。

建设工程施工总承包单位未向分包单位支付必要的安全费用以及承包单位挪用安全费用的，由建设、交通运输、铁路、水利、安全生产监督管理、煤矿安全监察等主管部门依照相关法规、规章进行处理、处罚。

（3）建筑施工企业安全生产管理机构和专职安全管理员制度　安全生产管理机构是指建筑施工企业及其在建设工程项目中设置的负责安全生产管理工作的独立职能部门。所称专职安全生产管理人员是指经建设主管部门或者其他有关部门安全生产考核合格取得安全生产考核合格证书，并在建筑施工企业及其项目从事安全生产管理工作的专职人员，包括企业安全生产管理机构的负责人及其工作人员和施工现场专职安全生产管理人员。

按照《建筑施工企业安全生产管理机构设置及专职安全生产管理人员配备办法》（建质[2008]91号）的规定，从事土木工程、建筑工程、线路管道和设备安装工程及装修工程的新建、改建、扩建和拆除等活动的建筑施工企业必须设置安全生产管理机构，并配备专职安全生产管理人员。

建筑施工企业安全生产管理机构的职责主要包括以下内容：

1）宣传和贯彻国家有关安全生产法律法规和标准。

2）编制并适时更新安全生产管理制度，并监督实施。

3）组织或参与企业生产安全事故应急救援预案的编制及演练。

4）组织开展安全教育培训与交流。

5）协调配备项目专职安全生产管理人员。

6）制订企业安全生产检查计划并组织实施。

7）监督在建项目安全生产费用的使用。

8）参与危险性较大工程安全专项施工方案专家论证会。

9）通报在建项目违规违章查处情况。

10）组织开展安全生产评优评先表彰工作。

11）建立企业在建项目安全生产管理档案。

12）考核评价分包企业安全生产业绩及项目安全生产管理情况。

13）参加生产安全事故的调查和处理工作。

14）企业明确的其他安全生产管理职责。

建筑施工企业安全生产管理机构专职安全生产管理人员在施工现场检查过程中具有以下职责：

1）查阅在建项目安全生产有关资料、核实有关情况。

2）检查危险性较大工程安全专项施工方案落实情况。

3）监督项目专职安全生产管理人员履责情况。

4）监督作业人员安全防护用品的配备及使用情况。

5）对发现的安全生产违章违规行为或安全隐患，有权当场予以纠正或做出处理决定。

6）对不符合安全生产条件的设施、设备、器材，有权当场作出查封的处理决定。

7）对施工现场存在的重大安全隐患，有权越级报告或直接向建设主管部门报告。

8）企业明确的其他安全生产管理职责。

建筑施工企业安全生产管理机构专职安全生产管理人员的配备应满足下列要求，并应根据企业经营规模、设备管理和生产需要予以增加：

1）建筑施工总承包资质序列企业：特级资质企业不少于6人；一级资质企业不少于4人；二级和二级以下资质企业不少于3人。

2）建筑施工专业承包资质序列企业：一级资质企业不少于3人；二级和二级以下资质企业不少于2人。

3）建筑施工劳务分包资质序列企业：不少于2人。

4）建筑施工企业的分公司、区域公司等较大的分支机构（以下简称分支机构）应依据实际生产情况配备不少于 2 人的专职安全生产管理人员。

建筑施工企业应当实行建设工程项目专职安全生产管理人员委派制度。建设工程项目的专职安全生产管理人员应当定期将项目安全生产管理情况报告企业安全生产管理机构。

建筑施工企业应当在建设工程项目组建安全生产领导小组。建设工程实行施工总承包的，安全生产领导小组由总承包企业、专业承包企业和劳务分包企业项目经理、技术负责人和专职安全生产管理人员组成。

安全生产领导小组具有以下主要职责：

1）贯彻落实国家有关安全生产法律法规和标准。

2）组织制订项目安全生产管理制度，并监督实施。

3）编制项目生产安全事故应急救援预案并组织演练。

4）保证项目安全生产费用的有效使用。

5）组织编制危险性较大工程安全专项施工方案。

6）开展项目安全教育培训。

7）组织实施项目安全检查和隐患排查。

8）建立项目安全生产管理档案。

9）及时、如实报告安全生产事故。

项目专职安全生产管理人员具有以下主要职责：

1）负责施工现场安全生产日常检查，并做好检查记录。

2）现场监督危险性较大工程安全专项施工方案实施情况。

3）有权对作业人员违规违章行为予以纠正或查处。

4）对施工现场存在的安全隐患，有权责令其立即整改。

5）对于发现的重大安全隐患，有权向企业安全生产管理机构报告。

6）依法报告生产安全事故情况。

总承包单位配备的项目专职安全生产管理人员应当满足下列要求：

1）建筑工程、装修工程按照建筑面积配备：1 万平方米以下的工程不少于 1 人；1 万～5 万平方米的工程不少于 2 人；5 万平方米及以上的工程不少于 3 人，且应按专业配备专职安全生产管理人员。

2）土木工程、线路管道、设备安装工程应按照工程合同价配备项目专职安全生产管理人员：5000 万元以下的工程不少于 1 人；5000 万～1 亿元的工程不少于 2 人；1 亿元及以上的工程不少于 3 人，且按专业配备专职安全生产管理人员。

分包单位配备项目专职安全生产管理人员应当满足下列要求：

1）专业承包单位应当配置至少 1 人，并根据所承担的分部分项工程的工程量和施工危险程度增加。

2）劳务分包单位施工人员在 50 人以下的，应当配备 1 名专职安全生产管理人员；50～200 人的，应当配备 2 名专职安全生产管理人员；200 人及以上的，应当配备 3 名及以上专职安全生产管理人员，并根据所承担的分部分项工程施工危险实际情况增加，不得少于工程施工人员总人数的 5‰。

采用新技术、新工艺、新材料或致害因素多、施工作业难度大的工程项目，项目专职安全生产管理人员的数量应当根据施工实际情况，在上述规定的配备标准上增加。

施工作业班组可以设置兼职安全巡查员，对本班组的作业场所进行安全监督检查。建筑施工企业应当定期对兼职安全巡查员进行安全教育培训。

安全生产许可证颁发管理机关颁发安全生产许可证时，应当审查建筑施工企业安全生产管理机构设置及其专职安全生产管理人员的配备情况。

建设主管部门核发施工许可证或者核准开工报告时，应当审查该工程项目专职安全生产管理人员的配备情况。

建设主管部门应当监督检查建筑施工企业安全生产管理机构及其专职安全生产管理人员履责情况。

（4）特种作业人员持证上岗制度　按照《建筑施工特种作业人员管理规定》（建质［2008］75 号）的规定：建筑施工特种作业人员是指在房屋建筑和市政工程施工活动中，从事可能对本人、他人及周围设备设施的安全造成重大危害作业的人员。直接从事特种作业的人员称为特种作业人员。

从事特种作业的劳动者必须按照有关规定经过建设行政主管部门考核合格，并取得建筑施工特种作业操作资格证书后，方可上岗。建筑施工特种作业操作资格证书有效期为 2 年。有效期满需要延期的，建筑施工特种作业人员应当于期满前 3 个月内向原考核发证机关申请办理延期复核手续。延期复核合格的，资格证书有效期延期 2 年。

根据《建筑施工特种作业人员管理规定》规定，涉及建筑施工企业的特种作业人员包括建筑电工、建筑架子工、建筑起重信号司索工、建筑起重机械司机、建筑起重机械安装拆卸工、高处作业吊篮安装拆卸工以及由省级以上建设行政主管部门认定的其他特种作业人员。

需要注意的是，建筑施工特种作业人员和特种设备是由建设行政主管部门进行考核和管理，而其他行业或专业的特种作业人员和设备是由国家安全监督管理总局进行监督管理。上述所界定的范围和管辖权限虽有所不同，但同样要求必须经考核合格，取得特种作业人员资格证书，方可从事相应的作业或者管理工作。

（5）三类人员考核任职制度　根据《安全生产法》的规定，建筑施工单位的企业主要负责人、项目负责人和安全生产管理人员，应当由有关主管部门对其安全生产知识和管理能力考核合格后方可任职。《建筑施工企业主要负责人、项目负责人和专职安全生产管理人员安全生产考核管理规定》（住建部第 17 号令）进一步明确，三类人员必须经建设行政主管部门对其安全知识和管理能力考核合格后方可任职，并接受定期进行的继续教育。

（6）意外伤害保险制度　《建筑法》规定：建筑施工企业必须为从事危险作业的职工办理意外伤害保险，支付保险费。由施工单位作为投保人与保险公司订立保险合同，支付保险费，以本单位从事危险作业的人员作为被保险人，当被保险人在施工作业发生意外伤害事故时，由保险公司按照合同约定向被保险人或者受益人支付保险金。该项保险是法定的强制性保险，以维护施工现场从事危险作业人员的利益。

《关于加强建筑意外伤害保险工作的指导意见》（建质［2003］107 号）对建筑意外伤害保险的投保范围、保险期限等作了详细规定，并明确指出：保险费应当列入建筑安装工程成本。保险费由施工企业支付，施工企业不得向职工摊派。

（7）安全事故报告制度　《安全生产法》《建设工程安全生产管理条例》《企业职工伤

亡事故报告和处理规定》（国务院等 75 号令）对安全事故报告制度都有明确要求。发生安全事故的施工单位应按规定，及时、如实地向负责安全生产的监督管理部门、建设行政主管部门或者其他有关部门报告；特种设备发生事故时，还应当同时向特种设备安全监督管理部门报告。实行施工总承包的建设工程，由总承包单位负责上报事故。

2. 建筑施工企业的责任制度

根据《建设工程安全生产管理条例》的要求，建筑施工企业应建立以下基本安全管理制度有：

（1）安全生产责任制度　安全生产责任制度是指建筑施工企业针对各级领导、各个部门、各类人员所规定的，在其各自职责范围内对安全生产应负责任的制度。其内容应充分体现责、权、利相统一的原则。建立以安全生产责任制为核心的各项安全管理制度，是保障安全生产，贯彻“安全第一，预防为主，综合治理”方针的重要手段。

（2）安全技术措施制度　安全技术措施是指为防止安全事故和职业病的危害而从技术上采取的措施，是建设工程项目管理中施工规划或施工组织设计的重要组成部分。

安全技术措施包括防坍塌、防高空坠落、防物体打击、防机械伤害、防火、防毒、防爆、防洪、防尘、防雷击、防触电、防溜车、防交通事故、防寒、防暑、防疫、防环境污染等方面的技术措施。

（3）专项施工方案及专家论证审查制度　为了加强建设工程的安全技术管理，防止安全事故的发生，住建部于 2018 年颁布实施了《危险性较大的分部分项工程安全管理规定》。对于危险性较大的建筑工程，如基坑支护工程、模板工程、起重吊装工程等，必须编制专项施工方案，并附安全验算结果，经施工单位技术负责人、总监理工程师审查签字后，方可实施；特殊工程还必须由施工单位组织专家论证审查，经审查合格后，方可实施。

（4）安全技术交底制度　安全技术交底制度是指在施工前，施工项目技术负责人应将工程概况、施工方法、作业特点、危险源、安全技术措施，以及发生事故后应及时采取的避险和急救措施等情况向施工工长、作业班组、作业人员进行详细的讲解和说明。安全技术交底必须经双方签字确认，并存档保存。

（5）安全生产教育培训制度　安全生产教育培训制度是指对从业人员进行安全生产教育和安全生产技能的培训，并将这种教育和培训制度化、规范化，以提高全体人员的安全意识和安全生产的技术与管理水平，减少、防止生产安全事故的发生。

为贯彻“安全第一、预防为主，综合治理”的方针，加强建筑业企业职工安全培训教育工作，增强职工的安全意识和安全防护能力，减少伤亡事故的发生，按照建设部《建筑业企业职工安全培训教育暂行规定》的要求，建筑施工企业应当落实安全生产教育培训制度。

（6）安全事故应急救援制度　施工单位应当制订本单位生产安全事故应急救援预案，建立应急救援组织或者配备应急救援人员，配备必要的应急救援器材、设备，并定期组织演练。

实行施工总承包的，由总承包单位统一组织编制建设工程生产安全事故应急救援预案，工程总承包单位和分包单位按照应急救援预案，各自建立应急救援组织，或者配备应急救援人员，配备救援器材、设备，并定期组织演练。

（7）起重机械和设备设施验收登记制度　施工单位在使用施工起重机械和整体提升脚手架、模板等自升式架设设施前，应当组织出租单位、安装单位、分包单位等有关单位进行验收，也可以委托具有相应资质的检验检测机构进行验收，验收合格后方可使用。施工单位应自验收合格之日起30日之内，向建设行政主管部门或者其他有关部门登记备案。

（8）防护用品及设备管理制度　防护用品及设备管理制度是指建筑施工企业采购、租赁的安全防护用具、机械设备、施工机具及配件，应当具有生产（制造）许可证、产品合格证，并在进入现场前由相关人员进行查验。同时，做好防护用品和设备的使用、维修、保养、报废和资料档案等管理工作。

（9）安全生产值班制度　安全生产值班制度是为加强安全生产工作的领导，确保施工项目安全生产工作的延续性，保证安全信息的沟通，而建立的一项规章制度。它要求施工企业和项目部的主要管理人员应按要求轮流值班，时刻了解建筑施工现场的安全生产状况，并及时处理和解决施工中出现的各类安全问题。

（10）消防安全责任制度　消防安全责任制度是指工程项目部应确定消防安全责任人，制订用火、用电、使用易燃易爆材料等各项消防安全管理制度和操作规程，施工现场设置消防通道、消防水源，配备消防设施和灭火器材，并在施工现场入口处设置明显的消防警示标志。

除上述责任制度以外，建筑施工企业还可根据本企业的具体情况和要求，制订一些其他的安全责任制度，如宿舍和食堂安全责任制度、场容和场貌管理责任制度等。

子单元3　建筑施工现场安全管理

建筑施工安全生产管理的立足点是建筑施工现场，建筑施工现场的安全管理一直是整个行业工程管理的中心。建筑施工现场的安全管理一般包括建立健全并落实安全生产责任制、安全技术措施审查制度、应急救援制度、安全检查制度、安全事故管理制度、安全教育制度和安全资料管理制度等。

12.3.1　建筑施工企业安全生产责任制

建筑施工企业安全生产责任制是企业岗位责任制的一个组成部分。它是根据“管生产必须管安全”的原则，综合各种安全生产管理、安全操作规章制度，对施工企业各级领导、各职能部门、有关工程技术人员和生产工人在生产中应负的安全责任作出明确规定的一项制度。

安全生产责任制也是企业中最基本的一项安全制度，是所有安全生产规章制度的核心。这项制度能把安全生产从组织领导上统一起来，把“管生产必须管安全”的原则从制度上固定下来。这样，安全生产工作才能做到事事有人管、层层有专责，使领导干部和广大职工分工协作，共同努力，认真负责地做好安全生产工作。安全生产责任制是其他各项安全生产规章制度得以实施的基本保证。

安全生产责任制与奖惩制度的结合，也是加强安全生产规章制度教育的一个重要手段，对提高企业所有人员认真执行安全生产规章制度的自觉性有较大的作用。同时，建立了安全生产责任制，在发生安全事故以后，就能比较清楚地分析事故，分清从管理到操作各方面的责任，对吸取教训、做好整改、避免事故重复发生，是一项制度上的保障。

1. 建筑施工企业各职能部门的安全生产责任

（1）安全管理部门的责任

1）积极宣传和贯彻国家、行业和地方颁布实施的各项安全生产的法律法规，并督促本企业严格执行。

2）严格执行本企业的各项安全规章制度，并监督检查公司范围内安全生产责任制的执行情况，制订定期安全工作计划和方针目标，并负责贯彻实施。

3）协助有关领导组织施工活动中的定期和不定期安全检查，及时制止各种违章指挥和冒险作业，保障建筑施工的安全进行。

4）组织制订或修改安全生产的各项管理制度，负责审查企业内部的各项安全操作规程，并对其执行情况进行监督检查。

5）组织全员职工进行安全教育，特别是组织特种作业人员的培训、考核等管理工作。

6）组织开展危险源的辨识与防范措施的落实，督促企业各分公司和项目部逐级建立安全生产管理机构和配备安全管理人员。

7）参与新建、改建、扩建工程项目的施工组织设计、会审、审查和竣工验收等工作；参与安全技术措施、文明施工措施、施工方案等会审工作；参与安全生产例会，及时收集信息，预测事故发生的可能性。

8）参加暂设电气工程的施工组织设计和安装验收，提出具体意见，并监督执行；参加自制的中小型机具设备及各种设施和设备维修后在投入使用前的验收，合格后批准使用。

9）参与一般及大、中、异型特殊脚手架的安装验收，及时发现问题，监督有关部门或人员解决落实。

10）深入基层调查研究不安全动态，提出整改意见，制止违章作业，有权下达停工令和依据相关规定进行处罚。

11）协助有关领导监督安全保证体系的正常运转，对削弱安全管理工作的部门，要及时汇报领导，督促解决。

12）做好专控劳动保护用品的监督和管理工作，并监督其使用。

13）对所有进入施工现场的单位或个人进行安全条件的审查和监督，发现不符合施工现场安全技术与管理规定的，有权责令其改正或撤离。

14）督促项目部按规定及时领取和发放劳动保护用品，并指导员工正确使用。

15）主持因工伤亡事故的内部调查，进行伤亡事故统计、分析，并按规定及时上报，对伤亡事故和重大未遂事故的责任者提出处理意见。

16）配合事故调查组，参与伤亡事故的调查、分析及处理等具体工作。

17）采纳安全生产的合理化建议，不断改进施工现场的安全技术和管理水平。

18）落实本企业安全技术资料的收集、整理和归档等管理工作。

（2）技术部门的责任

1）认真学习、贯彻执行国家和上级有关安全技术及安全操作规程的规定，组织施工生产中的安全技术措施的制订与实施。

2）在编制施工组织设计和专业性方案时，要在每个环节中贯彻安全技术措施，对确定后的方案，若有变更，应及时组织修订和审查。

3）检查施工组织设计和施工方案中安全措施的实施情况，对施工中涉及安全方面的技术性问题，提出解决办法。

4）对于新技术、新材料、新工艺，必须制订相应的安全技术措施和安全操作规程。

5）对改善劳动条件、减轻笨重体力劳动、消除噪声等方面的治理进行调查研究，提出解决的技术和组织方案。

6）参与伤亡事故和重大、未遂事故中技术性问题的调查，分析事故原因，从技术上提出防范措施。

（3）计划部门的责任

1）在编制年、季、月、旬生产计划时，必须首先树立“安全第一”的思想，均衡组织生产，保障安全工作与生产任务协调一致，并将安全生产计划纳入生产计划优先安排。

2）坚持按照安全、合理的要求安排施工程序和施工组织，并充分考虑职工的劳逸结合，认真编制各项施工作业计划。

3）在检查生产计划实施情况的同时，要检查项目安全措施的执行情况，对施工中重要安全防护设施、设备的实施工作（如支、拆脚手架和安全网等）要纳入计划，列为正式工序，并给予作业时间和资源的保证。

4）在生产任务与安全保障发生矛盾时，必须优先解决安全保障的实施。

（4）劳动人事部门的责任

1）认真落实国家和省、市有关劳动保护的法规，严格执行有关人员的劳动保护待遇，并监督实施情况。

2）严格执行国家和省、市特种作业人员持证上岗作业的有关规定，适时组织特种作业人员的培训工作，并向安全监督管理部门或主管领导通报情况。

3）对职工（含分包单位员工）进行定期的教育考核，将安全技术知识列为员工培训、考核、评级的内容之一。组织新招收的工人（含分包单位员工）进行入场教育和资格审查，保证参与施工的人员具备相应的安全技能要求。

4）参与因工伤亡事故的调查，从用工方面分析事故原因，提出防范措施，并认真执行对事故责任者的处理意见和决定。

5）根据国家和省、市有关安全生产的方针、政策及企业实际情况，足额配备具有一定文化程度、技术和实践经验的安全管理人员，保证安全管理人员的素质。

6）组织对新调入、新入场和转岗的施工和管理人员的安全培训和教育工作。

7）按照国家和省、市有关规定，负责审查安全管理人员和其他人员的职业资格，有权向主管领导建议调整和补充安全监督管理人员或其他人员。

（5）教育培训部门的责任

1）组织与施工生产有关的学习班时，要安排安全生产技术与管理的教育内容。

2）各专业主办的各类学习班，要设置职业健康和劳动保护课程（课时应不少于总课时的1%～2%）。

3）将安全教育纳入职工培训教育计划，负责组织并落实职工的安全技术培训和教育工作，并严格考核制度。

4）建立受训人员的培训档案，严格培训管理制度。

（6）工会的责任

1）向全体员工宣传国家、行业或地方的安全生产方针、政策、法律、法规和相关标

准，以及企业的安全生产规章制度，对员工进行遵规守章的安全意识和职业健康安全教育。

2）监督企业的安全生产情况，参与安全生产的检查和评判。

3）发现违章指挥，强令工人冒险作业，或发现事故隐患和职业危害，有权代表职工向企业主要负责人或现场负责人提出解决意见，如无效，应支持和组织职工停止施工，并向有关行政主管部门报告。

4）把本单位安全生产和职业健康的议题，纳入职工代表大会的议程，并做出具体的决议。

5）组织职工开展安全生产评选和竞赛活动，充分发挥全体职工的积极性，为安全生产献计献策，不断提高安全生产的技术和管理水平。

6）鼓励职工举报安全隐患，并对职工的举报进行核实和及时上报。

7）督促和协助企业负责人严格执行国家有关劳动保护的规定，不断改善职工的劳动条件。

8）参加安全事故和职业病的调查工作，协助查清事故原因，总结经验教训，做到“四不放过”。

9）有权代表职工和家属对事故责任人提出控告，追究其相应的责任，以维护职工的合法权益。

（7）项目经理部的责任

1）项目经理部是安全生产工作的载体，具体组织和实施项目安全生产、文明施工及环境保护工作，对本项目工程的安全生产负全面责任。

2）贯彻落实各项安全生产的法律、法规、规章和制度，组织实施各项安全管理工作，完成各项考核指标。

3）建立并完善项目部安全生产责任制和安全考核评价体系，积极开展各项安全活动，监督、控制分包单位严格执行安全生产的规章制度，履行安全职责。

4）发生伤亡事故时，应及时上报有关部门，并做好事故现场保护，积极抢救伤员，认真配合事故调查组开展伤亡事故的调查和分析，按照“四不放过”的原则，落实整改防范措施，对责任人员进行处理。

（8）总承包单位的责任　总承包单位除应承担本企业相应的安全生产责任外，还应对分包单位承担以下责任：

1）审查分包单位的安全生产保证体系，对不具备安全生产条件的，不予发包。

2）必须签订分包合同，并且在分包合同中明确各自的安全责任。

3）施工前，应对分包单位进行详细的安全技术交底，并经双方签字确认。

4）加强对施工过程中的监督管理，发现违章操作和冒险作业，应立即勒令其停止作业，进行整改，必要时可解除其分包资格。

5）凡总承包单位的产值中包括分包单位完成的产值的，总承包单位要统计上报分包单位的安全事故情况，并按分包合同的规定，确定相应的责任。

（9）分包单位的责任

1）服从总承包单位的管理，接受总承包单位的安全检查，严格执行总承包单位有关安全生产的规章制度。

2）认真执行安全生产的各项法规、规章制度及安全操作规程，合理安排班组人员工作，对本单位人员在生产中的安全和健康负责。

3）严格履行各项劳务用工手续，做好本单位人员的岗位安全培训，经常组织学习安全操作规程，监督本单位人员遵守劳动纪律和安全纪律，做到不违章指挥，制止违章作业。

4）根据总承包单位的交底向本单位各工种进行详细的书面安全交底，针对当天任务、作业环境等情况，做好班前安全例会，监督其执行情况，发现问题，及时纠正、解决。

5）必须保持本单位人员的相对稳定，人员变更须事先经总承包单位的认可，新来人员应按规定办理各种手续，并经入场和上岗安全教育后方准上岗。

6）参加总承包单位组织的安全生产和文明施工检查，并及时检查本单位人员作业现场安全生产状况，发现问题时，应及时纠正，如有重大隐患，应立即上报有关部门和领导。

7）发生因工伤亡及未遂事故，应保护好现场，做好伤者抢救工作，并立即上报总承包单位有关领导。

8）对于特殊工种，必须经相关部门培训合格，持证上岗。

2. 建筑施工企业主要人员的安全生产责任

（1）企业法人代表的责任　企业是安全生产的责任主体，实行法人代表负责制。企业法人代表的安全生产责任包括以下内容：

1）建立健全本单位安全生产责任制。

2）组织制订本单位安全生产规章制度和操作规程。

3）保证本单位安全生产投入的有效实施。

4）督促、检查本单位的安全生产工作，及时消除生产安全事故隐患。

5）组织制订并实施本单位的生产安全事故应急预案，组织开展应急预案培训、演练和宣传教育。

6）及时、如实报告生产安全事故。

（2）企业主要负责人的责任　企业经理（厂长）和主管生产的副经理（副厂长）应对本企业的劳动保护和安全生产负全面领导责任，其主要责任如下：

1）认真贯彻执行劳动保护和安全生产的政策、法规和规章制度。

2）定期分析研究、解决安全生产中的问题，定期向企业职工代表大会报告企业安全生产情况和措施。

3）制订安全生产工作规划和企业的安全责任制等制度，建立健全安全生产保证体系。

4）保证安全生产的投入及有效实施。

5）组织审批安全技术措施计划，并贯彻实施。

6）定期组织安全检查和开展安全竞赛等活动，及时消除安全隐患。

7）落实对职工进行安全、遵章守纪及劳动保护法制教育。

8）督促各级管理人员和各职能部门的职工做好本职范围内的安全工作。

9）总结与推广安全生产先进经验。

10）及时、如实地报告生产安全事故，主持伤亡事故的调查分析，提出处理意见和改进措施，并督促实施。

11）组织制订企业的安全事故救援预案，组织演练和实施。

（3）企业技术负责人（企业总工程师）的责任

1）企业技术负责人应对本企业劳动保护和安全生产的技术工作负领导责任。

2）组织编制和审批施工组织设计以及专项安全施工方案。

3）负责提出改善劳动条件的技术和组织措施，并付诸实施。

4）负责对职工进行安全技术教育。

5）编制审查企业的安全操作技术规程，及时解决施工中的安全技术问题。

6）参加重大伤亡事故的调查分析，提出技术鉴定意见和改进措施。

7）组织并落实安全技术交底工作，并履行签字认可手续。

8）负责安全技术资料的编制和审查等管理工作。

（4）项目经理的责任

1）对承包项目工程生产经营过程中的安全生产负全面领导责任。

2）贯彻落实安全生产方针、政策、法规和各项规章制度，结合项目工程特点及施工全过程的情况，制订本项目部的各项安全生产管理制度，或提出要求，并监督其实施。

3）在组织项目工程承包，聘用管理人员时，必须本着“安全第一”的原则，根据工程特点确定安全工作的管理体制和人员分工，并明确各部门和人员的安全责任和考核指标，支持、指导安全管理人员的工作。

4）健全和完善用工管理手续，录用分包单位必须及时向有关部门申报，严格用工制度与管理，适时组织上岗安全教育，要对分包单位的健康与安全负责，加强劳动保护工作。

5）组织落实施工组织设计中的安全技术措施，监督项目工程施工中安全技术交底制度和设备、设施验收制度的实施。

6）定期领导、组织施工现场进行安全生产检查，发现施工生产中存在不安全因素，应组织制订措施，及时解决。对上级提出的安全生产技术与管理方面的问题，要定时、定人、定措施，予以解决。

7）发生事故时，要做好现场保护与抢救工作，及时上报；组织、配合事故的调查，认真落实既定的防范措施，吸取事故教训。

8）应对分包单位加强文明安全管理，并对其进行检查和评定。

（5）项目技术负责人的责任

1）对工程项目生产经营中的安全生产负技术责任。

2）贯彻、落实安全生产方针、政策，严格执行安全技术规范、标准和规程。结合项目工程特点，主持项目工程的安全技术交底和开工前的全面安全技术交底。

3）参加或组织编制项目施工组织设计，编制、审查施工方案时，要制订、审查安全技术措施，保证其具有可行性和针对性，并及时检查、监督、落实。

4）主持制订技术措施计划和季节性施工方案的同时，应监督制订相应的安全技术措施，并及时解决执行中出现的问题。

5）工程项目应用新材料、新技术、新工艺时，要及时上报，经批准后方可实施。同时，应组织上岗人员的安全技术培训、教育。认真执行相应的安全技术措施与安全操作工艺、要求，预防施工中因易燃易爆物品引起的火灾、中毒，或因新工艺实施中可能造成的事故。

6）主持安全防护设施和设备的验收。发现设备、设施的不正确情况，应及时采取措施。严格控制不合标准要求的防护设备、设施投入使用。

7）参加企业和项目部组织的安全生产检查，对施工中存在的不安全因素，从技术方面提出整改意见和办法予以消除。

8）对职工进行安全技术教育，及时解决安全达标和文明施工中的安全技术问题。

9）参与并配合因工伤亡及重大未遂事故的调查，从技术上分析事故原因，提出防范措施、意见。

10）加强分包单位的安全评定及文明施工的检查评定。

（6）项目安全总监的责任

1）在施工现场项目经理的直接领导下，履行项目安全生产工作的监督管理职责。

2）宣传贯彻安全生产方针政策、规章制度，推动项目安全组织保证体系的运行。

3）督促实施施工组织设计和安全技术措施，实现安全管理目标，对项目各项安全生产管理制度的贯彻与落实情况进行检查与具体指导。

4）组织分包单位安全专（兼）职人员开展安全监督与检查工作。

5）查处违章指挥、违章操作、违反劳动纪律的行为和人员，对重大事故隐患采取有效的控制措施，必要时可采取局部或全部停产的非常措施。

6）督促开展每周进行的安全生产活动和项目安全讲评活动。

7）负责施工现场各级管理人员和各种操作人员的安全资格审查和管理工作。

8）参与事故的调查与处理。

（7）项目安全管理员的责任

1）在企业安全管理部门的领导下，负责施工现场的安全管理工作。

2）做好安全生产的宣传教育工作，组织好安全生产、文明施工达标活动，经常性地开展安全检查。

3）掌握施工进度及生产情况，及时发现施工中的安全隐患，遇有危及人身安全或财产损失险情时，上报有关部门和人员，督促整改，必要时提出停工通知。

4）按照施工组织设计方案中的安全技术措施，督促检查有关人员贯彻执行。

5）协助有关部门做好新工人、特种作业人员和变换工种人员的安全技术、安全法规及安全知识的培训、考核工作。

6）制止违章指挥、违章作业的现象，并立即向有关人员报告。

7）组织或参与进入施工现场的劳保用品防护设施、器具、机械设备的检验、检测及验收工作。

8）参与本工程发生的伤亡事故的调查、分析、整改方案（或措施）的制订及事故登记和报告工作。

（8）项目施工员的责任

1）认真执行上级有关安全生产规定，对所管辖班组（特别是分包单位）的安全生产负直接领导责任。

2）认真执行安全技术措施及安全操作规程，针对生产任务特点，向班组（包括分包单位）进行书面安全技术交底，履行签字手续，并经常对规程、措施和交底要求执行情况进行检查，随时纠正违章作业行为。

3）经常检查所管辖班组的作业环境及各种设备、设施的安全状况，发现问题应及时纠正解决。对重点、特殊部位施工，必须检查作业人员及安全设备、设施技术状况是否符合安全要求，严格执行安全技术交底，落实安全技术措施，并监督其执行，做到不违章指挥。

4）每周或不定期组织一次所管辖班组学习安全操作规程，开展安全教育活动，接受安全部门或人员的安全监督检查，及时处理安全隐患，保证安全施工。

5）对于分管工程项目应用的符合审批手续的新材料、新工艺、新技术，应组织作业工人进行安全技术培训；若在施工中发现问题，应立即停止使用，并上报有关部门或领导。

6）参加所管工程施工现场的脚手架、物料提升机、塔机、外用电梯、模板支架、临时用电设备线路的检查验收，合格后方准使用。

7）发现因工伤亡或未遂事故时，要保护好现场，立即上报。

（9）项目质量管理员的责任

1）贯彻执行相关安全生产法规、规范、标准和规程，正确认识安全与质量的关系。

2）督促班组人员遵守安全生产技术措施和有关安全技术操作规程，有责任制止违章指挥和违章作业。

3）发现事故隐患，首先责令施工人员进行整改，或者停止作业，及时汇报给项目技术负责人和安全员进行处理，并跟踪整改落实情况。

4）发生事故后，要立即上报，并保护现场，参与调查与分析。

（10）项目材料员的责任

1）贯彻执行有关安全生产的法规、规范、标准和规程，树立良好的工作作风，做好本职工作。

2）熟悉建筑施工安全防护用品、设施、器具的有关标准、性能、技术参数、检验检测方法和质量鉴别方法。

3）对采购的安全防护用品、设施、器具、材料、配件的质量负有直接的安全责任。禁止采购影响安全的不合格材料和用品。

4）做好安全防护用品、施工机具等入库的保养、保管、发放、检查等管理工作，有权拒绝不合格的产品进入施工现场。

5）查验所采购产品的生产许可证、质量合格证和复检报告等。

6）配合安监部门做好安全防护用品的抽检工作，发现质量问题，应及时向有关人员反映，确保安全防护产品的安全、可靠。

（11）项目造价员的责任

1）熟悉并遵守国家、地方等有关部门的安全生产法规、规范、标准和规程。

2）按《建筑施工安全检查标准》（JGJ 59—2011）和工程项目实际，编制安全技术措施费用清单，并按计划准确地提供给财务部门。

3）审核材料员所提供的安全防护产品备料清单是否符合项目实际需要及是否列入计划。

4）根据工伤事故报告和事故情况，准确地做好安全事故所带来的直接损失、间接损失及整改所需费用的计算。

5）对所购入的安全防护产品因质量问题带来的经济损失，应及时向项目经理汇报，并建议追查有关人员或厂家的责任，挽回经济损失。

（12）班组长的责任

1）班组长要遵守安全生产的规章制度，对本班的安全生产负领导责任。

2）认真遵守安全操作规程和有关安全生产制度。根据本组人员的技能、体能和思想等实际情况，合理安排工作，认真执行安全技术交底制度，有权拒绝违章作业。

3）组织做好日常安全生产管理，开好班前、班后安全会，支持班组安全员的工作，对新进场工人进行现场第三级安全教育，并在未熟悉工作环境前，指定专人帮助其做好本身的安全工作。

4）组织本组人员学习安全规程和制度，服从指挥，不违章蛮干，不擅自动用机械、电气、脚手架等设备。

5）班前对所使用的机具、设备、防护用具及作业环境进行安全检查，发现问题时，应立即采取措施，及时消除事故隐患。对于不能解决的问题，要采取临时控制措施，并及时上报。

6）发生工伤事故时，应立即组织抢救和上报，并保护好事故现场，事后要组织全体人员认真分析，总结教训，提出防范措施。

7）听从专职安全员的指导，接受改进意见，教育全班组人员坚守岗位，严格执行安全规程和制度。

8）充分调动全组人员的积极性，提出促进安全生产和改善劳动条件的合理化建议。

（13）操作工人的责任

1）认真学习，严格执行安全技术操作规程，遵守安全生产规章制度。

2）自觉接受安全教育培训，认真学习和掌握本工种的安全操作规程及相关安全知识，努力提高安全知识和技能。

3）积极参加安全活动，认真执行安全交底，不违章作业，服从安全人员的指导。

4）发扬团结友爱精神，在安全生产方面做到互相帮助、互相监督，积极向新工人传授安全生产知识，维护一切安全设施和防护用具，做到正确使用，不准拆改。

5）应积极对不安全作业提出意见，并有权拒绝违章指令。

6）正确使用防护用品、安全设施和工具，爱护安全标志，进入施工现场要戴好安全帽，高空作业时系好安全带。

7）随时检查工作岗位的环境和使用的工具、材料、电气、机械设备，做好文明施工和所负责机具的维护保养工作，发现隐患，应及时处理或上报。

8）发生伤亡和未遂事故，应保护现场并立即上报。

通过以上叙述，可比较容易地看出：安全生产管理绝对不是某一个部门或某几个部门的任务，更不是某一个人（如安全员）或某几个人的事情，而是建筑施工企业各部门以及全员参与的一项管理任务，这也是“综合治理”在建筑施工企业内的具体反映。

12.3.2　建筑施工现场安全生产的基本要求

经过总结多年工程实践经验，我国制定了一系列行之有效的安全生产基本规章制度。

1. 安全生产六大纪律

1）进入现场时，必须戴好安全帽，扣好帽带，并正确使用个人劳动防护用品。

2）进行 2m 以上的高处作业、悬空作业、临边作业等时，必须采取相应的安全措施。

3）高处作业时，不准往下或向上乱抛材料和物品。

4）各种电动机械设备必须有可靠有效的接零（地）和防雷装置，方可使用。

5）不懂电气和机械的人员，严禁使用和玩弄机电设备。

6）严禁非操作人员进入吊装区域，吊装机械必须完好，吊臂垂直下方严禁站人。

2. 施工现场“五要”

1）施工要围挡。

2）围挡要美化。

3）防护要齐全。

4）排水要有序。

5）图牌要规范。

3. 施工现场“十不准”

1）不准从正在起吊或吊运中的物件下通过。

2）不准从高处往下跳或奔跑作业。

3）不准在没有防护的外墙和外壁板等建筑物上行走。

4）不准站在小推车等不稳定的物体上操作。

5）不准攀登起重臂、绳索、脚手架、井字架、龙门架、随同运料的吊盘及吊装物上下。

6）不准进入挂有“禁止入内”或设有危险警示标志的区域、场所。

7）不准在重要的运输通道或上、下行走通道上逗留。

8）未经允许，不准私自进入非本单位作业区域或管理区域，尤其是存有易燃易爆物品的场所。

9）不准在无照明设施、无足够采光条件的区域、场所内行走、逗留和作业。

10）不准无关人员进入施工现场。

4. 安全生产十大禁令

1）严禁穿木屐、拖鞋、高跟鞋及不戴安全帽等人员进入施工现场作业。

2）严禁一切人员在提升架、提升机的吊篮下或吊物下作业、站立、行走。

3）严禁非专业人员私自开动任何施工机械及驳接、拆除电线、电器。

4）严禁在操作现场（包括车间、工地）玩耍、吵闹，以及从高处抛掷材料、工具、砖石等一切物件。

5）严禁土方工程的掏空取土，及不按规定放坡或不加支撑的深基坑开挖施工。

6）严禁在不设栏杆或无其他安全措施的高处作业。

7）严禁在未设安全措施的同一部位上同时进行上下交叉作业。

8）严禁带小孩进入施工现场（包括车间、工地）作业。

9）严禁在靠近高压电源的危险区域进行冒进作业及不穿绝缘鞋进行水磨石等作业，严禁用手直接提、拿灯头。

10）严禁在有危险品、易燃易爆品的场所和木工棚、仓库内吸烟、生火。

5. 十项安全技术措施

1）按规定使用“三宝”。

2）机械、设备安全防护装置一定要齐全、有效。

3）塔机等起重设备必须有符合要求的安全保险装置，严禁带病运转、超载作业和使用中维护保养。

4）架设用电线路必须符合相关规定，电气设备必须要有安全保护装置（接地、接零和防雷等）。

5）电动机械和手动工具必须设置漏电保护装置。

6）脚手架的材料及搭设必须符合相关技术规程的要求。

7）各种缆风绳及其设施必须符合相关技术规程的要求。

8）在建工程的桩孔口、楼梯口、电梯口、通道口、预留孔洞口等必须设置安全防护设施。

9）严禁赤脚、穿拖鞋或高跟鞋进入施工现场，高处作业不准穿硬底鞋和带钉及易滑的鞋。

10）施工现场的危险区域应设安全警示标志，夜间要设红灯警示。

6. 防止违章操作和事故发生的十项操作规定

1）新工人未经三级安全教育，复工换岗人员和进入新工地人员未经安全教育，不得上岗操作。

2）特殊工种人员和机械操作工等未经专门的安全培训，无有效的安全操作证书，严禁施工操作。

3）施工环境和专业对象情况不清，施工前无安全措施和安全技术交底，严禁操作。

4）新技术、新工艺、新设备、新材料、新岗位无安全措施，未进行安全培训教育和交底，严禁操作。

5）安全帽、安全带等作业所必需的个人防护用品不落实，不得盲目操作。

6）脚手架、吊篮、塔机、井字架、龙门架、外用电梯、起重机械、电焊机、钢筋机械、木工机械、搅拌机、打桩机等设施设备和现浇混凝土模板支撑，搭设安装后，未经相关人员验收合格，并签字认可，严禁操作。

7）作业场所安全防护措施不落实，安全隐患不排除，威胁人身和财产安全时，严禁操作。

8）凡上级或管理干部违章指挥，有冒险作业情况时，不盲目操作。

9）高处作业、带电作业、禁火区作业、易燃易爆作业、爆破性作业、有中毒或窒息危险的作业和科研实验等其他危险作业的，均应由上级指派，并经安全交底；未经指派批准、未经安全交底和无安全防护措施时，不盲目操作。

10）未排除隐患，有伤害自己、伤害他人或被他人伤害的不安全因素存在时，不盲目操作。

7. 防止触电伤害的十项基本安全操作要求

1）严禁私拆乱接电气线路、插头、插座、电气设备、电灯等。

2）使用电气设备前，必须检查线路、插头、插座、漏电保护装置是否完好。

3）电气线路或机具发生故障时，应由电工处理，非电工不得自行修理或排除故障；对配电箱、开关箱进行检查、维修时，必须将其前一级相应的电源开关分闸断电，并悬挂停电标志牌，严禁带电作业。

4）使用振捣器等手持电动机械和其他电动机械从事潮湿作业时，要由电工接好电源，安装漏电保护器，电压应符合要求，安全操作者必须穿戴好绝缘鞋、绝缘手套后再进行作业。

5）搬迁或移动电气设备时，必须先切断电源。

6）搬运钢筋、钢管及其他金属物时，严禁触碰到电线。

7）禁止在电线上挂晒物料。

8）禁止使用照明器取暖、烘烤，禁止擅自使用电炉等大功率电器和其他加热器。

9）在架空输电线路附近施工时，应停止输电；不能停电时，应有隔离措施，并保持安全距离，防止触碰。

10）不得在地面、施工楼面随意拖拉电线。若必须经过地面、楼面时，应有过路保护，人、车及物料不准踏、碾电线。

8. 起重吊装“十不吊”规定

1）指挥信号不明或违章指挥，不吊。

2）超载或吊物重量不明，不吊。

3）吊物捆扎不牢或零星物件不用盛器堆放稳妥、叠放不齐，不吊。

4）吊物上有人或起重臂吊起的重物下面有人停留或行走，不吊。

5）安全装置不灵，不吊。

6）不吊埋在地下的物件。

7）光线阴暗、视线不清，不吊。

8）棱角物件无防护措施，不吊。

9）不吊歪拉斜挂物件。

10）六级以上强风作业时，不吊。

9. 防止机械伤害的“一禁、二必须、三定、四不准”

1）严禁不懂电器和机械的人员使用和摆弄机电设备。

2）机电设备应完好，必须有可靠有效的安全防护装置。

3）机电设备停电、停工休息时，必须拉闸关机，开关箱应按要求上锁。

4）机电设备应做到定人操作、定人保养、定人检查。

5）机电设备应做到定机管理、定期保养。

6）机电设备应确定岗位和岗位职责。

7）机电设备不准带病运转。

8）机电设备不准超负荷运转。

9）机电设备不准在运转时维修保养。

10）机电设备运行时，不准操作人员将手、头、身体伸入运转的机械行程范围内。

10. 气割、气焊的“十不烧”

1）焊工必须持证上岗，无金属焊接、切割特种作业证书的人员，不准进行气割、气焊作业。

2）凡属于一、二、三级动火范围的气割、气焊，未经办理动火审批手续，不准进行气割、气焊。

3）焊工不了解气割、气焊现场周围的情况时，不准进行气割、气焊。

4）焊工不了解焊件内部是否安全时，不准进行气割、气焊。

5）各种装过可燃性气体、易燃易爆液体和有毒物质的容器，未经彻底清洗或采取有效的安全防护措施之前，不准进行气割、气焊。

6）用可燃材料作为保温层、冷却层、隔热层的部位，或火星能溅到的地方，在未采取切实可靠的安全措施之前，不准进行气割、气焊。

7）在有压力或封闭的管道、容器中，不准进行气割、气焊。

8）附近有与明火作业相抵触的工种作业时，不准进行气割、气焊。

9）对于与外单位相连的部位，在没有弄清险情，或明知存在危险而未采取有效的安全防范措施之前，不准进行气割、气焊。

11. 防止车辆伤害的十项基本安全操作规定

1）未经劳动部门、公安部门培训合格并持证上岗或不熟悉车辆性能的人员，严禁驾驶车辆。

2）应坚持做好车辆的日常保养工作，如车辆制动器、喇叭、转向系统、灯光等影响安全的部件运作不良，不准出车。

3）严禁翻斗车、自卸车车厢乘人，严禁人货混装，车辆载货不应超载、超高、超宽，捆扎应牢固可靠，应防止车内物体失稳跌落伤人。

4）乘坐车辆应坐在安全处，头、手、身不得露出车厢外，要避免车辆启动、制动时跌倒。

5）车辆进出施工现场，在场内掉头、倒车，及在狭窄场地行驶时，应有专人指挥。

6）车辆进入施工现场要减速，并做到“四慢”，即道路情况不明要慢，线路不良要慢，起步、会车、停车要慢，在狭路、桥梁、弯路、坡路、岔道、行人拥挤地点及出入大门时要慢。

7）临近机动车道的作业区和脚手架等设施，以及在道路中的路障，应加设安全色标、安全标志和防护措施，并要确保夜间有充足的照明。

8）进行装卸车作业时，若车辆停在坡道上，应在车轮两侧用楔形木块加以固定。

9）人员应避免在场内机动车道右侧行走，并做到不并排结队而行；避让车辆时，禁止避让于两车交会之中，不站于旁有堆物无法退让的死角。

10）机动车辆不得牵引无制动装置的车辆；牵引物体时，物体上不得有人，人不得进入正在牵引的物与车之间；坡道上牵引时，车和被牵引物下方不得有人停留和作业。

12.3.3　建筑工程安全技术措施及审查

1. 一般建筑工程安全技术措施

（1）单位工程施工组织设计（或施工规划）中的安全技术措施　单位工程施工组织设计是规划和指导拟建工程从准备到竣工验收全过程的技术经济文件。施工单位在编制单位工程施工组织设计时，应当根据工程特点制订相应的安全技术、施工组织形式、作业人员安排和组织措施。安全技术、施工组织形式、作业人员安排和组织措施要针对工程特点、施工方法、施工工艺、作业条件、施工组织形式、作业人员安排和组织以及人员素质等因素，按施工部位列出施工的危险点，对照各危险源制订具体的防护措施和安全作业注意事项，并将各种防护设施的用料计划和验算结果一并纳入施工组织设计，安全技术和组织措施必须经上级主管领导审批，并经相关部门和人员会签。

保证安全施工的技术措施，可从以下几个方面考虑：

1）保证土石方边坡稳定的措施。

2）防止各类物体坠落伤人的措施。

3）脚手架、吊篮、安全网等的位置及各类高处作业防止坠落的措施。

4）外用电梯、井架及塔机等垂直运输机械的拉结要求和防倒塌措施。

5）安全用电和机电设备防短路、防触电的措施。

6）施工机具的安全使用措施。

7）易燃易爆及有毒作业场所的防火、防爆、防毒措施。

8）季节性施工的安全措施，如雨季的防雨、防洪，夏季的防暑、降温，冬季的防滑、防火等措施。

9）现场周围通行道路及居民保护隔离措施。

10）保证安全施工的组织与管理措施，如安全教育、安全宣传及检查制度等。

（2）分部（分项）工程安全技术交底　安全技术交底工作是由施工单位项目技术负责人主持，向施工工长、班组长、施工作业人员等进行职责落实的法律要求，它是在施工方案的基础上进行的，按照施工方案的要求，对施工方案进行的细化和补充，也是对操作者的安全注意事项的说明，保证操作者的人身安全。要严肃认真地进行，不能仅表现于形式。

安全技术交底主要包括三个方面：一是按工程部位分部分项进行交底；二是对施工作业相对固定，与工程施工部位没有直接关系的工种，如起重机械、钢筋加工等，应单独进行交底；三是对工程项目的各级管理人员，应进行以安全施工方案为主要内容的交底。

安全技术交底工作应当在正式作业前进行，不但要口头讲解，同时要有书面文字材料，并履行签字手续，由项目技术负责人、生产班组长、现场安全管理员三方签字，并各留一份。

安全技术交底的内容主要包括工程概况、施工的部位、作业特点、施工方法及要求、危险点安全隐患、安全操作规程、安全注意事项和要求、安全技术措施，以及发生事故后应及时采取的避难和应急救援方法等内容。交底内容不能过于简单、千篇一律、口号化，应按分部（分项）工程和针对作业条件的变化具体进行。

安全技术交底可以与质量交底、施工进度交底等同步进行。

2. 专项施工方案

《建设工程安全生产管理条例》规定：对达到一定规模的危险性较大的分部分项工程，应当在施工前，由施工单位组织编制安全专项施工方案，并附具安全验算结果，经施工单位技术负责人、总监理工程师审核签字，由专职安全生产管理人员进行现场监督实施。

危险性较大的分部分项工程是指建筑工程在施工过程中存在的、可能导致作业人员群死群伤或造成重大不良社会影响的分部分项工程。住房和城乡建设部2018年6月1日起施行的《危险性较大的分部分项工程安全管理规定》对需进行编制专项施工方案的工程范围做出了明确的规定。

（1）编制的范围　依据《危险性较大的分部分项工程安全管理规定》，危险性较大工程是指以下工程：

1）基坑支护、降水工程：开挖深度超过3m（含3m），或虽未超过3m、但地质条件和周边环境复杂的基坑（槽）支护、降水工程。

2）土方开挖工程：开挖深度超过3m（含3m）的基坑（槽）的土方开挖工程。

3）模板工程及支撑体系：具体包括各类工具式模板工程（包括大模板、滑模、爬模、飞模等工程）；混凝土模板支撑工程（搭设高度5m及以上；搭设跨度10m及以上；施工总荷载10kN/m及以上；集中线荷载15kN/m及以上）；高度大于支撑水平投影宽度且相对独立无联系构件的混凝土模板支撑工程；承重支撑体系（用于钢结构安装等满堂支撑体系）。

4）起重吊装及安装拆卸工程：具体包括采用非常规起重设备、方法，且单件起吊重量在10kN及以上的起重吊装工程；采用起重机械进行安装的工程；起重机械设备自身的安装、拆卸。

5）脚手架工程：具体包括搭设高度24m及以上的落地式钢管脚手架工程；附着式整体和分片提升脚手架工程；悬挑式脚手架工程；吊篮脚手架工程；自制卸料平台、移动操作平台工程；新型及异型脚手架工程。

6）拆除、爆破工程：具体包括建（构）筑物拆除工程和采用爆破拆除的工程。

7）其他危险性较大的工程，具体包括和建筑幕墙安装工程；钢结构、网架和索膜结构安装工程；人工挖扩孔桩工程；地下暗挖、顶管及水下作业工程；预应力工程；采用新技术、新工艺、新材料、新设备及尚无相关技术标准的危险性较大的分部分项工程。

危险性较大的分部分项工程安全专项施工方案，是指施工单位在编制施工组织（总）设计的基础上，针对危险性较大的分部分项工程单独编制的安全技术措施文件。建筑工程实行施工总承包的，专项施工方案应当由施工总承包单位组织编制。其中，起重机械安装拆卸工程、深基坑工程、附着式升降脚手架等专业工程实行分包的，其专项施工方案可由专业承包单位组织编制。

建设单位在申请领取施工许可证或办理安全监督手续时，应当提供危险性较大的分部分项工程清单和安全管理措施。施工单位、监理单位应当建立危险性较大的分部分项工程安全管理制度。

（2）编制的原则　专项施工方案的编制，必须考虑现场的实际情况、施工特点及周围作业环境，措施要有针对性。凡施工过程中可能发生的危险因素及建筑物周围外部环境的不利因素等，都必须从技术和组织等方面采取具体且有效的措施予以防范。

（3）编制的内容　专项施工方案应当包括以下内容：

1）工程概况：危险性较大的分部分项工程概况、施工平面布置、施工要求和技术保证条件。

2）编制依据：相关法律、法规、规范性文件、标准、规范及图纸（国标图集）、施工组织设计等。

3）施工计划：包括施工进度计划、材料与设备计划。

4）施工工艺技术：技术参数、工艺流程、施工方法、检查验收等。

5）施工安全保证措施：组织保障、技术措施、应急预案、监测监控等。

6）劳动力计划：专职安全生产管理人员、特种作业人员等。

7）计算书及相关图纸。

（4）审核

1）专项施工方案应当由施工单位技术部门组织本单位施工技术、安全、质量等部门的专业技术人员进行审核。经审核合格的，由施工单位技术负责人签字。实行施工总承包的，专项方案应当由总承包单位技术负责人及相关专业承包单位技术负责人签字。

不需专家论证的专项施工方案，经施工单位审核合格后报监理单位，由项目总监理工程师审核签字。

2）专家论证审查。对于超过一定规模的危险性较大的分部分项工程，施工单位应当组织专家对专项施工方案进行论证审查。超过一定规模的危险性较大的分部分项工程范围如下：

① 深基坑工程：具体包括开挖深度超过5m（含5m）的基坑（槽）的土方开挖、支护、降水工程；开挖深度虽未超过5m，但地质条件、周围环境和地下管线复杂，或影响毗邻建筑（构筑）物安全的基坑（槽）的土方开挖、支护、降水工程。

② 模板工程及支撑体系：具体包括工具式模板工程（包括滑模、爬模、飞模工程）；混凝土模板支撑工程（搭设高度8m及以上，搭设跨度18m及以上，施工总荷载15kN/m及以上，集中线荷载20kN/m及以上）；承重支撑体系（用于钢结构安装等满堂支撑体系，承受单点集中荷载700kg以上）。

③ 起重吊装及安装拆卸工程：具体包括采用非常规起重设备、方法，且单件起吊重量在100kN及以上的起重吊装工程；起重量300kN及以上的起重设备安装工程；高度200m及以上内爬起重设备的拆除工程。

④ 脚手架工程：具体包括搭设高度50m及以上落地式钢管脚手架工程；提升高度150m及以上附着式整体和分片提升脚手架工程；架体高度20m及以上悬挑式脚手架工程。

⑤ 拆除、爆破工程：具体包括采用爆破拆除的工程；码头、桥梁、高架、烟囱、水塔，以及拆除中容易引起有毒有害气（液）体或粉尘扩散、易燃易爆事故发生的特殊建、构筑物的拆除工程；可能影响行人、交通、电力设施、通信设施及其他建（构）筑物安全的拆除工程；文物保护建筑、优秀历史建筑或历史文化风貌区控制范围的拆除工程。

⑥ 其他需要论证审查的工程：具体包括施工高度50m及以上的建筑幕墙安装工程；跨度大于36m及以上的钢结构安装工程；跨度大于60m及以上的网架和索膜结构安装工程；开挖深度超过16m的人工挖孔桩工程；地下暗挖工程、顶管工程和水下作业工程；采用新技术、新工艺、新材料、新设备及尚无相关技术标准的危险性较大的分部分项工程。

超过一定规模的危险性较大的分部分项工程专项施工方案，应当由施工单位组织召开专家论证会。实行施工总承包的，由施工总承包单位组织召开专家论证会。参加专家论证会的人员应当包括专家组成员，建设单位项目负责人或技术负责人，监理单位项目总监理工程师及相关人员，施工单位分管安全的负责人、技术负责人、项目负责人、项目技术负责人、专项施工方案编制人员及项目专职安全生产管理人员，勘察、设计单位项目技术负责人及相关人员。

上述专家组成员应当由5名及以上符合相关专业要求的专家组成。专家库的专家应当具备的基本条件是诚实守信、作风正派、学术严谨；从事专业工作15年以上，或具有丰富的专业经验；具有高级专业技术职称。专家组成员应当从当地住房城乡建设行政主管部门建立的专家库内随机抽取或指定。本工程项目参建各方的人员不得以专家身份参加专家论证会。

专家应论证审查以下主要内容：专项方案内容是否完整、可行；专项方案计算书和验算依据是否符合有关标准规范；安全施工的基本条件是否满足现场实际情况。

专项方案经论证后，专家组应当提交论证报告，对论证的内容提出明确的意见，并在论证报告上签字。该报告应作为修改、完善专项方案的指导意见。

施工单位应当根据论证报告修改、完善专项施工方案，并经施工单位技术负责人、项目总监理工程师、建设单位项目负责人签字后，方可组织实施。实行施工总承包的，应当由施工总承包单位、相关专业承包单位技术负责人签字。

专项施工方案经论证后需做重大修改的，施工单位应当按照论证报告修改，并重新组织专家进行论证。

施工单位应当严格按照专项方案组织施工，不得擅自修改、调整专项施工方案。如因设计、结构、外部环境等因素发生变化确需修改的，修改后的专项方案应当按上述规定重新审核。对于超过一定规模的危险性较大工程的专项施工方案，施工单位应当重新组织专家进行论证。

（5）实施　专项施工方案实施前，编制人员或项目技术负责人应当向现场管理人员和作业人员进行安全技术交底。

施工单位应当指定专人对专项方案实施情况进行现场监督，并按规定进行监测。发现不按照专项方案施工的，应当要求其立即整改；发现有危及人身安全紧急情况的，应当立即组织作业人员撤离危险区域。

施工单位技术负责人应当定期巡查专项方案实施情况。

对于按规定需要验收的危险性较大的分部分项工程，施工单位、监理单位应当组织有关人员进行验收。验收合格的，经施工单位项目技术负责人及项目总监理工程师签字后，方可进入下一道工序。

监理单位应当将危险性较大的分部分项工程列入监理规划和监理实施细则，应当针对工程特点、周边环境和施工工艺等，制订安全监理工作流程、方法和措施。监理单位应当对专项施工方案的实施情况进行现场监理；对不按专项施工方案实施的，应当责令整改，施工单位拒不整改的，应当及时向建设单位报告；建设单位接到监理单位报告后，应当立即责令施工单位停工整改；施工单位仍不停工整改的，建设单位应当及时向住房和城乡建设主管部门报告。

（6）监管　建设单位未按规定提供危险性较大的分部分项工程清单和安全管理措施，未责令施工单位停工整改，未向住房城乡建设主管部门报告；施工单位未按规定编制、实施专项方案；监理单位未按规定审核专项施工方案或未对危险性较大的分部分项工程实施监理，当地住房和城乡建设行政主管部门有权依据有关法律法规予以处罚。

12.3.4　应急救援预案与事故急救

1. 事故应急救援预案与管理

事故应急救援，是指在发生事故时，采取有效地消除、减少事故危害和防止事故扩大，最大限度降低事故损失的措施。

事故应急救援预案（又称为应急预案、应急方案）是根据预测危险源，并分析危险源可能发生事故的类别、危害程度等内容，而事先制订具有针对性的应急救援措施，使一旦事故发生时，能够采取及时、有效、有序的应急救援行动。它是安全管理体系的重要组成部分，也是建筑工程安全管理的重要文件。

事故应急救援预案有三个方面的含义：一是事故预防，通过危险辨识、事故后果分析，采用技术和管理手段降低事故发生的可能性，且使可能发生的事故控制在局部，防止事故蔓延；二是应急处理，当事故（或故障）一旦发生，有应急处理程序和方法，能快速反应处理故障或将事故消除在萌芽状态；三是抢险救援，采用预定的现场抢险和抢救的方式，控制

或减少事故造成的损失。

企业应急管理是指对企业生产经营中的各种安全生产事故和可能给企业带来人员伤亡、财产损失的各种外部突发公共事件，以及企业可能给社会带来损害的各类突发公共事件的预防、处置和恢复重建等工作，是企业管理的重要组成部分。加强企业应急管理，是企业自身发展的内在要求和必须履行的社会责任。

为进一步加强企业应急管理工作，《国务院关于全面加强应急管理工作的意见》［国发（2006）24号］明确规定了应急管理的目标：各级各类生产经营企业在2007年底前全面完成应急预案编制工作；建立健全企业应急管理组织体系，把应急管理纳入企业管理的各个环节；形成上下贯通、多方联动、协调有序、运转高效的企业应急管理机制；建立起训练有素、反应快速、装备齐全、保障有力的企业应急队伍；加强企业危险源监控，实现企业突发公共事件预防与处置的有机结合；政府有关部门完善相关法规和政策措施；企业应对事故灾难、自然灾害、公共卫生事件和社会安全事件的能力得到全面提高。

建筑施工企业建立应急救援预案是我国构建安全生产的“六个支撑体系”之一（其余五个分别是法律法规、信息、技术保障、宣传教育、培训），具有强制性，它是减少因事故造成的人员伤亡和财产损失的重要措施，也是由建筑工程事故（突发事件）的突发性和复杂性所决定的必要安全管理制度。

《安全生产法》《安全生产违法行为处罚办法》规定：生产经营单位的主要负责人未组织制订并实施本单位生产安全事故应急救援预案的，责令限期改正，逾期未改正的，责令生产经营单位停产停业整顿；未按照规定如实向从业人员告知作业场所和工作岗位存在的危险因素、防范措施以及事故应急措施的，责令限期改正，逾期未改正的，责令停产停业整顿，可以并处2万元以下的罚款；危险物品的生产、经营、储存单位以及矿山企业、建筑施工单位未建立应急救援组织，未配备必要的应急救援器材、设备，并进行经常性维护、保养，保证正常运转，责令改正，可以并处1万元以下的罚款。

2. 应急预案的分级

除生产经营单位应当制订应急救援预案外，《安全生产法》规定县级以上地方各级人民政府应当组织有关部门制订本行政区域内特大生产安全事故应急救援预案，建立应急救援体系。根据应急救援预案的权力机构不同，应急救援预案分为五个级别：

1）Ⅰ级（企业级）：事故的有害影响仅局限于某个生产经营单位的厂界内，并且可被现场的操作者遏制和控制在该区域内。这类事故可能需要投入整个单位的力量来控制，但预期其影响不会扩大到社区（公共区）。

2）Ⅱ级（县、市级）：事故的影响可能扩大到公共区，但可被该县（市、区）的力量，加上所涉及的生产经营单位的力量所控制。

3）Ⅲ级（市、地级）：事故影响范围大，后果严重，或是发生在两个县或县级市管辖区边界上的事故，应急救援需动用地区力量。

4）Ⅳ级（省级）：对可能发生的特大火灾、爆炸、毒物泄漏等事故、特大矿山事故以及属省级特大事故隐患、重大危险源的设施或场所，应建立省级事故应急预案。它可能是一种规模较大的灾难事故，或是一种需要用事故发生地的城市或地区所没有的特殊技术和设备进行处理的特殊事故。这类意外事故需用全省范围内的力量来控制。

5）Ⅴ级（国家级）：事故后果超过省、直辖市、自治区边界，以及列为国家级事故隐患、重大危险源的设施或场所，应制订国家级应急预案。

3. 事故应急救援预案的编制

（1）编制应急救援预案的宗旨

1）采取有效的预防措施，把事故控制在局部，消除蔓延条件，防止突发性、重大或连锁事故的发生。

2）能在事故发生后迅速有效地控制和处理事故，尽力减轻事故对人、财产和环境造成的影响。

（2）编制应急救援预案的原则

1）目的性原则：制订的应急救援预案必须明确编制的目的，并具有针对性，不能局限于形式。

2）科学性原则：制订应急救援预案应当在全面调查研究的基础上，进行科学的分析和论证，制订出统一、完整、严密、迅速的应急救援方案，使预案具有科学性。

3）实用性原则：制订的应急救援预案必须讲究实效，应符合企业、施工现场和环境的实际情况，具有实用性和可行性。

4）权威性原则：救援工作是一项紧急状态下的应急性工作，所制订的应急救援预案应明确救援工作的管理体系、救援行动的组织指挥权限、各级救援组织的职责和任务等一系列的行政性管理规定。一旦启动应急预案，各相关部门和人员必须服从指挥，协调配合，迅速投入应急救援之中。

5）从重、从大的原则：制订的事故应急救援预案要从本单位可能发生的最高级别或重大的事故考虑，不能避重就轻、避大就小。

6）分级的原则：事故应急救援预案必须分级制定，分级管理和实施。

（3）应急救援预案的编制内容　以建筑施工企业为例，事故应急救援预案应包括以下主要内容：

1）编制目的及原则。

2）危险性分析（包括项目概况和危险源情况等内容）。

3）应急救援组织机构与职责（包括应急救援领导小组和职责以及应急救援下设机构和职责等内容）。

4）预防与预警（预防应包括土方坍塌、高处坠落、触电、机械伤害、物体打击、火灾、爆炸等事故的预防措施，预警应包括事故发生后的信息报告程序等内容）。

5）应急响应（包括坍塌事故应急处置、大型脚手架及高处坠落事故应急处置、触电事故应急处置、电焊伤害事故应急处置、车辆火灾事故应急处置、重大交通事故应急处置、火灾和爆炸事故应急处置、机械伤害事故应急处置等内容）。

6）应急物资及装备（包括应急救援所需的人员、物资、资金和技术等）。

7）预案管理（包括培训及演练等）。

8）预案修订与完善。

9）相关附件。

（4）编制应急救援预案的程序

1）编制的组织：《安全生产法》第十七条规定，生产经营单位的主要负责人具有组织制订并实施本单位的生产事故应急救援预案的职责。具体到施工项目上，项目经理应是应急

救援预案编制的责任人，项目技术负责人、施工员、安全员、质检员等技术管理人员应当参与编制工作。

2）编制的程序如下：

① 成立应急救援预案编制小组并进行分工，拟订编制方案，明确职责。

② 根据需要收集相关资料，包括施工区域的气象、地理、水文、环境、人口、危险源分布情况，社会公用设施和应急救援力量现状等资料。

③ 进行危险辨识与风险评价。

④ 对应急资源进行评估（包括软件、硬件）。

⑤ 确定指挥机构和人员及其职责。

⑥ 编制应急救援预案。

⑦ 对应急救援预案进行评估。

⑧ 修订完善，形成应急救援预案的文件体系。

⑨ 按规定将预案上报有关部门和相关单位审核批准。

⑩ 对应急救援预案进行修订和维护。

4. 应急救援预案的演练与事故急救

（1）演练的目的　演练是应急救援预案管理的重要组成部分。演练的主要目的如下：

1）测试应急预案和启动程序的完整程度，在事故发生前暴露预案的缺陷，并加以完善。

2）测试紧急装置、设备、机具等资源供应和使用情况，识别出缺乏的资源，如人力、材料、设备、机具和技术等。

3）明确每个人在救援中的岗位和职责，增强应急救援人员的信心和熟练程度。

4）提高整体应急反应能力，以及现场内外应急部门的协同配合能力。

5）提高公众应急意识，在企业应急管理的能力方面获得全员职工的认可和信心。

6）提高各相关部门、机构和人员之间的协调能力，努力协调企业应急救援预案与政府、社区和其他外部机构应急救援预案之间的合作。

7）通过演练，使全体员工熟练掌握事故预防和急救的业务技能，保障安全生产的顺利进行。

（2）演练的要求与形式　工程项目部按照假设的事故情景，每季度至少组织一次现场实际演练，将演练方案及经过记录在案。演练的形式有单项演练、组合演练以及综合演练等。

1）单项演练是为了熟练掌握某项应急操作或完成某种特定任务所需的应急救援技能而进行的演练。这种单项演练或演习是在完成对基本知识的学习之后才进行的，如报告的程序、坠落急救、火灾扑救等。

2）组合演练是一种检查内部应急救援组织之间及其与外部应急救援组织之间的相互协调性而进行的应急救援演练，如事故急救与疏散、报警与公众撤离等。

3）综合演练（或全面演练）是应急救援预案内规定的所有相关单位或其中绝大多数单位参加的，为全面检查其执行预案状况而进行的演练。其目的是验证各应急救援组织的应急救援反应和急救能力，检查相互之间协调的能力，以及检验各类组织能否充分利用现有的人力、物力等资源减小事故带来的损失，确保公众的安全与健康。这种演习可以综合展示和检验各级、各部门应急救援预案的执行情况。

以上任何一种演练结束后，都应认真总结，肯定成绩，表彰先进，鼓舞士气。同时，对演练过程中发现应急预案的不足和缺陷，要及时按程序给予修订和完善。

（3）演练的具体内容 演练的基本内容包括如下内容：要求应急人员了解和掌握如何识别危险、如何采取必要的应急措施、如何启动紧急警报系统、如何安全疏散人群等基本操作，尤其是对坍塌、高处坠落、物体打击、触电、机械伤害和火灾等应急演练，更要加强有关操作的训练，强调危险事故的不同应急方法和注意事项等内容。

常规的基本演练及应急救援内容和要求如下：

1）报警的演练。

① 使参与应急的人员了解并掌握如何利用身边的工具最快、最有效地报警，比如使用移动电话（手机）、固定电话或其他方式（哨音、警报器、钟声）报警。

② 使全体人员熟悉发布紧急情况通告的方法，如使用警笛、警钟、汽笛、电话或广播等。

2）疏散的演练：为避免事故中不必要的人员伤亡，要求作业人员掌握在事故发生后紧急疏散的常识和方法。同时，应培训足够的应急人员在事故现场安全、有序地疏散被困人员或周围群众。

3）坍塌事故应急救援演练与急救。

① 坍塌事故发生后，安排专人及时切断有关闸门，并立即组织抢险人员尽快到达事故现场。根据具体情况，采取人工和机械相结合的方法，对坍塌现场进行处理。抢救中如遇到坍塌巨物、人工搬运有困难时，可调集大型的机械进行急救。在接近边坡处时，必须停止机械作业，全部改用人工操作，防止误伤被埋人员。现场抢救中，还要安排专人对边坡进行监护和清理，防止事故扩大，同时对现场进行声像资料的收集。

② 应在事故现场周围设警戒线，并及时将事故情况上报有关部门和人员。

③ 坚持统一指挥、密切协同的原则。坍塌事故发生后，参战组织和人员较多，现场情况复杂，各种组织和人员需在现场总指挥部的统一指挥下，积极配合、密切协同，共同完成救援任务。

④ 坚持以快制快、行动果断的原则。鉴于坍塌事故有突发性，在短时间内不易处理，处置行动必须做到接警调度快、到达快、准备快、疏散救人快，达到以快制快的目的。

⑤ 强调科学施救、稳妥可靠的原则。解决坍塌事故要讲科学，避免急躁行动引发连续坍塌事故的发生。

⑥ 坚持救人第一的原则。当现场遇有人员受到威胁时，首要任务是抢救人员。

⑦ 抢救伤员时，应立即与附近急救中心和医院联系，请求出动急救车辆并做好急救准备，确保伤员得到及时医治。

⑧ 保护物证的原则。在事故现场取证救助的行动中，应安排人员同时做好事故调查取证工作，以利于事故的后期调查和处理，防止证据遗失。

⑨ 坚持自我保护原则。在救助行动中，抢救机械设备和救助人员应严格执行安全操作规程，配齐安全设施和防护工具，加强自我保护，确保抢救行动过程中的人身安全和财产安全。

4）高处坠落的应急救援演练与急救。

① 救援人员首先在保证自身安全的前提下，根据伤者受伤部位立即组织抢救，促使伤者快速脱离危险环境，送往医院救治，并保护现场，察看事故现场周围有无其他危险源存在。

② 在抢救伤员的同时迅速向上级报告事故现场情况。

③ 抢救受伤人员时几种情况的处理：

（a）如确认人员已死亡，立即保护现场，通知相关人员。

（b）如发生人员昏迷、伤及内脏、骨折及大量失血，应首先立即联系救护车或距现场最近的医院，并说明伤情，为取得最佳抢救效果，还可根据伤情送往专科医院；其次，若发生外伤大出血，在急救车未到前，应在现场采取有效的止血措施；另外，若发生骨折，应注意搬运时的保护，对昏迷、可能伤及脊椎、内脏或伤情不详者一律用担架或平板，禁止用搂、抱、背等方式运输伤员。

（c）如出现一般性伤情，应及时送往医院检查，防止破伤风。

5）触电事故应急救援的演练与急救。

① 截断电源，关上插座上的开关或拔除插头，如果够不着插座开关，就关上总开关，切勿关错一些电器用具的开关，因为该开关可能正处于漏电保护状态。

② 若无法关上开关，可站在绝缘物上，如一叠厚报纸、塑料布、木板之类，或用扫帚或木椅等非导电体将伤者拨离电源，或用绳子、裤子或任何干布条绕过伤者腋下或腿部，把伤者拖离电源。切勿用手触及伤者，也不要用潮湿的工具或金属物质把伤者拨开，更不要使用潮湿的物件拖动伤者。

③ 如果患者呼吸心跳停止，应立即进行人工呼吸和胸外心脏按压。切记不能给触电的人注射强心针。若伤者昏迷，则将其身体放置成卧式。

④ 如果伤者曾经昏迷，身体有烧伤，或感到不适，必须打电话叫救护车，或立即送伤者到医院急救。

⑤ 高空出现触电事故时，应立即截断电源，并注意触电后的保护，避免发生二次伤害。应把伤员抬到附近平坦的地方，立即对伤员进行急救。

⑥ 现场抢救触电者的原则是迅速、就地、准确、坚持。“迅速”指争分夺秒使触电者脱离电源。“就地”指必须在现场附近就地抢救，病人有意识后再就近送医院抢救。从触电时算起，1min 内就开始施救，救生率为 90% 左右；6min 以内及时抢救，救生率为 50% 左右；12min 后再开始抢救，此刻救活的希望已甚微。施救时，人工呼吸和胸外挤压法的动作必须准确，要尽一切努力去抢救。

6）塔式起重机出现事故征兆时的演练与救援：应急指挥接到各种机械伤害事故时，应立即召集应急小组成员，分析现场事故情况，明确救援步骤、所需设备、设施及人员，按照应急预案进行策划、分工，实施救援。需要救援车辆时，应急指挥人员应安排专人接车，引领救援车辆迅速施救。具体要求如下：

① 塔机基础下沉、倾斜时，应立即停止作业，并将回转机构锁住，限制其转动，并根据情况设置地锚，控制塔吊的倾斜。

② 塔机平衡臂、起重臂折臂时，塔机不能做任何动作。应按照抢险方案，根据情况采用焊接等手段，将塔机结构加固，或用连接方法将塔机结构与其他物体连接，防止塔机倾翻和在拆除过程中发生意外。用 2 ~ 3 台适量吨位起重机，一台锁住起重臂，一台锁住平衡臂。

其中一台在拆卸起重臂时起平衡力矩作用，防止因力的突然变化而造成倾翻；按抢险方案规定的顺序，将起重臂或平衡臂连接件中变形的连接件取下，用气焊割开，用起重机将臂杆取下；按正常的拆卸塔机程序将塔机拆除，遇有变形结构，应用气焊割开。

③ 塔机倾翻时，应采取焊接、连接方法，在不破坏失稳受力情况下增加平衡力矩，控制险情发展；选用适量吨位起重机按照抢险方案将塔机拆除，变形部件用气焊割开或调整。

④ 锚固系统发生险情时，应将塔式平衡臂对应到建筑物，转臂过程要平稳并锁住；将塔机锚固系统加固；如需更换锚固系统部件，先将塔机降至规定高度后，再行更换部件。

⑤ 塔身结构变形、断裂、开焊时，应将塔式平衡臂对应到变形部位，转臂过程要平稳并锁住；根据情况采用焊接等手段，将塔机结构变形或断裂、开焊部位加固；落下塔机，更换损坏结构。

7）小型设备的应急救援演练与急救。

① 发生各种机械伤害时，应先切断电源，再根据伤害部位和伤害性质进行处理。

② 迅速确定事故发生的准确位置、可能波及的范围、设备损坏的程度、人员伤亡等情况，以根据不同情况进行处置。

③ 根据现场人员被伤害的程度，一边通知急救医院，一边对轻伤人员进行现场救护。

④ 对重伤者不明伤害部位和伤害程度的，不要盲目进行抢救，以免引起更严重的伤害。

⑤ 划出事故特定区域，非救援人员未经允许不得进入特定区域。迅速核实机械设备上作业人数，如有人员被压在倒塌的设备下面，要立即采取可靠措施加固四周，然后拆除或切割压住伤者的杆件，将伤员移出。

⑥ 抢救受伤人员时几种情况的处理：

（a）如确认人员已死亡，立即保护现场。

（b）如发生人员昏迷、伤及内脏、骨折及大量失血，应立即联系救护车或距现场最近的医院，并说明伤情，为取得最佳抢救效果，还可根据伤情联系专科医院；外伤大出血，急救车未到前，应在现场采取止血措施；如出现骨折，应注意搬动时的保护，对昏迷、可能伤及脊椎、内脏或伤情不详者一律用担架或平板，不得一人抬肩、一人抬腿。

（c）如为一般性外伤，应视伤情送往医院，防止破伤风和伤口感染。如为轻微内伤，应送医院检查。

（d）制订救援措施时，一定要考虑所采取措施的安全性和风险，经评价确认安全无误后再实施救援，避免因采取措施不当而引发新的伤害或损失。

8）火灾应急演练与急救。

① 火灾事故发生后，发现人应立即报警。一旦启动本预案，相关责任人要以处置重大紧急情况为压倒一切的首要任务，绝不能以任何理由推诿拖延。各部门之间、各单位之间必须服从指挥、协调配合，共同做好灭火工作。因工作不到位或玩忽职守造成严重后果的，要追求有关人员的责任。

② 项目在接到报警后，应立即组织自救队伍，立即按事先制订的应急方案进行自救；若事态情况严重，难以控制和处理，应立即在自救的同时向专业队伍求救，并密切配合救援队伍。

③ 疏通事发现场道路，并疏散人群至安全地带，保证救援工作顺利进行。

④ 在急救过程中，遇有威胁人身安全情况时，应首先确保人身安全，迅速组织人员脱

离危险区域或场所后，再采取急救措施。

⑤ 应切断电源、可燃气体（液体）的输送，防止事态扩大。

⑥ 安全总监为紧急事务联络员，负责紧急事务的联络工作。

⑦ 紧急事故处理结束后，安全总监应填写记录，并召集相关人员研究防止事故再次发生的对策。

在火灾事故的应急演练和急救时，还应注意以下几点：

① 做好对施工人员的防火安全教育，帮助施工人员学习防火、灭火、避难、危险品转移等各种安全疏散知识和应对方法，提高施工人员对火灾、爆炸事故发生时的心理承受能力和应变能力。一旦发生突发事件，施工人员不仅可以沉稳自救，还可以冷静地配合外界消防员做好灭火工作，把火灾事故损失降到最低。

② 发生火灾事件时，在安全地带的施工人员应尽早做到早期警告，可通过手机、对讲机等方式向楼上施工人员传递发生火灾的信息和位置。

③ 高层建筑在发生火灾时，不能使用室内电梯和外用电梯逃生；因为室内电梯井会产生“烟囱效应”，外用电梯会发生电源短路情况；最好通过室内楼梯或室外脚手架马道逃生；如果下行楼梯受阻，施工人员可以在某楼层或楼顶部耐心等待救援，打开窗户或划破安全网保持通风，同时用湿布捂住口鼻，挥舞彩色安全帽表明所处位置，切忌逃生时在马道上拥挤。

④ 灾难发生时，人的生理反应和心理反应决定受灾人员的行为具有明显的向光性和盲从性。向光性是指在黑暗中，尤其是辨不清方向，走投无路时，只要有一丝光亮，人们就会迫不及待的向光亮处走去；盲从性是指事件突变，生命受到威胁时，人们由于过分紧张、恐慌，而失去正确的理解和判断能力，只要有人一声招呼，就会导致不少人跟随、拥挤逃生，这会影响疏散甚至造成人员伤亡。

⑤ 恐慌行为是一种过分和不明智的逃离行为，它极易导致各种伤害性情感行动，如绝望等。如果这种行为导致人们“竞争性”拥挤，再进入火场，穿越烟气空间及跳楼等行动，时常带来灾难性后果。

⑥ 受灾人将要撤离或已经撤离火场时，某些特殊原因会驱使他们再度进入火场，这属于一种危险行为。在实际火灾案例中，由于再进火场而导致灾难性后果的占有相当大的比例。

9）人工呼吸法的演练与急救：人工呼吸法是采取人工的方法来代替肺的呼吸活动，及时有效地使气体有节律地进入和排出肺脏，供给体内足够氧气并充分排出二氧化碳，促使呼吸中枢尽早恢复功能，恢复人体自动呼吸的急救方法。各种人工呼吸方法中，以口对口呼吸法效果最好。

具体做法如下：将伤员平卧，解开衣领，围巾和紧身衣服，放松裤带，可在伤员的肩背下方垫些软物，使伤员的头部充分后仰，呼吸道尽量畅通，用手指清除口腔中的异物，如假牙、分泌物、血块和呕吐物等。注意环境要安静，冬季要保温。

抢救者在伤员的一侧，以近其头部的手的拇指和食指紧捏伤员的鼻子（避免漏气），并将手掌外缘压住伤者的额部，另一只手托在伤员颈部，将颈部上抬，使其头部尽量上仰，鼻孔呈朝天状，嘴巴张开准备接受吹气，最好在伤者的嘴上垫一块洁净并且透气性好的布料。

抢救者先吸一口气，然后用嘴紧贴伤员的嘴大口吹气，同时观察其胸部是否膨胀隆起，

以确定吹气是否有效以及吹气是否适度。

吹气停止后，将抢救者头部稍微侧转，并立即放松捏鼻子的手，让气体从伤员的鼻孔排除。此时应注意胸部复原情况，倾听呼气声，观察有无呼吸道梗阻。

如此反复而有节律地人工呼吸，不可中断，每分钟应为12~16次。进行人工呼吸时，要注意口对口的压力要掌握好，开始时可略大些，频率也可稍快些；经过10~20次人工吹气后，逐渐减小压力，只要维持胸部轻度升起即可。如遇到伤员嘴巴解不开的情况，可改用口对鼻孔吹气的办法，吹气时压力要稍大些，时间稍长些，效果相仿。采用人工呼吸法，只有当伤员出现自动呼吸时，方可停止，但要密切观察，以防再次出现停止呼吸。

10）体外挤压心脏法的演练和急救：体外挤压心脏法是指通过人工方法有节律地对心脏挤压，来代替心脏的自然收缩，从而达到维持血液循环的目的，进而恢复心脏的自然节律，挽救伤员的生命的一种急救方法。

具体做法如下：使伤员就近仰卧于硬板上或地上，注意保暖，解开伤员衣领，使其头部后仰。抢救者站在伤员左侧或跪跨在病人的腰部两侧。

抢救者以一手掌根部置于伤员左胸骨下1/3处，并中指对准其颈部凹陷的下缘，另一只手掌交叉重叠于该手背上，肘关节伸直。依靠体重、臂和肩部肌肉的力量，垂直用力，向脊柱方向冲击性地用力施压胸骨下段，使胸骨下段与其相连的肋骨下陷3~4cm，间接压迫心脏，使心脏内血液搏出。

挤压后突然放松（要注意掌根不能离开胸壁），依靠胸廓的弹性，使胸骨复位，心脏舒张，大静脉的血液回流到心脏。

在使用体外挤压心脏法时，定位要准确，用力要垂直适当，有节奏地反复进行；防止因用力过猛而造成继发性组织器官的损伤或肋骨骨折。挤压频率一般控制在每分钟60~80次，有时为了提高效果，可增加挤压频率，达到每分钟100次左右。抢救时，必须同时兼顾心跳和呼吸。抢救工作一般需要很长时间，在没送到医院之前，不能停止抢救工作。

人工呼吸法和体外挤压心脏法的适用范围很广，除了适用于触电伤害的急救，对遭雷击、急性中毒、烧伤、心跳骤停等因素所引起的抑制或呼吸停止的伤员都可采用，有时两种方法可交替进行。

11）创伤救护的演练和急救：创伤分为开放性创伤和闭合性创伤。开放性创伤是指皮肤或黏膜的破损，常见的有摔伤、擦伤、碰伤、切割伤、刺伤、烧伤等；闭合性创伤是指人体内部组织或器官的损伤，而没有皮肤黏膜的破损，常见的有骨折、内脏挤压伤等。

① 开放性创伤的处理：对于开放性创伤，首先应对伤口进行清理、消毒。用生理盐水或酒精棉球，对伤口进行清洗消毒，将伤口和周围皮肤上沾染的泥沙、污物等清理干净，并用干净的纱布将水分及渗血吸干，再用碘酒等药物进行初步消毒。在没有消毒条件的情况下，可用清洁水冲洗伤口，最好用流动的自来水冲洗，然后用干净的布或敷料吸干伤口。

对于出血不止的开放性伤口，首先应考虑的是有效地止血，这对伤员的生命安危影响极大。在现场处理时，应根据出血类型和部位的不同采用不同的止血方法。具体的方法如下：直接压迫法——将手掌通过洁净的敷料直接压在开放性伤口的整个区域；抬高肢体法——对于手、臂、腿等处严重出血的开放性伤口，都应尽可能地抬高至心脏水平线以上，以达到止血的目的；压迫供血动脉法——手臂和腿部伤口的严重出血，如果应用直接压迫和抬高肢体仍不能止血，就需要采用压迫点止血技术，即将受伤部位近离动脉处的血管用绷带或扎带扎

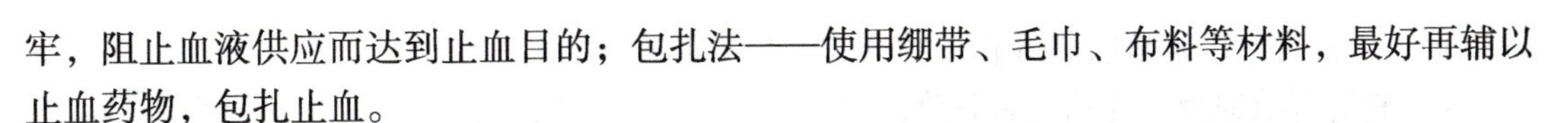

牢，阻止血液供应而达到止血目的；包扎法——使用绷带、毛巾、布料等材料，最好再辅以止血药物，包扎止血。

对于烧伤的急救，应先去除烧伤源，将伤员尽快转移到空气流通的地方，用较干净的衣服把伤面包裹起来，防止再次污染；在现场，除了化学烧伤可用大量流动清水冲洗，一般不对创面做处理，尽量不要弄破水泡，保护表皮，然后及时送医院救治。

② 闭合性创伤的处理：较轻的闭合性创伤，如局部挫伤、皮下出血，可在受伤部位进行冷敷，以防止组织继续肿胀，减少皮下出血。

如发生人员从高处坠落或摔伤等意外事故时，要仔细检查其头部、颈部、胸部、腹部、四肢、背部和脊椎等部位，看看是否有肿胀、青紫、局部压疼、骨摩擦声等其他内部损伤。假如出现上述情况，不能随意搬动患者，需按照正确的搬运方法进行搬运，否则，可能造成患者神经、血管损伤并加重病情。现场常用的搬运方法如下：担架搬运法——用担架搬运时，要使伤员头部向后，以便后面抬担架的人可随时观察其变化；单人徒手搬运法——轻伤者可挟着走，重伤者可让其伏在急救者背上，双手绕颈交叉下垂，急救者用双手自伤员大腿下抱住伤员大腿行走搬运。

如怀疑有内伤，应尽早使伤员得到医疗处理；运送伤员时，要采取卧位，小心搬运，注意保持呼吸道通畅，注意防止休克。如运送过程中突然出现呼吸、心跳骤停时，应立即进行人工呼吸和体外挤压心脏法等急救措施。

5. 事故应急救援预案的实施

事故发生后，应迅速确认事故的类别、性质和危害程度，适时启动相应的应急救援预案，按照预案进行应急救援。实施时不能轻易变更预案，如发生预案未考虑到的方面，应冷静分析、果断处置。对应急救援预案的实施具体要求如下：

1）立即组织营救受害人员。抢救受害人员是应急救援的首要任务，在应急救援行动中，快速、有序、有效地实施现场急救与安全转送伤员，是降低事故伤亡率、减少事故损失的关键。

2）指导群众防护，组织群众撤离。由于一般安全事故的发生都比较突然，特别是重大事故扩散迅速、涉及范围广、危害大。因此，应及时指导和组织群众采取各种措施进行自身防护，并迅速撤离出危险区或可能受到危害的区域。在撤离过程中，应积极组织群众开展自救和互救工作。

3）迅速控制危险源。及时控制造成事故的危险源是应急救援工作的重要任务，只有及时控制住危险源，防止事故的继续蔓延，才能及时有效地进行救援，减小各种损失。同时，应对事故造成的危害进行监测和评估，确定事故的危害区域、危害性质、损失程度及影响程度。

4）做好现场隔离和清理，消除危害后果。针对事故对人体、动植物、水源、空气、土壤等造成的现实危害和可能的危害，迅速采取封闭、隔离、消毒和清洗等措施。对事故外溢的有毒、有害物质和可能对人和环境继续造成危害的物质，应及时组织人员予以清除，防止对人和环境继续造成危害。

5）按规定及时向有关部门进行事故报告。发生事故后，应按照有关规定，及时、如实地向有关人员和部门进行事故报告，否则，应承担相应的责任。

6）保存有关记录及物证，以利于后期事故调查。在应急救援时，应当尽全力保护好事故现场，并及时、准确地收集好相关物证，为事故调查准备相关资料。

7）查清事故原因，评估危害程度。事故发生后，应及时调查事故的发生原因和事故性质，评估出事故最终的危害范围和危险程度，查明人员伤亡情况，做好事故调查。

12.3.5 建筑企业安全教育

为贯彻安全生产的方针，加强建筑业企业职工安全培训教育工作，增强职工的安全意识和安全防护能力，减少伤亡事故的发生，原建设部1997年制定并实施了《建筑业企业职工安全培训教育暂行规定》。该规定对建筑施工企业安全教育的对象、时间、内容、实施与管理等作了明确的规定。

1. 安全教育的内容

（1）安全生产法规教育　通过对建筑企业员工进行安全生产、劳动保护等方面的法律、法规的宣传教育，使每个人都能够依据法规的要求做好安全生产。因为安全生产管理的前提条件就是依法管理，所以安全教育的首要内容就是法规的教育，不安全生产就是违法犯罪。

（2）安全生产思想教育　通过对员工进行深入细致的思想工作，提高他们对安全生产重要性的认识。各级管理人员，特别是企业管理人员要加强对员工安全思想的教育，要从关心人、爱护人、保护人的生命与健康出发，重视安全生产，做到不违章指挥；操作工人也要增强安全生产意识，从思想上深刻认识到安全生产不仅涉及自己的生命和健康，同时与企业的利益和形象甚至国家的利益紧密地联系在一起。

（3）安全生产知识教育　安全知识教育是让企业员工掌握施工生产中的安全基础知识、安全常识和劳动保护要求，这是经常性、最基本和最普通的安全教育。

安全知识教育的主要内容如下：本企业生产经营的基本情况；施工操作工艺；施工中的主要危险源的识别及其安全防护的基本知识；施工设施、设备、机械的有关安全操作要求；电气设备安全使用常识；车辆运输的安全常识；高处作业的安全要求；防火安全的一般要求及常用消防器材的正确使用方法；特殊类专业（如桥梁、隧道、深基础、异形建筑等）施工的安全防护基本知识；工伤事故的简易施救方法和事故报告程序及保护事故现场等的规定；个人劳动防护用品的正确使用和佩戴常识等。

（4）安全生产技能教育　安全生产技能教育是在安全生产知识教育基础上，进一步开展的专项安全教育。其侧重点是在安全操作技术方面，通过结合本工种特点、要求，以培养安全操作能力而进行的一种专业性的安全技术教育，主要内容包括安全技术要求、安全操作规程和职业健康等。根据对象不同，安全技能教育分为一般工种和特殊工种的安全技能教育。

（5）安全事故案例教育　安全事故案例教育是指通过一些典型的安全事故实例的介绍，进行事故的分析和研究，从中找出引起事故的原因以及正确的预防措施，用血的事实来教育职工引以为戒，提高广大员工的安全意识。这是一种通过反面教育，并行之有效的教育形式。但需要注意的是，在选择案例时一定要具有典型性和教育性，使员工明确安全事故的偶然性与必然性的关系，切勿过分渲染事故的血腥和恐怖。

以上安全教育的内容可以根据施工现场的具体情况单项进行，也可同时或几项同时进行。

2. 安全教育的时间

根据《建筑业企业职工安全培训教育暂行规定》，建筑业企业职工每年必须接受一次专门的安全培训，具体要求如下：

1）企业法定代表人、项目经理每年接受安全培训的时间，不得少于 30 学时。

2）企业专职安全管理人员除按照《建设企事业单位关键岗位持证上岗管理规定》的要求，取得岗位合格证书并持证上岗外，每年还必须接受安全专业技术业务培训，时间不得少于 40 学时。

3）企业其他管理人员和技术人员每年接受安全培训的时间不得少于 20 学时。

4）企业特殊工种（包括电工、焊工、架子工、司炉工、爆破工、机械操作工、起重工、塔机司机及指挥人员、人货两用电梯司机等）在通过专业技术培训并取得岗位操作证后，每年仍须接受有针对性的安全培训，时间不得少于 20 学时。

5）企业其他职工每年接受安全培训的时间不得少于 15 学时。

6）企业待岗、转岗、换岗的职工，在重新上岗前，必须接受一次安全培训，时间不得少于 20 学时。

7）建筑业企业新进场的工人，必须接受公司、项目部（或工区、工程处、施工队）、班组的三级安全培训教育，培训分别不得少于 15 学时、15 学时和 20 学时，并经考核合格后，方能上岗。

3. 安全教育的对象与要求

（1）三类人员　依据《建筑施工企业主要负责人、项目负责人、专职安全生产管理人员安全生产考核管理规定》（住建部第 17 号令）的规定，为贯彻落实《安全生产法》《建设工程安全生产管理条例》和《安全生产许可证条例》，提高建筑施工企业主要负责人、项目负责人、专职安全生产管理人员的安全生产知识水平和管理能力，保证建筑施工安全生产，对建筑施工企业三类人员进行考核认定。三类人员应当经建设行政主管部门或者其他有关部门考核合格后方可任职，考核内容主要是安全生产知识和安全管理能力。

1）建筑施工企业主要负责人：建筑施工企业主要负责人指对本企业日常生产经营活动和安全生产全面负责、有生产经营决策权的人员，包括企业法定代表人、经理、企业分管安全生产工作的副经理等。其安全教育的重点如下：

① 国家有关安全生产的方针政策、法律法规、部门规章、标准及有关规范性文件，本地区有关安全生产的法规、规章、标准及规范性文件。

② 建筑施工企业安全生产管理的基本知识和相关专业知识。

③ 重、特大事故防范、应急救援措施，报告制度及调查处理方法。

④ 企业安全生产责任制和安全生产规章制度的内容、制订方法。

⑤ 国内外安全生产管理经验。

⑥ 典型事故案例分析。

2）建筑施工企业项目负责人：建筑施工企业项目负责人指由企业法定代表人授权，负责建设工程项目管理的项目经理或负责人等。其安全培训教育的重点如下：

① 国家有关安全生产的方针政策、法律法规、部门规章、标准及有关规范性文件，本地区有关安全生产的法规、规章、标准及规范性文件。

② 工程项目安全生产管理的基本知识和相关专业知识。

③ 重大事故防范及应急救援措施，报告制度及调查处理方法。

④ 企业和项目安全生产责任制和安全生产规章制度的内容和制订方法。

⑤ 施工现场安全生产监督检查的内容和方法。

⑥ 国内外安全生产管理经验。

⑦ 典型事故案例分析。

3）建筑施工企业专职安全生产管理人员：建筑施工企业专职安全生产管理人员指在企业专职从事安全生产管理工作的人员，包括企业安全生产管理机构的负责人及其工作人员和施工现场专职安全生产管理人员。其安全教育的重点如下：

① 国家有关安全生产的方针政策、法律法规、部门规章、标准及有关规范性文件，本地区有关安全生产的法规、规章、标准及规范性文件。

② 重大事故防范及应急救援措施，报告制度，调查处理方法以及防护、救护方法。

③ 企业和项目安全生产责任制和安全生产规章制度。

④ 施工现场安全监督检查的内容和方法。

⑤ 典型事故案例分析。

（2）特种作业人员　特种作业人员必须按照国家有关规定，经过专门的安全作业培训，并取得特种作业资格证书后，方可上岗作业。专门的安全作业培训，是指由有关主管部门组织的专门对特种作业人员的培训，也就是特种作业人员在独立上岗作业前，必须进行与本工种相应的、专门的安全技术理论学习和实际操作训练。经培训考核合格，取得特种作业操作合格证书后，才能上岗作业。特种作业人员还要接受每两年一次的再教育和审核，经再教育和审核合格后，方可继续从事特种作业，特种作业操作资格证书在全国范围内有效，离开特种作业岗位一定时间后，应当按照规定重新进行实际操作考核，经确认合格后方可上岗作业，特种作业资格证的有效期为6年。对于经培训考核，即从事特种作业的，《建设工程安全生产管理条例》第六十二条规定：作业人员或者特种作业人员，未经安全教育培训或者经考核不合格即从事相关工作造成重大安全事故，构成犯罪的，对直接责任人员，依照刑法的有关规定追究刑事责任。

（3）入场新工人　入场新工人必须接受首次三级安全生产方面的基本教育。三级安全教育一般由施工企业的安全、教育、劳动、技术等部门配合进行。受教育者必须经过考试，合格后才准予进入施工现场作业；考试不合格者不得上岗工作，必须重新补课，并进行补考，合格后方可工作。三级安全培训教育主要有以下内容：

1）公司安全培训教育的主要内容。

① 国家和地方有关安全生产、劳动保护的方针、政策、法律、法规、规范、标准及规章。

② 企业及其上级部门（主管局、集团、总公司、办事处等）印发的安全管理规章制度。

③ 安全生产与劳动保护工作的目的和意义等。

2）项目部安全培训教育的主要内容。

① 建设工程施工生产的特点，施工现场的一般安全管理规定、制度和要求。

② 施工现场主要安全事故的类别，常见多发性事故的特点、规律及预防措施，事故的教训。

③ 本工程项目施工的基本情况（工程类型、施工阶段、作业特点等），施工中应当注意

的安全事项。

3）作业班组安全培训教育的主要内容。

① 本工种的安全操作技术要求。

② 本班组施工生产概况，包括工作性质、职责和范围等。

③ 本人及本班组在施工过程中，所使用和遇到的各种生产设备、设施、机械、工具的性能、作用、操作和安全防护要求等。

④ 个人使用和保管的各类劳动防护用品的正确穿戴、使用方法及劳动防护用品的基本原理和主要功能。

⑤ 发生伤亡事故或其他事故，如火灾、爆炸、机械伤害及管理事故等，应采取的措施（救助抢险、保护现场、事故报告等）要求。

为加深新工人对三级安全教育的感性认识和理性认识，一般规定，在新工人上岗工作 6 个月后，还要进行安全知识再教育。再教育的内容可以从原先的三级安全教育的内容中有针对性地选择，再教育后要进行考核，合格后方可继续上岗。考核成绩要登记到本人劳动保护教育卡上。

(4) 变换工种的工人　建筑施工现场由于其产品、工序、材料及自然因素等特点的影响，作业工人经常会发生岗位的变更，这也是施工现场一种普遍的现象。此时，如果教育不到位，安全管理跟不上，就可能给转岗工人带来伤害。因此，按照有关规定，企业待岗、转岗、换岗的职工，在从事新工作前，必须接受一次安全培训和教育，时间不得少于 20 学时，其安全培训教育的内容如下：

1）本工种作业的安全技术操作规程。

2）本班组施工生产的概况介绍。

3）施工区域内各种生产设施、设备、机具的性能、作用、安全防护要求等。

施工企业必须给每一名职工建立职工劳动保护（安全）教育卡，教育卡应记录包括三级安全教育、变换工种安全教育等的教育及考核情况，并由教育者与受教育者双方签字后入册，作为企业及施工现场的安全管理资料。

4. 安全教育的类型与方式

(1) 安全教育的类型　安全教育的类型较多，一般有经常性教育、季节性教育和节假日加班教育等几种。

1）经常性的安全教育是施工现场进行教育的主要形式，目的是时刻提醒和告诫职工遵规守章，加强安全意识，杜绝麻痹思想。

经常性安全教育可以采用多种形式，既可以利用作业前例会进行教育，也可以采取大小会议进行教育，还可以采用其他形式，如黑板报、广播、音像、展览、演讲、知识竞赛等形式。具体采用哪一种，要因地制宜，视具体情况而定，但不要摆花架子、搞形式主义。

经常性安全教育的主要内容如下：

① 安全生产法规、标准、规范等。

② 企业和上级部门下达的安全管理新规定。

③ 各级安全生产责任制及相关管理制度。

④ 安全生产先进经验介绍，最新的典型安全事故。

⑤ 新技术、新工艺、新材料、新设备的使用及相关安全技术要求。

⑥ 近来安全生产方面的动态，如新的法规、文件、标准、规范等。

⑦ 本单位近期安全工作的回顾、总结等。

2）季节性教育主要是指夏季和冬期施工前的安全教育。

① 夏季施工安全教育：夏季高温、炎热、多雷雨，是触电、雷击、坍塌等事故的高发期。闷热的气候容易使人中暑，高温使得职工夜间休息不好，打乱了人体的“生物钟”，往往容易使人感觉乏力、瞌睡、注意力不集中，较易引起安全事故。因此，夏季施工安全教育的重点如下：

（a）用电安全教育，侧重于防触电事故教育。

（b）预防雷击安全教育。

（c）大型施工机械、设施常见事故案例教育。

（d）基础施工阶段的安全防护教育，特别是基坑开挖的安全和支护安全教育。

（e）高温时间，“做两头、歇中间”，保证职工有充沛的精力。

（f）劳动保护的宣传教育。合理安排好作息时间，注意劳逸结合。

② 冬季施工安全教育：冬季气候干燥、寒冷，为了施工需要和取暖，使用明火、接触易燃易爆物品的机会增多，容易发生火灾、爆炸和中毒事故；寒冷又使人们衣着笨重、反应迟钝、动作不灵敏，也容易发生安全事故。因此，冬季施工安全教育应从以下几方面进行：

（a）针对冬季施工的特点，注重防滑、防坠落安全意识的教育。

（b）防火安全教育。

（c）现场安全用电教育，侧重于防电器火灾教育。

（d）冬季施工，工人往往为了取暖，而紧闭门窗、封闭施工区域。因此，在员工宿舍、地下室、地下管道、深基坑、沉井等区域就寝或施工时，应加强作业人员预防中毒的自我防护意识教育，要求员工识别中毒的症状，掌握急救的常识。

3）节假日加班教育：节假日由于多种原因，会使加班员工思想不集中、注意力分散，给安全生产带来隐患。节假日加班应从以下几个方面进行安全教育：

① 重点做好员工的安全思想教育，稳定操作人员的工作情绪，增强安全意识。

② 注意观察员工的工作状态和情绪，进行严禁酒后进入施工操作现场的教育。

③ 班组长和相关人员应做好班前安全教育，强调安全操作规程，提高防范意识。

④ 对较危险的部位，进行针对性的安全教育。

（2）安全教育的方式　安全教育的方式一般有以下几种：

1）召开会议：如安全培训、安全讲座、报告会、先进经验交流、安全现场会、展览会、知识竞赛等。

2）报刊宣传：订阅或编制安全生产方面的书报或刊物，也可编制一些安全宣传的小册子等。

3）音像制品：如电影、电视、VCD等。

4）文艺演出：如小品、相声、短剧、快板、评书等。

5）图片展览：如安全专题展览、板报等。

6）悬挂标牌或标语：如悬挂安全警示标牌、标语、宣传横幅等。

7）现场观摩：如现场观摩安全操作方法、应急演练等。

安全教育的方式应当结合建筑生产的特点和员工的文化水平而定，尽可能采取丰富多

彩、行之有效的教育方式，使安全教育深入每个员工的内心。

12.3.6 建筑施工现场安全检查

1. 安全检查的目的与内容

（1）安全检查的目的

1）了解施工现场安全生产的状况，为加强安全生产管理提供准确的信息和依据。

2）落实预防为主的方针，及时发现问题，治理隐患，保障安全生产顺利进行。

3）利用检查，进一步宣传、贯彻、落实安全生产方针、政策和各项安全生产规章制度。

4）增强领导和群众的安全意识，制止违章指挥，纠正违章作业，提高全体员工的安全生产自觉性和责任感。

5）发现、总结及交流安全生产的成功经验，推动本企业、本地区乃至整个行业安全生产管理水平的提高。

（2）安全检查的内容　安全检查应当是全面的检查，具体应包括查思想、查制度、查管理、查安全设施、查安全隐患、查安全教育培训、查机械设备、查操作行为、查劳保用品使用、查文明施工状况、查安全管理资料、查伤亡事故处理等。

2. 安全检查的形式、方法与要求

（1）安全检查的主要形式

1）定期检查：项目部每周或每旬由项目主要负责人带队组织定期的安全大检查。

2）班组检查：施工班组每天上班前后由班组长和安全值日人员组织的班前和班后安全检查。

3）季节性检查：季节变换前由安全生产管理小组和专职安全管理人员、安全值日人员等组织的季节性安全防护设施、劳动保护等安全检查。

4）专业性检查：由职能部门人员、安全管理小组、专职安全员和相关专业技术人员组成对电气、机械设备、脚手架、登高设施等专项设施设备、高处作业、用电安全、消防保卫等进行的专项安全检查。

5）日常检查：由安全管理小组成员、专（兼）职安全管理人员和安全值日人员进行的日常安全检查。

6）验收检查：由项目有关负责人、出租单位、安装单位、分包单位等人员参加的，对塔机等起重设备、井架、龙门架、脚手架、电气设备、吊篮、现浇混凝土模板及支撑等设施、设备在安装或搭设完成后进行的安全验收检查。

（2）安全检查的主要方法

1）“听”：主要听基层安全管理人员或施工现场安全员汇报安全生产情况，介绍现场安全工作经验、存在问题及采取的措施。

2）“看”：主要查看安全管理资料、安全设施、持证上岗、安全标志、“三宝”使用情况、设备防护装置、各类高处作业防护、施工用电等情况。

3）“量”：主要是用器具实测实量，检查是否达到相关要求。

4）“测”：用仪器、仪表实地进行安全性能测量。

5）“现场操作”：由操作人员现场操作，检查操作规程的执行、安全装置的运行等情况。

6）“分析、评估”：通过以上检查，进行分析、计算，给出安全检查的评估结果。

（3）安全检查的要求

1）企业和项目部必须建立定期安全检查制度，明确检查方式、时间、内容以及整改、处罚措施等内容，特别要明确工程安全防范的重点部位以及危险岗位的检查方式和方法。

2）公司每月检查次数不少于一次，项目部每半月不少于一次，班组每星期不少于一次。

3）根据检查内容配备相应的力量，确定检查负责人，抽调专业人员，做到分工明确。

4）各种安全检查（包括被检）做到每次有记录，对查出的事故隐患应做到定人、定时、定措施（“三定”原则）进行整改，并要有复查情况记录。检查人员责令其停工的，被查单位必须立即停工整改，现场应有整改回执单。

5）对重大事故隐患的整改必须如期完成，并上报公司和有关部门；对重大事故隐患的整改复查，应按照谁检查谁复查的原则进行。

6）应有明确的检查目的、检查内容及检查标准，特别是重点和关键部位，应加大检查力度。对大面积或数量多的项目，可采取系统的观感和一定数量的测点相结合的检查方法。检查时尽量采用检测工具，用数据和指标说话。

7）对于现场管理人员和操作工人，不仅要检查是否有违章指挥和违章作业行为，还应进行“应知应会”的抽查，以便了解管理人员及操作工人的安全素质；对于违章指挥、违章作业行为，检查人员应当场指出，进行纠正。

8）认真、详细进行检查记录，特别是对隐患的记录必须具体，如隐患的部位、危险性程度及处理意见等。

9）采用安全检查评分表的，应记录每项扣分的原因。

10）尽可能系统、定量地作出检查结论，进行安全评价，以利于受检单位根据安全评价研究对策、进行整改、加强管理。

3.《建筑施工安全检查标准》（JGJ 59—2011）（以下简称《标准》）

为了科学地评价建筑施工安全生产情况，提高安全生产工作和文明施工的管理水平，预防伤亡事故的发生，确保职工的安全和健康，实现检查评价工作的标准化、规范化，住房和城乡建设部于2011年发布了《标准》。该标准适用于房屋建筑工程施工现场安全生产的检查评定。

（1）检查分类 《标准》规定：对建筑施工中易发生伤亡事故的主要环节、部位和工艺等的完成情况进行安全检查评价时，应采用检查评分表的形式，分为安全管理、文明工地、脚手架、基坑工程、模板支架、高处作业、施工用电、物料提升机与施工升降机、塔式起重机与起重吊装和施工机具共10个分项，19个检查评分表和1张检查评分汇总表。

（2）检查评分表 检查评分表是进行具体分项检查时用以进行评分记录的表格，与汇总表中的10个分项内容相对应，但由于一些分项所对应的检查内容不止一项，所以实际共有19张检查评分表。具体包括安全管理检查评分表、文明施工检查评分表、扣件式钢管脚手架检查评分表、门式钢管脚手架检查评分表、碗扣式钢管脚手架检查评分表、承插型盘扣式钢管脚手架检查评分表、满堂脚手架检查评分表、悬挑式脚手架检查评分表、附着式升降脚手架检查评分表、高处作业吊篮检查评分表、基坑工程检查评分表、模板支架检查评分

表、高处作业检查评分表、施工用电检查评分表、物料提升机检查评分表、施工升降机检查评分表、塔式起重机检查评分表、起重吊装检查评分表和施工机具检查评分表。

检查评分表的结构形式分为两类：一类是自成体系的，包括安全管理、文明施工、脚手架、基坑工程、模板支架、施工用电、物料提升机与施工升降机、塔式起重机与起重吊装等的检查评分表，设立了保证项目和一般项目。保证项目是检查评定项目中，对施工人员生命、设备设施及环境安全起关键性作用的项目，是安全检查的重点和关键，满分 60 分；一般项目是指检查评定项目中，除保证项目以外的其他项目，满分 40 分；另一类是各检查项目之间无相互联系的逻辑关系，因此没有列出保证项目，如高处作业和施工机具两张检查表。

各分项检查评分表中，满分为 100 分。表中各检查项目得分应为按规定检查内容所得分数之和。每张表总得分应为各自表内各检查项目实得分数之和。

在检查评分中，遇有多个脚手架、塔吊、龙门架与井字架等时，则该项得分应为各单项实得分数的算术平均值。

检查评分不得采用负值。各检查项目所扣分数总和不得超过该项应得分数。

在检查评分中，当保证项目中有一项不得分或保证项目小计得分不足 40 分时，此检查评分表不应得分，从而突出了对重大安全隐患“一票否决”的原则。

（3）汇总表　汇总表是对 10 个分项内容检查结果的汇总，利用汇总表所得分值，来确定和评价工程项目的安全生产工作情况，见表 12-1。汇总表满分也是 100 分。各分项检查表在汇总表中所占的满分分值应分别如下：文明施工 15 分，安全管理、脚手架、基坑工程与模板支架、高处作业、施工用电、物料提升机与施工升降机、塔式起重机与起重吊装分别均为 10 分，施工机具为 5 分。

表 12-1　建筑施工安全检查评分汇总表

企业名称：　　　　　　　　　　　　资质等级：　　　　　　　　　　　　年　　月　　日

单位工程（施工现场）名称	建筑面积/m²	结构类型	总计得分（满分分值 100 分）	项目名称及分类									
				安全管理（满分 10 分）	文明施工（满分 15 分）	脚手架（满分 10 分）	基坑工程（满分 10 分）	模板支架（满分 10 分）	高处作业（满分 10 分）	施工用电（满分 10 分）	物料提升机与施工升降机（满分 10 分）	塔式起重机与起重吊装（满分 10 分）	施工机具（满分 5 分）

评语：

检查单位		负责人		受检项目		项目经理	

汇总表中分值的计算方法如下：

1）汇总表中各项实得分数计算方法：

汇总表中各分项实得分 =

（某分项在汇总表中应得满分值 × 某分项在检查评分表中实得分）÷100　　　　（12-1）

参见例12-1。

2）汇总表中遇有缺项时，汇总表总分计算方法：

遇有缺项时汇总表总得分＝

（实际检查项目实得分总和÷实际检查项目应得分总和）×100　　(12-2)

参见例12-2。

3）检查评分表中遇有缺项时，评分表合计分计算方法：

检查评分表遇有缺项时评分表得分＝

（某子项目实得分值之和÷某子项目应得分值之和）×100　　(12-3)

详见例12-3。

4）对有保证项目的检查评分表，当保证项目中有一项不得分时，该评分表为零分；如果保证项目缺项时，保证项目小计得分不足40分，评分表为零分，具体计算方法如下：实得分与应得分之比小于66.7%（40/60＝66.7%）时，评分表得零分。详见例12-4。

5）在检查评分表中，遇有多个脚手架、塔机、龙门架、井字架时，则该项得分应为各单项实得分数的算术平均值。详见例12-5。

【例12-1】“文明施工”检查评分表实得86分，换算在汇总表中“文明施工”分项实得分为多少？

分项实得分＝(15×86)÷100＝12.9(分)

【例12-2】某工地没有塔机，则塔机在汇总表中有缺项，其他各分项检查在汇总表的实得分为86分，计算该工地汇总表实得分为多少？

缺项在汇总表总得分＝(86÷90)×100＝95.56(分)

【例12-3】“施工用电”检查评分表中，“外电防护”缺项（该项应得分值为10分），其他各项检查实得分为62分，计算该评分表实得多少分？换算到汇总表中应为多少分？

缺项的“施工用电”评分表得分＝62÷(100－10)×100＝66.7(分)

汇总表中“施工用电”分项实得分＝10×66.7÷100＝6.67(分)

【例12-4】如在施工用电检查表中，外电防护这一保证项目缺项（该项为10分），其余的“保证项目”检查实得分合计为22分（应得分值为50分），该分项检查表是否能得分？

因为(其余的保证项目实得分÷其余的保证项目实得分)×100%

＝(22÷50)×100%＝44%＜50÷60×100%＜66.7%

所以该“施工用电”检查表为零分。

【例12-5】某工地有多种脚手架和多台塔机，落地式脚手架实得分为85分，悬挑脚手架实得分为78分；甲塔机实得分为92分，乙塔机实得分为87分。汇总表中脚手架、塔机实得分为多少？

①“脚手架”检查表实得分＝(85＋78)÷2＝81.5(分)

换算到汇总表中“脚手架”项分值＝(10×81.5)÷100＝8.15(分)

②“塔机”检查表实得分＝(92＋87)÷2＝89.5(分)

换算到汇总表中“塔机”项分值＝(10×89.5)÷100＝8.95(分)

(4) 评价等级划分　建筑施工安全检查评分，应以汇总表的总得分及保证项目达标与否，作为对一个施工现场安全生产情况的评价依据，分为优良、合格、不合格三个等级。评

价等级具体划分的规则如下：

1）检查结果评价为优良，应同时满足以下条件：分项检查评分表无零分，汇总表得分值应在 80 分及以上。

2）检查结果评价为合格，应同时满足以下条件：分项检查评分表无零分，汇总表得分值应在 80 分以下、70 分及以上。

3）检查结果满足下列之一的，即评价为不合格：当汇总表得分值不足 70 分时；当有一分项检查评分表得零分时。

需要注意的是，“检查评分表未得分”与“检查评分表缺项”是不同的概念，“缺项”是指被检查工地无此项检查内容，而“未得分”是指有此项检查内容，但实得分为零分。

另外，需要说明的是，如果建筑施工现场经过检查评定后确定为不合格，说明工地的安全管理存在着重大安全隐患，如果不及时整改这些隐患，可能诱发重大事故，直接威胁员工和企业的生命、财产安全。因此，《标准》评定为不合格的工地必须立即限期整改，达到合格标准后方可继续施工。

12.3.7　安全事故管理

1. 安全事故的定义与分类

安全事故是指生产经营单位在生产经营活动（包括与生产经营有关的活动）中突然发生的伤害人身安全和健康，或者损坏设备设施，或者造成经济损失的，导致原生产经营活动（包括与生产经营活动有关的活动）暂时中止或永远终止的意外事件。

安全事故按性质不同可分为责任事故、非责任事故（自然灾害、自然事故）和破坏事故。

安全事故还可分为生产安全事故和非生产安全事故。生产安全事故分为伤亡事故、设备安全事故、质量安全事故、环境污染事故、职业危害事故以及其他安全事故等；非生产安全事故分为盗窃事故、人为破坏事故以及其他安全事故等。

安全事故根据造成的人员伤亡或者直接经济损失等因素，一般又分为四级：Ⅰ级（特别重大事故）、Ⅱ级（重大事故）、Ⅲ级（较大事故）和Ⅳ级（一般事故）。根据 2007 年 6 月 1 日实施的《生产安全事故报告和调查处理条例》（国务院第 493 号令），生产安全事故具体划分的方法如下：

（1）特别重大事故　指造成 30 人以上死亡，或者 100 人以上重伤（包括急性工业中毒，下同），或者 1 亿元以上直接经济损失的事故。

（2）重大事故　指造成 10 人以上 30 人以下死亡，或者 50 人以上 100 人以下重伤，或者 5000 万元以上 1 亿元以下直接经济损失的事故。

（3）较大事故　指造成 3 人以上 10 人以下死亡，或者 10 人以上 50 人以下重伤，或者 1000 万元以上 5000 万元以下直接经济损失的事故。

（4）一般事故　指造成 3 人以下死亡，并且 10 人以下重伤，1000 万元以下直接经济损失的事故。

上述所称的“以上”包括本数，“以下”不包括本数。

2. 安全事故的报告

（1）安全事故报告的一般要求　根据《生产安全事故报告和调查处理条例》（国务院第

493号令）的规定，生产经营单位发生安全事故后，事故现场有关人员应当立即向本单位负责人报告；单位负责人接到报告后，应当于1h内向事故发生地县级以上人民政府安全生产监督管理部门和负有安全生产监督管理职责的有关部门报告。

情况紧急时，事故现场有关人员可以直接向事故发生地县级以上人民政府安全生产监督管理部门和负有安全生产监督管理职责的有关部门报告。安全生产监督管理部门和负有安全生产监督管理职责的有关部门接到事故报告后，应当依照下列规定上报事故情况，并通知公安机关、劳动保障行政部门、工会和人民检察院。

1）特别重大事故、重大事故逐级上报至国务院安全生产监督管理部门和负有安全生产监督管理职责的有关部门。

2）较大事故逐级上报至省、自治区、直辖市人民政府安全生产监督管理部门和负有安全生产监督管理职责的有关部门。

3）一般事故上报至设区的市级人民政府安全生产监督管理部门和负有安全生产监督管理职责的有关部门。

安全生产监督管理部门和负有安全生产监督管理职责的有关部门依照前款规定上报事故情况，应当同时报告本级人民政府。国务院安全生产监督管理部门和负有安全生产监督管理职责的有关部门以及省级人民政府接到发生特别重大事故、重大事故的报告后，应当立即报告国务院。

必要时，安全生产监督管理部门和负有安全生产监督管理职责的有关部门可以越级上报事故情况；安全生产监督管理部门和负有安全生产监督管理职责的有关部门逐级上报事故情况，每级上报的时间间隔不得超过2h。

（2）安全事故报告的内容　安全事故的报告应当包括以下内容：

1）事故发生单位概况。

2）事故发生的时间、地点以及事故现场情况。

3）事故的简要经过。

4）事故已经造成或者可能造成的伤亡（包括下落不明的人数）和初步估计的直接经济损失。

5）已经采取的措施。

6）其他应当报告的情况。

（3）其他规定

1）《生产安全事故报告和调查处理条例》规定，自事故发生之日起30日内，事故造成的伤亡人数发生变化的，应当及时补报。道路交通事故、火灾事故自发生之日起7日内，事故造成的伤亡人数发生变化的，应当及时补报。

2）事故发生单位负责人接到事故报告后，应当立即启动事故相应应急预案，或者采取有效措施组织抢救，防止事故扩大，减少人员伤亡和财产损失。

3）事故发生地有关地方人民政府、安全生产监督管理部门和负有安全生产监督管理职责的有关部门接到事故报告后，其负责人应当立即赶赴事故现场，组织事故救援。

4）事故发生后，有关单位和人员应当妥善保护事故现场以及相关证据，任何单位和个人不得破坏事故现场、毁灭相关证据。因抢救人员、防止事故扩大以及疏通交通等原因，需要移动事故现场物件的，应当做出标志，绘制现场简图并做出书面记录，妥善保存现场的重

要痕迹、物证。

5）事故发生地公安机关根据事故的情况，对涉嫌犯罪的，应当依法立案侦查，采取强制措施和侦查措施。犯罪嫌疑人逃匿的，公安机关应当迅速追捕归案。

3. 安全事故调查

（1）安全事故调查的一般要求　按照《生产安全事故报告和调查处理条例》的规定，特别重大事故由国务院或者国务院授权有关部门组织事故调查组进行调查；重大事故、较大事故、一般事故分别由事故发生地省级人民政府、设区的市级人民政府、县级人民政府负责调查；省级人民政府、设区的市级人民政府、县级人民政府可以直接组织事故调查组进行调查，也可以授权或者委托有关部门组织事故调查组进行调查；未造成人员伤亡的一般事故，县级人民政府可以委托事故发生单位组织事故调查组进行调查。

上级人民政府认为必要时，可以调查由下级人民政府负责调查的事故。

自事故发生之日起 30 日内（道路交通事故、火灾事故自发生之日起 7 日内），因事故伤亡人数变化导致事故等级发生变化，依照《生产安全事故报告和调查处理条例》的规定应当由上级人民政府负责调查的，上级人民政府可以另行组织事故调查组进行调查。

特别重大事故以下等级的事故，事故发生地与事故发生单位不在同一个县级以上行政区域的，由事故发生地人民政府负责调查，事故发生单位所在地人民政府应当派人参加。

（2）事故调查组　事故调查组的组成应当遵循精简、效能的原则。根据事故的具体情况，事故调查组应当由有关人民政府、安全生产监督管理部门、负有安全生产监督管理职责的有关部门、监察机关、公安机关以及工会等派人组成，并应当邀请人民检察院派人参加，还可以聘请有关专家参与调查。具体要求如下：

1）事故调查组成员应当具有事故调查所需要的知识和专长，并与所调查的事故没有直接利害关系。

2）事故调查组组长由负责事故调查的人民政府指定。事故调查组组长主持事故调查组的工作。

3）事故调查组应当履行的职责：查明事故发生的经过、原因、人员伤亡情况及直接经济损失；认定事故的性质和事故责任；提出对事故责任者的处理建议；总结事故教训，提出防范和整改措施；提交事故调查报告。

4）事故调查组有权向有关单位和个人了解与事故有关的情况，并要求其提供相关文件、资料，有关单位和个人不得拒绝。

5）事故发生单位的负责人和有关人员在事故调查期间不得擅离职守，并应当随时接受事故调查组的询问，如实提供有关情况。

6）事故调查中发现涉嫌犯罪的，事故调查组应当及时将有关材料或者其复印件移交司法机关处理。

7）事故调查中需要进行技术鉴定的，事故调查组应当委托具有国家规定资质的单位进行技术鉴定。必要时，事故调查组可以直接组织专家进行技术鉴定。技术鉴定所需时间不计入事故调查期限。

8）事故调查组成员在事故调查工作中应当诚信公正、恪尽职守，遵守事故调查组的纪律，保守事故调查的秘密。未经事故调查组组长允许，事故调查组成员不得擅自发布有关事故的信息。

(3) 现场勘查　事故发生后，调查组必须尽早到事故现场进行勘查。现场勘查是一项技术性较强的工作，涉及广泛的科技知识和实践经验，对事故现场的勘查应该做到及时、全面、细致、客观、真实。现场勘察的主要内容如下：

1) 做出笔录，具体工作任务包括以下几点：

① 发生事故的时间、地点、环境气候等。

② 现场勘查人员姓名、单位、职务、职称、联系电话等。

③ 现场勘查起止时间、勘查过程和勘察方法等。

④ 设备、设施损坏或异常情况及事故前后的位置。

⑤ 能量逸散所造成的破坏情况、状态、范围、程度等。

⑥ 事故发生前的劳动组织、现场人员的位置和行动等。

2) 现场拍照或摄像，具体工作任务包括以下几点：

① 方位拍摄：要求能够准确反映事故现场人和物在周围环境中的位置。

② 全面拍摄：要求能够全面反映事故现场各部分之间的联系。

③ 中心拍摄：要求能够具体反映事故现场中心情况。

④ 细部拍摄：要求能够详细揭示引起事故直接原因的痕迹、致害物等。

3) 绘制事故图，根据事故的规模和类别，以及勘察工作的资料，绘制出下列示意图：

① 建筑物平面图、立面图和剖面图；

② 事故发生前、后人员和物体位置及疏散（活动）图；

③ 破坏物的立体图或展开图；

④ 涉及范围图；

⑤ 设备或器具构造图等。

4) 事故事实材料和证人材料搜集，具体工作任务包括以下几点：

① 受害人和肇事者的姓名、年龄、文化程度、工龄等。

② 事故当天受害人和肇事者的工作情况，过去的安全记录。

③ 个人防护措施、健康状况及与事故致因有关的细节或因素。

④ 对证人的口述材料应经本人签字认可，并应认真考证其真实程度。

5) 分析事故原因，明确责任者通过整理和仔细阅读调查材料，按事故发生后的受伤部位、受伤性质、事故起因、致害物质、伤害方式、不安全状态和不安全行为等内容进行分析，首先确定事故原因（直接原因或间接原因），然后确定责任人（直接责任人、领导责任人和管理责任人），最后确定主要责任人。

分析事故原因时，应根据调查所确认的事实，从直接原因入手，逐步深入到间接原因。通过对直接原因和间接原因的分析，确定事故的直接责任人和领导责任人，再根据其在事故发生过程中的作用，确定主要责任人。

安全事故通常按性质不同分为责任事故、非责任事故和破坏事故。责任事故是指因有关人员的过失造成的事故；非责任事故是指由于自然界的因素而造成的不可抗拒的事故，或由于未知领域的技术问题而造成的事故；破坏事故则是为达到一定目的而蓄意制造的事故，此类事故应由公安机关和企业保卫部门认真追查破案，依法处理。

对于责任事故，应根据事故调查所确认的事实，通过对事故原因的分析来确定事故的直接责任人、领导责任人和管理责任人。直接责任人是指其行为与事故的发生有直接因果关系

的责任人；领导责任人是指对事故发生负有领导责任的责任人；管理责任人是指对事故发生仅有管理责任的责任人。

领导责任人和管理责任人中，对事故发生起主要作用的，就是主要责任人。

(4) 事故调查报告　事故调查组应当自事故发生之日起 60 日内提交事故调查报告；特殊情况下，经负责事故调查的人民政府批准，可以适当延长提交事故调查报告的期限，但延长的期限最长不超过 60 日。

事故调查报告应当包括下列内容：

1）事故发生单位概况；

2）事故发生经过和事故救援情况；

3）事故造成的人员伤亡和直接经济损失；

4）事故发生的原因和事故性质；

5）事故责任的认定以及对事故责任者的处理建议；

6）事故防范和整改措施。

事故调查报告应当附具有关证据材料。事故调查组成员应当在事故调查报告上签名。事故调查报告报送负责事故调查的人民政府后，事故调查工作即告结束，事故调查的有关资料应当归档保存。

事故报告应当及时、准确、完整，任何单位和个人不得迟报、漏报、谎报或者瞒报事故。

4. 安全事故处理

安全事故的处理应当坚持“四不放过”的原则，即事故原因分析不清不放过，员工和事故责任者受不到教育不放过，事故隐患不整改不放过，事故责任人不受到处理不放过。

按照《生产安全事故报告和调查处理条例》的规定，安全事故的处理应符合以下规定：

1）对于重大事故、较大事故、一般事故，负责事故调查的人民政府应当自收到事故调查报告之日起 15 日内做出批复；对于特别重大事故，应在 30 日内做出批复，特殊情况下，批复时间可以适当延长，但延长的时间最长不超过 30 日。

2）有关机关应当按照人民政府的批复，依照法律、行政法规规定的权限和程序，对事故发生单位和有关人员进行行政处罚，对负有事故责任的国家工作人员进行处分。

3）事故发生单位应当按照负责事故调查的人民政府的批复，对本单位负有事故责任的人员进行处理。负有事故责任的人员涉嫌犯罪的，依法追究刑事责任。

4）事故发生单位应当认真吸取事故教训，落实防范和整改措施，防止再次发生类似事故。防范和整改措施的落实情况应当接受工会和职工的监督。

5）安全生产监督管理部门和负有安全生产监督管理职责的有关部门应当对事故发生单位落实防范和整改措施的情况进行监督检查。

6）事故处理的情况由负责事故调查的人民政府或者其授权的有关部门、机构向社会公布，依法应当保密的除外。

5. 法律责任

1）事故发生单位主要负责人有下列行为之一的，处上一年年收入 40% ~80% 的罚款；属于国家工作人员的，并依法给予行政处分；构成犯罪的，依法追究刑事责任：

① 不立即组织事故抢救的。

② 迟报或者漏报事故的。

③ 在事故调查处理期间擅离职守的。

2）事故发生单位及其有关人员有下列行为之一的，对事故发生单位处100万元以上500万元以下的罚款；对主要负责人、直接负责的主管人员和其他直接责任人员处上一年年收入60%～100%的罚款；属于国家工作人员的，并依法给予处分；构成违反治安管理行为的，由公安机关依法给予治安管理处罚；构成犯罪的，依法追究刑事责任：

① 谎报或者瞒报事故的。

② 伪造或者故意破坏事故现场的。

③ 转移、隐匿资金、财产，或者销毁有关证据、资料的。

④ 拒绝接受调查或者拒绝提供有关情况和资料的。

⑤ 在事故调查中作伪证或者指使他人作伪证的。

⑥ 事故发生后逃匿的。

3）事故发生单位对事故发生负有责任的，依照下列规定处以罚款：

① 发生一般事故的，处10万元以上20万元以下的罚款。

② 发生较大事故的，处20万元以上50万元以下的罚款。

③ 发生重大事故的，处50万元以上200万元以下的罚款。

④ 发生特别重大事故的，处200万元以上500万元以下的罚款。

4）事故发生单位主要负责人未依法履行安全生产管理职责，导致事故发生的，依照下列规定处以罚款；属于国家工作人员的，并依法给予处分；构成犯罪的，依法追究刑事责任：

① 发生一般事故的，处上一年年收入30%的罚款。

② 发生较大事故的，处上一年年收入40%的罚款。

③ 发生重大事故的，处上一年年收入60%的罚款。

④ 发生特别重大事故的，处上一年年收入80%的罚款。

5）有关地方人民政府、安全生产监督管理部门和负有安全生产监督管理职责的有关部门有下列行为之一的，依法对直接负责的主管人员和其他直接责任人员给予处分；构成犯罪的，依法追究刑事责任：

① 不立即组织事故抢救的。

② 迟报、漏报、谎报或者瞒报事故的。

③ 阻碍、干涉事故调查工作的。

④ 在事故调查中作伪证或者指使他人作伪证的。

6）事故发生单位对事故发生负有责任的，由有关部门依法暂扣或者吊销其有关证照；对事故发生单位负有事故责任的有关人员，依法暂停或者撤销其与安全生产有关的执业资格、岗位证书；事故发生单位主要负责人受到刑事处罚或者撤职处分的，自刑罚执行完毕或者受处分之日起，5年内不得担任任何生产经营单位的主要负责人。

7）为发生事故的单位提供虚假证明的中介机构，由有关部门依法暂扣或者吊销其有关证照及其相关人员的执业资格；构成犯罪的，依法追究刑事责任。

8）参与事故调查的人员在事故调查中有下列行为之一的，依法给予处分；构成犯罪的，依法追究刑事责任：

① 对事故调查工作不负责任，致使事故调查工作有重大疏漏的。

② 包庇、袒护负有事故责任的人员，或者借机打击报复的。

以上规定罚款的行政处罚，由安全生产监督管理部门负责决定和实施。

对于没有造成人员伤亡，但是社会影响恶劣的事故，国务院或者有关地方人民政府认为需要调查处理的，依照有关规定执行。

12.3.8　建筑施工安全资料管理

建筑施工安全资料是指在建筑施工过程中，相关各方进行安全管理所形成的各种形式的记录和文件，是建筑施工安全生产状况的真实反映。建筑施工安全资料包括基本建设过程中形成的相关资料、工程监理过程中形成的相关资料和建筑工程施工过程中形成的相关资料，一般涉及建设单位、监理单位和施工单位等。

建筑施工安全资料管理是建筑工程资料管理的重要内容之一，具体包括：

1. 建设单位的安全资料

建设单位的安全资料主要包括以下内容：

1）建设工程施工许可证。

2）施工现场安全监督备案登记表。

3）地上、地下管线及建（构）筑物资料移交清单。

4）安全防护、文明施工措施费用支付统计。

5）夜间施工审批手续。

6）使用爆破作业审批手续。

2. 监理单位的安全资料

监理单位的安全资料一般分为监理安全管理资料和监理安全工作记录两类。

（1）监理安全管理资料包括以下内容

1）监理合同（含安全监理工作内容）。

2）监理规划（含安全监理方案）、安全监理实施细则。

3）施工单位安全管理体系、安全生产人员的岗位证书及审核资料。

4）施工单位的安全生产责任制、安全管理规章制度及审核资料。

5）安全监理专题会议纪要。

6）安全事故隐患、安全生产问题的报告、处理意见等有关文件。

（2）监理安全工作记录包括以下内容

1）工程技术文件报审表。

2）施工现场起重机械拆装报审表。

3）施工现场起重机械验收审查表。

4）安全防护、文明施工措施费用支付申请表。

5）安全防护、文明施工措施费用支付证书。

6）安全隐患报告书。

7）工作联系单。

8）监理通知。

9）工程暂停令。

10）监理通知回复单工程复工报审表。

3. 建筑施工企业的安全资料

按照《建筑施工企业安全生产评价标准》中的规定，建筑施工企业的安全资料分为企业安全生产条件和企业安全生产业绩两大类。

（1）企业安全生产条件类资料包括以下内容

1）安全生产管理制度。

2）资质、机构与人员管理。

3）安全技术管理。

4）设备与设施管理。

（2）企业安全生产业绩类资料包括以下内容

1）生产安全事故控制。

2）安全生产奖惩。

3）项目施工安全检查。

4）健康安全生产管理体系推行。

4. 施工单位施工现场的安全资料

施工单位施工现场的安全资料涵盖11个方面，具体名目如下：

（1）工程项目安全管理资料

1）工程概况表。

2）项目重大危险源控制制度和措施。

3）项目重大危险源识别汇总表。

4）危险性较大的分部分项工程专家论证表。

5）危险性较大的分部分项工程汇总表。

6）施工现场检查汇总表。

7）施工现场检查评分记录（安全管理）。

8）施工现场检查评分记录（生活区管理）。

9）施工现场检查评分记录（现场、料具管理）。

10）施工现场检查评分记录（环境保护）。

11）施工现场检查评分记录（脚手架）。

12）施工现场检查评分记录（安全防护）。

13）施工现场检查评分记录（施工用电）。

14）施工现场检查评分记录（塔机、起重吊装）。

15）施工现场检查评分记录（机械安全）。

16）施工现场检查评分记录（保卫消防）。

17）项目经理部安全生产责任制度。

18）项目经理部安全管理机构设置。

19）项目经理部安全生产管理制度。

20）总分包管理协议书。

21）施工组织设计及专项安全技术措施。

22）季节性施工方案。

23）安全技术交底汇总表。
24）安全生产教育制度。
25）作业人员安全教育记录表。
26）安全资金投入记录。
27）施工现场安全事故登记表。
28）特种作业人员登记表。
29）地上、地下管线保护措施验收记录表。
30）安全防护用品合格证及检测资料。
31）生产安全事故应急预案。
32）安全标识管理制度。
33）违章处理记录。
34）安全生产奖惩制度。
35）安全生产验收制度。
36）安全生产值班制度。
37）安全生产检查制度。
38）重要劳动防护用品管理制度。
39）职工伤亡事故报告、调查处理制度。
（2）工程项目生活区资料
1）现场、生活区卫生设施布置图。
2）办公室、生活区、食堂等各项卫生管理制度。
3）应急药品、器材的登记及使用记录。
4）项目急性职业中毒应急预案。
5）食堂及炊事人员的证件。
（3）工程项目现场、料具资料
1）居民来访记录。
2）各阶段现场存放材料堆放平面图及责任划分。
3）材料保存、保管措施。
4）成品保护措施。
5）现场各种垃圾存放、消纳管理资料。
（4）工程项目环境保护资料
1）项目环境管理方案。
2）环境保护管理机构及职责划分。
3）施工噪声监测记录。
4）施工大气污染监控记录。
5）施工水污染监控记录。
（5）工程项目脚手架资料
1）脚手架、卸料平台和支撑体系的设计及施工方案。
2）钢管扣件式支撑体系验收表。
3）落地式（或悬挑式）脚手架搭设验收表。

4）工具式脚手架安装验收表。

（6）工程项目安全防护资料

1）基坑、土方及护坡方案、模板施工方案。

2）各项安全防护设施检查记录。

3）基坑支护验收表。

4）基坑支护沉降观测记录。

5）基坑支护水平位移观测记录。

6）人工挖孔桩防护检查表。

7）特殊部位气体检测记录。

（7）工程项目施工用电资料

1）施工用电施工组织设计及变更资料。

2）施工用电验收表。

3）总、分包单位施工用电安全管理协议。

4）电气设备测试、调试记录。

5）电气线路绝缘强度测试记录。

6）施工用电接地电阻测试记录。

7）电工巡检维修记录。

（8）工程项目塔式起重机、起重吊装资料

1）塔式起重机租赁、使用、拆装的管理资料。

2）塔式起重机拆装统一检查验收记录表。

3）塔式起重机拆装方案、群塔作业方案、起重吊装作业的专项施工方案。

4）塔式起重机平面布置图。

5）对起重吊装人员安全技术交底记录。

6）施工起重机械运行记录。

（9）工程项目机械安全资料

1）机械租赁合同，出租、承租双方安全管理协议书。

2）物料提升机、外用电梯、电动吊篮拆装方案。

3）施工升降机拆装统一验收表格。

4）施工机械检查验收表（电动吊篮）。

5）打桩（钻孔）机械验收记录。

6）施工机械检查验收表（混凝土搅拌机）。

7）施工机械检查验收表（机动翻斗车）。

8）施工机械检查验收表（龙门吊）。

9）施工机械检查验收表（汽车吊）。

10）施工机械检查验收表（挖掘机）。

11）施工机械检查验收表（装载机）。

12）施工机械检查验收表（物料提升机）。

13）施工机械检查验收表（混凝土泵）。

14）施工机械检查验收表（钢筋机械）。

15）施工机械检查验收表（木工设备）。

16）施工机械检查验收表（其他中小型机械）。

17）施工起重机械运行记录。

18）机械设备检查维修保养记录表。

（10）工程项目保卫消防资料

1）消防、保卫管理制度。

2）施工现场消防重点部位登记表。

3）保卫消防设备平面图。

4）现场保卫消防制度、方案和预案。

5）现场保卫消防协议。

6）现场保卫消防组织机构及活动记录。

7）施工项目消防审批手续。

8）施工用保温材料产品检测及验收资料。

9）消防设施、器材验收和维修记录。

10）施工现场防水安全措施及交底。

11）保卫人员值班、巡查工作记录。

12）用火作业审批表。

（11）其他资料

1）安全技术交底表。

2）应知应会考核表登记及试卷。

3）施工现场安全日记。

4）班组班前讲话记录。

5）工程项目安全检查隐患整改记录表。

以上资料目录集中了施工现场基本和主要的资料，但不是全部的资料目录，各施工现场还应当根据本工程施工特点补充相关的书面资料，如施工企业的资质证书类资料，关于安全生产的法律、法规、部门规章、安全技术标准、指导性文件等。同时，随着行业管理的不断完善，管理部门将会出台一些新的管理制度与要求，也应作为施工现场安全管理的必备资料，使安全资料管理更加科学、规范、全面、合理。

5. 安全资料的管理与保管

（1）安全资料的管理

1）通用职责。

① 建设、监理和施工等单位应将施工现场安全资料的形成和积累纳入工程建设管理的各个环节，逐级建立健全工程施工现场安全资料岗位责任制，对施工现场安全资料的真实性、完整性和有效性负责。

② 施工现场安全资料应做到现场实物与记录相符，以便更好地、真实地反映出安全管理的全过程及全貌，并随工程进度同步收集、整理，保存至工程竣工。

③ 建设、监理和施工等单位主管施工现场安全工作的负责人应负责本单位施工现场安全资料的全过程管理工作。在施工过程中，施工现场安全资料的收集、整理工作应由专人负责，并持证上岗。

④ 安全资料实行按岗位职责分工编写，及时归档，定期装订成册的管理办法。

⑤ 建立借阅台账，及时登记，及时追回，收回时做好检查工作，检查是否有损坏、丢失现象发生。

⑥ 建立定期或不定期的安全资料检查与审核制度，及时查找问题，及时整改。

2）建设单位的管理职责。

① 建设单位应当向施工单位提供详实的施工现场及毗邻区域内的供水、排水、供电、供气、供热、通信等地上、地下管线资料，气象和水文观测资料，毗邻建筑物或构筑物以及地下工程的有关资料。

② 在编制工程概算时，应确定建设工程安全作业环境及文明施工措施所需费用，并负责统计费用支付的情况。

③ 在申请领取施工许可证时，负责提供保证建设工程安全施工的有关技术和组织措施的资料。

④ 监督、检查各参建单位工程施工现场安全资料的建立和积累。

3）监理单位的管理职责。

① 负责监理单位施工现场安全资料的管理工作。

② 对建筑施工现场安全资料的形成、积累、组卷进行监督和检查。

③ 对施工单位报送的施工现场安全资料进行审核，并予以签认。

4）施工单位的管理职责。

① 负责施工单位施工现场安全资料的管理工作。

② 总承包单位督促检查各分包单位编制施工现场安全资料。分包单位负责分包范围内施工现场安全资料的编制、收集和整理，并向总承包单位提供备案。

（2）安全资料的保管

1）安全资料按篇及编号分别装订成册，装入档案盒内。

2）安全资料集中存放于档案柜内，加锁，由专人负责管理，以防丢失、损坏。

3）工程竣工后，安全资料上交有关部门档案室储存、保管、备查。

子单元4 施工现场文明施工管理

建筑施工现场文明施工管理是为保障作业人员的身体健康和生命安全，改善作业人员的工作环境与生活条件，保护生态环境，防治施工过程对环境造成污染和各类疾病发生的一项重要管理内容，也是构建和谐社会、贯彻以人为本的重要措施。文明施工是现代化施工的一个重要标志，是建筑施工企业的一项基础性管理工作。修改后颁布的《建筑施工安全检查标准》（JGJ 59—2011）增加了文明施工检查评分的内容，把文明施工作为对建筑施工现场考核的重要内容之一。《建筑施工现场环境与卫生标准》（JGJ 146—2013）中也对文明施工有明确的规定。

12.4.1 文明施工管理的内容和基本要求

施工现场文明施工的管理范围既包括施工作业区的管理，也包括办公区和生活区的

管理。

1. 管理内容

文明施工管理主要包括下列工作内容：

1）进行现场文化建设。

2）规范场容，保持作业环境整洁卫生。

3）创造有序生产的条件。

4）减少对居民和环境的不利影响。

由于各地对施工现场文明施工的要求不尽一致，项目经理部在进行文明施工管理时，还应按照当地的要求进行，并与当地的社区文化、民族特点及风土人情有机结合，建立文明施工管理的良好社会信誉。

2. 基本要求

（1）现场围挡

1）施工现场必须采用封闭围挡，并根据地质、气候、围挡材料进行设计与计算，确保围挡的稳定性、安全性。

2）围挡高度不得小于1.8m，建造多层、高层建筑时，还应设置安全防护设施。在市区主要路段和市容景观道路及机场、码头、车站广场设置的围挡高度不得低于2.5m，在其他路段设置的围挡高度不得低于1.8m。

3）施工现场的施工区域应与办公、生活区划分清晰，并应采取相应的隔离措施。

4）围挡使用的材料应保证围挡坚固、整洁、美观，不宜使用彩布条、竹笆或安全网等。

5）市政工程现场，可按工程进度分段设置围栏，或按规定使用统一的连续性围挡设施。

6）施工单位不得在现场围挡内侧堆放泥土、砂石、建筑材料、垃圾和废弃物等，严禁将围挡做挡土墙使用。

7）在经批准临时占用的区域，应严格按批准的占地范围和使用性质存放、堆卸建筑材料或机具设备等，临时区域四周应设置高于1m的围挡。

8）在有条件的工地，四周围墙、宿舍外墙等地方，应张挂、书写反映企业精神、时代风貌及人性化的醒目宣传标语或绘画。

9）在雨后、大风后以及冻融季节，应及时检查围挡的稳定性，发现问题应及时处理。

（2）封闭管理

1）施工现场进出口应设置固定的大门，且要求牢固、美观，门头按规定设置企业名称或标志。对于施工现场的门斗、大门，各企业应统一标准，施工企业可根据各自的特色，标明集团、企业的规范简称。

2）门口要设置专职门卫或保安人员，并制订门卫管理制度，来访人员应进行登记，禁止外来人员随意出入，所有进出材料或机具要有相应的手续。

3）进入施工现场的各类工作人员应按规定佩戴工作胸卡和安全帽。

4）施工现场机动车辆出入口应设置车辆冲洗设施。

（3）施工场地

1）施工现场的主要道路必须进行硬化处理，土方应集中堆放。集中堆放的土方和裸露的场地应采取覆盖、固化或绿化等措施。

2）现场内各类道路应保持畅通。

3）施工现场地面应平整，且应有良好的排水系统，保持排水畅通。

4）制订防止泥浆、污水、废水外流以及堵塞排水管沟和河道的措施，实行二级沉淀、三级排放。

5）工地应按要求设置吸烟处，有烟缸或水盆，禁止流动吸烟。

6）现场存放的油料、化学溶剂等易燃易爆物品，应按分类要求放置于设有专门的库房内，地面应进行防渗漏处理。

7）施工现场地面应经常洒水，对粉尘源进行覆盖或其他有效遮挡。

8）对于施工现场长期裸露的土质区域，应进行力所能及的绿化布置，以美化环境，并防止扬尘现象。

（4）材料堆放

1）施工现场各种建筑材料、构件、机具应按施工总平面布置图的要求堆放。

2）材料堆放要按照品种、规格堆放整齐，并按规定挂置名称、品种、产地、规格、数量、进货日期等内容及状态的标牌（已检合格、待检、不合格等）。

3）工作面每日应做到工完料清、场地净。

4）施工现场材料码放应采取防火、防锈蚀、防雨等措施。

5）建筑物内施工垃圾的清运，应采用器具或管道运输，严禁随意抛掷。

6）易燃易爆物品应分类储藏在专用库房内，并应制订防火措施。

（5）现场办公与宿舍

1）施工作业、材料存放区应与办公、生活区划分清晰，并应采取相应的隔离措施。

2）在建工程、伙房、库房不得兼做宿舍。

3）宿舍、办公用房的防火等级应符合规范要求。

4）宿舍应设置可开启式窗户，床铺不得超过2层，通道宽度不应小于0.9m。

5）宿舍内住宿人员人均面积不应小于2.5m^2，且不得超过16人。

6）冬季宿舍内应有采暖和防一氧化碳中毒措施。

7）夏季宿舍内应有防暑降温和防蚊蝇措施。

8）生活用品应摆放整齐，环境卫生应良好。

9）生活区应保持整齐、整洁、有序、文明，并符合安全消防、防台风、防汛、卫生防疫、环境保护等方面的要求。

10）宿舍应设置在通风、干燥、地势较高的位置，防止污水、雨水流入。

11）宿舍内严禁存放施工材料、施工机具和其他杂物。

12）宿舍周围应当搞好环境卫生，按要求设置垃圾桶、鞋柜或鞋架，生活区内应提供为作业人员晾晒衣物的场地。

13）宿舍外道路应平整，并尽可能地使夜间有足够的照明。

14）宿舍不得留宿外来人员，特殊情况必须经有关领导及行政主管部门批准方可留宿，并报保卫人员备查。

15）考虑到员工家属的来访，宜在宿舍区设置适量固定的亲属探亲宿舍。

16）应当制订职工宿舍管理责任制，安排人员轮流负责生活区的环境卫生和管理，或

安排专人管理。

（6）现场防火

1）制订防火安全措施、管理制度及消防措施，施工区域和生活、办公区域应配备足够数量的灭火器材，并保证可靠有效。

2）根据消防要求，在不同场所合理配置种类合适的灭火器材；严格管理易燃、易爆物品，设置专门仓库存放。

3）施工现场主要道路必须符合消防要求，并时刻保持畅通。

4）高层建筑应按规定设置消防水源，并能满足消防要求，坚持安全生产的“三同时”。

5）施工现场必须建立防火安全组织机构、义务消防队，明确项目负责人、其他管理人员及各操作人员的防火安全职责，落实防火制度和措施。

6）施工现场需动用明火作业的，如电焊、气焊、气割、黏结防水卷材等，必须严格执行三级动火审批手续，并落实动火监护和防范措施。

7）应按施工区域或施工层合理划分动火级别，动火必须具有“二证一器一监护”（焊工证、动火证、灭火器、监护人）。

8）建立现场防火档案，并纳入施工资料管理。

9）施工现场临时用房和行业场所的防火设计应符合规范要求。

（7）现场治安综合治理

1）生活区应按精神文明建设的要求设置学习和娱乐场所，如电视机室、阅览室和其他文体活动场所，并配备相应器具。

2）建立健全现场治安保卫制度，责任落实到人。

3）落实现场治安防范措施，杜绝盗窃、斗殴、赌博等违法乱纪事件。

4）加强现场治安综合治理，做到目标管理、职责分明，治安防范措施有力，重点要害部位防范措施到位。

5）须与施工现场的分包队伍签订治安综合治理协议书，并加强法制教育。

（8）施工现场标牌

1）施工现场入口处的醒目位置，应当公示“五牌一图”（工程概况牌、管理人员名单及监督电话牌、消防保卫牌、安全生产牌、文明施工牌、施工现场总平面布置图），标牌书写字迹要工整规范，内容要简明实用。标志牌规格如下：宽1.2m、高0.9m，标牌底边距地高为1.2m。

2）《建筑施工安全检查标准》（JGJ 59—2011）未对“五牌”的具体内容作具体规定，各企业可结合本地区、本工程的特点进行设置，也可以增加应急程序牌、卫生须知牌、卫生包干图、管理程序图、施工的安民告示牌等内容。

3）在施工现场的明显处，应有必要的安全内容的标语，标语尽可能地考虑人性化的内容。

4）施工现场应设置“两栏一报”（即宣传栏、读报栏和黑板报），应及时反映工地内外各类动态。

5）按文明施工的要求，宣传教育用字须规范，不使用繁体字和不规范的词句。

（9）生活设施

1）卫生设施。

① 施工现场应设置水冲式或移动式卫生间，卫生间地面应作硬化和防滑处理，门窗应齐全，蹲位之间宜设置隔板，隔板高度不宜低于0.9m。

② 卫生间大小应根据作业人员的数量设置。高层建筑施工超过8层以后，每隔4层宜设置临时卫生间，卫生间应设专人负责清扫、消毒，防止蚊蝇孳生，应及时清理化粪池。

③ 淋浴间内应设置满足需要的淋浴喷头，可设置储衣柜或挂衣架，并保证24h的热水供应。

④ 盥洗设施应满足作业人员使用要求，并应使用节水用具。

2）现场食堂。

① 现场食堂必须有卫生许可证，炊事人员必须持身体健康证上岗。

② 现场食堂应设置独立的制作间、储藏间，门扇下方应设不低于0.2m的防鼠挡板。

③ 现场食堂应设在远离卫生间、垃圾站、有毒有害场所等污染源的地方。

④ 制作间灶台及其周边应贴瓷砖，所贴瓷砖高度不宜低于1.5m，地面应作硬化和防滑处理。

⑤ 粮食存放台与墙和地面的距离不得小于0.2m。

⑥ 现场食堂应配备必要的排风和冷藏设施。

⑦ 现场食堂的燃气罐应单独设置存放间，存放间应通风良好，并严禁存放其他物品。

⑧ 现场食堂制作间的炊具宜存放在封闭的橱柜内，刀、盆、案板等炊具应生、熟分开，食品应有遮盖，遮盖物品正面应有标识。

⑨ 各种食用调料和副食应存放在密闭器皿内，并应有标识。

⑩ 现场食堂外应设置密闭式泔水桶，并应及时清运。

3）其他要求。

① 落实卫生责任制及各项卫生管理制度。

② 生活区应设置开水炉、电热水器或饮用水保温桶，施工区应配备流动保温水桶。

③ 生活垃圾应有专人管理，分类盛放于有盖的容器内，并及时清运，严禁与建筑垃圾混装。

（10）保健急救

1）施工现场应按规定设置医务室或配备符合要求的急救箱，医务人员要对现场卫生起到监督作用，定期检查食堂饮食等卫生情况。

2）落实急救措施和急救器材（如担架、绷带、夹板等）。

3）培训急救人员掌握急救知识，进行现场急救演练。

4）适时开展卫生防病和健康宣传教育，保障施工人员身心健康。

（11）社区服务

1）制订并落实防止粉尘飞扬和降低噪声的方案或措施。

2）夜间施工除应按当地有关部门的规定执行许可证制度外，还应张挂安民告示牌。

3）严禁现场焚烧有毒、有害物质。

4）切实落实各类施工不扰民措施，消除泥浆、噪声、粉尘等影响周边环境的因素。

3. 建筑工程安全防护、文明施工措施费用的管理

安全防护、文明施工措施费用，是指按照国家现行的建筑施工安全、施工现场环境与卫生标准和有关规定，购置和更新施工安全防护用具及设施、改善安全生产条件和作业环境所需要的费用。2005年9月1日开始施行的《建筑工程安全防护、文明施工措施费用及使用

管理规定》（建办〔2005〕89 号），对该项费用的管理作了明确的规定。

（1）费用管理

1）费用的构成及用途。

① 建设单位对建筑工程安全防护、文明施工措施有其他要求的，所发生费用一并计入安全防护、文明施工措施费。

② 安全防护、文明施工措施费用是由《建筑安装工程费用项目组成》（建标［2013］44 号）中措施费所含的文明施工费、环境保护费、临时设施费和安全施工费组成。

③ 安全施工费由临边、洞口、交叉、高处作业安全防护费，危险性较大工程安全措施费及其他费用组成。

④ 危险性较大工程的安全措施费及其他费用项目组成由各地建设行政主管部门结合本地区实际自行确定。

2）费用计取。

① 建设单位、设计单位在编制工程概（预）算时，应当合理确定工程安全防护、文明施工措施费。

② 依法进行工程招投标的项目，招标方或具有资质的中介机构编制招标文件时，应当按照有关规定并结合工程实际单独列出安全防护、文明施工措施项目清单。

③ 投标方应当根据现行标准、规范，结合工程特点、工期进度和作业环境等要求，在施工组织设计文件中制订相应的安全防护、文明施工措施，并按照招标文件要求结合自身的施工技术和管理水平对工程安全防护、文明施工措施项目单独报价。投标方安全防护、文明施工措施的报价，不得低于依据工程所在地工程造价管理机构测定费率计算所需费用总额的 90%。

④ 建设单位与施工单位应当在施工合同中明确安全防护、文明施工措施项目总费用，以及费用预付、支付计划、使用要求、调整方式等条款。

⑤ 建设单位与施工单位在施工合同中对安全防护、文明施工措施费用预付、支付计划未作约定或约定不明的，合同工期在 1 年以内的，建设单位预付安全防护、文明施工措施项目费用不得低于该费用总额的 50%；合同工期在 1 年以上的（含 1 年），预付安全防护、文明施工措施费用不得低于该费用总额的 30%，其余费用应当按照施工进度支付。

（2）使用与管理

1）实行工程总承包的，总承包单位依法将建筑工程分包给其他单位的，总承包单位与分包单位应当在分包合同中明确安全防护、文明施工措施费用由总承包单位统一管理。安全防护、文明施工措施由分包单位实施的，由分包单位提出专项安全防护措施及施工方案，经总承包单位批准后及时支付所需费用。总承包单位不按规定和合同约定支付该费用，造成分包单位不能及时落实安全防护措施导致发生事故的，由总承包单位负主要责任。

2）施工单位应当确保安全防护、文明施工措施费专款专用，在财务管理中单独列出安全防护、文明施工措施项目费用清单备查。施工单位安全生产管理机构和专职安全生产管理人员负责对建筑工程安全防护、文明施工措施的组织实施进行现场监督检查，并有权向建设行政主管部门反映情况。

（3）监督管理

1）建设单位申请领取建筑工程施工许可证或开工报告时，应当将施工合同中约定的安全防护、文明施工措施费用支付计划作为保证工程安全的具体措施提交有关行政主管部门；未提交的，行政主管部门不予核发施工许可证或开工报告。

2）工程监理单位应当对施工单位落实安全防护、文明施工措施情况进行现场监理。发现施工单位未落实施工组织设计及专项施工方案中安全防护和文明施工措施的，有权责令其立即整改；对拒不整改或未按期限要求完成整改的，应当及时向建设单位和建设行政主管部门报告，必要时应责令其暂停施工。

3）建设行政主管部门应当按照现行标准规范对施工现场安全防护、文明施工措施落实情况进行监督检查，并对建设单位支付费用及施工单位使用安全防护、文明施工措施费用情况进行监督。

（4）安全防护、文明施工措施项目（表12-2）

表12-2　建设工程安全防护、文明施工措施项目清单

类别	项目名称		具体要求
文明施工与环境保护	安全警示标志牌		在易发伤亡事故（或危险）处设置明显的、符合国家标准要求的安全警示标志牌
文明施工与环境保护	现场围挡		（1）现场采用封闭围挡，高度不小于1.8m （2）围挡材料可采用彩色、定型钢板，砖、混凝土砌块等墙体
文明施工与环境保护	五板一图		在进门处悬挂工程概况、管理人员名单及监督电话、安全生产、文明施工、消防保卫五板；施工现场总平面图
文明施工与环境保护	企业标志		现场出入的大门应设有本企业标识
文明施工与环境保护	场容场貌		道路畅通；排水沟、排水设施通畅；工地地面硬化处理；绿化
文明施工与环境保护	材料堆放		（1）材料、构件、料具等堆放时，悬挂有名称、品种、规格等标牌 （2）水泥和其他易飞扬细颗粒建筑材料应密闭存放或采取覆盖等措施 （3）易燃、易爆和有毒有害物品分类存放
文明施工与环境保护	现场防火		消防器材配置合理，符合消防要求
文明施工与环境保护	垃圾清运		施工现场应设置密闭式垃圾站，应分类存放施工垃圾、生活垃圾；施工垃圾必须采用相应容器或管道运输
临时设施	现场办公生活设施		（1）施工现场办公、生活区与作业区分开设置，保持安全距离 （2）工地办公室、现场宿舍、食堂、厕所、饮水、休息场所符合卫生和安全要求
临时设施	施工现场临时用电	配电线路	（1）按照TN-S系统要求分别配备五芯电缆、四芯电缆和三芯电缆 （2）按要求架设临时用电线路的电杆、横担、瓷夹、瓷瓶等，或电缆埋地的地沟 （3）对靠近施工现场的外电线路，设置木质、塑料等绝缘体的防护设施
临时设施	施工现场临时用电	配电箱开关箱	（1）按三级配电要求，配备总配电箱、分配电箱、开关箱三类标准配电箱；开关箱应符合一机、一箱、一闸、一漏；三类电箱中的各类电器应是合格品 （2）按两级保护的要求，选取符合容量要求和质量合格的总配电箱以及开关箱中的漏电保护器
临时设施	施工现场临时用电	接地保护装置	施工现场保护零线的重复接地应不少于3处

（续）

类别	项目名称		具体要求
安全施工	临边、洞口、交叉、高处作业防护	楼板、屋面、阳台等临边防护	用密目式安全立网全封闭，作业层另加两边防护栏杆和 18cm 高的踢脚板
		通道口防护	设防护棚，防护棚应为不小于 5cm 厚的木板或两道相距 50cm 的竹笆；两侧应沿栏杆架设密目式安全网封闭
		预留洞口防护	用木板全封闭；短边超过 1.5m 长的洞口，除封闭外，四周还应设有防护栏杆
		电梯井口防护	设置定型化、工具化、标准化的防护门；在电梯井内每隔两层（不大于 10m）设置一道安全平网
		楼梯边防护	设 1.2m 高的定型化、工具化、标准化的防护栏杆，18cm 高的踢脚板
		垂直方向交叉作业防护	设置防护隔离棚或其他设施
		高空作业防护	有悬挂安全带的悬索或其他设施；有操作平台；有上下的梯子或其他形式的通道
其他	—		由各地自定

注：本表所列建筑工程安全防护、文明施工措施项目，是依据现行法律法规及标准规范确定。如修订法律法规和标准规范，本表所列项目应按照修订后的法律法规和标准规范进行调整。

12.4.2　施工现场环境保护

为加强建设工程施工现场管理，保障建设工程施工顺利进行，住建部于 2014 年 6 月发布实施了《建设工程施工现场环境与卫生标准》（JGJ 146—2013）。其中明确规定：施工单位应当遵守国家有关环境保护的法律规定，采取措施控制施工现场的各种粉尘、废气、废水、固体废弃物以及噪声、振动对环境的污染和危害。

1. 大气污染的防治

（1）产生大气污染的施工环节

1）引起扬尘污染的施工环节：

① 土方施工及土方堆放过程中的扬尘。

② 搅拌桩、灌注桩施工过程中的水泥扬尘。

③ 建筑材料（砂、石、水泥等）堆场的扬尘。

④ 混凝土、砂浆拌制过程中的扬尘。

⑤ 脚手架和模板安装、清理和拆除过程中的扬尘。

⑥ 木工机械作业的扬尘。

⑦ 钢筋加工、除锈过程中的扬尘。

⑧ 运输车辆造成的扬尘。

⑨ 砖、砌块、石等切割加工作业的扬尘。

⑩ 道路清扫的扬尘。

⑪ 建筑材料装卸过程中的扬尘。

⑫ 建筑和生活垃圾清扫的扬尘等。

2）引起空气污染的施工环节：

① 某些防水涂料施工过程中的污染。

② 有毒化工原料使用过程中的污染。

③ 油漆涂料施工过程中的污染。

④ 施工现场的机械设备、车辆的尾气排放的污染。

⑤ 工地擅自焚烧废弃物对空气的污染等。

（2）防止大气污染的主要措施

1）施工现场的渣土要及时清出现场。

2）施工现场作业场所内建筑垃圾的清理，必须采用相应容器、管道运输或其他有效措施，严禁凌空抛掷。

3）施工现场的主要道路必须进行硬化处理，并指定专人定期洒水清扫，形成制度，减少道路扬尘。

4）土方应集中堆放，裸露的场地和集中堆放的土方应采取覆盖、固化或绿化等措施。

5）运输渣土和施工垃圾时，应采用密闭式运输车辆，或采取有效的覆盖措施，施工现场出、入口处应采取保证车辆清洁的措施。

6）施工现场应使用密目式安全网对施工现场进行封闭，防止施工过程扬尘。

7）对细粒散状材料（如水泥、粉煤灰等）进行遮盖、密闭，防止和减少尘土飞扬。

8）对进出现场的车辆采取必要的措施，消除扬尘、抛洒和夹带现象。

9）许多城市已不允许现场搅拌混凝土。在允许搅拌混凝土或砂浆的现场，应将搅拌站封闭严密，并在进料仓上方安装除尘装置，采取可靠措施控制现场粉尘污染。

10）拆除既有建筑物时，应采用隔离、洒水等措施防止扬尘，并应在规定期限内将废弃物清理完毕。

11）施工现场应根据风力和大气湿度的具体情况，确定合适的作业时间及内容。

12）施工现场应设置密闭式垃圾站，施工垃圾、生活垃圾应分类存放，并及时清运。

13）施工现场的机械设备、车辆的尾气排放应符合国家环保排放标准要求。

14）城区、旅游景点、疗养区、重点文物保护地及人口密集区的施工现场应使用清洁能源。

15）施工时遇到有毒化工原料，除施工人员做好安全防护外，应按相关要求做好环境保护。

16）除设有符合要求的装置外，严禁在施工现场焚烧各类废弃物以及其他会产生有毒、有害烟尘和恶臭的物质。

2. 噪声污染的防治

（1）引起噪声污染的施工环节

1）施工现场人员大声地喧哗。

2）各种施工机具的运行和使用。

3）安装及拆卸脚手架、钢筋、模板等。

4）爆破作业。

5）运输车辆的往返及装卸。

（2）防治噪声污染的措施

施工现场噪声的控制技术可从声源、传播途径、接收者防护等方面考虑。

1）声源控制，即从声源上降低噪声，是防止噪声污染的根本措施。具体要求如下：

① 尽量采用低噪声设备和工艺替代高噪声设备和工艺，如低噪声振动器、电动空压机、电锯等。

② 在声源处安装消声器消声，如在通风机、鼓风机、压缩机以及各类排气装置等进出风管的适当位置安装消声器。

2）通过传播途径控制噪声的方法主要有以下几点：

① 吸声：利用吸声材料或吸声结构形成的共振结构吸收声能，降低噪声。

② 隔声：应用隔声结构，阻止噪声向空间传播，将接收者与噪声声源分隔。隔声结构包括隔声室、隔声罩、隔声屏障、隔声墙等。

③ 消声：利用消声器阻止传播，如空气压缩机、内燃机等。

④ 减振降噪：对来自振动引起的噪声，通过降低机械振动减少噪声，如将阻尼材料涂在制动源上，或改变振动源与其他刚性结构的连接方式等。

3）接收者防护，即让处于噪声环境下的人员使用耳塞、耳罩等防护用品，减少相关人员在噪声环境中的暴露时间，以减轻噪声对人体的危害。

4）严格控制人为噪声，即进入施工现场时，不得高声叫喊、无故敲打模板、乱吹口哨，限制高音喇叭的使用，最大限度地减少噪声扰民。

5）控制强噪声作业时间。凡在人口稠密区进行强噪声作业时，必须严格控制作用时间，一般在 22 时至次日 6 时期间停止强噪声作业。确系特殊情况必须昼夜施工时，建设单位和施工单位应于 15 日前，到环境保护和建设行政主管等部门提出申请，经批准后方可进行夜间施工，并会同居民小区居委会或村委会，公告附近居民，并做好周围群众的安抚工作。

6）设置施工现场噪声的限值。根据国家标准《建筑施工场界环境噪声排放标准》（GB 12523—2011）的规定，对建筑施工过程中场界环境噪声排放做出了具体规定，昼间噪声排放限值为 75dB（A），夜间噪声排放限值为 55dB（A）。

3. *水污染的防治*

（1）可引起水污染的施工环节

1）桩基础施工、基坑护壁施工过程的泥浆。

2）混凝土（砂浆）搅拌机械、模板、工具的清洗产生的泥浆污水。

3）现场制作水磨石施工的泥浆。

4）油料、化学溶剂泄漏。

5）生活污水。

6）将有毒废弃物掩埋于土中等。

（2）防治水污染的主要措施

1）回填土应过筛处理，严禁将有害物质掩埋于土中。

2）施工现场应设置排水沟和沉淀池，现场废水严禁直接排入市政污水管网和河流。

3）现场存放的油料、化学溶剂等应设有专门的库房，地面应进行防渗漏处理。使用时，还应采取防止油料和化学溶剂跑、冒、滴、漏的措施。

4）卫生间的地面、化粪池等应进行抗渗处理。

5）食堂、盥洗室、淋浴间的下水管线应设置隔离网，并应与市政污水管线连接，保证排水通畅。

6）食堂应设置隔油池，并应及时清理。

4. 固体废弃物污染的防治

固体废弃物是指生产、建设、日常生活和其他活动中产生的固态、半固态废弃物质。固体废弃物是一个极其复杂的废物体系。按其化学组成可分为有机废弃物和无机废弃物；按其对环境和人类的危害程度可分为一般废弃物和危险废弃物。固体废弃物对环境的危害是全方位的，主要会侵占土地、污染土壤、污染水体、污染大气、影响环境卫生等。

1）建筑施工现场常见以下固体废弃物：

① 建筑渣土：包括砖瓦、碎石、混凝土碎块、废钢铁、废屑、废弃装饰材料等。

② 废弃材料：包括废弃的水泥、石灰等。

③ 生活垃圾：包括炊厨废物、丢弃食品、废纸、废弃生活用品等。

④ 设备、材料等的废弃包装材料等。

2）固体废弃物处理的基本原则是采取资源化、减量化和无害化处理，对固体废弃物产生的全过程进行控制。固体废弃物的主要处理方法如下：

① 回收利用：回收利用是对固体废弃物进行资源化、减量化的重要手段之一。对建筑渣土可视具体情况加以利用；废钢铁可按需要做金属原材料；对废电池等废弃物应分散回收，集中处理。

② 减量化处理：减量化处理是对已经产生固体废弃物进行分选、破碎、压实浓缩、脱水等减少其最终处置量，降低处理成本，减少对环境的污染。在减量化处理的过程中，也包括和其他处理技术相关的工艺方法，如焚烧、解热、堆肥等。

③ 焚烧技术：焚烧用于不适合再利用且不宜直接予以填埋处置的固体废弃物，尤其是对受到病菌、病毒污染的物品，可以用焚烧进行无害化处理。焚烧处理应使用符合环境要求的处理装置，注意避免对大气的二次污染。

④ 稳定和固化技术：稳定和固化技术是指利用水泥、沥青等胶结材料，将松散的固体废弃物包裹起来，减小废弃物的毒性和可迁移性，使得污染减少的技术。

⑤ 填埋：填埋是固体废弃物处理的最终补救措施，把经过无害化、减量化处理的固体废弃物残渣集中到填埋场进行处置。填埋场应利用天然或人工屏障，尽量使需处理的废物与周围的生态环境隔离，并注意废物的稳定性和长期安全性。

5. 照明污染的防治

夜间施工应当严格按照建设行政主管部门和有关部门的规定，对施工照明器具的种类、灯光亮度加以严格控制，特别是在城市市区、居民居住区内，必须采取有效的措施，减少施工照明对附近城市居民的危害。

12.4.3　文明工地的创建

1. 确定文明工地管理目标

创建文明工地是建筑施工企业提高企业形象，深入贯彻以人为本、构建和谐社会的重要

举措，确定文明工地管理目标又是实现文明工地的先决条件。

1）确定文明工地管理目标时，应考虑以下因素：

① 工程项目自身的危险源与不利环境因素识别、评价和防范措施。

② 适用法规、标准、规范和其他要求的选择和确定。

③ 可供选择的技术和组织方案。

④ 生产经营管理上的要求。

⑤ 社会相关方（社区、居民、毗邻单位等）的意见和要求。

2）工程项目部创建文明工地，一般应包括管理目标以下：

① 安全管理目标，包括伤、亡事故控制目标，火灾、设备、管线以及传染病传播、食物中毒等重大事故控制目标，标准化管理目标。

② 环境管理目标，包括文明工地管理目标、重大环境污染事件控制目标、扬尘污染物控制目标、废水排放控制目标、噪声控制目标、固体废弃物处置目标、社会相关方投诉的处理情况。

2. 建立创建文明工地的组织机构

工程项目经理部要建立以项目经理为第一责任人的创建文明工地责任体系，建立健全文明工地管理组织机构。

1）工程项目部文明工地领导小组，由项目经理、项目副经理、项目技术负责人以及安全、技术、施工等主要部门（岗位）负责人组成。

2）文明工地工作小组，主要包括综合管理工作小组、安全管理工作小组、质量管理工作小组、环境保护工作小组、卫生防疫工作小组、季节性灾害防范工作小组等。

各地还可以根据当地气候、环境、工程特点等因素建立相关工作小组。

3. 制定创建文明工地的规划措施及实施要求

（1）规划措施　文明施工规划措施应与施工规划设计同时按规定进行审批。主要规划措施包括：施工现场平面划分与布置、环境保护方案、现场防安全事故措施、卫生防疫措施、现场保安措施、现场防火措施、交通组织方案、综合管理措施、社区服务、应急救援预案等。

（2）实施要求　工程项目部在开工后，应严格按照文明施工方案（措施）组织施工，并对施工现场管理实施控制。

工程项目部应将有关文明施工的规划，向社会做出张榜公示，公布并告知开、竣工日期以及投诉和监督电话，自觉接受社会各界的监督。

工程项目部要强化全体员工教育，提高全员安全生产和文明施工的素质。可利用横幅、标语、黑板报等形式，加强有关文明施工的法律、法规、规程、标准的宣传工作，使得文明施工深入人心。

工程项目部在对施工人员进行安全技术交底时，必须将文明施工的有关要求同时进行交底，并在施工作业时督促其遵守相关规定，高标准、严要求地做好文明工地创建工作。

4. 加强创建过程的控制与检查

对创建文明工地的规划措施的执行情况，工程项目部要严格执行日常巡查和定期检查制度，检查工作要从工程开工做起，直至竣工交验为止。

工程项目部每月的检查不应少于 4 次。检查应依据国家、行业《建筑施工安全检查标准》（JGJ 59—2011）、地方和企业等有关规定，对施工现场的安全防护措施、环境保护措施、文明施工责任制以及各项管理制度等落实情况进行重点检查。

在检查中发现的一般安全隐患和违反文明施工的现象，要按“三定”（定人、定期限、定措施）原则予以整改；对各类重大安全隐患和严重违反文明施工的现象，项目部必须认真地进行原因分析，制订纠正和预防措施，并对实施情况进行跟踪检查。

5. 文明工地的评选

施工企业内部的文明工地评选，应参照有关文明工地检查评分标准以及本企业有关文明工地评选规定进行。

参加省、市级文明工地的评选，应按照本行政区域内建设行政主管部门的有关规定，实行预申报与推荐相结合、定期检查与不定期抽查相结合的方式进行评选。

1）申报文明工地的工程，应提交的书面资料包括以下内容：

① 工程中标通知书。

② 施工现场安全生产保证体系审核认证通过证书。

③ 安全标准化管理工地结构阶段复验合格审批单。

④ 文明工地推荐表。

⑤ 设区市建筑安全监督机构检查评分资料。

⑥“省级建筑施工文明工地申报表”。

⑦ 工程所在地建设行政主管部门规定的其他资料。

2）在创建省级文明工地项目过程中，在建项目有下列情况之一的，取消省级文明工地评选资格：

① 发生重大安全责任事故。

② 省、市建设行政主管部门随机抽查分数低于70分的。

③ 连续两次考评分数低于85分的。

④ 有违法违纪行为的。

相关案例

【背景资料】2010年11月15日14时，上海××路一栋高层公寓正在实施建筑节能综合整治项目改造工程的施工。突发火灾，起火点位于9～12层之间，整栋楼都被大火包围。最后，大火导致58人死亡，71人受伤，直接经济损失达1.58亿元。该高层公寓是上海××区建委2010年9月通过招投标，确定工程总包方为上海市××建设总公司，分包方为上海××建筑装饰工程公司。2010年11月，区建委选择上海市××建设工程监理有限公司承担项目监理工作，上海××置业设计有限公司承担项目设计工作。

此工程部分作业分包情况为：脚手架搭设作业分包给上海××物业管理有限公司施工，搭设方案经总承包方总部和监理单位审核，并得到批准；节能工程、保温工程和铝窗作业，通过政府采购程序分别选择××节能工程有限公司和××铝门窗有限公司进行施工。

【事故分析】

经事故调查组查明，该起特别重大火灾事故是一起因企业违规造成的责任事故。事故的

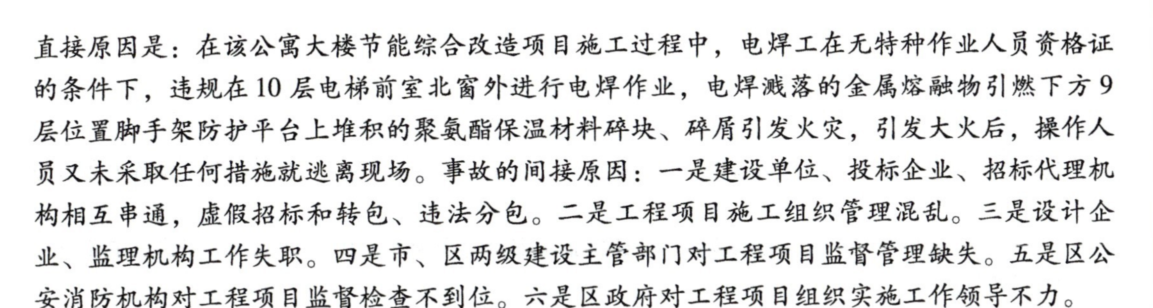

直接原因是：在该公寓大楼节能综合改造项目施工过程中，电焊工在无特种作业人员资格证的条件下，违规在10层电梯前室北窗外进行电焊作业，电焊溅落的金属熔融物引燃下方9层位置脚手架防护平台上堆积的聚氨酯保温材料碎块、碎屑引发火灾，引发大火后，操作人员又未采取任何措施就逃离现场。事故的间接原因：一是建设单位、投标企业、招标代理机构相互串通，虚假招标和转包、违法分包。二是工程项目施工组织管理混乱。三是设计企业、监理机构工作失职。四是市、区两级建设主管部门对工程项目监督管理缺失。五是区公安消防机构对工程项目监督检查不到位。六是区政府对工程项目组织实施工作领导不力。

根据国务院批复的意见，依照有关规定，对54名事故责任人做出严肃处理，其中26名责任人被移送司法机关依法追究刑事责任，28名责任人受到党纪、政纪处分。

【想一想】 上述由于一个小小的焊接工程引发的火灾所造成的特别重大事故中，我们应当从中吸取什么经验和教训。

思考与拓展题

12-1　结合目前我国建筑业的安全生产现状和建设工程特点，请谈一谈你的解决思路和方法。

12-2　“安全第一，预防为主，综合治理”不是简单的12个字，这里面涵盖着深刻的内容和意义，请大家讨论和体会一下，相信会有更大的收获。

12-3　“安全生产，人人有责”，请结合你毕业后希望的就业岗位，想一想你的安全责任。然后考虑相关方和人员的安全责任应该是怎样的？

12-4　实际考察一下当地的几个施工现场，再结合教材，谈谈你对应急预案、安全教育、安全检查、文明施工等安全管理内容的理解和想法，并对今后建筑施工安全管理的发展方向提出自己的想法和建议。

12-5　结合教材的相关内容，请谈一谈在建筑业推广并实施职业健康安全管理体系以及绿色施工的必要性和紧迫性。

参 考 文 献

［1］建筑施工安全生产培训教材编写委员会．建筑施工安全生产技术［M］．北京：中国建筑工业出版社，2017.

［2］建筑施工安全生产培训教材编写委员会．建筑施工安全生产管理［M］．北京：中国建筑工业出版社，2017.

［3］中华人民共和国住房和城乡建设部．建筑施工土石方工程安全技术规范：JGJ 180—2009［S］．北京：中国建筑工业出版社，2009.

［4］中华人民共和国住房和城乡建设部．建筑深基坑工程施工安全技术规范：JGJ 311—2013［S］．北京：中国建筑工业出版社，2014.

［5］中华人民共和国住房和城乡建设部．建筑基坑支护技术规程：JGJ 120—2012［S］．北京：中国建筑工业出版社，2012.

［6］中华人民共和国住房和城乡建设部．建筑施工扣件式钢管脚手架安全技术规范：JGJ 130—2011［S］．北京：中国建筑工业出版社，2011.

［7］中华人民共和国住房和城乡建设部．建筑施工工具式脚手架安全技术规范：JGJ 202—2010［S］．北京：中国建筑工业出版社，2010.

［8］中华人民共和国住房和城乡建设部．建筑施工碗扣式钢管脚手架安全技术规范：JGJ 166—2016［S］．北京：中国建筑工业出版社，2017.

［9］中华人民共和国住房和城乡建设部．建筑施工门式钢管脚手架安全技术标准：JGJ/T 128—2019［S］．北京：中国建筑工业出版社，2019.

［10］中华人民共和国住房和城乡建设部．建筑施工承插型盘扣式钢管支架安全技术规程：JGJ 231—2010［S］．北京：中国建筑工业出版社，2011.

［11］中华人民共和国住房和城乡建设部．建筑施工模板安全技术规范：JGJ 162—2008［S］．北京：中国建筑工业出版社，2008.

［12］中华人民共和国住房和城乡建设部．建筑施工高处作业安全技术规范：JG J80—2016［S］．北京：中国建筑工业出版社，2016.

［13］中华人民共和国国家质量监督检验检疫总局，中国国家标准化管理委员会．安全带：GB 6095—2009［S］．北京：中国标准出版社，2009.

［14］中华人民共和国国家质量监督检验检疫总局，中国国家标准化管理委员会．安全网：GB 5725—2009［S］．北京：中国标准出版社，2009.

［15］中华人民共和国建设部．施工现场临时用电安全技术规范：JGJ 46—2005［S］．北京：中国建筑工业出版社，2005.

［16］中国机械工业联合会．塔式起重机安全规程：GB 5144—2006［S］．北京：中国标准出版社，2007.

［17］国家市场监督管理总局，中国国家标准化管理委员会．塔式起重机：GB/T 5031—2019［S］．北京：中国标准出版社，2019.

［18］中华人民共和国国家质量监督检验检疫总局，中国国家标准化管理委员会．施工升降机安全使用规程：GB/T 34023—2017［S］．北京：中国标准出版社，2017.

［19］中华人民共和国国家质量监督检验检疫总局，中国国家标准化管理委员会．起重机 钢丝绳 保养、维护、检验和报废：GB/T 5972—2016［S］．北京：中国标准出版社，2016.